广东省本科高校动画、数字媒体专业教学指导委员会立项项目
高等学校动画与数字媒体专业“全媒体”创意创新规划教材

虚拟现实
技术及应用

冯开平　罗立宏　主编

黄展鹏　潘光洋　高立海　韦宇炜　康希　黄益栓　编

電子工業出版社
Publishing House of Electronics Industry
北京 · BEIJING

内 容 简 介

本书介绍了虚拟现实技术的最新发展状况，详细介绍了虚拟现实技术的基础理论及方法，重点介绍了目前具代表性的虚拟现实相关软件、工具的使用和开发方法；既注重原理，又注重实践，配有大量案例，具有良好的可读性和可操作性。本书分为7章，内容包括虚拟现实技术概述、3D数学基础、3ds Max建模工具、Web3D技术、Unity3D、Unreal Engine和增强现实技术。

本书适合作为高等学校数字媒体技术、数字媒体艺术、动画、软件工程、虚拟现实等专业虚拟现实技术课程的教材，也适合从事虚拟现实技术研究的人员参考。

图书在版编目（CIP）数据

虚拟现实技术及应用 / 冯开平，罗立宏主编 . —北京：电子工业出版社，2021.4
ISBN 978-7-121-40876-2

Ⅰ . ①虚…　Ⅱ . ①冯… ②罗…　Ⅲ . ①虚拟现实 – 高等学校 – 教材　Ⅳ . ① TP391.98

中国版本图书馆 CIP 数据核字（2021）第 055183 号

责任编辑：张　鑫
印　　刷：北京虎彩文化传播有限公司
装　　订：北京虎彩文化传播有限公司
出版发行：电子工业出版社
　　　　　北京市海淀区万寿路 173 信箱　邮编：100036
开　　本：787 × 1 092　1/16　印张：19　字数：508 千字
版　　次：2021 年 4 月第 1 版
印　　次：2024 年 1 月第 5 次印刷
定　　价：62.00 元

凡所购买电子工业出版社图书有缺损问题，请向购买书店调换。若书店售缺，请与本社发行部联系，联系及邮购电话：（010）88254888，88258888。

质量投诉请发邮件至 zlts@phei.com.cn，盗版侵权举报请发邮件至 dbqq@phei.com.cn。

本书咨询联系方式：zhangxinbook@126.com。

前言

PREFACE

21世纪以来，虚拟现实技术无疑是信息技术中发展速度最快、应用前景潜力最大的技术之一。2016年，在《“十三五”国家科技创新规划》文件中提出：“在工业、医疗、文化、娱乐等行业实现专业化和大众化的示范应用，培育虚拟现实与增强现实产业”。目前，我国多所院校相继开设了数字媒体技术、虚拟现实技术等专业，推动了虚拟现实技术的人才培养，促进了产业的快速发展。

作者自2006年以来一直主讲“虚拟现实技术”与“虚拟现实课程设计”课程，期间使用过多本国内教材，但是，由于虚拟现实技术发展迅速，新的技术不断涌现，市面上现有的教材已不能满足教学内容的需要，因此近几年讲课时没有给学生指定参考教材。

2015年开始，广东省多所院校开设了数字媒体技术专业，作者通过与专业教师的沟通了解到，他们对教材的需求非常强烈。2018年，广东工业大学与广东药科大学、广东培正学院、广东东软学院联合申请广东工业大学精品教材建设项目且合作的“虚拟现实技术及应用”已通过立项。通过调研与讨论，教材编写组厘清了编写思路，确定了总体构架，明确了每个人的撰写任务。

本书的总体思路是：立足于概念的准确表述，系统介绍基本原理、方法及典型的应用实例，并能适应新技术的发展。本书内容聚焦于线上、线下虚拟现实产品开发的相关理论和技术应用，包含的模块有：虚拟现实技术的概念及国内外发展现状，虚拟现实场景构建的数学基础及三维造型技术，Web3D及交互技术，常用的虚拟现实引擎技术应用及虚拟现实设备接口，增强现实技术及应用。本书的特色体现在：整合了最新的Web3D技术（如X3Dom、WebGL、Blender等）和最新开发引擎Unity3D、Unreal Engine的应用，引入了虚拟现实设备在Unity游戏开发中的应用等。本书章节的划分符合教学单元的设置，精心设计的案例及习题保证了恰当的练习和充足的训练；为了方便学习与实践，本书将提供案例源文件及相关代码，读者可在华信教育资源网（http://www.hxedu.com.cn）下载。

本书适合作为高等学校数字媒体技术、数字媒体艺术、动画、软件工程、虚拟现实等专业虚拟现实技术课程的教材，也适合从事虚拟现实技术研究的人员参考。通过学习本书，读者能够掌握虚拟现实技术的基本理论和最新方法，为设计和开发综合的虚拟现实作品（产品）打下坚实的理论和实践基础。

本书的编写分工是：冯开平编写第1、2章和部分第5章，高立海、康希编写第3章，潘光洋编写第4章，黄展鹏、黄益栓编写第5章前6节，韦宇炜编写5.7节，罗立宏编写第6、7章。另外，欧健参与了第1、2章的编写，孙青参与了第1章的编写，何嘉仪参与了第6章的编写，朱梦影参与了第7章的编写。

本书为教育部人文社科项目“基于VR/AR的历史文化展览沉浸式可视化叙事构架研究”（20YJAZH073）的阶段性研究成果。同时，衷心感谢广东工业大学，广东省本科高校动画、数字媒体专业教学指导委员会，电子工业出版社及张鑫编辑对我们的支持与帮助。

由于作者水平有限，书中难免存在缺点和错漏之处，恳请读者批评指正。

冯开平

2020年12月

目录

CONTENTS

第 1 章·

虚拟现实技术概述

本章首先介绍了虚拟现实技术定义及四要素，然后深入分析了虚拟现实系统架构及虚拟现实技术类别，最后列举了典型的虚拟现实技术设备，并简述了虚拟现实技术的应用。

1.1 虚拟现实技术定义

1.1.1 什么是虚拟现实技术

虚拟现实（Virtual Reality，VR）是仿真技术的一个重要分支，是计算机软硬件技术、传感技术、机器人技术、多媒体技术、网络技术等多种技术融合的发展结晶。由计算机软硬件及各种传感器构成的三维信息的人工环境即虚拟环境，可以模拟现实生活中的各种事物、环境，以及理论上提出的而现实生活中不存在的事物、环境，对仿真技术的发展有着重要意义。虚拟现实技术的定义是指一种由交互式计算机模拟组成的媒体，可以感应参与者的位置和运动，替换或增强一个或多个感官反馈，从而产生沉浸在模拟环境（虚拟世界）中或在其中出现的感觉。

1965 年，Ivan Sutherland 博士在他发表的论文 *The Ultimate Display* 中首次提出了感觉真实、交互真实的人机协作新理论，并于 1968 年开发了头盔式显示器（Helmet Mounted Display，HMD），初步建立了以 HMD 为首的虚拟现实技术产品。1973 年，Myron Krurger 提出了 Artificial Reality 这一早期出现的代表虚拟现实的词汇。作为虚拟现实技术的概括性词汇，从字面上来看，它具有虚拟现实的含义。1987 年，James Foley 在美国发表了一篇题为 *Interfaces for Advanced Computing* 的文章，文章中对 Artificial Reality 进行了理论阐述，并首次提出了虚拟现实的四个关键元素：Imagination（想象）、Interaction（交互）、Immersion（沉浸）、Behavior（行为）。这立即引起了人们极大的兴趣，从此，虚拟现实技术的概念和理论开始初步形成，它从研究到应用进入了一个崭新的时代。此后，James Foley 的文章被学者们多次引用。1989 年，作为学者兼商人，VPL 公司的 Jaron Lanier 提出用“Virtual Reality”表示虚拟现实，并把虚拟现实（以下简称 VR）作为商品，推动了 VR 在现实中的应用和发展。

1.1.2 四要素

1．沉浸

沉浸是指借助 VR 设备，如图 1-1 所示，使用户在视觉、听觉、嗅觉等感知上有身临其境的感觉，来增加虚拟世界的真实性。沉浸感是区分 VR 技术设备好坏和 VR 技术类型的一大重要依据，同时也是 VR 技术发展的目标之一。

2. 想象

借助 VR 技术，设计师可以充分发挥想象力和创造力，构造出一种虚拟环境，它能使用户沉浸在多维信息空间中，依靠自己的感知和认知能力感受探索世界并获取知识的最佳体验。

想象主导 VR 内容，甚至是 VR 产业的发展潜力，是 VR 比其他技术更吸引人的地方。想象的高度决定着 VR 内容和 VR 产业的发展深度、影响范围，它为精品内容的出现提供了可能，为新的交互方式、新的行为方式提供了灵感。图 1-2 所示为一个具有想象力的场景图。

图 1-1　沉浸感体现

图 1-2　一个具有想象力的场景图

3. 交互

交互是指使用专门的输入 / 输出设备（I/O 设备，如传感器）来捕捉用户的动作等信息，信息经过处理后与人能够产生相互作用，包括人对物体可操作的程度和产生自然反应的程度等。交互是沉浸感中不可缺少的一大重要影响因子。交互的实时性对硬件的要求高，再加上人类自身的物理反应，稍微的延迟都可能严重影响体验。交互使 VR 不仅有简单的 360° 全景视频，还拓宽了 VR 的领域与应用范围。图 1-3 所示为用户在虚拟场景中进行交互的一个情景。

4. 行为

交互是行为的基础，行为是交互的表达方式。从硬件角度而言，单纯只有 HMD 设备的时候，用户的行为局限于视觉。目前，要进行更多的互动就意味着需要更多的不同类别的 VR 技术设备，因此 VR 手柄、激光定位器、追踪器、运动传感器甚至 VR 座椅、VR 跑步机等应运而生，如图 1-4 所示。

图 1-3　用户在虚拟场景中进行交互的一个情景

图 1-4　VR 技术设备

1.2 VR 系统

VR 系统架构如图 1-5 所示。VR 引擎、I/O 设备是系统的硬件保证。应用软件建立 I/O 设备到模拟场景的映射，数据库用于场景中数据的管理和保存。

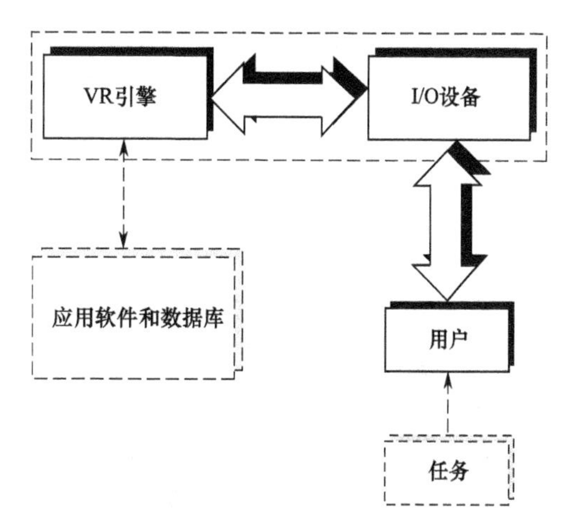

图 1-5 VR 系统架构

1.2.1 I/O 设备

I/O 设备包括输入设备和输出设备。传统的鼠标和键盘等交互设备已无法满足现在的需求，VR 系统要求用户采用自然的方式与计算机进行交互，因此需要采用特殊的设备。这些特殊设备需要使用专门设计的接口把用户命令输入计算机，同时把模拟过程中的反馈信息提供给用户。基于不同的功能和目的，有多种 VR 接口可用于解决多个感觉通道的交互问题。主要输入设备包括三维跟踪和定位设备、人体运动捕捉设备、手势输入设备及其他手动输入设备。

输出设备向用户提供输入信息的反馈，将各种感知信号转换为人可以接收的多通道刺激信号。主要输出设备包括用于视觉感知的立体显示设备、用于听觉感知的声音输出设备及用于人类表面感知的触觉力反馈设备。

1.2.2 VR 引擎

VR 引擎是一个 VR 开发平台，用于 3D 图形驱动的应用程序功能的建立和二次开发，也是连接 VR 外围设备、建立数学模型和应用程序数据库的基本平台。VR 引擎是整个 VR 系统的核心，负责整个虚拟场景的工作和操作的开发、计算、生成、连接、协调。目前主流的 VR 引擎有 Unity3D、Unreal Engine 4、CRYENGINE 和 VR-Platform，如图 1-6 所示。

1. Unity3D

Unity3D 是 Unity Technologies 开发的一种多平台综合游戏开发工具，使开发人员能够轻松创建交互式内容，如 3D 视频游戏、实时 3D 动画和建筑可视化。

2. Unreal Engine 4

Unreal Engine 是目前世界上知名的授权广的顶尖游戏引擎，占有全球商用游戏引擎 80% 的市场份额。由于其渲染效果强大及采用 PBR 物理材质系统，所以实时渲染的效果能够达到类似 Vray 静帧的效果。Unreal Engine 4 已成为开发者最喜爱的引擎之一。

3. CRYENGINE

CRYENGINE 是德国 CRYTEK 出品的一款对应最新技术 DirectX 11 的游戏引擎，也是一个兼容 PS3、360、MMO、DirectX 9 和 DirectX 10 的次世代游戏引擎。与其他竞争对手不同，CRYENGINE 无须第三方软件的支持就可以处理物理效果、声音及动画。

（a）Unity3D

（b）Unreal Engine 4

（c）CRYENGINE

（d）VR-Platform

图 1-6　VR 引擎

4．VR-Platform

VR-Platform 是由中视典开发的具有自主知识产权的 VR 软件，同时也是国内市场份额最高的 VR 软件。作为中国最早的具有自主知识产权的 VR 软件，VR-Platform 以其纯正的中文界面、易于使用的所见即所得及其人性化的功能设计赢得了国内用户的青睐。

此外还有其他用于 VR 系统开发的引擎，包括 Vizard、Virtools、EON Studio 及 Quest3D 等。

1.2.3 应用软件和数据库

在 VR 系统中，数据库用于存储虚拟世界中所有对象模型的信息及系统所需的各种数据，如地形数据、场景模型和各种建筑模型。在虚拟世界的场景中，需要保存、调用和更新大量虚拟对象，因此数据库需要对对象模型进行分类和管理。

应用软件是实现 VR 技术应用的关键。应用软件提供了工具包和场景图，用于减少编程任务的复杂性。VR 系统使用的工具包分为以下 3 类。

- 三维动画类。用于构建三维场景及场景中的对象。其效果逼真，制作简单，但不能精确控制。主要有 3ds Max、Maya、AutoCAD 等。
- 网络场景类。在服务器上实现网络传输信息量少，控制灵活性不足，适合开发 Internet 上的应用。主要有 World Toolkit（WTK）、VRML/X3D/X3DCOM、Java3D 等。
- 直接控制类。适合场景建立时对涉及的对象进行灵活、精确控制的情况，其编程要求较高。主要有 OpenGL、Direct3D 等。

用户需要根据实际要求选择合适的工具包。应用软件使用这些工具包和场景图来完成几何建模、运动建模、物理建模、行为建模和声音建模。

1.3　VR 技术类别

1.3.1　桌面 VR 技术

桌面 VR 技术主要面向基于普通个人计算机平台的小型桌面 VR 系统，又称 PCVR。操作者利用位置追踪器和数据手套、三维鼠标、力反馈器等输入设备（见图 1-7）在仿真过程中设计各种环境，模拟各类场景，借此来完成操作者想要的仿真效果。它所带来的立体视觉效果能使用户产生一定的投入感，但依然会受到周遭环境带来的物理影响，缺乏完全沉浸的效果，因此桌面 VR 技术是一种入门 VR 技术。但是，成本低、设备简便、效果较理想等优点使其受到了刚从事 VR 研究的单位和个人的青睐。

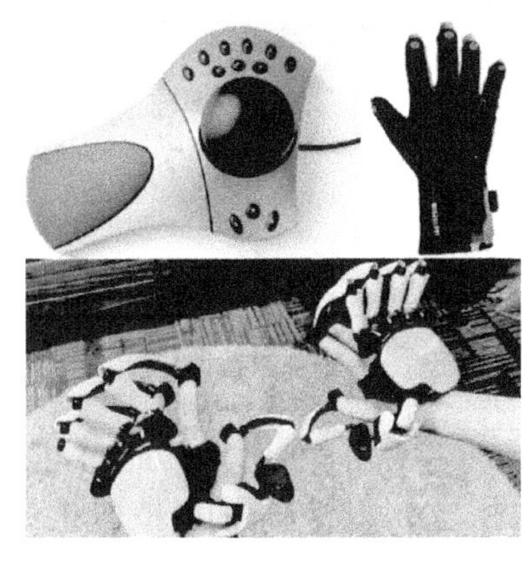

图 1-7　桌面 VR 技术输入设备

桌面 VR 系统中，硬件部分可分为 VR 立体图形显示、效果观察、人机交互等；软件部分可分为 VR 环境开发平台、3D 建模平台和源代码。另外，桌面 VR 系统也是大型 VR 系统中最基础、最核心的 VR 子系统。

1.3.2　沉浸式 VR 技术

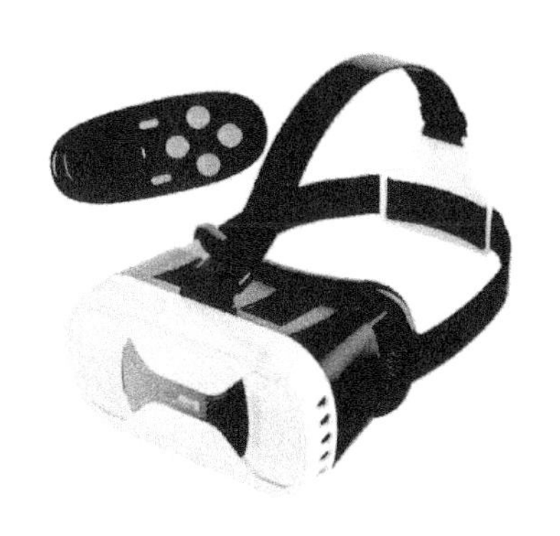

图 1-8　沉浸式 VR 技术设备 HMD

沉浸式 VR 技术使用图形系统和各种控制接口设备在计算机中生成交互式和身临其境的真实世界模拟，即利用计算机生成一个三维空间的虚拟世界，并通过对用户视觉、听觉、触觉等器官的数据进行实时计算，给用户一种置身于真实世界的沉浸感。

沉浸式 VR 技术是桌面 VR 技术在沉浸感上进行加倍强化的高精尖技术，其沉浸特征要求用户戴上 HMD（见图 1-8），几乎与现实世界隔绝。用户在这个虚拟环境中，能感受到三维空间的大小、周围材料的质感和声音的回响，以比较自然的方式与虚拟对象（物体）实时交互，仿佛沉浸在真实环境中。沉浸式 VR 技术称为沉浸式多媒体，也被誉为终极多媒体。本书中涉及的 VR 技术一般是指沉浸式 VR 技术。

1.3.3　增强现实技术

增强现实（Augmented Reality，AR）技术是 VR 技术的延伸与发展，是将虚拟世界无缝整合到现实世界并与现实世界交互的技术。其中运用的技术十分多样化，包括计算机成形技术、光传播成像技术、融合技术等，给我们提供了全新的视觉效果。

虽然 AR 技术和传统 VR 技术的原理类似，但是区别于传统的全 VR 技术，用户在 AR 世界中不仅能看到使用计算机生成的各种虚拟图像，而且可以通过显示设备实时观察到周围环境的状况。因此，AR 技术具有真实和虚拟双重信号的渲染能力，在各种需要虚实结合的应用中发挥着不可替代的作用，如医疗手术、娱乐游戏、汽车和航空导航、远程控制等。图 1-9 所示为宋城景区 AR 导览。

图 1-9 宋城景区 AR 导览

1.3.4 分布式 VR 技术

分布式 VR（Distributed Virtual Reality，DVR）技术是前面 3 种技术的集合版本。分布式 VR 技术基于网络的虚拟环境，使位于不同位置的多个客户端能够通过网络相连接，顶层采用 VR 技术，底层采用尖端网络技术，保证用户之间的协同性，从而让多个不同位置的用户利用网络能在同一虚拟环境下协同操作。图 1-10 所示为 VR 安全教育系统。

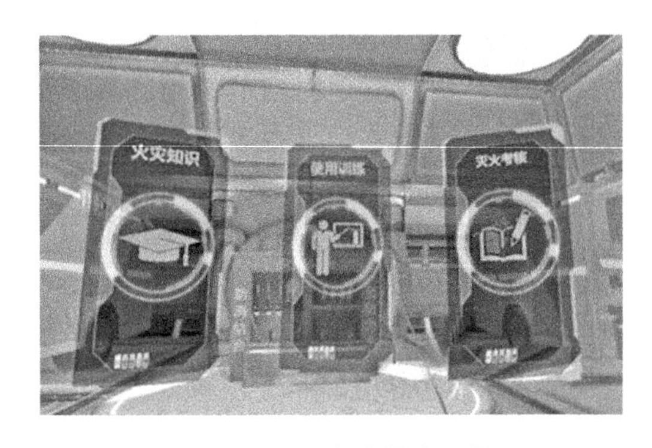

图 1-10 VR 安全教育系统

VR 系统要能运行在分布式环境下的原因有两个：一是计算机技术发展带来的强大的分布计算能力；二是某些应用本身就具有分布特性的需要，如各类网络游戏或分隔在两地的人通过 VR 技术实现“面对面”交流。

1.4 VR 技术设备

1.4.1 设备分类

VR 技术设备是指与 VR 技术领域相关的硬件产品，是 VR 系统中用到的硬件设备。

按照结构组成，目前 VR 系统中常见的硬件设备可分为以下 5 种：

- 虚拟世界的生成设备（如 3D 扫描仪）；
- 感知设备（生成多通道刺激信号的设备）；

- 跟踪设备（检测用户在虚拟世界中方向与位置的设备）；
- 基于自然方式的交互设备（与虚拟世界进行互动的设备）；
- 系统的集成设备。

按照所使用的技术分类，VR 技术设备可分为以下 3 种：

- 主机 VR HMD（见图 1-11）；
- 手机 VR 眼镜（见图 1-12）；
- VR 一体机（见图 1-13）。

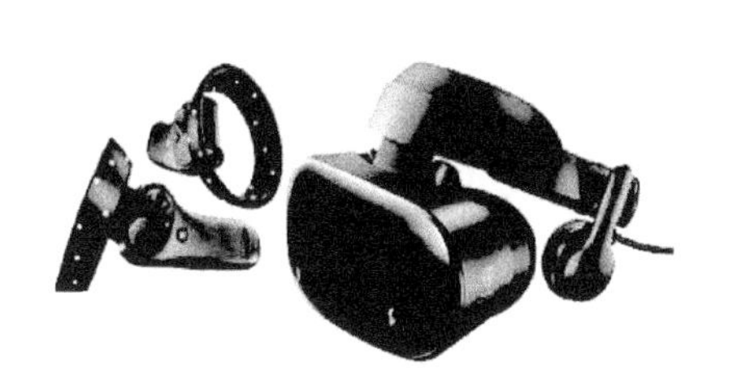

图 1-11　主机 VR HMD

图 1-12　手机 VR 眼镜

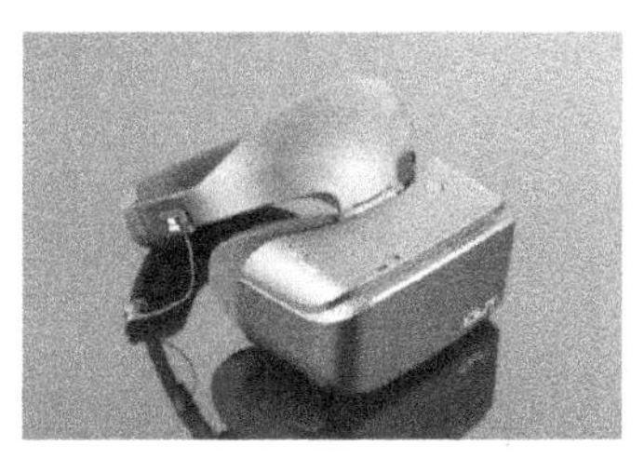

图 1-13　VR 一体机

手机 VR 眼镜是以桌面 VR 技术、AR 技术为核心制作出来的设备。当用户想要获得较佳的 VR 体验，但又不想购买沉浸式 VR 技术设备时，手机 VR 眼镜就是用户绝佳的选择。如果用户想体验虚拟世界和现实世界相结合的 AR 体验，可以购买 AR 眼镜。

1.4.2 典型设备

下面简要介绍几个 VR 技术的典型设备。

1. HTC Vive Pro

HTC Vive 是目前最令人满意的 VR 技术设备之一，有超高分辨率（2880×1600 像素）的 OLED 屏幕，支持 SteamVR 2.0 的定位追踪和丰富的内容，受到众多 VR 爱好者的青睐。HTC Vive 的头盔由 HTC 和 Valve 共同研究制作，是 Steam 游戏平台玩家的最优选择。HTC Vive Pro 除兼容 HTC Vive 的定位器和控制器外，还支持第二代 Lighthouse 定位器和控制器，如图 1-14 所示。

2. Oculus Rift

Oculus 成立于 2012 年，Oculus Rift 与 HTC Vive 一并被列入 2016 年中国泛娱乐指数盛典“中国 VR 产品关注度 Top10”。它们都是顶级的 VR HMD 设备。Oculus Rift 如图 1-15 所示。

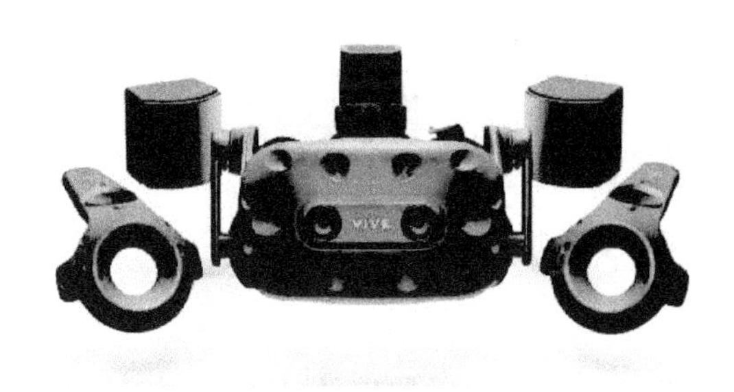

图 1-14　HTC Vive Pro

图 1-15　Oculus Rift

3. Microsoft HoloLens

图 1-16 所示为 HoloLens，由 Microsoft 研发，其配套的操作系统是 Windows 10。与传统的 VR 技术设备不同，HoloLens 没有外接设备限制，没有线缆，没有耳机，也不需要连接计算机。HoloLens 2 则从舒适性、手部追踪和交换、亮度、眼动追踪和语音输入、视场、远程协作六方面对 HoloLens 进行了技术革新，从而使 VR 技术设备迈入了“AR 眼镜 2.0”的时代。

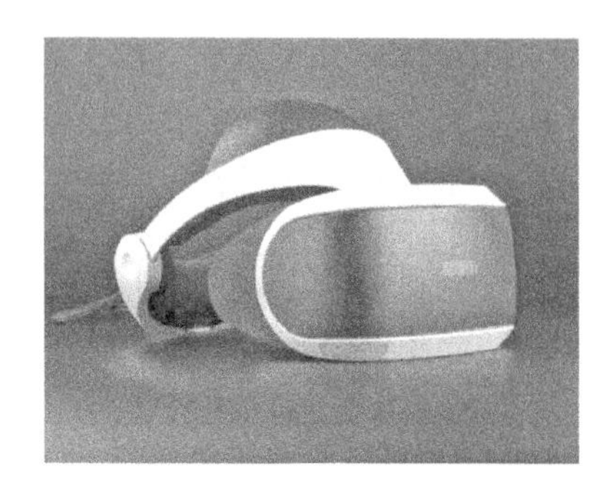

图 1-16 Microsoft HoloLens

1.5 VR 技术的应用

近 10 年来，VR 技术得到了快速发展并广泛应用于多个领域，如下所述。

1. 在工业上的应用

VR 技术的出现使工业设计在已有基础上“更上一层楼”。设计师在 VR 技术的帮助下，通过构建三维可交互的虚拟仿真环境，对设计的产品在外观、功能、用户体验等方面进行测试与验证，能迅速地找出设计中的痛点并加以解决。这样可以有效地缩短设计的周期，提高产品制造的效率，从而减少研发成本。

在房地产领域，VR 技术用于构建可交互的三维虚拟数字售楼系统。使用 VR 技术，买家即使在家中也能置身于商业大厦的“实景”中，感受其独特的空间设计和多元化功能。另外，在国家推动工业 4.0 的背景下，VR 技术在虚拟数字工厂、虚拟装配工艺、数据可视化、员工培训等方面得到了快速的发展。图 1-17 所示为用户使用设备进行模拟操作的场景。

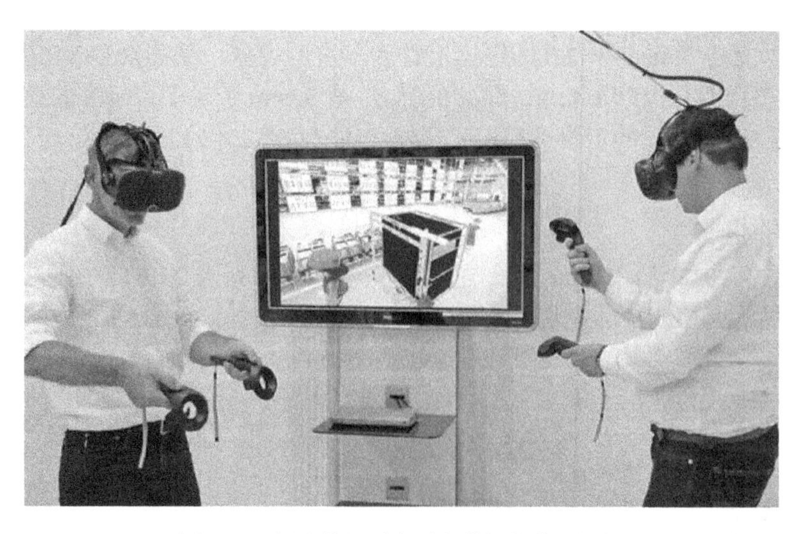

图 1-17 用户使用设备进行模拟操作的场景

2. 在教育上的应用

传统的教育方式已经不适应现代教育发展的需求。针对一些比较复杂的理论知识，利用 VR 技术构建可交互的三维虚拟环境，使学习者能直接、自然地与虚拟环境中的各种对象进行交互，从而获得相关的原理与方法，如图 1-18 所示。这种学习模式从传统的被动消极接受转化为主动积极获取，是教育模式的极大创新。

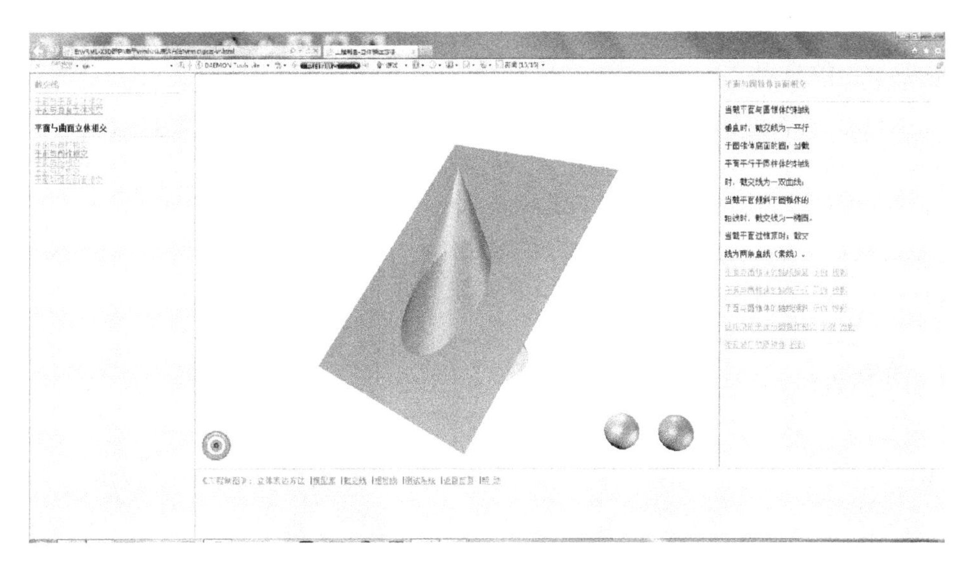

图 1-18　求平面与圆锥的交线

同时，教师使用 VR 技术可以进行有一定危险程度的学科教学。例如，化学学科的实验教学中，VR 技术用于创建沉浸式环境来模拟化学反应的发生，既保证了师生的安全，又能让学生从各种不同角度直接地观察实验过程，如图 1-19 所示。

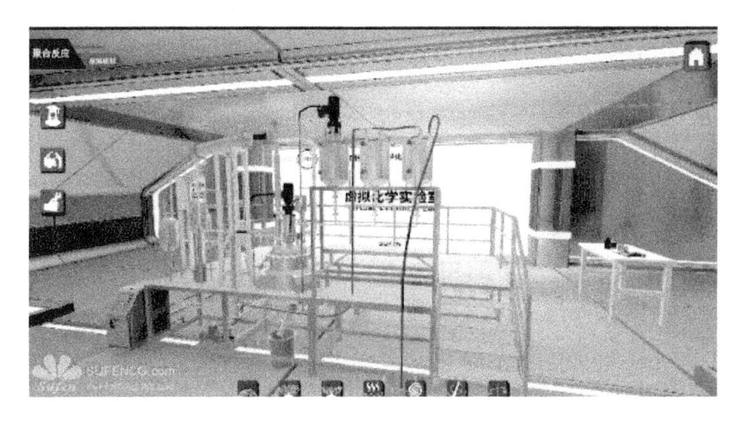

图 1-19　虚拟化学实验室

3. 在军事训练上的应用

利用 VR 技术可以构建人机交互战场，利用高配置的 HMD，借助各种传感器，模拟各种战场情景。士兵通过战场环境的不同操作选择输入设备，再输入处理方案，在虚拟世界中体验不同的作战结果。模拟训练可以让士兵能够提前熟悉复杂的环境并以最佳状态投入战斗，并在实战中最大限度地降低伤亡和损失。美国很早就开展了 VR 技术的应用研究，从 2012 年开始，美军就开始利用专属的 VR 硬件和软件进行模拟训练，包括战争、战斗和军医培训，这在局部战争和反恐作战中发挥了重要的作用。图 1-20 所示为模拟真实作战环境示例。

我国也开展了 VR 技术在军事训练上的应用研究。在第十届中国国际国防电子展览会上，我国领军 VR 企业设立了 VR 体验区，观众利用展出的 HMD 等设备可以实现虚拟战场环境、军事模拟训练、作战方案制定、作战效果评估等全方位体验。

4．在医学上的应用

VR 技术已经被证明在医学领域得到了广泛的应用。在医学的手术培训方面，使用 VR 技术模拟病人的器官，让实习医生对此进行手术，给模拟得出的结果打分，这样可以有效地增加实习医生的临床经验，提高真实手术的成功率。对一些棘手的医疗问题，可以将 VR 技术用于远程医疗，如医院远程会议、远程实时合作手术等。如图 1-21 所示，ImmersiveTouch 开发了提供可供医生培训的矫形外科手术 VR 系统。

图 1-20　模拟真实作战环境示例

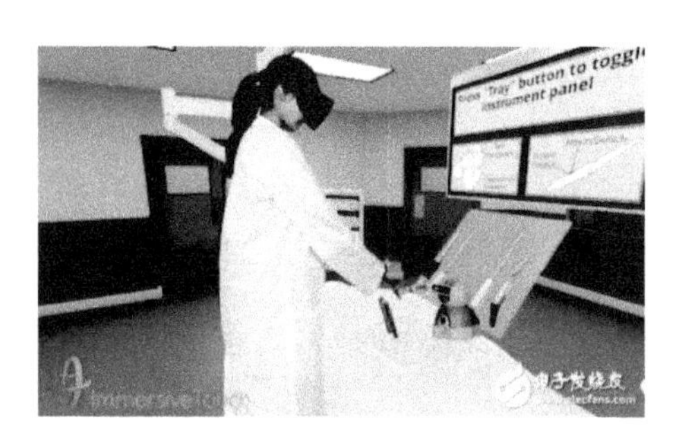

图 1-21　矫形外科手术 VR 系统

VR 技术在康复医疗训练中也得到了临床应用。例如，瑞士 Mindmaze 开发了一个名为 MindMotionPro 的 App，它可以使患者在 VR 技术的帮助下“练习”手指或胳膊的活动。虽然这种活动并不会在实际中发生，但是可以提高患者的注意力及视觉、听觉的参与度。

5．在游戏领域的应用

传统的桌面游戏已不能满足玩家的感官体验的追求。人们渴望成为游戏场景中的角色，亲临其境，在“真实”的世界中体验和挑战各种环境，以追求最好的感官效果。VR 技术的逼真性、互动性、沉浸性和想象性在构建游戏模拟方面具有绝对的优势，玩家使用 VR 系统提供的一系列可穿戴设备，与游戏中的角色合二为一，实现“真实”梦想。例如，VR 版“使命召唤”允许玩家体验真实的战场并实现普通人的战场梦想；索尼 Social VR 使人们在虚拟世界中体验自由落体的感觉等。图 1-22 所示为“古韵—VR 音乐节奏”游戏，图 1-23 所示为玩家在玩 VR 射击游戏的一个场景。

图 1-22　“古韵—VR 音乐节奏”游戏

图 1-23　VR 射击游戏场景

6. 在艺术领域的应用

VR 技术的沉浸性和交互性在艺术领域得到了充分的展现。使用 VR 技术可以把静态的艺术呈现为可互动的艺术。另外，对受众广的文物和文化遗产，使用 VR 技术可以实现高精度、交互性强的展示方式，通过数字化保存、虚拟修复、宣传展示、数字博物馆等形式，解决文化遗产保护中的传统问题。例如，我国考古学者及技术人员利用 VR 技术对严重损毁的敦煌艺术进行了虚拟修复，使得这璀璨的东方艺术瑰宝能重新展现在世人面前。目前，在艺术领域，VR 技术主要用于开发虚拟博物馆、虚拟音乐、虚拟演播室、虚拟演员、虚拟世界遗产等。图 1-24 所示为一个青花瓷互动展厅。

图 1-24　青花瓷互动展厅

习　题

1. 简述 VR 技术的定义。
2. 影响 VR 体验的因素都有哪些？
3. VR 系统由哪几部分构成？
4. VR 系统中，I/O 设备是什么？
5. VR 技术可分为几类？它们的不同点是什么？
6. VR 技术设备按照结构和技术进行分类，可分为哪些类？

第 2 章 · 3D数学基础

3D 数学是研究空间几何的学科，广泛应用于计算机引擎设计和 3D 世界模拟领域，如 VR、图形学、游戏、仿真、CG 等。本章介绍 3D 的数学基础及其在游戏引擎 Unity 中的应用。

2.1 3D 坐标系

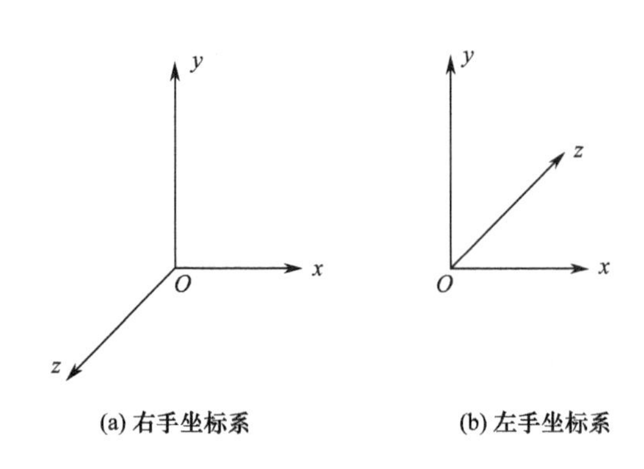

图 2-1 右手坐标系和左手坐标系

3D 坐标系即三维空间，存在三个坐标轴，分别为 *x* 轴、*y* 轴和 *z* 轴。3D 坐标系分为两种坐标系：左手坐标系和右手坐标系。右手坐标系是 *y* 轴指向上方，*x* 轴指向右方，*z* 轴指向后方，如图 2-1（a）所示；左手坐标系是 *y* 轴指向上方，*x* 轴指向右方，*z* 轴指向前方，如图 2-1（b）所示；通俗来说，就是当左手或者右手的手掌朝上，四指朝向 *x* 轴方向时，拇指所指方向为 *z* 轴，即左手坐标系和右手坐标系。

2.1.1 世界坐标（World Space）

左手坐标系即世界坐标系，在默认情况下，局部坐标系和世界坐标系的原点是重合的。因此，创建的所有物体不能都叠加在世界坐标系的原点上，而是需要移动模型。模型的移动过程中会发生模型的局部坐标到世界坐标的转换，移动目的就是把局部坐标转换成世界坐标。

在 Unity 引擎中，Transform.position 用于获取当前物体的世界坐标；Transform.localPosition 用于获取当前模型的局部坐标。

2.1.2 屏幕坐标（Screen Space）

屏幕坐标就是以当前计算机屏幕为平面设定的坐标，以像素（pixel）单位的屏幕右上角为原点，*z* 轴的位置视摄像机的视角确定。使用鼠标在屏幕上单击，单击的位置就是屏幕坐标。

在 Unity 引擎中，屏幕坐标为 (Screen.Width, Screen.Height)；Input.mousePosition 用于

获得鼠标单击位置坐标。例如，对 3D 物体发射射线来判断是否击中物体，也是基于屏幕坐标的。

2.1.3 视口坐标（ViewPort Space）

通过摄像机才能看到虚拟世界的物体，摄像机有自己的视口坐标，物体要在摄像机的视口坐标下才能被看到。

2.2 向量

向量（Vector）是 3D 数学的基础，3D 游戏开发中经常需要用到向量和向量的运算，Vector2 表示二维向量，Vector3 表示三维向量。Vector3 在 3D 数学中应用较为广泛。

向量的基本运算包括加法、减法、点乘、叉乘等，而在游戏开发中使用最广泛的是减法、点乘、叉乘。向量是具有方向和长度的矢量，Vector2 和 Vector3 分别用 $<x, y>$ 和 $<x, y, z>$ 来表示。

2.2.1 向量的加法和减法

如果两个向量的维数相同，则它们能相加或相减，结果向量维数与原来的两向量维数相同。例如，$[x, y, z]+[1, 2, 3]=[x+1, y+2, z+3]$，物理意义为一个物体从原位置移动到另一个位置。

向量的减法可以解释成加负向量。例如，$\boldsymbol{a}-\boldsymbol{b}=\boldsymbol{a}+(-\boldsymbol{b})$，维数与加法一样必须相同。不同的是加法可以使用交换律，而减法不能。向量加法和减法的几何解释如图 2-2 所示。向量 $\boldsymbol{a}$ 和 $\boldsymbol{b}$ 相加时，使向量 $\boldsymbol{a}$ 的箭头连接向量 $\boldsymbol{b}$ 的尾部，接着从 $\boldsymbol{a}$ 的尾部向 $\boldsymbol{b}$ 的箭头画一个向量；向量 $\boldsymbol{c}$ 和 $\boldsymbol{d}$ 相减时，使 $\boldsymbol{c}$ 和 $\boldsymbol{d}$ 的尾部相连，从 $\boldsymbol{d}$ 的箭头向 $\boldsymbol{c}$ 的箭头画一个向量。向量的减法主要用于计算两个物体之间的距离。

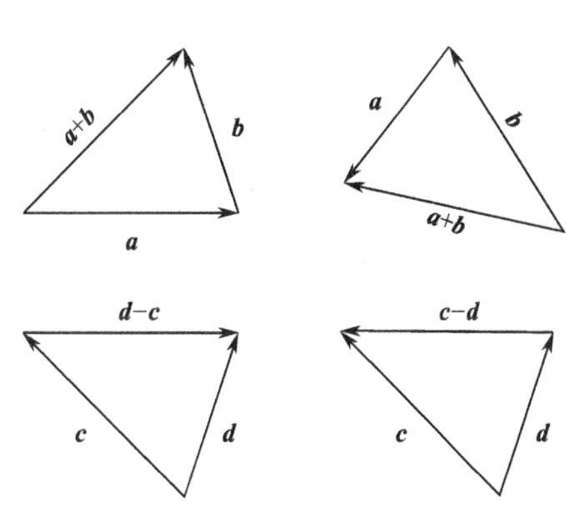

图 2-2　向量加法和减法的几何解释

【例 2.1】向量的加减法。

$$\boldsymbol{a}=\begin{bmatrix}1\\2\\3\end{bmatrix},\boldsymbol{b}=\begin{bmatrix}4\\5\\6\end{bmatrix},\boldsymbol{c}=\begin{bmatrix}7\\8\\9\end{bmatrix}$$

$$\boldsymbol{a}+\boldsymbol{b}=\begin{bmatrix}1+4\\2+5\\3+6\end{bmatrix}=\begin{bmatrix}5\\7\\9\end{bmatrix},\boldsymbol{a}-\boldsymbol{b}=\begin{bmatrix}1-4\\2-5\\3-6\end{bmatrix}=\begin{bmatrix}-3\\-3\\-3\end{bmatrix}$$

$$\boldsymbol{a}+\boldsymbol{b}-\boldsymbol{c}=\begin{bmatrix}1+4-7\\2+5-8\\3+6-9\end{bmatrix}=\begin{bmatrix}-2\\-1\\0\end{bmatrix}$$

在 3D 坐标中，向量加法表示物体移动的位置，减法表示物体移动的方向，流程如图 2-3 所示。

在 Unity 引擎中，向量的加法和减法组合用于物体从 C1 位置移动到 C2 位置。通常做法是，先用向量减法计算出移动的方向，即 Vector dir=(C2-C1)，再用向量加法将物体从 C1 移动到 C2，即 C1.position+=dir。

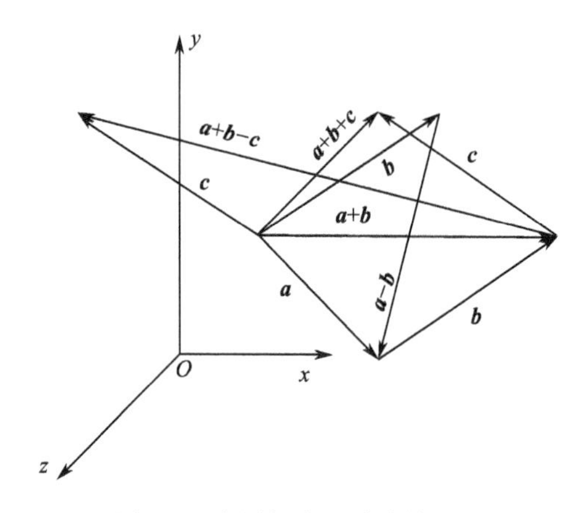

图 2-3　向量加法和减法的流程

2.2.2 向量的点乘

标量和向量可以进行点乘运算，向量和向量也可以进行点乘运算。向量点乘对应分量乘积的和，结果为标量，记为 $\boldsymbol{a} \cdot \boldsymbol{b}$。向量点乘的优先级高于加法和减法，可以通过 $[x, y, z] \cdot [1, 2, 3]=x+2y+3z$ 这个公式来计算，也可以通过几何定义 $\boldsymbol{a} \cdot \boldsymbol{b}=|\boldsymbol{a}| \cdot |\boldsymbol{b}| \cdot \cos<\boldsymbol{a}, \boldsymbol{b}>$ 来计算。

【例 2.2】向量的点乘。

$$\boldsymbol{a}=\begin{bmatrix}1\\2\\3\end{bmatrix},\boldsymbol{b}=\begin{bmatrix}4\\5\\6\end{bmatrix},\boldsymbol{c}=\begin{bmatrix}7\\8\\9\end{bmatrix}$$

$$\boldsymbol{a} \cdot \boldsymbol{b} = a_1 \cdot b_1 + a_2 \cdot b_2 + a_3 \cdot b_3 = 4+10+18=32$$

$$\boldsymbol{a} \cdot \boldsymbol{c} = a_1 \cdot c_1 + a_2 \cdot c_2 + a_3 \cdot c_3 = 7+16+27=50$$

设 $\boldsymbol{b}$ 与 $\boldsymbol{c}$ 的夹角为 θ，则

$$\cos<\boldsymbol{b},\boldsymbol{c}>=\frac{\boldsymbol{b}\cdot\boldsymbol{c}}{|\boldsymbol{b}|\cdot|\boldsymbol{c}|}=\frac{4\times7+5\times8+6\times9}{\sqrt{4^2+5^2+6^2}\times\sqrt{7^2+8^2+9^2}}=\sqrt{\frac{61}{7469}}$$

$$\arccos<\boldsymbol{b},\boldsymbol{c}>=\theta\approx85^\circ$$

在 Unity 引擎中，向量点乘通常用于计算角度。例如，玩家转向 NPC 或者怪物都与点乘有关。Vector3 Dot(Vector3 vec1, Vector3 vec2) 表示计算 vec1 和 vec2 的点乘积。

2.2.3 向量的叉乘

向量的叉乘与点乘不同。向量叉乘得到的是一个向量，而不是一个标量。当点乘和叉乘在一起时，优先计算叉乘。但标量和向量不能进行叉乘运算，并且叉乘得到的向量与点乘的两个向量垂直。向量叉乘的计算公式为 $[x, y, z]\times[a, b, c]=[yc-zb, za-xc, xb-ya]$，为了方便计算，一般使用它的几何定义：$\boldsymbol{a}\times\boldsymbol{b}=|\boldsymbol{a}| \cdot |\boldsymbol{b}| \cdot \sin<\boldsymbol{a}, \boldsymbol{b}>$。

在一个平面内的两个非平行向量叉乘的结果是这个平面的法向量，而法向量的方向可以用“右手定则”来判断。具体是：若满足右手定则，当右手的四指从向量 $\boldsymbol{a}$ 以不超过 180° 的转角转向向量 $\boldsymbol{b}$ 时，竖起的大拇指方向是 $\boldsymbol{n}$ 的指向。当法向量 $\boldsymbol{n}$ 与某一坐标轴同向时，手四指指的是逆时针方向，而且是不超过 180° 的方向，因此可以用叉乘来判断转向一定是最

优转向。

【例 2.3】向量的叉乘。

$$\boldsymbol{a}=\begin{bmatrix}1\\2\\3\end{bmatrix},\boldsymbol{b}=\begin{bmatrix}4\\5\\6\end{bmatrix}$$

$$\boldsymbol{a}\times\boldsymbol{b}=\begin{bmatrix}a_2b_3-a_3b_2\\-(a_1b_3-a_3b_1)\\a_1b_2-a_2b_1\end{bmatrix}=\begin{bmatrix}a_2b_3-a_3b_2\\a_3b_1-a_1b_3\\a_1b_2-a_2b_1\end{bmatrix}=\begin{bmatrix}12-15\\12-6\\5-8\end{bmatrix}=\begin{bmatrix}-3\\6\\-3\end{bmatrix}$$

叉乘是三维向量特有的运算，二维空间中并没有此运算。在三维空间中，向量的叉乘如图 2-4 所示。

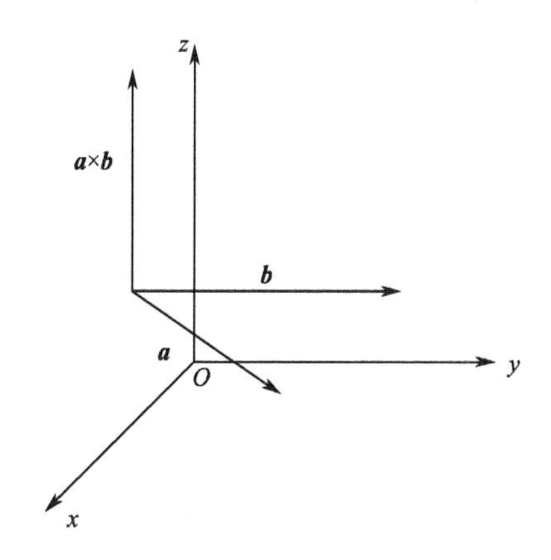

图 2-4　向量的叉乘

在 Unity 引擎中，叉乘用于判断一个角色是顺时针转动还是逆时针转动才能更快地转向敌人。Vector3.Cross(Vector3 vec1, Vector3 vec2) 表示 vec1 和 vec2 的叉乘，即与两个向量均垂直的向量。

2.3　矩阵运算

在 Unity 引擎中，矩阵的使用是非常多的。

2.3.1　矩阵的定义

一般而言，矩阵就是由一组数的全体在方括号内排列成 m 行 n 列的一个数表，也称为 $m\times n$ 阶矩阵。

矩阵可记为

$$\boldsymbol{M}=\begin{bmatrix}m_{11} & m_{12} & m_{13}\\m_{21} & m_{22} & m_{23}\\m_{31} & m_{32} & m_{33}\end{bmatrix}$$

称上述的 $\boldsymbol{M}$ 为 3×3 阶矩阵，m 为矩阵 $\boldsymbol{M}$ 的元素。

当矩阵行数等于列数时，称之为方阵。当矩阵的元素只有 1 行或 1 列时，称之为行矩阵或列矩阵。

2.3.2 矩阵变换

在 Unity 引擎中，对矩阵最基本的处理手段是平移、缩放、旋转。有时，变换可能比较复杂，如平移后旋转、旋转后平移。使用矩阵变换和矩阵乘法，可以将多个矩阵合成一个矩阵，最后用一个矩阵对每个顶点做一次处理就可以实现想要的效果。

（1）平移矩阵

在三维空间中，把一个对象从一个位置移到另一个位置，需要在引擎底层进行平移矩阵运算。运用下式可以计算出两个对象之间的关系：

$$x' = x + T_x\text{；}\quad y' = y + T_y\text{；}\quad z' = z + T_z$$

根据上式，可以将它们用一个矩阵来表示：

$$[x', y', z', 1] = [x, y, z, 1]\begin{bmatrix} 1 & 0 & 0 & 0 \\ 0 & 1 & 0 & 0 \\ 0 & 0 & 1 & 0 \\ T_x & T_y & T_z & 1 \end{bmatrix}$$

在进行矩阵计算时，需要将三维的点转换为齐次坐标，再进行三维计算。如果不转换，则矩阵的线性变换是很难实现的，如物体的平移变换、缩放变换等，三维矩阵是无法完成的。

向量和点都是三维的，如果使用的是点，就在点的最后加一项 1，齐次坐标表示为 $(x, y, z, 1)$。如果使用的是向量，就在向量的最后加一项 0，齐次坐标表示为 $(x, y, z, 0)$。但是向量不可以通过矩阵换算，点则可以。

在 Unity 引擎中，开发者提供了平移的 API（即 Translate），通过 tranform.Translate(Vector3.up*Time.deltaTime, Space.World) 实现向上平移的功能，其中 up 表示方向，可修改至任意方向来实现不同方向的平移，Space.World 表示以世界坐标系方向为参考方向。

（2）缩放矩阵

在 Unity 引擎中，物体的缩放也可以通过下式计算得到：

$$x' = x \cdot S_x\text{；}\quad y' = y \cdot S_y\text{；}\quad z' = z \cdot S_z$$

将上式换算成矩阵如下：

$$\begin{bmatrix} S_x & 0 & 0 & 0 \\ 0 & S_y & 0 & 0 \\ 0 & 0 & S_z & 0 \\ 0 & 0 & 0 & 1 \end{bmatrix}$$

在 Unity 引擎中，开发者提供了缩放的 API（即 Scale），通过 transform.localScale+=new Vector3(x, y, z) 实现缩放，其中 x, y, z 表示从 x、y、z 轴方向缩放。

（3）旋转矩阵

在 3D 游戏开发中，物体旋转可以通过三个方式实现：矩阵旋转、四元数旋转、欧拉角旋转。一般情况下，采用后两个方式实现。下面介绍绕 x、y、z 轴旋转的矩阵。

绕 x 轴旋转的矩阵：

$$\begin{bmatrix} 1 & 0 & 0 \\ 0 & \cos\alpha & \sin\alpha \\ 0 & -\sin\alpha & \cos\alpha \end{bmatrix}$$

绕 y 轴旋转的矩阵：

$$\begin{bmatrix} \cos\alpha & 0 & \sin\alpha \\ 0 & 1 & 0 \\ -\sin\alpha & 0 & \cos\alpha \end{bmatrix}$$

绕 z 轴旋转的矩阵：

$$\begin{bmatrix} \cos\alpha & \sin\alpha & 0 \\ -\sin\alpha & \cos\alpha & 0 \\ 0 & 0 & 1 \end{bmatrix}$$

其中，α 表示绕中标中心旋转的角度。

在 Unity 引擎中，开发者提供了旋转的 API（即 Rotate），通过 transform.Rotate(new Vector(float x, float y, float z)) 实现，当 x, y, z 都为 1 时，即绕 x、y、z 轴旋转。

2.4　四元数和欧拉角

2.4.1　四元数

复数是由实数加上虚数 i 构成的，即复数对 (a, b) 定义为 $a+b\mathrm{i}$。

四元数本质上是一个高阶复数，可视为复数的扩展，表达式为 $y=a+b\mathrm{i}+c\mathrm{j}+d\mathrm{k}$。i, j, k 的关系如下：

$$\mathrm{i}^2 = \mathrm{j}^2 = \mathrm{k}^2 = -1$$
$$\mathrm{i} \cdot \mathrm{j} = \mathrm{k}, \mathrm{j} \cdot \mathrm{i} = -\mathrm{k}$$
$$\mathrm{j} \cdot \mathrm{k}=\mathrm{i}, \mathrm{k} \cdot \mathrm{j} = -\mathrm{i}$$
$$\mathrm{k} \cdot \mathrm{i} = \mathrm{j}, \mathrm{i} \cdot \mathrm{k} = -\mathrm{j}$$

前面在介绍矩阵旋转时提到了四元数，四元数在 Unity 引擎中的主要作用是使空间对象绕任一方向轴旋转。在使用四元数旋转前要注意以下两点。

- 用于旋转的四元数必须是单位四元数（即模为 1）。例如，将三维坐标的某一点 (x, y, z) 用四元数表示，通过定义 $p[0, (x, y, z)]$ 即可。此时角度 θ 绕单位旋转轴 (x, y, z) 旋转后的单位四元数格式为 $q=[\cos(\theta/2), \sin(\theta/2)\ (x, y, z)]$。
- 实际参与旋转的四元数有两个：p 和 p 的逆。

【例 2.4】假设四元数点 p 绕 n 旋转，n 为旋转轴，单位向量；θ 为旋转角，求旋转后的新四元数点 p'。

设 q 为旋转四元数格式 $\left[\cos(\theta/2), n\sin(\theta/2)\right]$，则有以下等式：

$$p' = qpq^{-1}$$

此种方法可以和矩阵形式快速转换。

在 Unity 编辑器中的 Transform 组件包括位置（Position）、旋转（Rotation）和缩放（Scale）。Rotation 是一个四元数，但是不能直接对 Quaterian.Rotation 赋值。使用函数 Quaterian.Eular(Vector3 angle) 可以获取四元数，该函数返回的就是四元数。

欧拉角表示为 Quaterion.eulerAngles，可以对其进行赋值，如：

```
Quaterion.eulerAngles=new Vector3(0, 30, 0);
```

四元数可以用来进行旋转，其表达式为 Quaterion.AngleAxis(float angle, Vector3 axis)。调用这个函数可以对物体进行旋转，在旋转时还可以调用函数 Quaternion.Lerp() 进行插值计算，这些函数都是在编写逻辑时调用的。

2.4.2 欧拉角

物件在三维空间的有限转动可以看成由绕三个互相垂直轴的方向转动的某个角度组合而成的一个旋转序列。欧拉角就是物体绕坐标系三个坐标轴（即 x、y、z 轴）的旋转角度，三个轴的旋转顺序不受限制。

欧拉角也可用于描述一个参照系（通常是一个坐标系）和另一个参照系之间的位置关系。

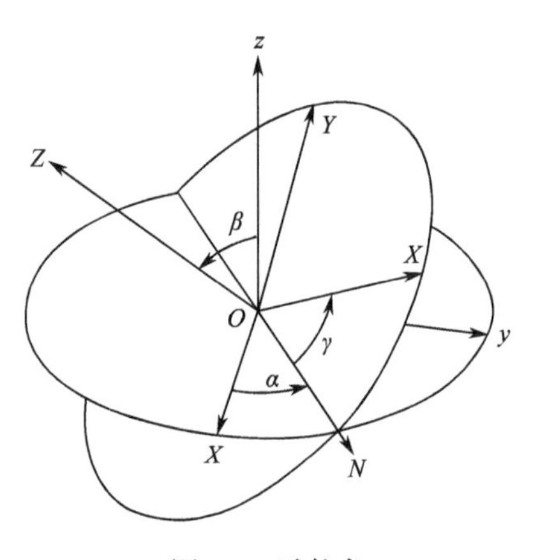

图 2-5　欧拉角

如图 2-5 所示，原始的参考系坐标轴被定义为 x, y, z，旋转后的坐标系坐标轴被定义为 X, Y, Z，xy 和 XY 坐标平面的交线（N）称为交轨线，α 为 x 轴和 N 线之间的角度，β 为 z 轴和 Z 轴之间的角度，γ 为 N 线和 X 轴之间的角度。

转换过程是：坐标系先绕 z 轴旋转角度 α，然后绕 N 线（第一次旋转后 X 轴的方位）旋转角度 β，最后绕 Z 轴旋转角度 γ，此时 α, β, γ 称为欧拉角，这种旋转称为原始或经典欧拉角旋转。

欧拉角也是用于旋转的，但是它有一个致命的缺点：绕第二个轴的旋转角度为 $\pm 90°$ 时，就会出现万向节死锁现象。欧拉角旋转在 Unity 引擎中通常使用的函数是 transform.Rotate(Vector3 angle)。

万向节死锁就是在三维空间中某两个轴在旋转时重叠了，不论如何旋转，三个轴都成了两个轴。例如：

```
transform.Rotate(new Vector3(0, 0, 40));
transform.Rotate(new Vector3(0, 90, 0));
transform.Rotate(new Vector3(80, 0, 0));
```

只需要固定中间一句代码，即使 y 轴的旋转角度始终为 $90°$，就会发现无论如何调整 x 轴和 z 轴的旋转角度，它们总是会在同一个平面上运动。万向节死锁实际上没有锁住任何一个旋转轴，即使在这种情况下感觉丧失了一个维度。因此，只要第二个旋转角度不是 $\pm 90°$，就可以依靠改变其他两个轴的旋转角度来得到任意旋转位置。

最简单的理解还是 x, y, z 轴的旋转顺序。当 y 轴的旋转角度为 90° 时，会得到下面的矩阵。

$$\boldsymbol{R}=\begin{bmatrix} 0 & 0 & 1 \\ \sin(\alpha+\gamma) & \cos(\alpha+\gamma) & 0 \\ -\cos(\alpha+\gamma) & \sin(\alpha+\gamma) & 0 \end{bmatrix}$$

在改变第一次和第三次旋转角度时，得到的是同样的效果，并不会改变第一行和第三列的数值，从而缺失了一个维度。究其本质，是因为从欧拉角到旋转的映射并非一个覆盖映射，即不同的欧拉角可以表示同一个旋转方向，而且并非每一个旋转变化都可以用欧拉角来表示。

2.5　3D 几何变换

3D 几何变换主要包括平移、缩放、旋转、对称和错切。在 Unity 引擎中，3D 几何变换通常使用矩阵来完成。

2.5.1　平移变换

在 Unity 引擎中，平移变换的实现多为矩阵平移，先确定物体的中心点和平移位置的点，再使用 Translate 的 API 来实现物体平移。操作步骤如下。

（1）打开 Unity，单击 Project 视图中的“Create”按钮创建一个新的 C# 脚本，在 Project 视图中将其命名为 Translation。

（2）双击“Translation”脚本，将其打开进行编辑，写入代码清单 2-1 的代码，参见配套资源“素材 \ 第 2 章 \ 代码清单 2-1.txt”。

（3）创建一个物体（图例为一辆小车），将脚本拖入小车的“Script”栏中，勾选“Translation（Script）”复选框，如图 2-6 所示。

图 2-6　勾选“Translation（Script）”复选框

（4）单击“运行”按钮，用鼠标右键拖曳小车，观察效果，会发现图中小车随着鼠标的拖动而平移，如图 2-7 和图 2-8 所示。

图 2-7　未拖曳时小车位置

图 2-8　拖曳后小车位置

2.5.2 缩放变换

使用放大或缩小比例因子 k 可以缩放物体。如果在每个方向使用相等的比例因子，结果就是均匀缩放；如果需要单方向改变物体的大小，即在不同方向使用不同的比例因子，结果就是非均匀缩放。

在 Unity 引擎中，可以通过在摄像机上增加比例因子 k 来实现场景的缩放，即改变主摄像机正交投影 Camera.main.orthographicSize 和主摄像机视野 Camera.main.fieldOfView，操作步骤如下。

（1）打开 Unity，单击 Project 视图中的“Create”按钮，创建一个新的 C# 脚本，在 Project 视图中将其命名为 Scale。

（2）双击“Scale”脚本，将其打开进行编辑，写入代码清单 2-2 的代码，参见配套资源“素材 \ 第 2 章 \ 代码清单 2-2.txt”。

（3）创建一个物体（图例为一辆小车），将脚本拖入小车的“Script”栏中，勾选“Scale（Script）”复选框，如图 2-9 所示。

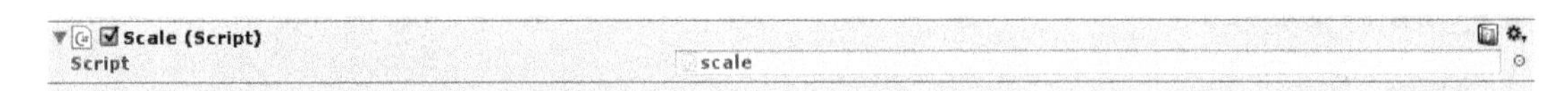

图 2-9　勾选“Scale（Script）”复选框

（4）单击“运行”按钮，滚动鼠标滚轮，观察效果，发现图中场景随鼠标滚轮的滚动而放大或缩小，如图 2-10 和图 2-11 所示。

图 2-10　拖动鼠标滚轮前的场景

图 2-11　拖动鼠标滚轮后的场景

2.5.3 旋转变换

旋转变换包含矩阵变换、四元数变换和欧拉角变换。矩阵变换只需调用 Rotate 接口即可完成，较为简单。下面介绍四元数变换和欧拉角变换，操作步骤如下。

（1）打开 Unity，单击 Project 视图中的“Create”按钮，创建一个新的 C# 脚本，在 Project 视图中将其命名为 Mouse Look。

（2）双击“Mouse Look”脚本，将其打开进行编辑，写入代码清单 2-3 的代码，参见配套资源“素材 \ 第 2 章 \ 代码清单 2-3.txt”。

（3）创建一个物体（图例为一辆小车），将脚本拖入小车的“Script”栏中，勾选“Mouse Look（Script）”复选框，如图 2-12 所示。

（4）单击“运行”按钮，任意移动鼠标，观察效果，小车随鼠标移动会不断旋转，如图 2-13 和图 2-14 所示。

Mouse Look (Script)	
Script	MouseLook
Axes	Mouse X And Y
Sensitivity Vert	8
Sensitivity Hor	8
Min Vert	-45
Max Vert	45

图 2-12　勾选“Mouse Look（Script）”复选框

图 2-13　未移动鼠标的小车

图 2-14　移动鼠标后的小车

2.5.4 三维组合变换

1. 绕任意点的旋转变换

在 Unity 引擎中，绕任意点的旋转变换可以通过调用 RotateAround 接口来完成。在任意点上放置一个物体，将绕任意点的旋转变换问题转换成 A 物体绕 B 物体旋转的问题，操作步骤如下。

（1）打开 Unity，单击 Project 视图中的“Create”按钮，创建一个新的 C# 脚本，在 Project 视图中将其命名为 Rotate Around。

（2）双击“Rotate Around”脚本，将其打开进行编辑，写入代码清单 2-4 的代码，参见配套资源“素材 \ 第 2 章 \ 代码清单 2-4.txt”。

（3）创建一个物体 A（图例为一辆小车），将脚本拖入小车的“Script”栏中，勾选“Rotate Around（Script）”复选框。创建一个物体 B（图例为一个正方体），并将物体 B 插入小车脚本的“B”栏中。

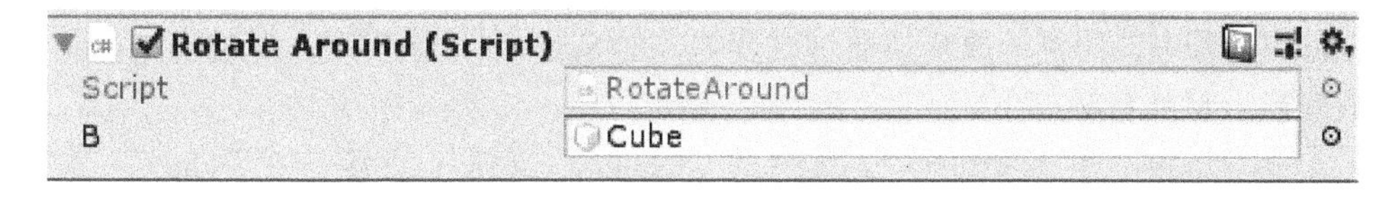

图 2-15　勾选“Rotate Around（Script）”复选框

（4）单击“运行”按钮，观察效果，小车开始绕物体 B 缓慢旋转，如图 2-16 和图 2-17 所示。Vector3.up 即为绕物体 y 轴方向旋转，改变 RotateAround 接口的 Vevtor3.up 可以改变绕物体旋转的方向。Vector3.up 默认为 (0, 1, 0)。

图 2-16　未旋转的小车

图 2-17　旋转后的小车

2. 绕任意轴线的旋转变换

在Unity引擎中，绕任意轴线的旋转变换可以通过调用Rotate接口来实现，操作步骤如下。

（1）打开Unity，单击Project视图中的“Create”按钮，创建一个新的C#脚本，在Project视图中将其命名为Rotate。

（2）双击“Rotate”脚本，将其打开进行编辑，写入代码清单2-5的代码，参见配套资源“素材\第2章\代码清单2-5.txt”。

（3）创建一个物体（图例为一辆小车），将脚本拖入小车的“Script”栏中，勾选“Rotate（Script）”复选框，如图2-18所示。

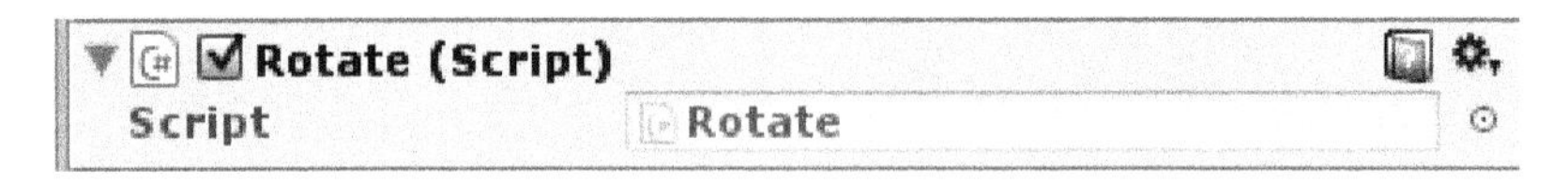

图2-18　勾选“Rotate（Script）”复选框

（4）单击“运行”按钮，观察效果，可以看到小车沿自身y轴旋转，如图2-19和图2-20所示。

图2-19　未旋转的小车

图2-20　旋转后的小车

3. 相对于任意点的比例缩放变换

在Unity引擎中，比例缩放变换通过改变物体的Scale属性来实现，通过脚本控制物体的比例缩放变换，操作步骤如下。

（1）打开Unity，单击Project视图中的“Create”按钮，创建一个新的C#脚本，在Project视图中将其命名为Scale。

（2）双击“Scale”脚本，将其打开进行编辑，写入代码清单2-6的代码，参见配套资源“素材\第2章\代码清单2-6.txt”。

（3）创建一个物体（图例为一辆小车），将脚本拖入小车的“Script”栏中，勾选“Scale（Script）”和“Is Change Car”复选框，如图2-21所示。

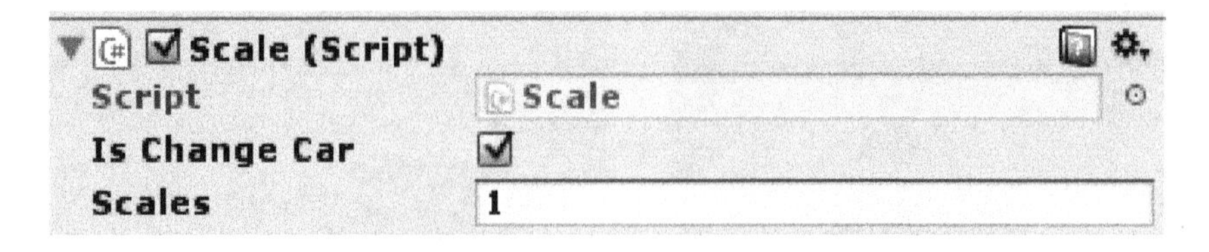

图2-21　选中“Scale”脚本

（4）单击“运行”按钮，滚动鼠标滚轮，观察效果，发现小车随着滚轮的滚动放大或缩小，如图 2-22 和图 2-23 所示。

图 2-22　未放大的小车

图 2-23　放大后的小车

2.6　投影变换

在计算机 3D 图像中，投影可以看成一种将 3D 坐标变成 2D 坐标的方法。

在 Unity 引擎中，摄像机的投影分为两种：正交投影和透视投影。2D 默认是正交（Orthographic）投影，3D 默认是透视（Perspective）投影。

2.6.1　正交投影

正交投影也称平行投影，是平行光源的投射，物体不会随着距离的改变而改变。例如，距离 10m 和 1000m 的实际大小相同的物体，呈现在画面上的大小也是相同的。正交投影的原理如图 2-24 所示。

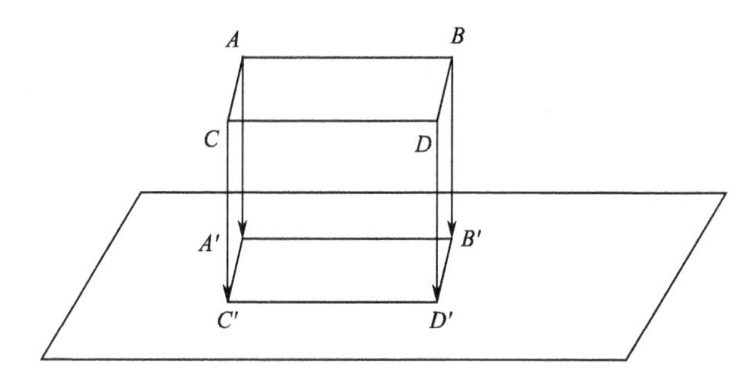

图 2-24　正交投影的原理

【例 2.5】要将 $\boldsymbol{a}$ 投影到水平面上，其投影为 $\boldsymbol{q}$，$\boldsymbol{b}$ 和 $\boldsymbol{c}$ 为水平面上线性无关的向量，它们的参数分别表示为

$$\boldsymbol{a}=\begin{bmatrix}2\\2\\2\end{bmatrix},\boldsymbol{b}=\begin{bmatrix}0\\2\\0\end{bmatrix},\boldsymbol{c}=\begin{bmatrix}2\\0\\0\end{bmatrix}$$

$\boldsymbol{d}$ 为垂直于水平面的向量，则通过向量加减法的定义可知 $\boldsymbol{d}=\boldsymbol{a}-\boldsymbol{q}$。而 $\boldsymbol{q}$ 是可以用水平面上任意两条线性无关的向量表示，即

$$\boldsymbol{q}=\boldsymbol{b}x_1+\boldsymbol{c}x_2=\boldsymbol{A}\boldsymbol{x},\boldsymbol{A}=[\boldsymbol{b},\boldsymbol{c}],\boldsymbol{x}=[x_1,x_2]$$

则有 $\boldsymbol{d}=\boldsymbol{a}-\boldsymbol{A}\boldsymbol{x}$，又由 $\boldsymbol{d}$ 与水平面上的任何向量垂直，故 $\boldsymbol{d}$ 与水平面上的任何向量的转置向量垂直，可得 $\boldsymbol{A}^{\mathrm{T}}\boldsymbol{d}=\boldsymbol{A}^{\mathrm{T}}(\boldsymbol{a}-\boldsymbol{A}\boldsymbol{x})=0$，又可求出 $\boldsymbol{x}=(\boldsymbol{A}^{\mathrm{T}}\boldsymbol{A})^{-1}\boldsymbol{A}^{\mathrm{T}}\boldsymbol{a}$，又因 $\boldsymbol{a}$ 通过投影矩阵 $\boldsymbol{P}$ 可得到 $\boldsymbol{d}$，则有以下方程组：

$$\begin{cases} \boldsymbol{d} = \boldsymbol{A}\boldsymbol{x} \\ \boldsymbol{d} = \boldsymbol{P}\boldsymbol{a} \end{cases}$$

联立求解，可得投影矩阵 $\boldsymbol{P}=\boldsymbol{A}(\boldsymbol{A}^{\mathrm{T}}\boldsymbol{A})^{-1}\boldsymbol{A}^{\mathrm{T}}$，即投影矩阵 $\boldsymbol{P}$ 为

$$\begin{bmatrix} \frac{1}{4} & & \\ & \frac{1}{4} & \\ & & \frac{1}{4} \end{bmatrix}$$

从正交投影所呈现的效果看，这显然不是我们所希望的。3D 游戏模拟的是现实生活，而在现实生活中，离我们远的物体和离我们近的物体的大小在视觉效果上是截然不同的。因此，正交投影在 Unity 引擎中的使用就非常有限了。

2.6.2 透视投影

透视投影是 3D 渲染中的基本概念，也是 3D 程序设计的基础。掌握透视投影的原理对深入理解其他 3D 渲染管线具有重要作用。

与人的视觉系统相似，透视投影多用在三维平面中对三维世界的呈现。如图 2-25 所示，模型由视点 E 和视平面 P 两部分构成（要求 E 不在 P 上）。其中，视点就是观察者的位置，即三维世界的角度；视平面就是渲染三维对象的二维平面图。对于任意一点 X，构造一条从 E 到 X 的射线 R，R 与视平面 P 的交点 X_P 即为 X 点的透视投影结果。

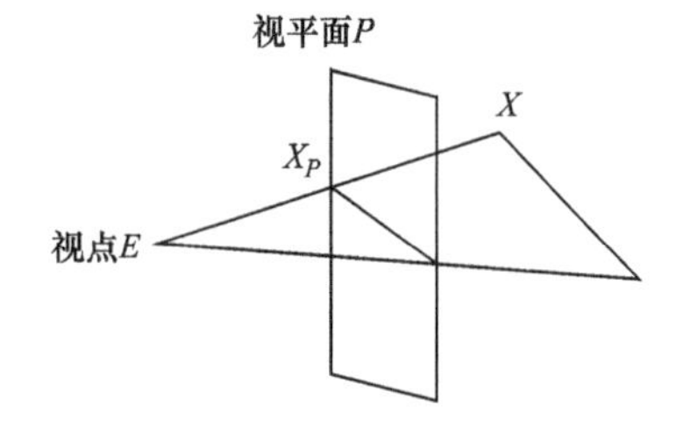

图 2-25　X 点的透视投影

3D 中的透视投影仍然是投影到二维平面上的，但投影线不再平行，而相交于视点 E 上，视点 E 称为投影中心。在物理学上的小孔成像就是透视投影。

【例 2.6】假设空间有一点 $q(x_q, y_q, z)$，其投影在视平面上的点为 $q'(x_{q'}, y_{q'}, n)$，利用三角形相似性，可得出 $\frac{x_{q'}}{x_q} = \frac{-n}{z}$。把 x, y 坐标映射到规范视域体 $[-1, 1]$ 中，得到以下投影公式：

$$\begin{cases} x' = \dfrac{2x}{r-l} - \dfrac{r+l}{r-l} \\ y' = \dfrac{2y}{t-b} - \dfrac{t+b}{t-b} \end{cases}$$

视域体由以下 6 个面定义：

$$\text{left} : x = l, \text{right} : x = r, \text{bottom} : y = b, \text{top} : y = t, \text{near} : z = n, \text{far} : z = f$$

视域体在三维坐标系上的表示如图 2-26 所示。

把 x 代替为 $x \cdot \frac{n}{z}$，则

$$x' = \left(\frac{2n}{r-l}\right)\frac{x}{z} - \frac{r+l}{r-l}$$

$$y' = \left(\frac{2n}{t-b}\right)\frac{y}{z} - \frac{t+b}{t-b}$$

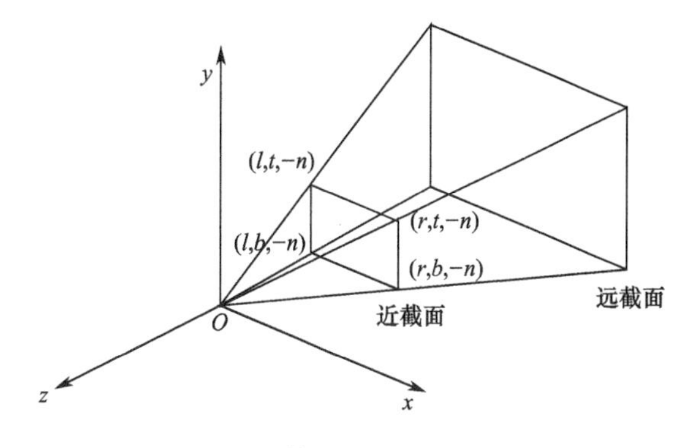

图 2-26　视域体在三维坐标系上的表示

而 z 和 z' 的转换不依赖于 x 和 y，因此可以根据 z 和 z' 的线性关系来确定 z'，当 $z=n$ 时，$z'=0$；当 $z=f$ 时，$z'=1$。因此，可以得到 $zz' = \frac{f}{f-n}z - \frac{fn}{f-n}$。

在数学变换中，矩阵最后一行总是 [0, 0, 0, 1]，故设 $w'=1$，则得到以下投影公式：

$$\begin{cases} x'z = \frac{2n}{r-l}x - \frac{r+l}{r-l}z \\ y'z = \frac{2n}{t-b}y - \frac{t+b}{t-b}z \\ z'z = \frac{f}{f-n}z - \frac{fn}{f-n} \\ w'z = z \end{cases}$$

把这个公式写成矩阵的形式，即可得投影矩阵：

$$\boldsymbol{P} = \begin{bmatrix} \frac{2n}{r-l} & 0 & -\frac{r+l}{r-l} & 0 \\ 0 & \frac{2n}{t-b} & -\frac{t+b}{t-b} & 0 \\ 0 & 0 & \frac{f}{f-n} & -\frac{fn}{f-n} \\ 0 & 0 & 1 & 0 \end{bmatrix}$$

设空间点 $\boldsymbol{q}$ 为 (1, 2, 3)，视域体为规范视域体，即

$$\text{left}: x=-1, \text{right}: x=1, \text{bottom}: y=-1, \text{top}: y=1, \text{near}: z=0, \text{far}: z=-1$$

则透视投影矩阵 $\boldsymbol{P}$ 为

$$\begin{bmatrix} \frac{2n}{r-l} & 0 & -\frac{r+l}{r-l} & 0 \\ 0 & \frac{2n}{t-b} & -\frac{t+b}{t-b} & 0 \\ 0 & 0 & \frac{f}{f-n} & -\frac{fn}{f-n} \\ 0 & 0 & 1 & 0 \end{bmatrix} = \begin{bmatrix} 0\,0\,0\,0 \\ 0\,0\,0\,0 \\ 0\,0\,1\,0 \\ 0\,0\,1\,0 \end{bmatrix}$$

通过定义可得空间点 $\boldsymbol{q}$ 的四元数为 (0,(1,2,3))，则投影在视平面上的点为

$$q' = Pq = \begin{bmatrix} 0 & 0 & 0 & 0 \\ 0 & 0 & 0 & 0 \\ 0 & 0 & 1 & 0 \\ 0 & 0 & 1 & 0 \end{bmatrix} \begin{bmatrix} 0 \\ 1 \\ 2 \\ 3 \end{bmatrix} = \begin{bmatrix} 0 \\ 0 \\ 2 \\ 3 \end{bmatrix}$$

在 Unity 引擎中，改变摄像机的投影方式可以实现透视图到正视图的转换。操作方法是，勾选“Main Camera”复选框，将“Projection”下拉列表中的“Perspective”选项更改为“Orthographic”选项，如图 2-27 所示。

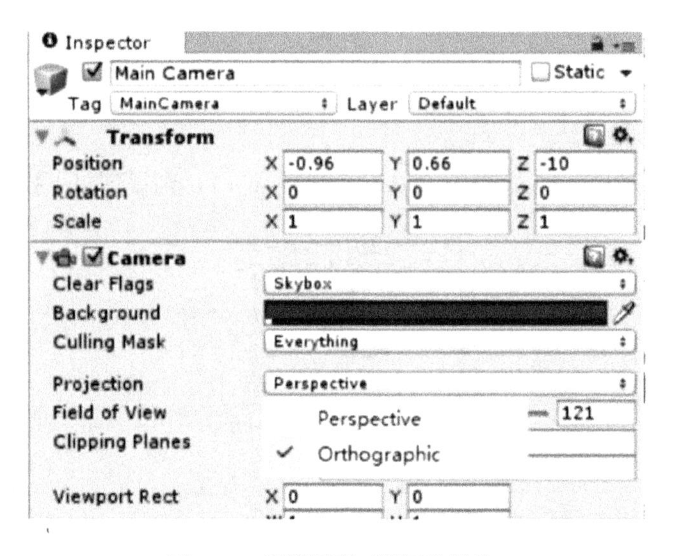

图 2-27　透视图到正视图的转换

观察 Scene 视图的画面可知，正交投影的观察体为一个长方体，它是规则的；而透视投影的观察体为一个视锥体，如图 2-28 所示。

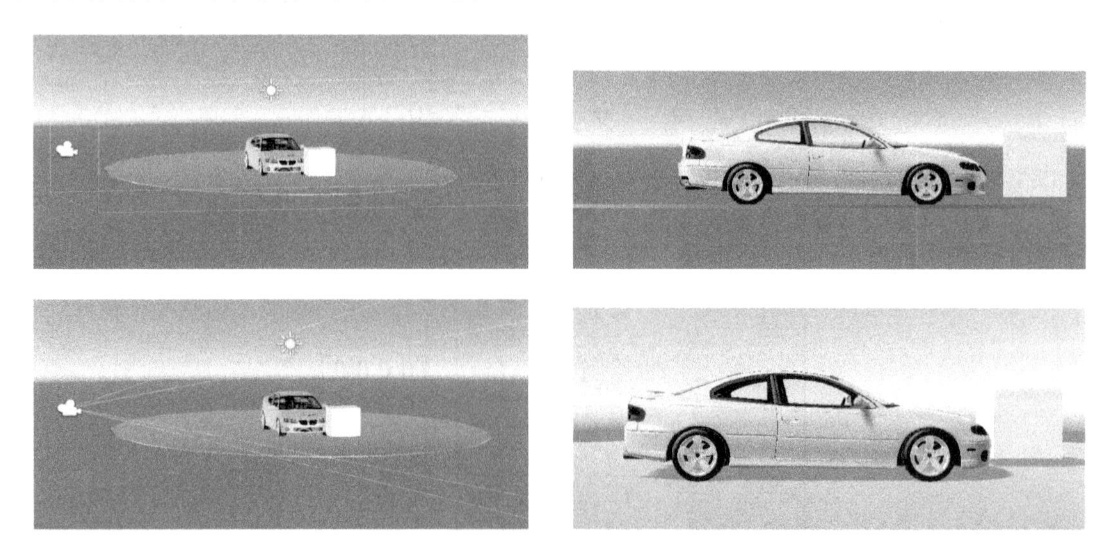

图 2-18　正交投影和透视投影的效果对比

习　题

1．设 $\boldsymbol{P}=<3, 3, 1>$, $\boldsymbol{Q}=<-1, 1, -1>$, 计算：

（1）$\boldsymbol{P}+\boldsymbol{Q}$

（2）$\boldsymbol{P}\cdot\boldsymbol{Q}$

（3）$\boldsymbol{P}\times\boldsymbol{Q}$

（4）$(\boldsymbol{P}+\boldsymbol{Q})\times\boldsymbol{P}$

2．计算绕 x、y、z 轴旋转 45° 的 3×3 阶旋转矩阵。

3．写出以旋转角度 30° 绕轴 $<0, 4, 8>$ 旋转的单位四元数。

4．将点 $P\,(1, 0, 1)$ 绕旋转轴 $U=(0, 1, 0)$ 旋转 90°，求旋转后的顶点坐标。

5．如何理解物体的任何一种旋转都可分解为分别绕三个轴的旋转，但分解方式不唯一。

6．什么是万向节死锁现象？应如何避免。

第 3 章·

3ds Max建模工具

随着网络的不断发展，三维技术不断地更迭和创新，是 VR 技术发展的重要组成部分。

3.1 3ds Max 软件简介

3D Studio Max 由 Autodesk 公司出品，简称 3ds Max，是全球主流的三维动画制作软件之一。其特点是上手容易，操作简单，能与众多插件相互融合，广泛应用于广告、影视、工业设计、建筑设计、数字媒体、游戏、辅助教学及工程可视化等领域。

根据不同行业的应用特点，对 3ds Max 的掌握程度也有所不同。在建筑方面，其应用相对来说有一定的局限性，只要会使用 CAD 标准建模、贴图、渲染和简单动画就可以了；在动漫游戏方面，既要求有精准的建模，还要有流畅的动画，更要有高精级别的渲染。

3ds Max 2016 启动画面如图 3-1 所示。

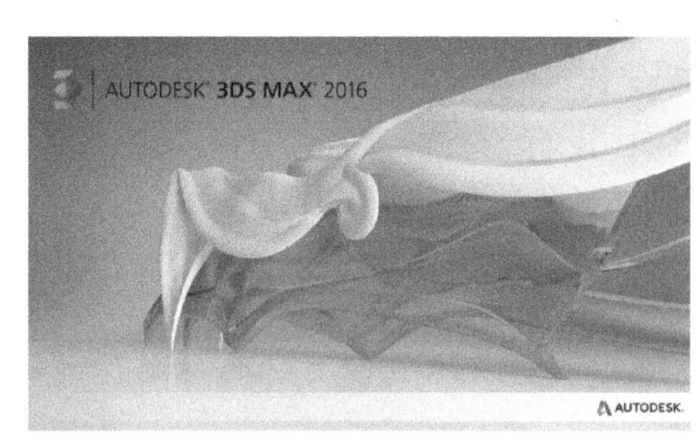

图 3-1 3ds Max 2016 启动画面

3.2 3ds Max 的操作流程和工作特性

本节主要让读者初步认识 3ds Max 的操作流程和工作特性，深入讲解 3ds Max 界面与快捷键的使用方法。在 VR 领域，3ds Max 中使用最多的是建模和贴图两个模块。

3.2.1 操作流程

对于初学者而言，3ds Max 是一个复杂的软件。下面简单介绍 3ds Max 的操作流程。

1. 新建场景

创建一个 3ds Max 应用程序，就会启动一个未命名的场景。“场景”是工作的舞台环境，在这里可以进行建模、贴图、动画、渲染、输出等操作。这就是场景的开始。

2. 视口显示

3ds Max 默认的视口为四视图平均分布。这种布局方式非常合理，能够满足大多数使用者的需求。实际上，3ds Max 提供了非常多的布局方式，包括 14 种预设方案。图 3-2 所示为 3ds Max 的布局方式，使用者可以根据需求切换不同的布局方式。

切换布局方式的操作步骤是：执行“视图”→“视口配置”命令，弹出“视口配置”对话框，单击“布局”选项卡，在其中选择需要的布局方式。

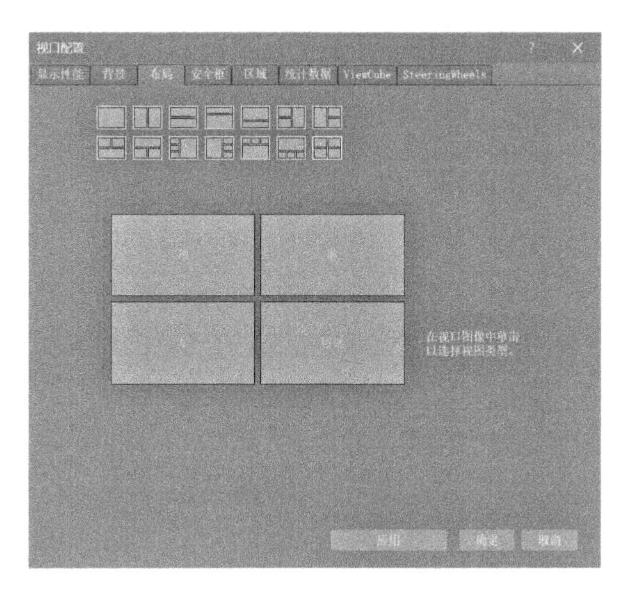

图 3-2　布局方式

3. 创建模型

不同的行业领域对模型的要求是不同的，对于建模的精度、模型的面数，每个行业都有自己的具体要求。模型师通过长时间的建模训练，结合所属行业的需求，才能做出符合行业需求的模型。

4. 材质和贴图

3ds Max 的“材质编辑器”为初始模型设计了材质、贴图，包括基本材质和 UV 贴图。

5. 灯光和摄像机

灯光用来为场景照明，可以模拟真实的日常灯光和天光效果，结合 VRay 灯光则效果更佳。摄像机用来控制画面景别、运动方式。

6. 动画设置

动画的基本核心是让对象运动起来。当开启动画“自动关键点”，设置动画发生时间节点后，就能够对模型、贴图、粒子、摄像机、灯光等模块进行动画记录，并且能够直接预览动画效果。使用动画的“曲线编辑器”还可以调整完美的动画运动形式。

7. 渲染输出

渲染输出是将已经完成的动画或者单帧图像综合运算输出的过程，其中可以设定所需的输出尺寸比例，最终表现为一幅图像或者序列图像。在三维制作中，所有的过程都是为了渲染准备的，渲染又是为了给后期制作提供素材。因此，设计一开始就必须按照行业的标准有序安排工作。

3.2.2 3ds Max 的界面

3ds Max 的界面主要由菜单栏、工具栏、视图区、视图控制区、命令面板、动画控制区等模块组成，如图 3-3 所示。

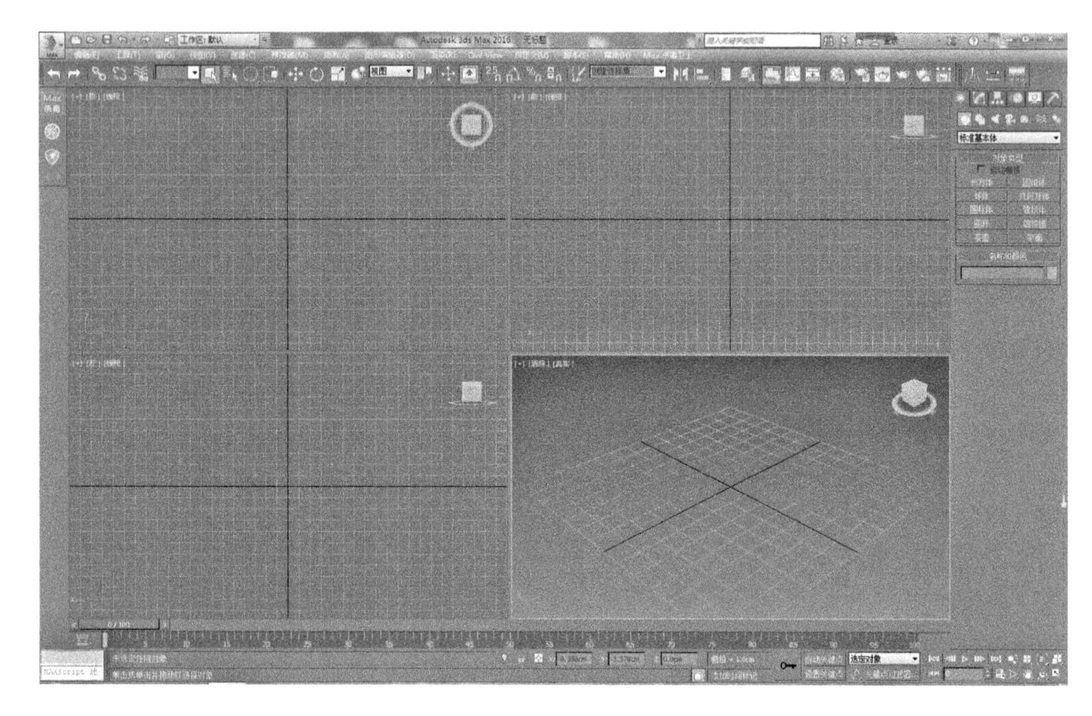

图 3-3　3ds Max 的界面

1．菜单栏

菜单栏包括“编辑”“工具”“组”“视图”“创建”“修改器”“动画”“图形编辑器”“渲染”“Civil View”“自定义”“脚本”“帮助”等命令组，如图 3-4 所示。在工具栏、命令面板、快捷菜单中也可以找到和菜单栏对应的命令。

图 3-4　菜单栏

2．工具栏

工具栏包含功能模块的工具按钮，是按功能区域进行模块划分的。常用的工具栏会默认显示。对不常用的工具栏，可以执行“自定义”→“显示 UI”→“显示浮动工具栏”命令显示出来。图 3-5 所示为浮动工具栏。

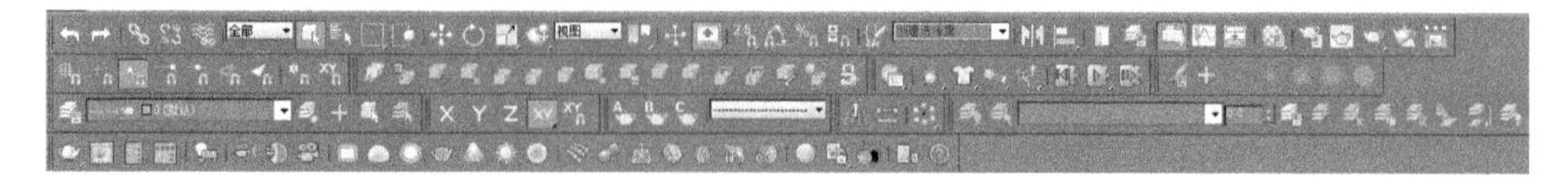

图 3-5　浮动工具栏

3．视图区

视图区是 3ds Max 主要的工作环境，提供 4 个视图。默认情况下，视图分为顶视图、前视图、左视图、透视图。在操作视图时，要养成同时观察 4 个视图的习惯。图 3-6 所示为默认视图的分布。

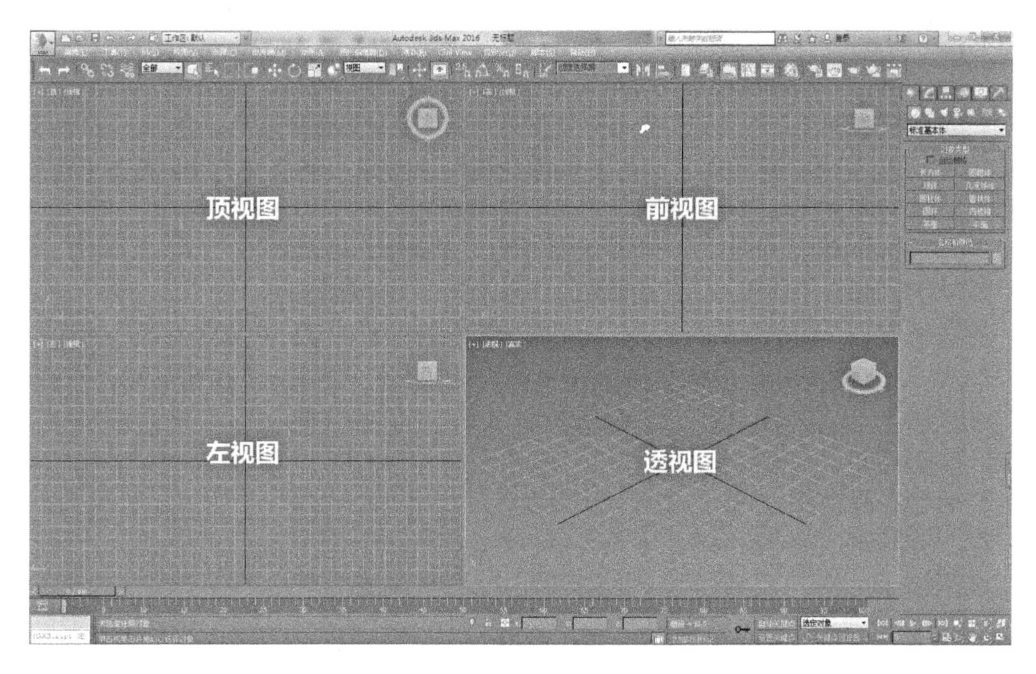

图 3-6　默认视图的分布

在每个视图中都有由水平线和垂直线形成的网格，这个网格称为“栅格”；中间黑色的线是“坐标轴”；横向黑线和纵向黑线的交叉点是“坐标原点”，位移坐标轴心为“0”，栅格用于辅助标识模型的位置。

技巧

视图中常用的快捷键如表 3-1 所示。

表 3-1　视图中常用的快捷键

视　图	透视图	前视图	顶视图	左视图	正交视图	摄像机视图	栅格开关
快捷键	P	F	T	L	U	C	G

提示

视图区不仅有默认 4 个视图，还有底视图、后视图、右视图，右击任意视图左上角文字处可进行切换。

4．视图控制区

3ds Max 界面的右下角是视图控制区，包括两个操作工具界面，可以互相切换使用。一个是默认的视图控制工具组（见图 3-7），一个是摄像机视图控制组（见图 3-8）。下面主要介绍前一组。

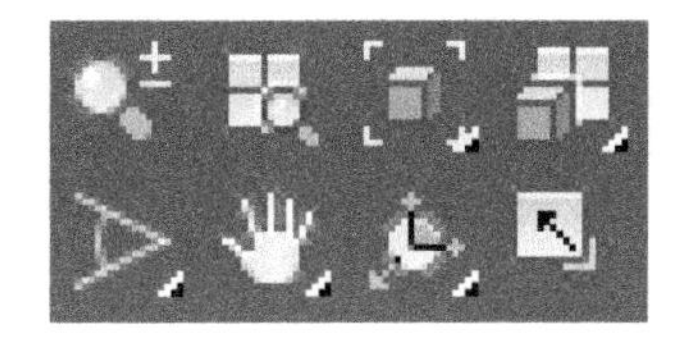

图 3-7　视图控制工具组

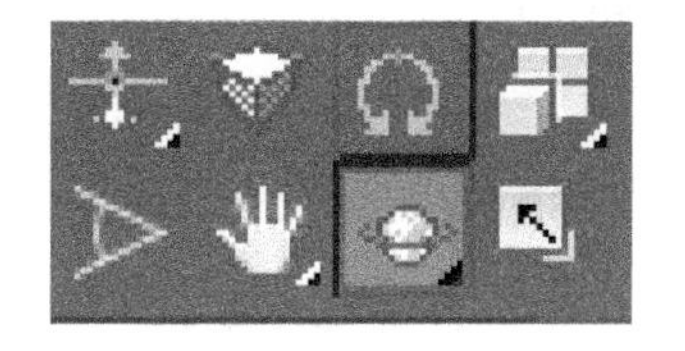

图 3-8　摄像机视图控制组

（1）视图缩放

- 缩放视图：滚动鼠标滚轮即可缩放视图，快捷键为 Alt+Z。 提示：不常用。
- 缩放所有视图：单击可以对 4 个视图同时进行放大或缩小操作。提示：不常用。
- 最大化显示：最大化显示当前选择的视图或对象，快捷键为 Z。提示：很常用。
- 所有视图最大化显示：最大化显示所有视图或对象。
- 框选区最大化显示：最大化显示框选区，快捷键为 Ctrl+W。
- 视野：仅用于透视图，使用鼠标上下拖曳可以改变视野的大小。
- 平移视图：用于视图的平移，选择后滚动鼠标滚轮即可，快捷键为 Ctrl+P。
- 最大化显示视口：将选择的视图最大化显示，或切换多视图显示，快捷键为 Alt+W。

（2）视图环绕

- 环绕：围绕视图中的对象进行视点旋转。
- 选定环绕：以当前选择的对象为中心旋转视图。
- 环绕子对象：以当前选择的子对象为中心旋转视图。

5. 命令面板

命令面板包含创建、修改、层次、运动、显示和工具 6 个子面板，如图 3-9 所示。

图 3-9　命令面板

- 创建面板，用于创建所需要的对象，包含几何体、图形、灯光、摄像机、辅助对象、空间扭曲和系统，如图 3-10 所示。

图 3-10　创建面板

- 修改面板，提供各类修改编辑命令。
- 层次面板，用于控制对象轴心、IK、链接信息。
- 运动面板，用于动画控制，如 biped 骨骼的控制面板。
- 显示面板，用于对视图内的对象进行整体监控，如分类隐藏、冻结、显示。
- 工具面板，用于配置实用程序。

6. 动画控制区

3ds Max 界面的底部是动画控制区，其中包含状态栏，如图 3-11 所示。状态栏主要提供各类选择信息和位置数据等内容，用于数据参考。动画控制区用于设计动画、控制预览动画、设置时间帧数等。

图 3-11　动画控制区

锁定工具的快捷键是空格键，当界面或物体无法切换选择对象时，应检查锁定工具是否开启。

3.2.3 对象选择方式和显示状态

对象选择方式在菜单栏和工具栏都列出了。使用名称、颜色、类型、材质类型、选择等可以选择对象；在整理模型时还可以选择编组的方式来对模型进行编组，以方便进行选择和管理。

1．选择方式

在 3ds Max 中，选择物体最简单的方式是直接单击鼠标。按住 Ctrl 键单击可以增加选择的对象，按住 Alt 键单击可以删除选择的对象，使用鼠标拖曳出一个选框可以框选物体。默认情况下，鼠标拖曳出来的是矩形选框。图 3-12 所示为选择模式。

图 3-12　选择模式

- 全部按类型选择物体：默认为“全部”。在其下拉菜单中提供各种对象分类，根据需求按类型选择物体。
- 选择物体：直接选择物体。默认情况下不用刻意选择，使用鼠标直接选取就能完成操作。选择时按 Q 键可以切换 5 种选择方式，分别是矩形选择区域、圆形选择区域、围栏选择区域、套锁选择区域、喷绘选择区域。
- 按名称选择：使用非常方便，在前期建模时为对象命名，后续查找对象时可以直接使用此模式，快捷键为 H。
- 窗口模式：为选择提供选择方式，在该模式下必须将模型全部框选后才能选择物体。
- 交叉模式：为选择提供快捷方式，在该模式下只要选取物体任何部位，就可以选择该物体。

在建模时要给模型命名，方便后续操作时查找对象。还要注意交叉模式和窗口模式，按 Q 键切换选择方式时避免出现误操作。

2．隐藏与冻结

隐藏功能用于隐藏场景中的任何对象，以便选择其他对象。隐藏暂时不需要操作的对象有助于减轻计算机运算负担。右击任意视图，在快捷菜单中可以找到隐藏命令组，如图 3-13 所示。

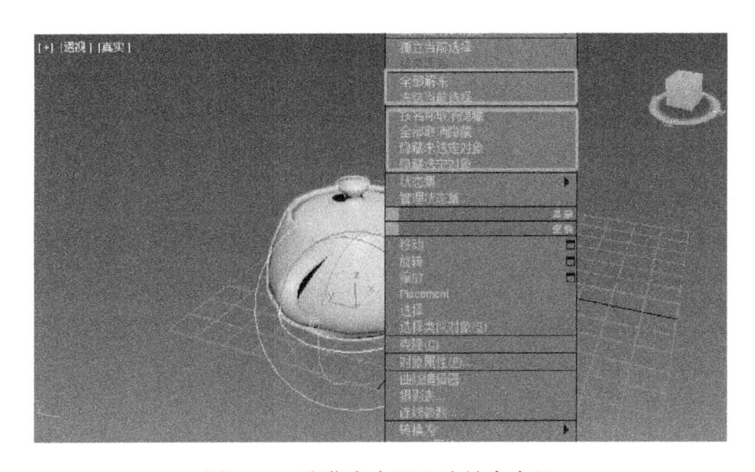

图 3-13　隐藏命令组和冻结命令组

冻结功能用于冻结选定的对象。在这个操作中，暂时不需要操作的模型，但其他对象需要该模型为参照时可以进行冻结，默认情况下以灰色显示冻结。右击任意视图，在快捷菜单中可以找到冻结命令组，如图 3-13 所示。

在冻结时，如果不想模型以灰色模式显示，可以右击模型，在快捷菜单中勾选“对象属性”选项，取消勾选“以灰色显示冻结对象”选项。若孤立当前选择物体，则使用 Alt+Q 快捷键，即可单独显示一个物体。

3. 变换操作

变换对象是指通过更改位置、旋转、比例参数来改变对象状态。最基本的变换工具是移动工具、旋转工具、缩放工具。

（1）坐标轴

在 3ds Max 的界面中，对象默认情况下有 *x*、*y*、*z* 三条轴线，其中 *x* 轴为红轴，*y* 轴为绿轴，*z* 轴为蓝轴，三个轴的交叉点为坐标圆点。在菜单栏中执行“视图”→“显示变换 Gizmo”命令可以开启或关闭坐标轴。Gizmo 变换轴移动、旋转、缩放的效果如图 3-14 所示。

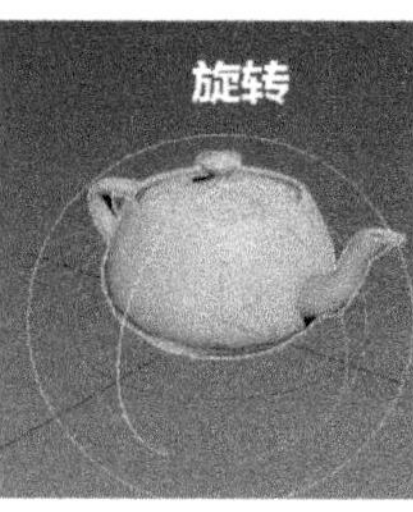

图 3-14　Gizmo 变换轴移动、旋转、缩放的效果

（2）移动

移动是指使用控制柄让对象向 *x*、*y*、*z* 三个轴进行约束运动。还可以使用平面控制柄让对象的移动约束到 *yz*、*xy*、*xz* 平面上。

（3）旋转

旋转是指使用旋转工具让对象沿着 *x*、*y*、*z* 三个轴进行约束旋转，旋转时会出现旋转度数；按 A 键开启角度捕捉，允许以 5 进位旋转。注意：默认旋转度数为 5，也可以自定义设置。

（4）缩放

缩放用来控制模型的比例。若选择坐标轴中心缩放，则为等比例缩放；若沿着 *x*、*y*、*z* 某个轴缩放，则为非等比缩放。

提示：在移动、旋转、缩放工具中，单击鼠标右键可以开启精准输入菜单，也可以在鼠标右键四元菜单中选择变化命令，如图 3-15 所示。

4. 复制对象

3ds Max 中的复制对象方式有以下 5 种。

- 克隆：在菜单栏中执行“编辑”→“克隆”命令，复制出的对象与原对象重叠在一起。
- 复制：按住 Shift 键选择、移动、旋转、缩放，可以对模型进行复制。
- 阵列：对模型的位移、缩放、旋转等按照一定的标准进行复制。
- 镜像：将对象沿着 *x*、*y*、*z* 轴或者在平面内进行复制。
- 间隔工具：将对象沿着样条线的轨迹进行复制。

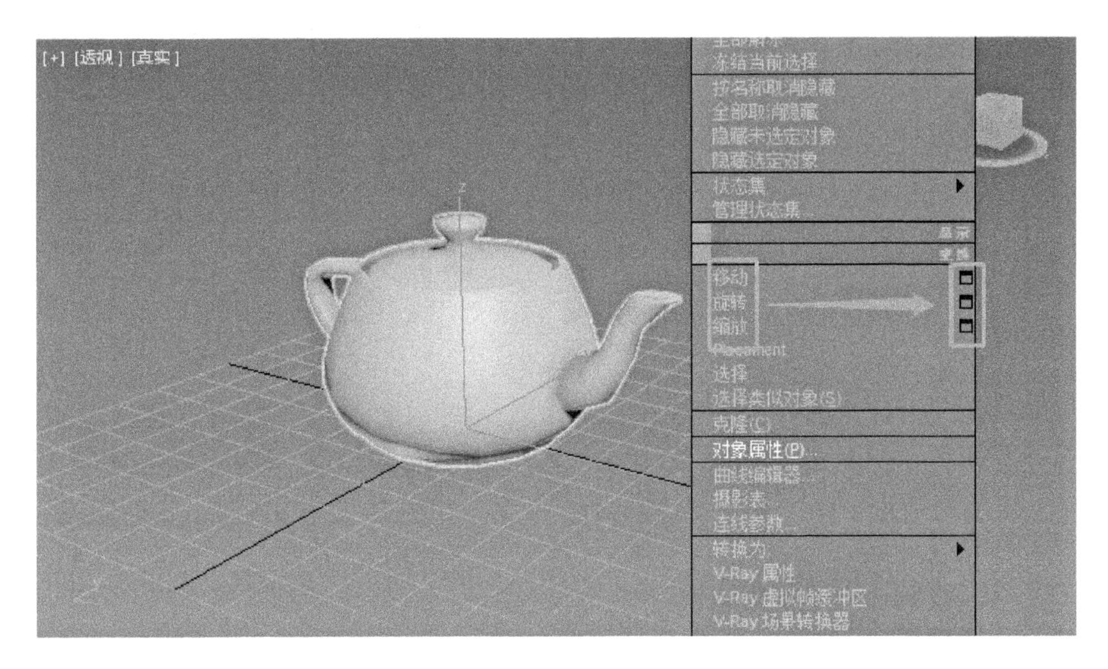

图 3-15　四元菜单中的变换命令

3.3　三维建模

3.3.1　基础建模（基本体）

3ds Max 可以通过创建面板中的“几何体”按钮，在“对象类型”列表框中选择创建 3D 模型的方式。这个面板包含创建基本体的所有命令。

在 3ds Max 中共有 10 种标准基本体和 13 种扩展基本体，如图 3-16 所示，涵盖常用的规则形体制作的需要，方便制作各类复杂模型。图 3-17 所示为基本体模型。

图 3-16　标准基本体和扩展基本体

创建基本体之前，要了解基本体的基本属性和创建方法，以及利用哪些基本体创建模型最简单快捷。图 3-18 所示为圆锥体属性参数。

图 3-17　基本体模型

图 3-18　圆锥体属性参数

3.3.2 案例——小推车建模

本例创建一个小推车模型，操作步骤如下。

（1）在菜单栏中执行“自定义”→“单位设置”命令，弹出“单位设置”对话框，选择“公制”单选按钮，在下拉列表中选择“厘米”选项，如图 3-19 所示。

（2）在前视图中创建一个管状体，在“参数”面板中设置“半径 1”为 30cm，“半径 2”为 26cm，“高度”为 8.0cm，“高度分段”为 1，“端面分段”为 1，“边数”为 50，边数较大可以使轮子足够圆滑，如图 3-20 所示。

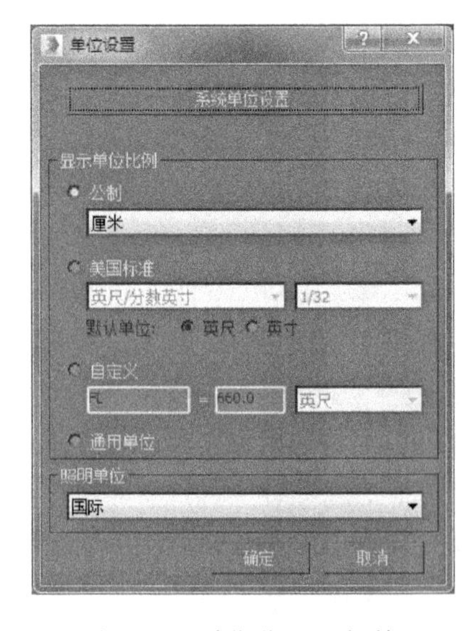

图 3-19　“单位设置”对话框

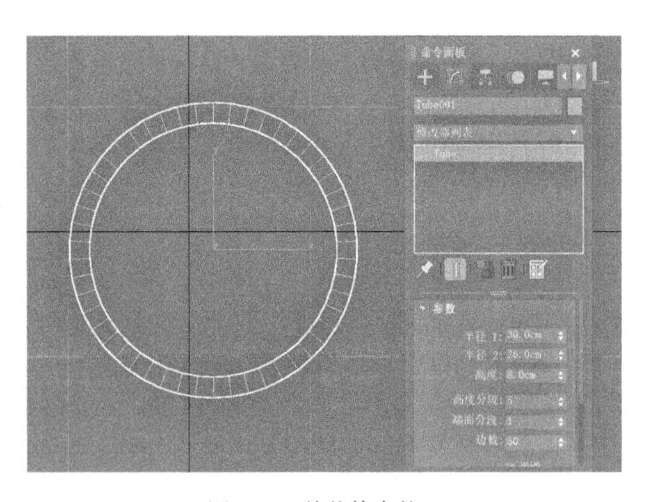

图 3-20　管状体参数

（3）在前视图中创建一个长方体，设置“长度”为 53cm，“宽度”为 1.5cm，“高度”为 4.0cm，如图 3-21 所示。

（4）单击工具栏中的对齐工具，将长方体以中心对中心的方式与刚创建好的管状体对齐，图 3-22 所示为对齐当前选择对话框，图 3-23 所示为对齐完成的效果。

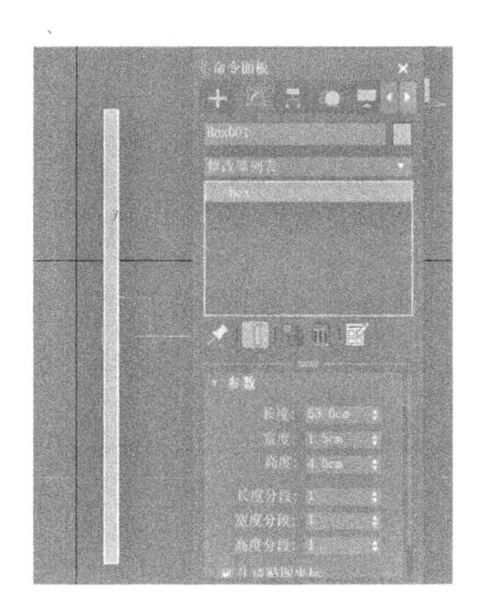

图 3-21　长方体参数

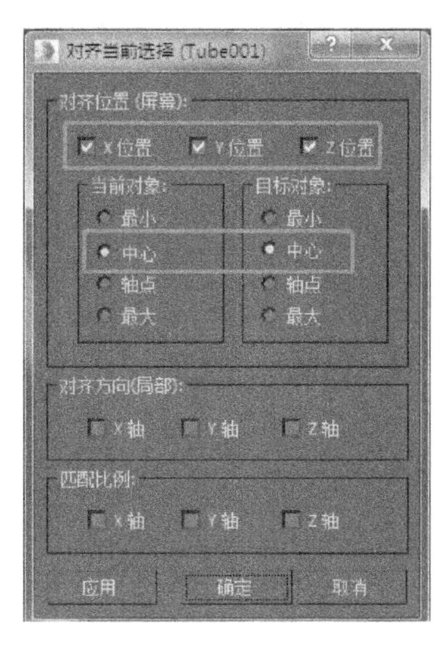

图 3-22　对齐当前选择对话框

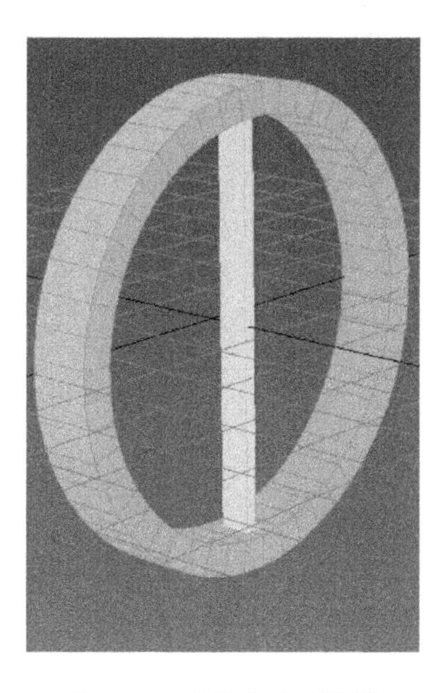

图 3-23　对齐完成的效果

（5）单击前视图中的长方体对象，单击工具栏中的旋转工具，再单击角度捕捉工具，按住 Shift 键以旋转 45° 的方式复制 3 个长方体，如图 3-24 所示；完成车轮建模，效果如图 3-25 所示。

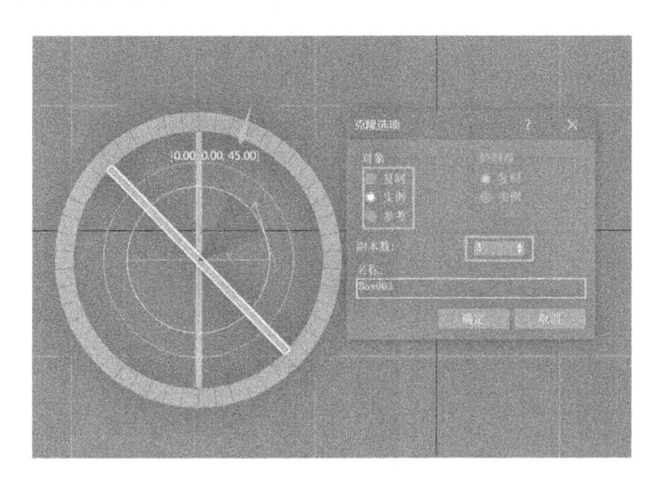

图 3-24　旋转复制

图 3-25　车轮效果

（6）选择前视图，创建一个切角圆柱体，设置“参数半径”为 5cm，“高度”为 8cm，“圆角”为 0.2cm，“高度分段”为 1，“圆角分段”为 5，“边数”为 50，创建完成后将其对齐到车轮中心位置，效果如图 3-26 所示。

（7）单击移动工具，按住 Shift 键复制切角圆柱体，将复制后的模型作为车轮中轴，如图 3-27 所示。设置“半径”为 3cm，“高度”为 3cm，“圆角”为 0.1cm，“高度分段”为 1，“圆角分段”为 2，“边数”为 50，创建完成后将其对齐到车轮中心位置，效果如图 3-28 所示。

图 3-26　切角圆柱体效果

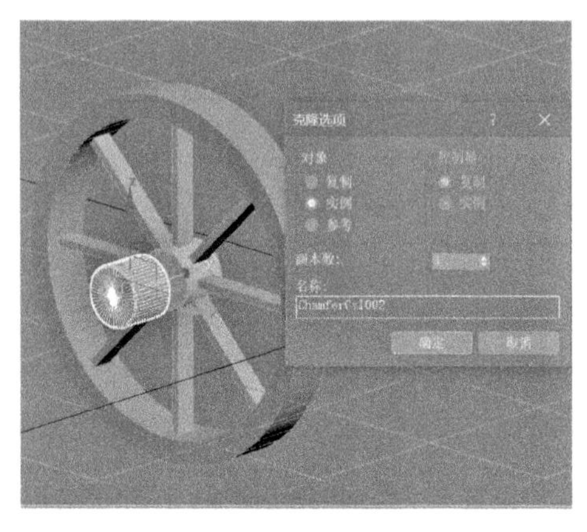

图 3-27　复制切角圆柱体

图 3-28　车轮中轴效果

（8）按 Ctrl+A 快捷键选择场景中所有模型，单击工具栏中的“组”按钮，将组命名为“轮子”，如图 3-29 所示。

（9）按 W 键切换至移动工具，选择成组的车轮，按住 Shift 键沿着 y 轴移动，在合适的位置复制车轮，复制的车轮会沿着 y 轴进行镜像（），如图 3-30 所示。

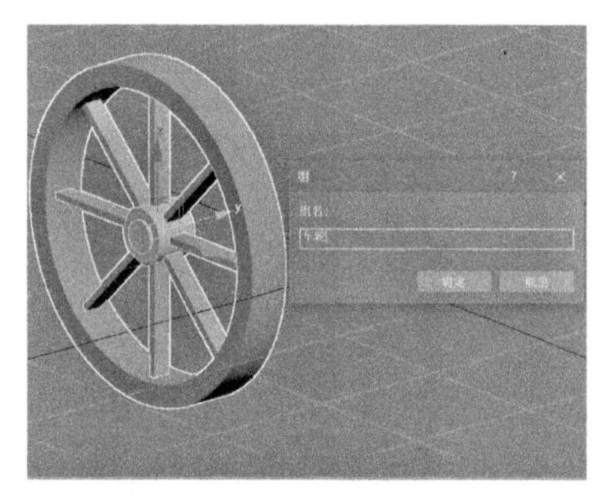

图 3-29　创建组

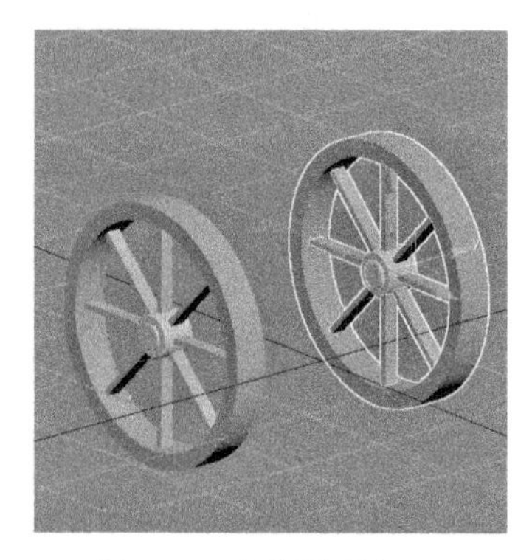

图 3-30　复制轮子组

（10）选择前视图，创建一个切角圆柱体，设置“半径”为 2cm，“高度”为 100cm，“圆角”为 0.02cm，“高度分段”为 1，“圆角分段”为 2，“边数”为 30，效果如图 3-31 所示。

（11）选择刚创建的切角圆柱体，将其对齐到车轮中轴中心位置，效果如图 3-32 所示。

图 3-31　切角圆柱体效果

图 3-32　对齐效果

（12）单击命令面板中的“长方体”按钮，在顶视图中对照车轮组合创建长方体，设置

“长度”为 80cm，“宽度”为 150cm，“高度”为 4.0cm，分段数均为 1，然后将其移动至适当位置，如图 3-33 所示。

（13）选择刚创建的长方体，向上复制一个作为车身的“梁”，如图 3-34 所示，设置“长度”为 4cm，“宽度”为 250cm，“高度”为 4.0cm。

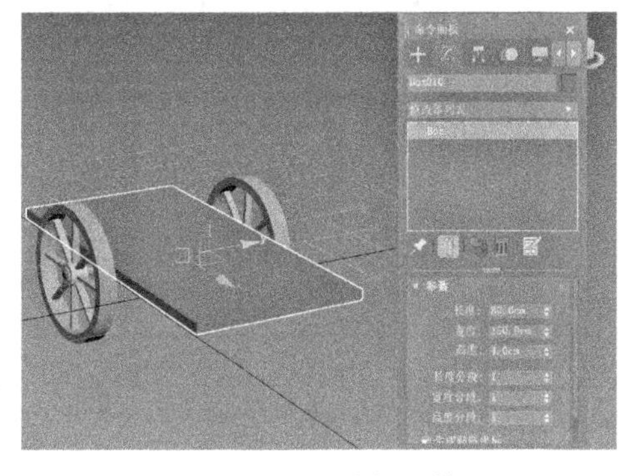

图 3-33　创建长方体

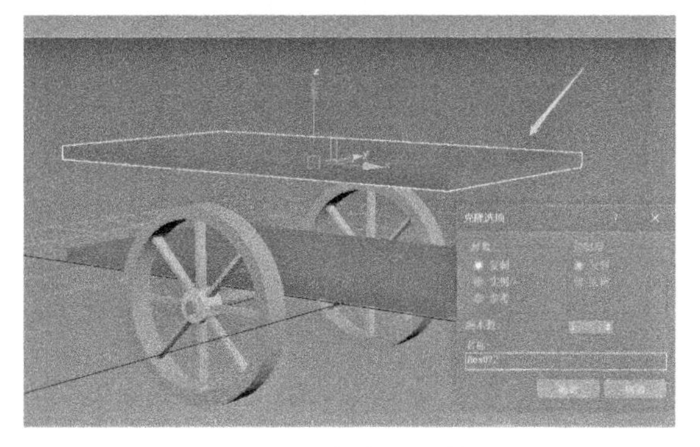

图 3-34　复制长方体

（14）单击上一步创建的长方体，如图 3-35 所示；向上复制一个作为挡板，如图 3-36 所示；设置“长度”为 2cm，“宽度”为 100cm，“高度”为 30cm，效果如图 3-37 所示。

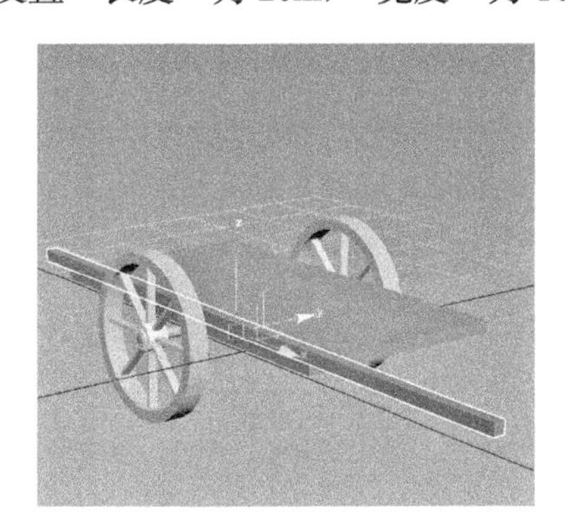

图 3-35　单击长方体

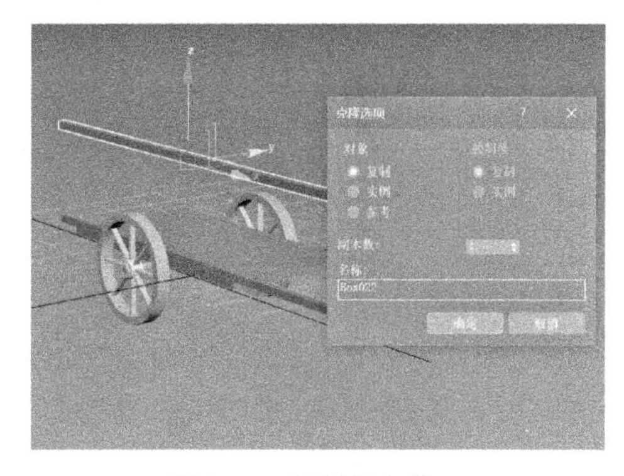

图 3-36　复制长方体

（15）复制一个挡板作为扶手。单击移动工具，向 z 轴复制一个，设置“长度”为 4cm，“宽度”为 110cm，“高度”为 4cm。

（16）选择如图 3-38 所示的三个长方体，将其向 y 轴复制，做出对称的两侧结构。

图 3-37　挡板效果

图 3-38　三个长方体向 y 轴复制

（17）制作车尾挡板。选择如图 3-39 所示的三个长方体，将其复制、旋转、修改参数即可，效果如图 3-40 所示。

图 3-39　选择三个长方体

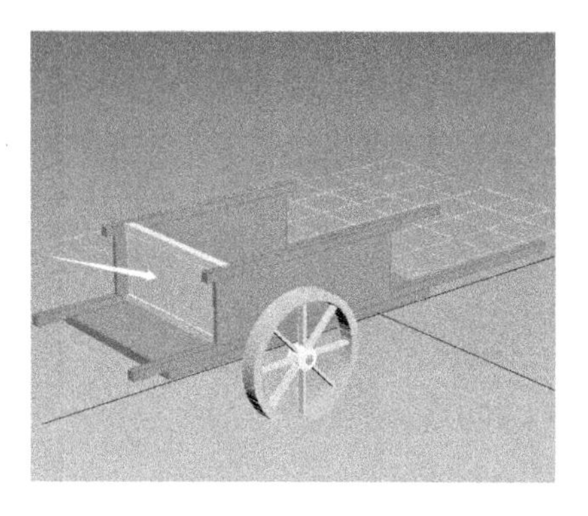

图 3-40　车尾挡板效果

（18）复制车尾挡板，将其移动到车前位置。再创建两个“长度”为 3cm，“宽度”为 2cm，“高度”为 30cm 的长方体，作为小推车的支撑。至此，小推车建模完成，如图 3-41 所示。

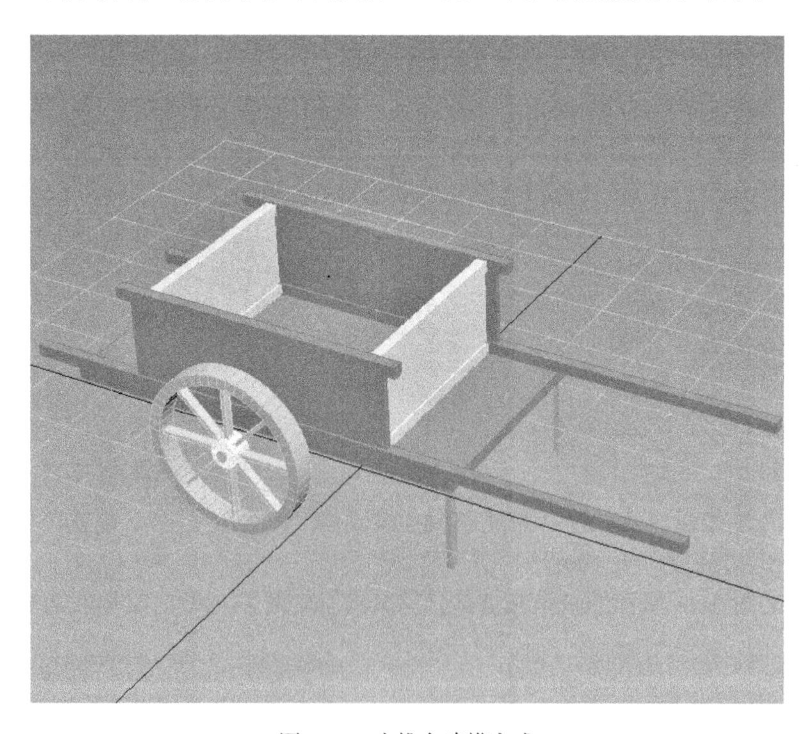

图 3-41　小推车建模完成

3.3.3 高级建模

3ds Max 有两种最有效的建模方法：编辑多边形建模和编辑样条线建模。

1．编辑多边形建模

编辑多边形建模是目前最流行的建模方式，创建简单，对硬件要求不高。大多数建模都是通过编辑多边形的方式来完成的。“编辑多边形”修改器有顶点、边、边界、多边形和元素 5 个子级别。每个子级别都有相应的命令。

例如，进入创建面板创建茶壶，选择“修改器列表”选项，添加“编辑多边形”修改器，如图 3-42 所示。图 3-43 所示为创建的茶壶。“编辑多边形”下每个子级别的命令都是通用的，各个子级别的使用方法和功能略有差异。

图 3-42　编辑多边形

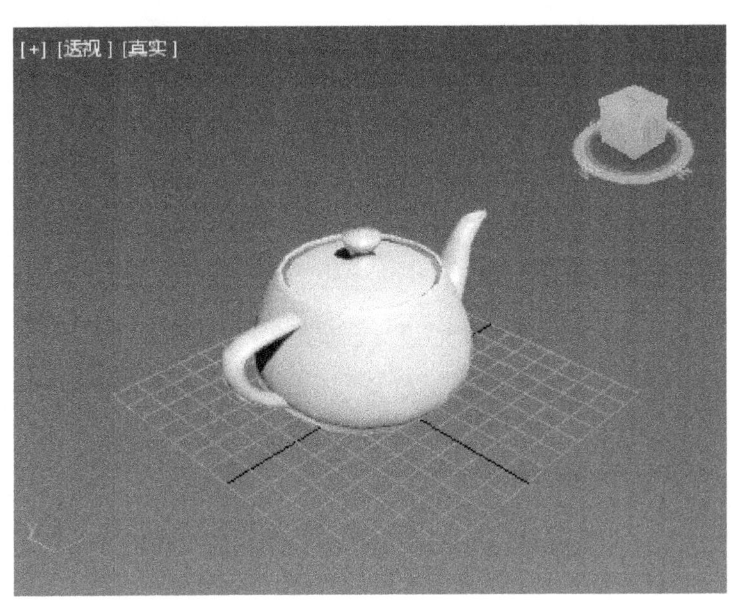

图 3-43　创建茶壶

- 创建命令，自由创建点、边、多边形等。在创建时必须选择对应的子级别才能完成创建。其中，“多边形”常用于创建新的多边形。
- 附加命令，将其他模型结合为一个模型，使附加模型同属于一个“编辑多边形”修改器，单击黑色方格可以一次附加多个模型。
- 分离命令，将模型按照子级别的选取范围进行局部或者整体分离，不同子级别的分离范围有所不同。
- 塌陷命令，将选择的子级别融合为一个顶点。
- 切片平面命令，为模型以切片平面的方式增加边、点、面。
- 切割命令，快速切割点和线。角色建模常用此命令。
- 网格平滑命令，通过加线和加面来平滑模型。
- 细化命令，对模型边线进行修改。第一种模式是根据模型原始边线以倍数的方式添加线条，第二种模式是在原有面的基础上增加点对点交叉线条。

另外，“平面化”“视图对齐”“栅格对齐”“松弛”命令不常用，对照模型操作理解即可。

2. 多边形子级别重要命令

（1）顶点级别

创建一个长方体，在修改面板中为其添加“编辑多边形”修改器，使模型具有编辑属性。这时在“修改器列表”中选择顶点级别，就可以看到子级别中的相应命令，如图 3-44 所示。

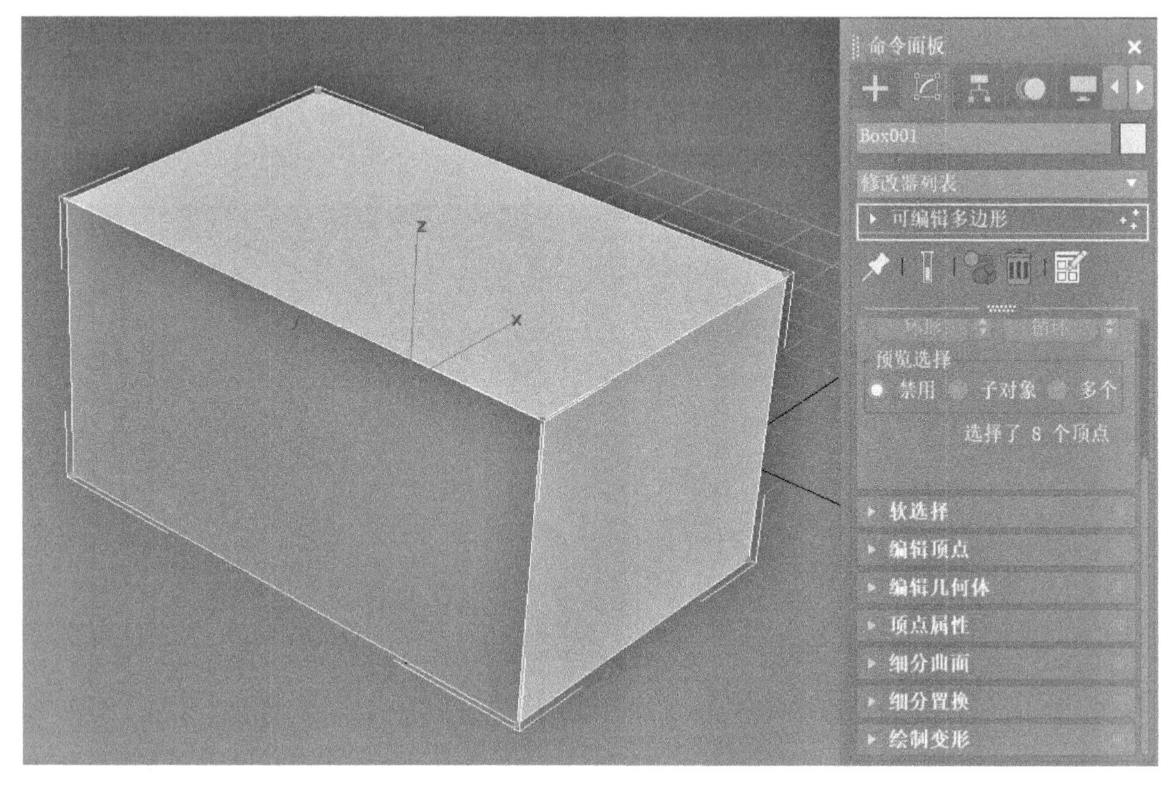

图 3-44　子级别重要命令

①“可编辑多边形”卷展栏中的常用选项如下。

- 忽略背面：在选择顶时背面的点将不会被选中，因此选择时应注意观察选择范围，避免错选和漏选。
- 收缩：有规律地减小选择点集合。
- 扩大：有规律地扩大选择点集合。

②“软选择”卷展栏。以衰减拉伸的方式编辑模型，当编辑对象时相邻的部分会以平滑的模式进行变换，通过距离产生远近衰减效果，如图 3-45 所示。

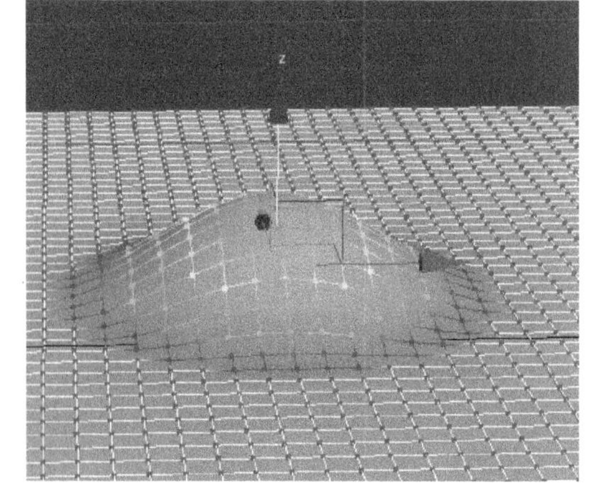

图 3-45　软选择

③“编辑顶点”卷展栏中的常用选项如下。

- 移除：删除选定的顶点，同时删除点和边线，但不会删除与这个点关联的面。其属性与按 Delete 键是不同的，按 Delete 键删除与点关联的线、面。

提示

在鼠标右键四元菜单中也可以找到“删除”命令。

- 断开：选择顶点断开，有几个边线与顶点连接就会断开几个独立的顶点。
- 挤出：选择顶点挤出，设置挤出界面的宽度和高度可以创建出新的多边形，如图 3-46 所示。

- 切角：一个点会被切成多个点，并创建新的多边形。切角模式有两种：一是切出新的多边形；二是切除新多边形部分，形成镂空效果，如图 3-47 所示。

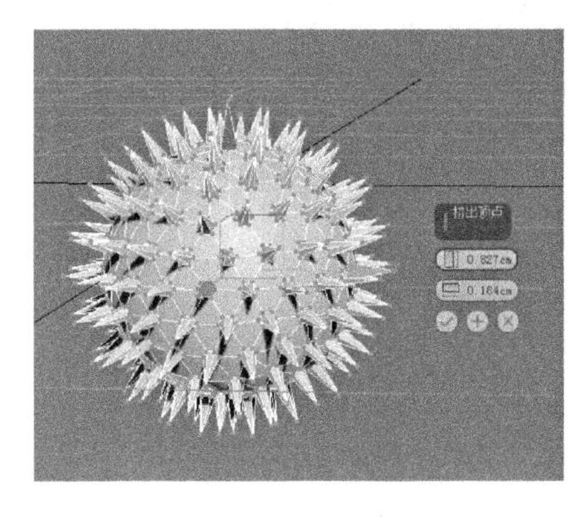

图 3-46　挤出顶点

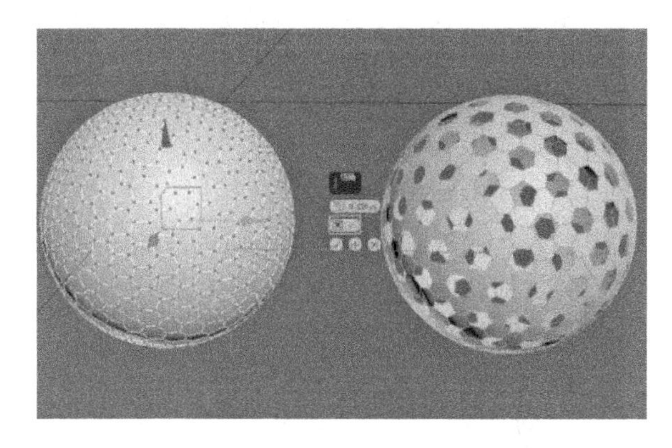

图 3-47　切角镂空效果

- 焊接：将两个相邻的顶点焊接在一起，两个顶点的焊接受距离限制。
- 目标焊接：拖动一个顶点向另一个顶点焊接，仅限于临近点的焊接。

（2）边级别

创建对象，添加“编辑多边形”修改器，选择边级别，进入边级别编辑。

- 移除：移除选择的边线，移除后顶点会保留下来，通常这种顶点是不合理的，可以按 Ctrl+Backspace 快捷键删除边线和顶点。
- 断开：断开边线。
- 挤出：沿着选择的边线挤出多边形。
- 焊接：焊接边线。
- 目标焊接：拖动一条边线向另一条边线焊接。
- 切角：将一条边线切成两条以上的边线，主要用于倒角边线。设计产品模型时，常用“切角”配合“涡轮平滑”修改器来控制模型的边线效果。
- 桥：针对有“破面”的模型，选择两个边线可以使两个边线直接连接一个多边形。图 3-48 所示为桥连接效果。

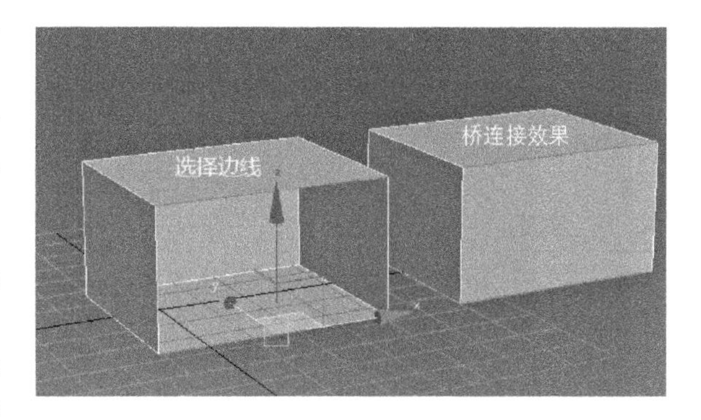

图 3-48　桥连接效果

- 连接：给模型加线，边级别中最重要的命令。

（3）边界级别

创建三维对象，添加“编辑多边形”修改器，选择面级别，删除任意一个面，再选择边界级别进入边界级别编辑。

- 封口：边界封口。
- 桥：连接同一属性下的两个边界。

（4）多边形级别

- 挤出：挤出多边形面。图 3-49 所示的挤出模式示例，包括原模型、局部法线挤出和按多边形挤出。
- 倒角：挤出多边形面并控制面的大小。
- 轮廓：控制面的大小。
- 插入：在原有面的基础上向内或向外增加新的面。
- 翻转：翻转法线方向。
- 桥：开洞。

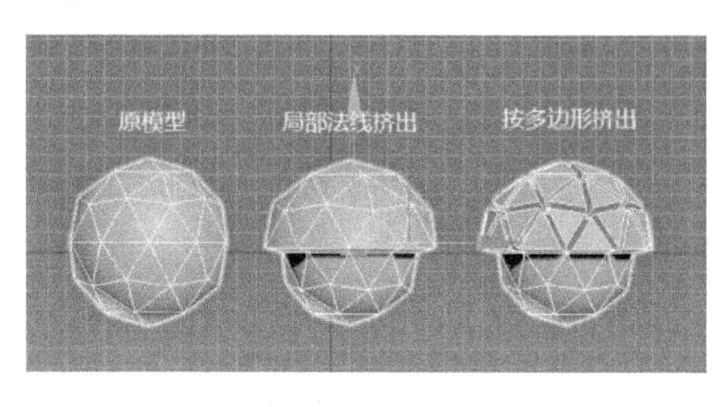

图 3-49　挤出模式示例

3. 二维图形建模——编辑样条线建模

二维图形以绘制的方式建模。添加“编辑样条线”修改器，可以绘制比较复杂的模型；配合 CAD 工程图绘制工程模型，还可以快速绘制简单的造型；再添加“编辑多边形”修改器，可以进行更复杂的建模，有效提高工作效率。在创建面板中，提供了 17 种二维图形。图 3-50 所示为基本样条线。

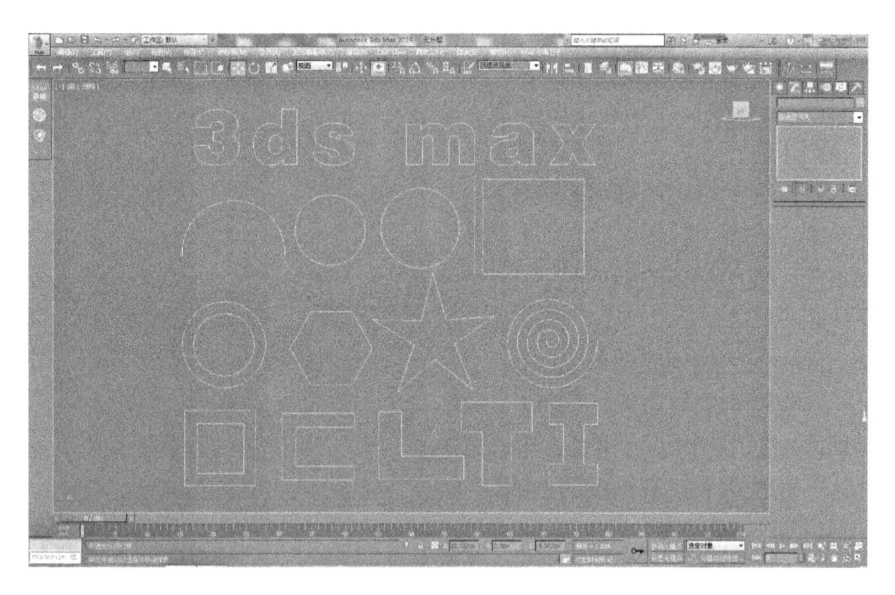

图 3-50　基本样条线

“编辑样条线”修改器针对创建对象的顶点、线段、样条线三个子级别进行编辑和修改。

（1）顶点级别

图 3-51 所示为顶点的 4 种模式。

- Bezier：Bezier 是针对顶点控制线的平滑过渡，有两个控制柄相互制约控制样条线。
- Bezier 角点：两个控制点独立控制各自范围内的曲线。
- 角点用直线的绘制方式，点的转接处是硬角。
- 平滑：顶点自动平滑。
- 创建线：创建一条样条线，属于样条线编辑级别。

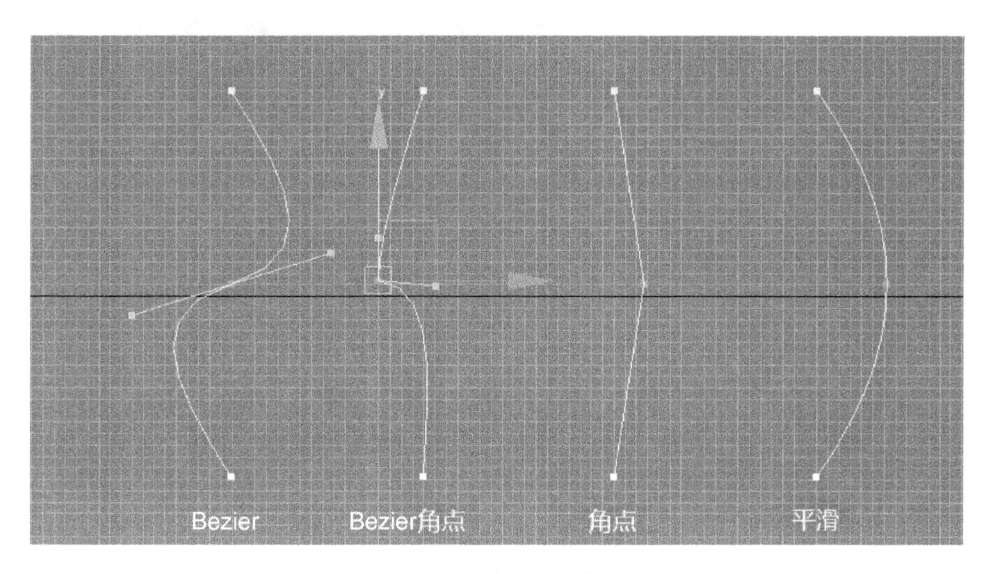

图 3-51　顶点的 4 种模式

- 断开：顶点断开。
- 附加：附加其他对象的样条线。
- 附加多个：一次附加多个模型。
- 优化：增加定点，常用命令。
- 焊接：焊接两个独立顶点，当数值等于或大于设定值时完成焊接，如图 3-52 所示。

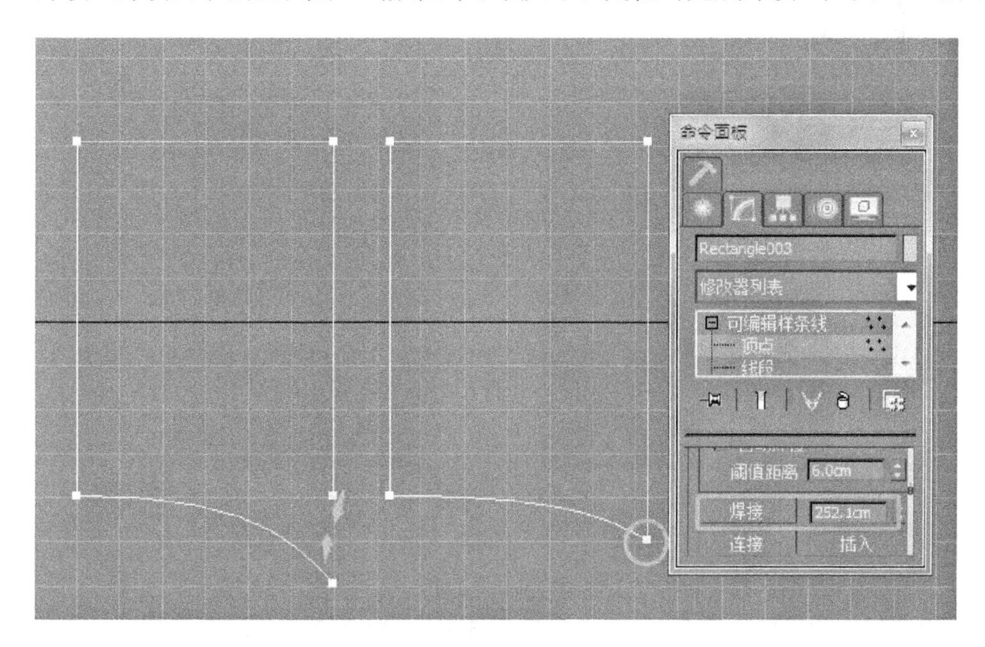

图 3-52　焊接

- 连接：连接两个断开的点。
- 插入：在样条线上单击，绘制新的顶点和线。
- 圆角：顶点圆角处理，如图 3-53 中的圆角。

- 切角：切角顶点，如图 3-53 中的切角。

（2）线段级别

- 拆分：线段平均拆分，数量可以设置。
- 分离：将选择的点分离为其他对象。

（3）样条线级别

- 轮廓：扩大或者缩小样条线。
- 布尔：进行图形的并集、差集或交集运算。
- 镜像：镜像复制图形。

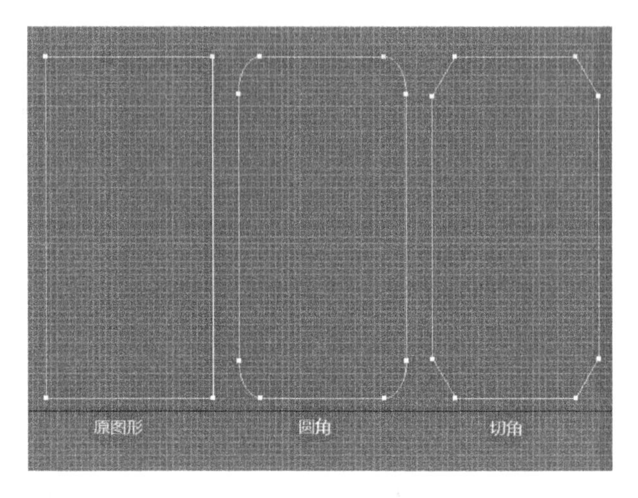

图 3-53　圆角与切角

3.3.4 案例——多边形建模（链锤）

下面是一个多边形建模案例，制作一个链锤，操作步骤如下。

1. 锤头部分

（1）在 3ds Max 场景中单击透视图将其激活，在创建面板中选择标准基本体的“几何球体”，设置“半径”为 15cm，“分段”为 1，如图 3-54 所示。

（2）选择“几何球体”，再选择修改面板，在下拉菜单中选择“编辑多边形”选项，添加给几何球体，如图 3-55 所示。

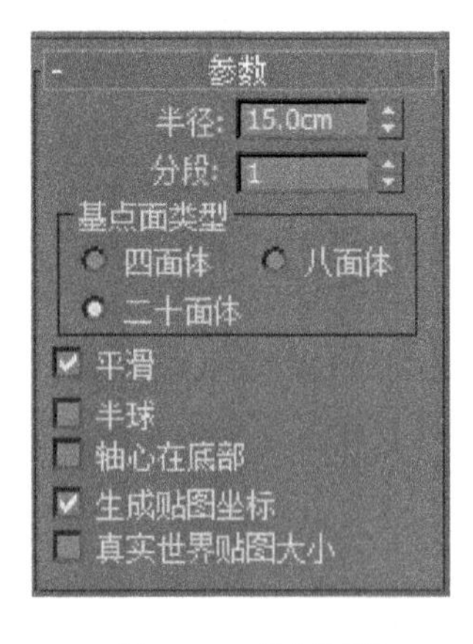

图 3-54　几何球体

图 3-55　编辑多边形

（3）选择顶点级别，按 Ctrl+A 快捷键选择所有顶点，如图 3-56 所示。

（4）设置挤出顶点的高度为 4.0cm，宽度为 6.0cm，如图 3-57 所示。

2. 锁链部分

（1）创建一个圆环物体，设置“半径 1”为 2.2cm，“半径 2”为 1cm，“分段”为 10，“边数”为 6，如图 3-58 所示。

（2）选择修改面板，为圆环物体添加“编辑多边形”修改器，如图 3-59 所示。

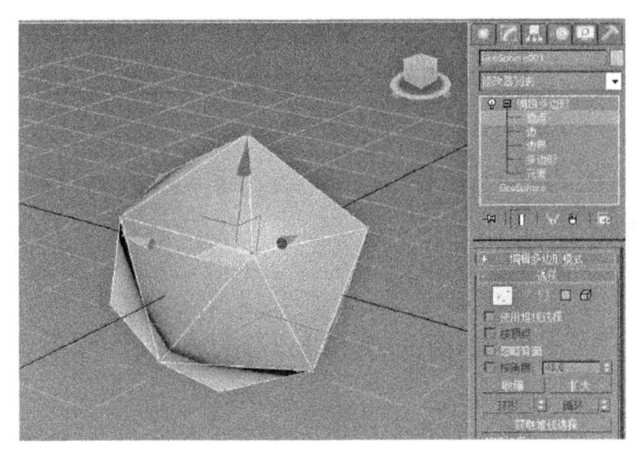

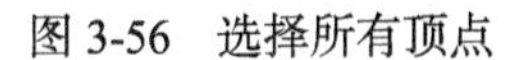

图 3-56　选择所有顶点

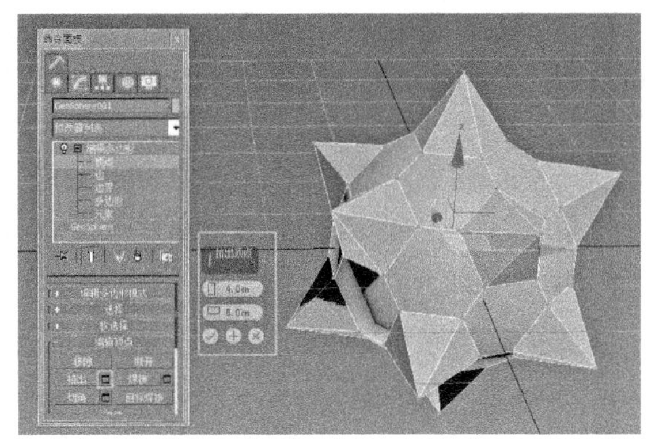

图 3-57　挤出设置

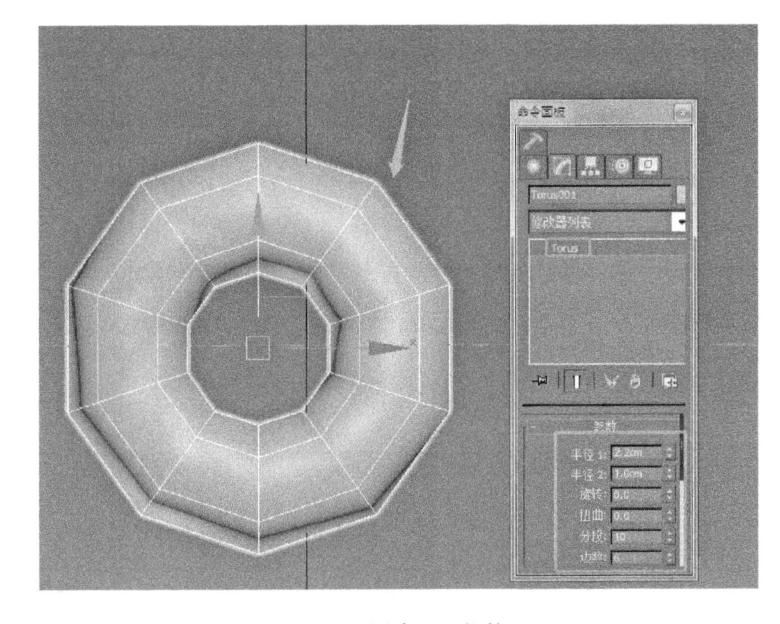

图 3-58　创建圆环物体

图 3-59　编辑多边形

（3）选择顶点级别，选择圆环物体上半部分并向上拉伸，如图 3-60 所示。

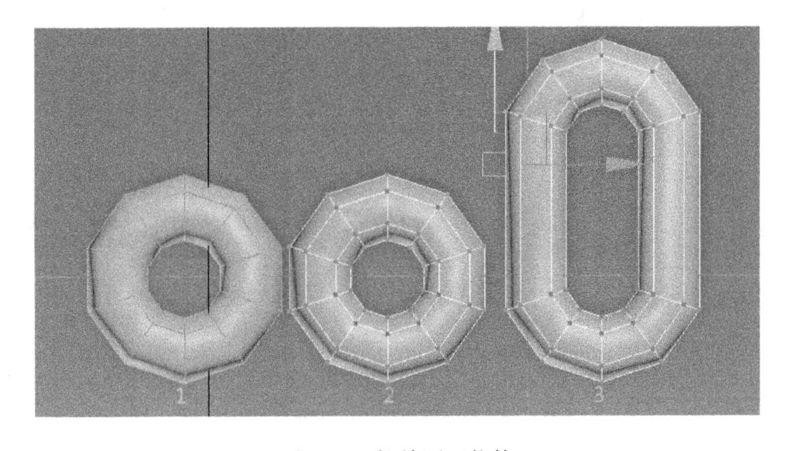

图 3-60　拉伸圆环物体

（4）按 W 键复制一个圆环物体，按住 Shift 键将其向上移动，按 R 键切换到旋转工具，按 A 键进行角度捕捉，将复制后的圆环物体旋转 90°，使两个圆环物体重叠交叉，如图 3-61 所示。

（5）选择两个圆环物体，按住 Shift 键向上移动的同时按 W 键复制 8 个副本，形成锁链组，如图 3-62 所示，复制完成效果如图 3-63 所示。

3. 把手部分

切换到透视图，创建一个切角圆柱体，设置“半径”为 4cm，“高度”为 50cm，“圆角”为 0.5cm，“圆角分段”为 4，“边数”为 6，如图 3-64 所示。

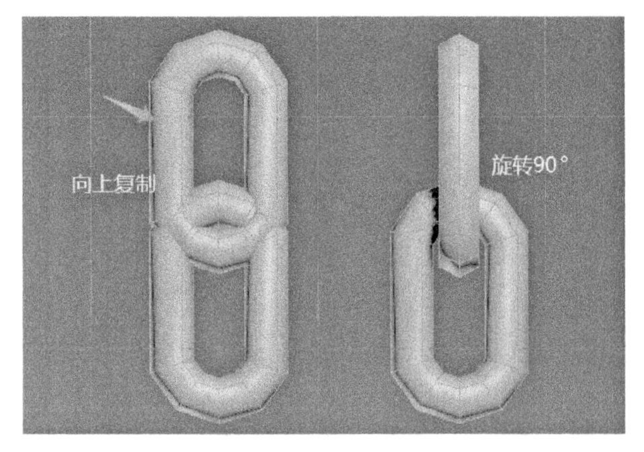

图 3-61　复制旋转

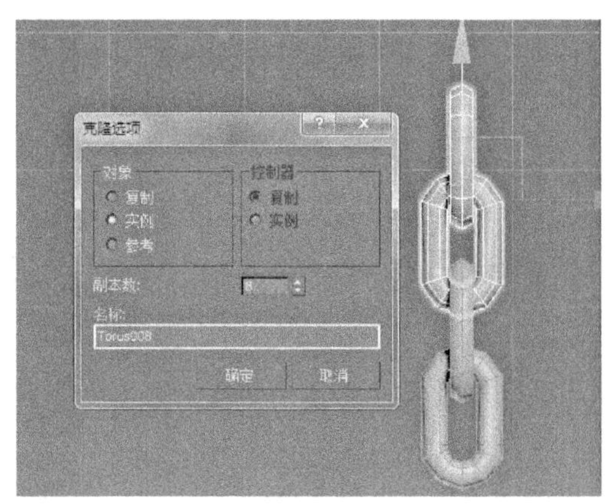

图 3-62　锁链组

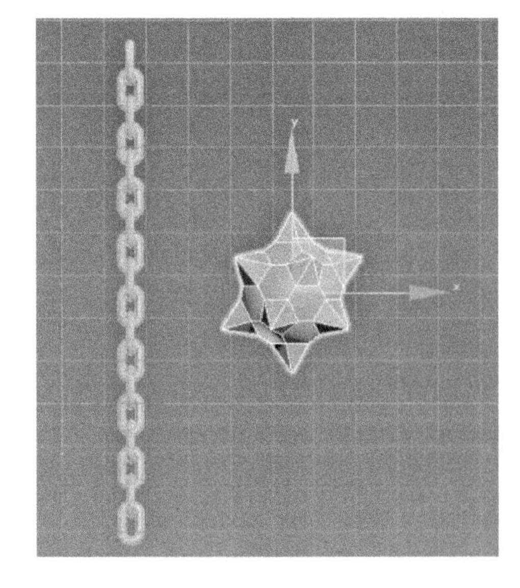

图 3-63　复制完成效果

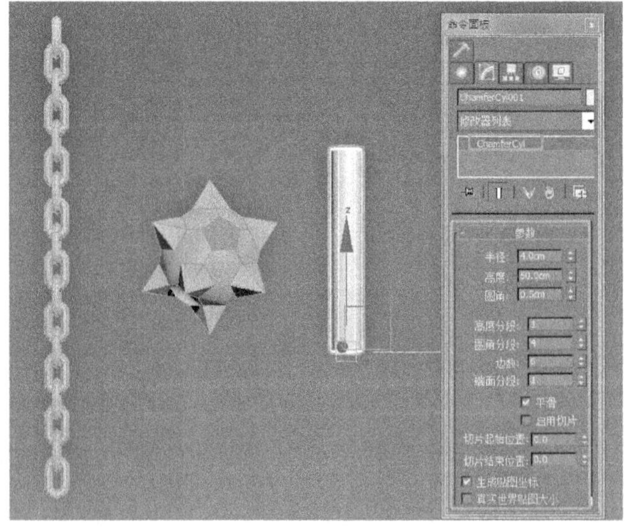

图 3-64　切角圆柱体参数

4. 组装

（1）选择模型中锤头部分的点，将其删除，再选择边界级别，执行“封口”命令，整理锤头效果如图 3-65 所示。

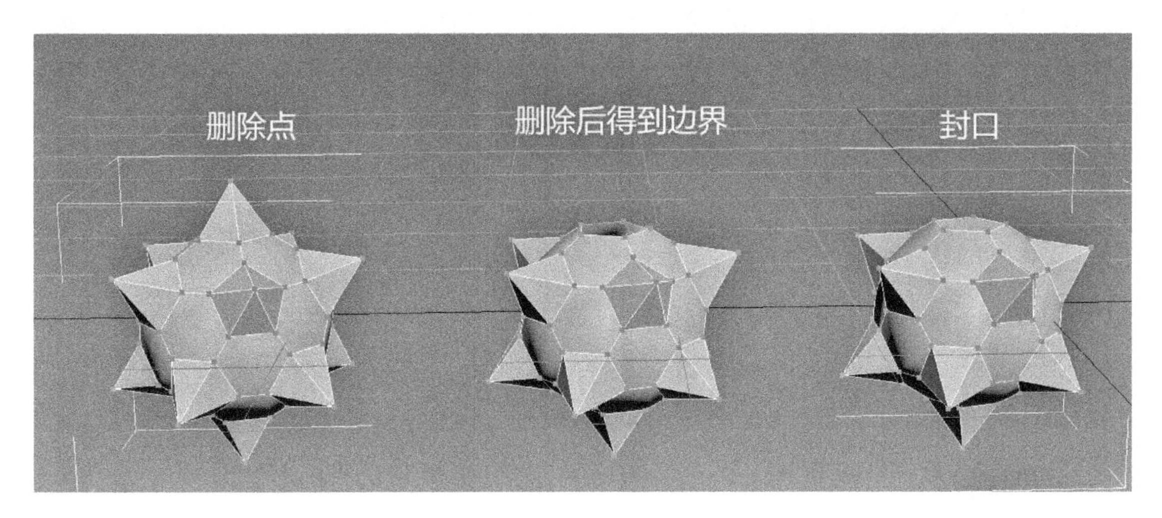

图 3-65　整理锤头效果

（2）选择三个模型，如图 3-66 所示；组装创建的三个模型完成建模，如图 3-67 所示。

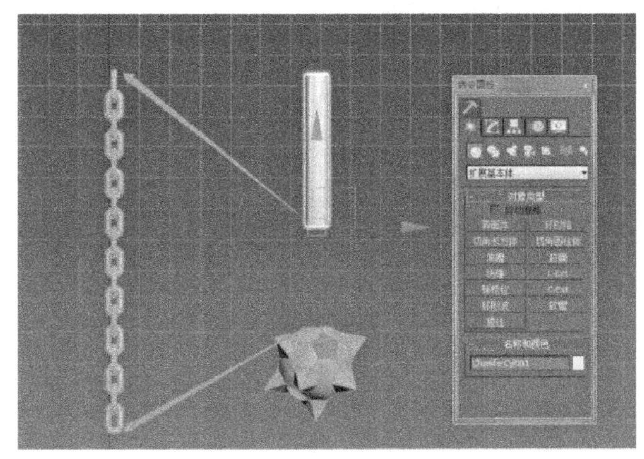

图 3-66　选择三个模型

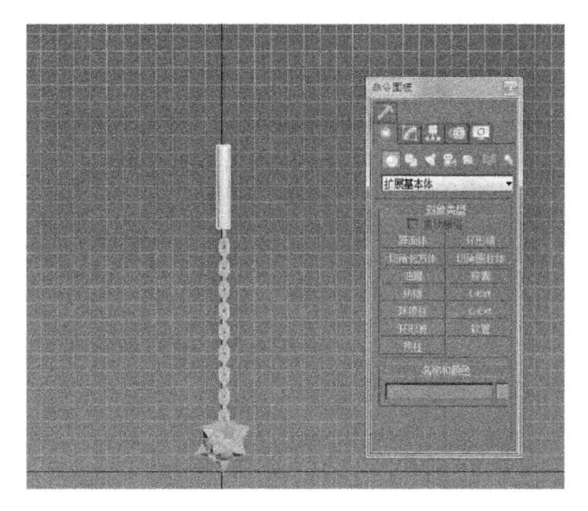

图 3-67　组装完成

3.3.5 案例——样条线建模（花瓶）

下面是一个样条线建模案例，制作一个花瓶，操作步骤如下。

1. 绘制截面

（1）在创建面板中，单击“二维图形”按钮，选择“线”选项，绘制截面样条线，如图 3-68 所示。

（2）在创建面板中，单击“线”按钮，添加“车削”修改器，在“参数”栏中设置“对齐”为“最小”，如图 3-69 所示。

（3）在创建面板中，单击“线”按钮，这时子级别中“车削”将不能作用于“样条线”，单击“修改器列表”下面的显示最终开关按钮，再按 Alt+X 快捷键透明显示模型，效果如图 3-70 所示；在视图中右击对象，在快捷菜单中执行“透明”命令，效果如图 3-71 所示。

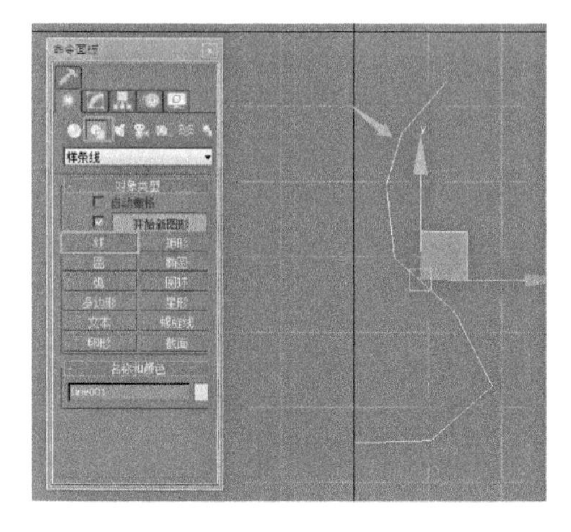

图 3-68　绘制截面样条线

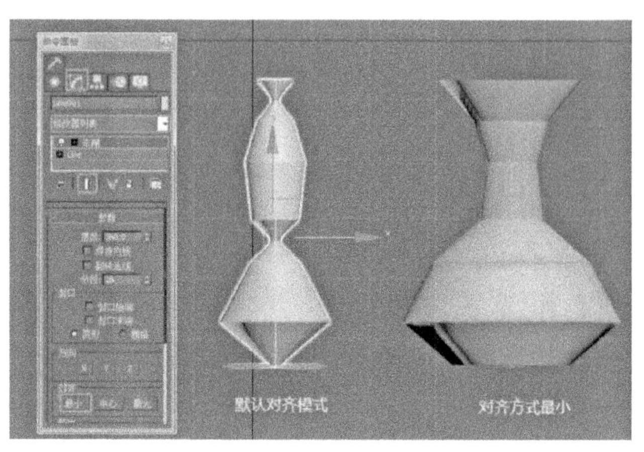

图 3-69　设置对齐

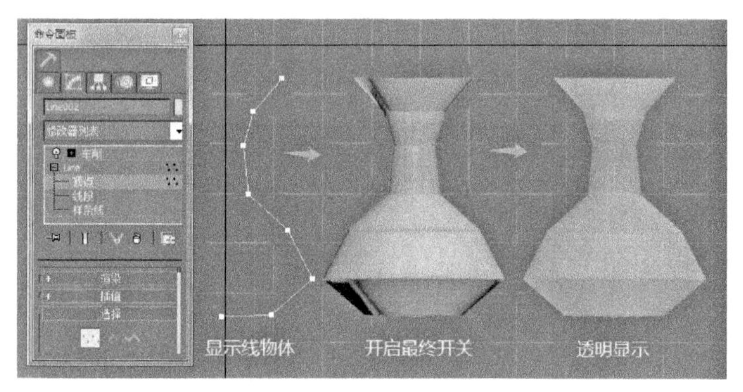

图 3-70　显示最终开关

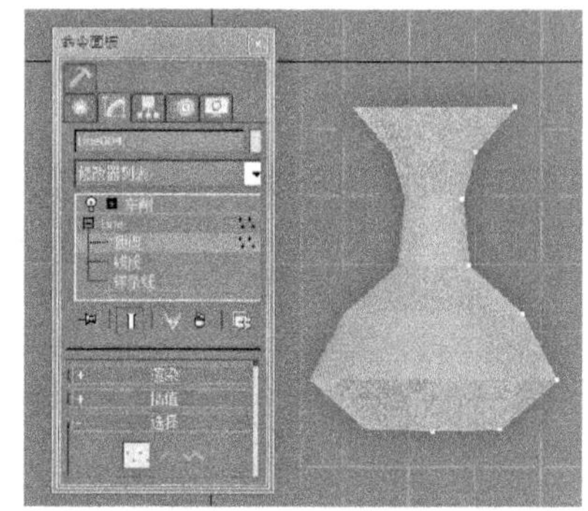

图 3-71　透明模型

2. 编辑造型

（1）单击“样条线”按钮，选择“顶点”选项，然后利用“顶点”的 4 种模式“角点”“Bezier”“Bezier 角点”“平滑”根据造型要求进行调整，如图 3-72 所示。

（2）在修改造型时可将顶点转换为任意一种模式，在顶点不够时可以选择“优化”选项，为模型添加顶点，如图 3-73 所示。

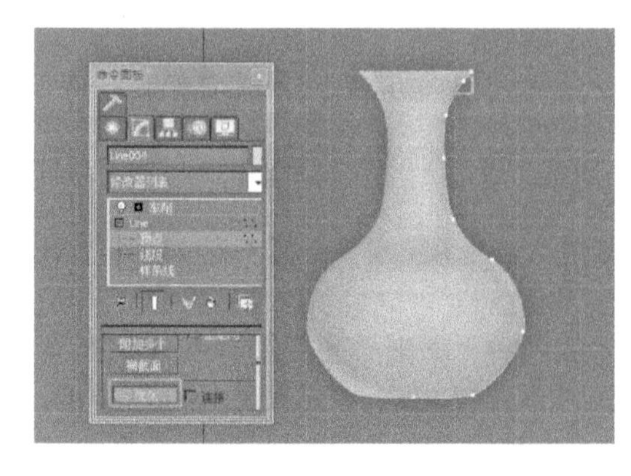

图 3-72　编辑点

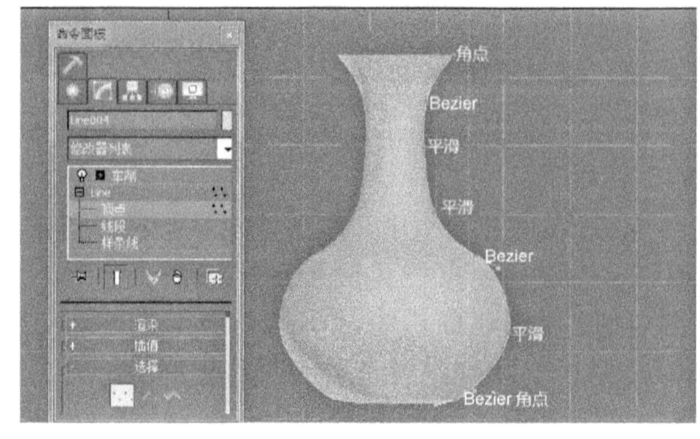

图 3-73　优化添加顶点

（3）按 ALT+X 快捷键取消透明显示模型，选择“车削”修改器，在“参数”栏中将“分段”改为 50，分段数越多，模型表面越细腻，如图 3-74 所示。

（4）单击“样条线”按钮，选择“修改器列表”下面的壳选项，为模型添加壳，设置“外部量”为 0.5cm。建模完成，花瓶效果如图 3-75 所示。

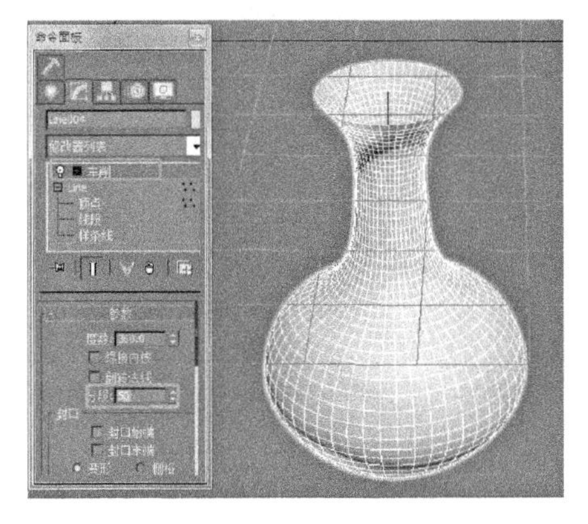

图 3-74　增加分段数

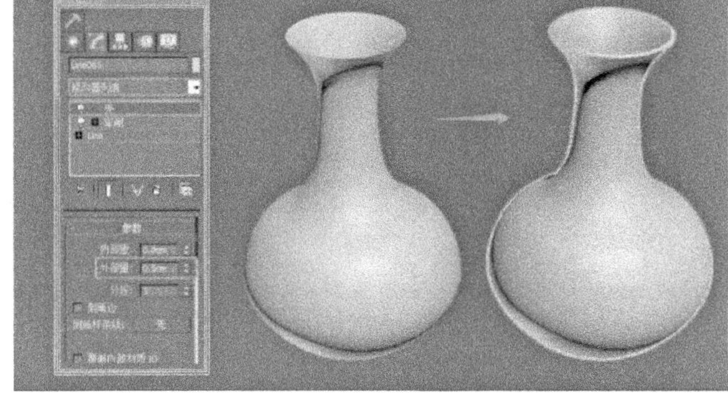

图 3-75　花瓶效果

3.4　材质与贴图

简单地说，材质是给模型的外观增加图像信息或基本颜色，来表现材料的质感、明暗。材质可以分为平滑的、粗糙的、反射的、折射的等多种样式；材质样式取决于模型的类型，如金属、塑料、玻璃等。

更高级的贴图模式是 UV 贴图。UV 贴图根据模型的 UV 分解展开后，通过第三方编辑软件进行 UV 编辑。UV 贴图常用于动画、游戏、影视等领域。

3.4.1　基础材质

按 M 键可以快速开启材质编辑器菜单，也可以在工具栏中单击材质编辑器按钮开启，默认开启“Slate 材质编辑器”窗口，如图 3-76 所示。在“Slate 材质编辑器”窗口中执行“模式”→“精简材质编辑器”命令，效果如图 3-77 所示。

1. 材质面板

材质面板中共有 24 个材质球，默认显示 6 个，可以执行“选项”→“循环示列”命令切换显示数量。材质球用完后，可以执行“实用程序”→“重置编辑器”命令重置材质面板，不会影响已经赋予对象的材质。图 3-78 所示为 24 个材质球。

- 材质球类型：按住图标不放会出现球体、圆柱体、长方体三种类型，用于显示不同的材质类型来体现光影和质感，如图 3-79 所示。

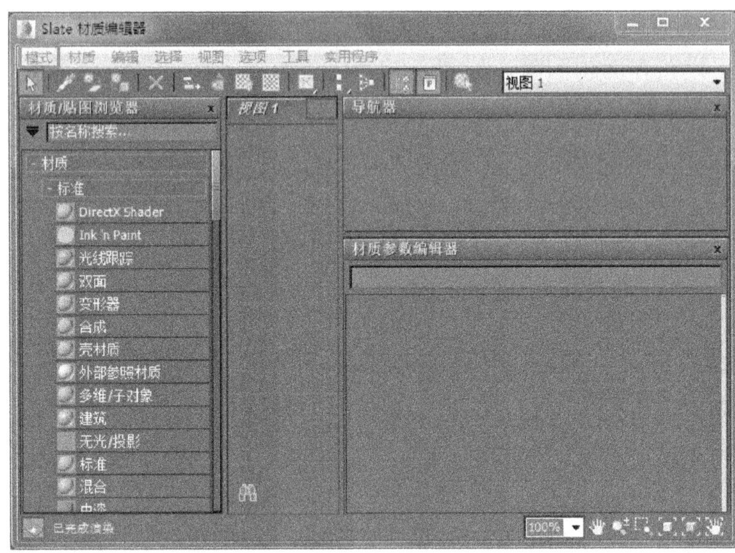

图 3-76 “Slate 材质编辑器”窗口

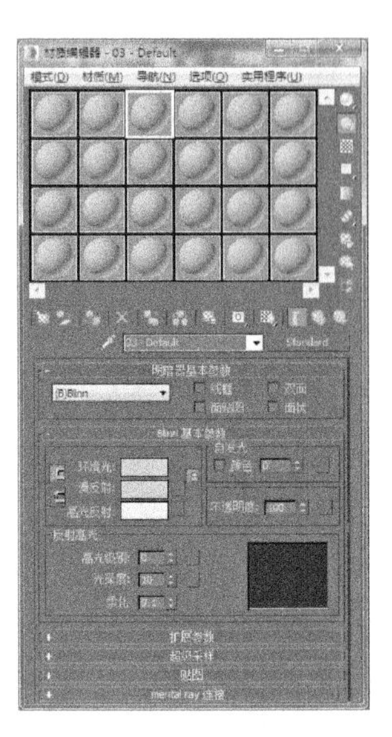

图 3-77 精简材质编辑器效果

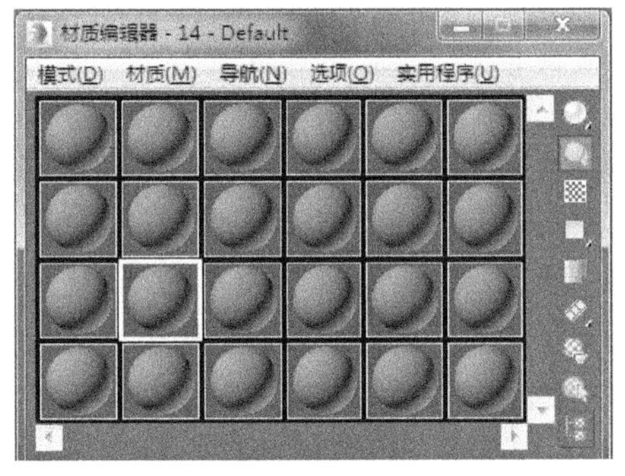

图 3-78 24 个材质球

图 3-79 材质球类型

- 背光：显示对象材质的反光效果。单击“背光”按钮可以激活反光效果。图 3-80 所示为无背光和有背光的材质球效果对比。
- 背景：衬托透明、折射和反射材质，如图 3-81 所示。

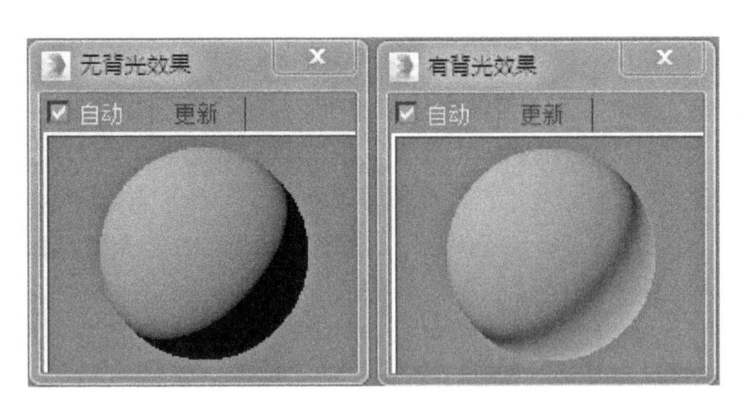

图 3-80 无背光和有背光的材质球效果对比

图 3-81 背景

- 采样平铺：在静定物体表面上重复图形。
- 视频颜色检查：色彩校验。计算计算机色彩系统和电视色彩系统的差异。
- 生成预览：预览序列材质的动画效果。

2. 材质层级控制按钮

材质层级控制按钮主要用于控制材质，如图 3-82 所示。

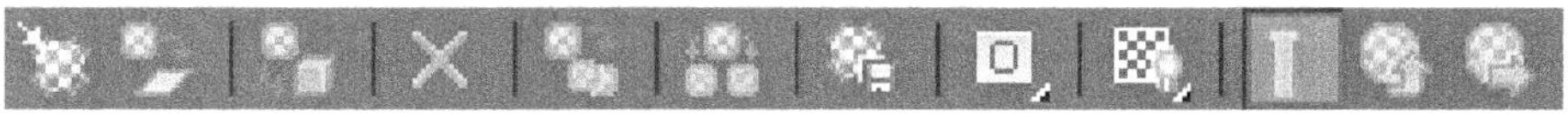

图 3-82　材质层级控制按钮

- 获取材质：打开“材质 / 贴图浏览器”，其中有各类材质。
- 将材质放入场景 ：将目标材质指定给物体，用于模型上的材质替换，将当前材质替换成场景中的同名材质。
- 将材质指定给对象：将选定好的材质赋予模型对象，或者鼠标拖曳直接赋予材质。
- 重置贴图：删除已设定的材质。
- 复制材质：复制材质副本。
- 使唯一：将材质成为唯一副本，取消实例的关联属性。
- 放入库：将设置好的材质球保存到材质库中。
- 材质 ID：选择材质的 ID，用于贴图的 ID 分类。
- 在视口中显示明暗处理材质：在模型上显示贴图。
- 显示最终效果：在材质球上显示整体效果，用于更新后的材质参数显示。
- 转到父对象：材质示列窗的层级转换。
- 转到下一个同级：快速转换材质的通道。
- 从对象拾取材质：获取场景中对象的材质。
- 材质命名栏：给材质球命名。
- 材质层级类型：显示当前材质层级类型，其中有各类复合材质类型。

3. 公共参数

（1）“明暗器基本参数”卷展栏

“明暗器基本参数”卷展栏用来控制阴影特性，如图 3-83 所示。

- 线框：用线框来表现对象。线框大小在扩展参数中设置，如图 3-84 所示。
- 双面：显示模型的背面。
- 面贴图：将材质在对象的每个多边形上显示。
- 面状：取消对象材质的平滑处理。

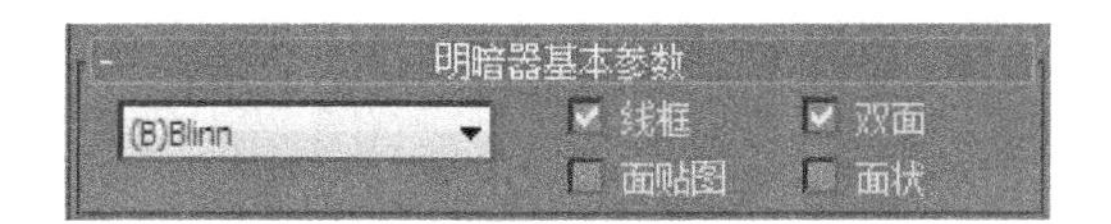

图 3-83　“明暗器基本参数”卷展栏

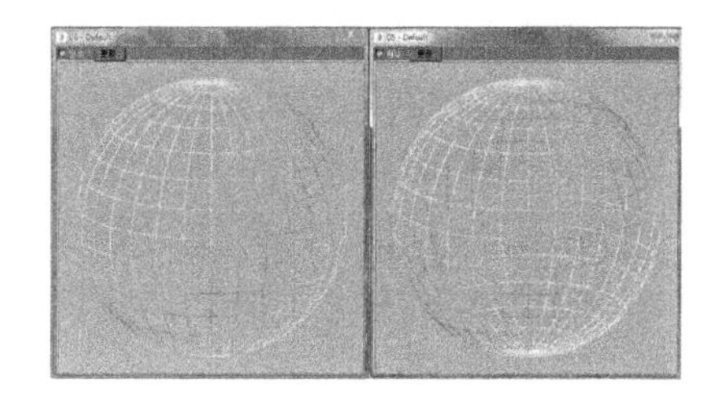

图 3-84　线框

（2）“Blinn 基本参数”卷展栏

“Blinn 基本参数”卷展栏用于控制模型的高光、基本色和阴影，如图 3-85 所示。其中，调节参数区域控制了大量材质表面的属性调节参数，也是通往下一个材质层级的入口，具有十分重要的作用。

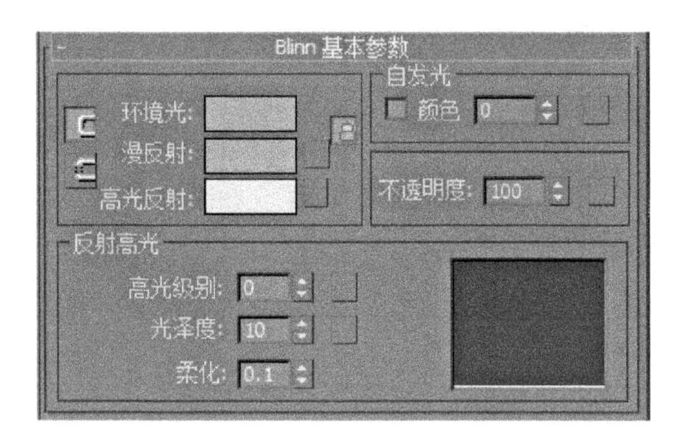

图 3-85 “Blinn 基本参数”卷展栏

- 环境光：对象周围环境的反射光线，主要影响阴影部分。
- 漫反射：物体表面的基本颜色，贴图的基本颜色贴在这个参数的通道上。
- 高光反射：影响高光点及周围色彩变化。
- 自发光：对象自身发光效果。
- 不透明度：介于 0 ～ 100 之间的透明设置，同时具有透明通道。
- 高光级别：控制高光的强度。
- 光泽度：控制高光影响范围，数值越大，材质越光滑。
- 柔化：控制高光级别和光泽度反差，产生背光效果。

（3）“扩展参数”卷展栏

“扩展参数”卷展栏用来补充基本属性面板的不足之处，主要控制简单的反射、折射效果和线框参数。

（4）“贴图”卷展栏

“贴图”卷展栏主要控制材质不同属性的通道，并且对其进行下一层级贴图的指定，也是材质编辑器的主要面板。其只起到一个入口的作用，是基本属性面板的后台，参数可以在基本属性面板中看到，通过它可以方便地控制不同通道的属性。

3.4.2 UVW 贴图修改器

UVW 贴图修改器控制对象贴图的显示方式和程序材质，由贴图、通道、对齐三个区域组成。图 3-86 所示为 UVW 贴图修改器面板中的参数。

UVW 贴图修改器是一个高级贴图修改器，能够完成复杂的贴图，可以输出模型的 UV，与第三方绘图软件相结合制作更精细的贴图。在 UVW 面板的“编辑 UV”卷展栏中单击“打开 UV 编辑器”按钮，弹出“编辑 UVW”对话框，如图 3-87 所示。图 3-88 所示为“编辑 UVW”对话框的功能分区。

图 3-86　UVW 贴图修改器面板中的参数

图 3-87　“编辑 UVW”对话框

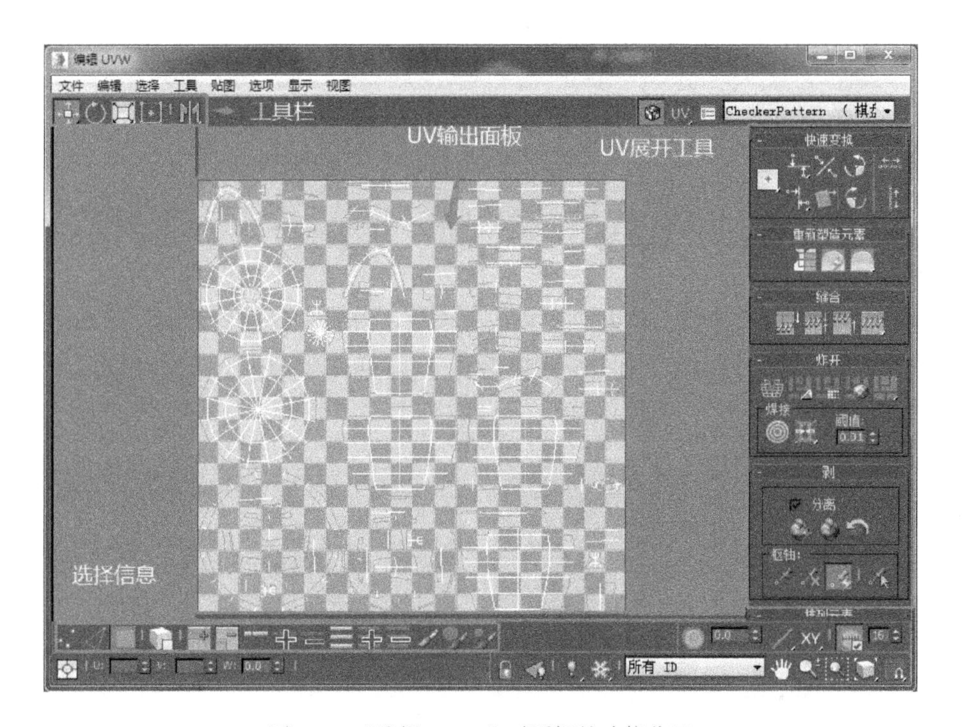

图 3-88　“编辑 UVW”对话框的功能分区

此工具是 UVW 展开操作的核心，大部分操作都是在“编辑 UVW”对话框中完成的。

- 移动工具：移动 UV。
- 旋转工具：选择 UV。
- 缩放工具：缩放 UV。
- 自由模式：综合移动、旋转、缩放三个工具。当鼠标指针在选择框内部时，可以移动；当鼠标指针在 4 个边角时，可以缩放；当鼠标指针在选择边框中间点时，可以旋转。

- 径向：径向选择 UV 对象。

3.4.3 案例——制作书

本例是制作书，效果如图 3-89 所示，操作步骤如下。

图 3-89 书效果

（1）在前视图中创建一个长方体，设置“长度”为 22cm，“宽度”为 15cm，“高度”为 2cm，如图 3-90 所示。

（2）单击“样条线”按钮，打开“样条线”面板，选择“修改器列表”下面的“编辑多边形”修改器，为长方体添加“编辑多边形模式”，选择面级别，按住 Ctrl 键选择长方体的三个面，如图 3-91 所示。

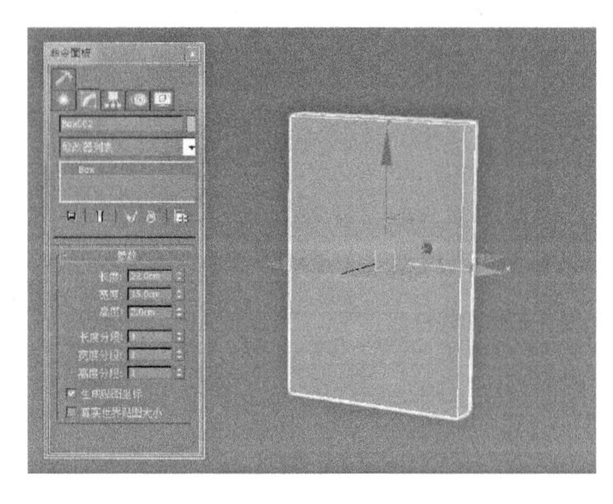

图 3-90 创建长方体

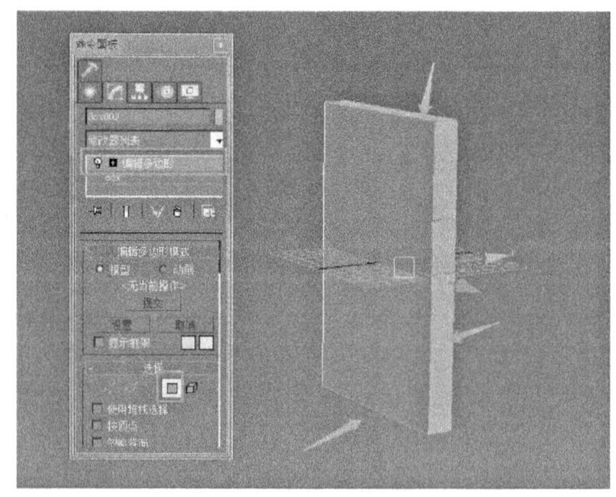

图 3-91 选择面

（3）在“编辑多边形模式”的“插入顶点”卷展栏中，单击“插入”按钮，在弹出的对话框中选择以“组”的方式插入，设置数值为 0.05cm，如图 3-92 所示。

（4）单击“挤出”按钮，在弹出的对话框中选择局部法线，设置数值为 –0.05cm，如图 3-93 所示。

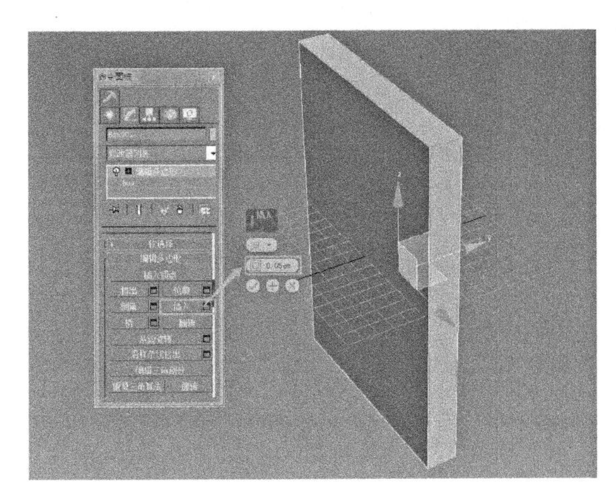

图 3-92 插入设置

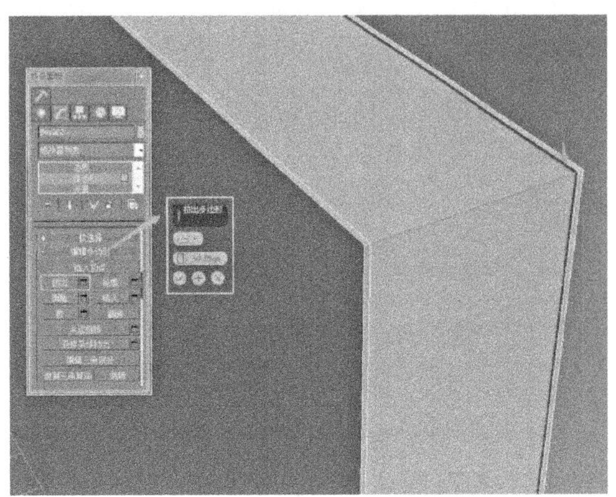

图 3-93 挤出设置

（5）在“编辑样条线”面板中，修改模型的颜色为蓝色，“书”建模完成。为其添加“UVW 展开”修改器，如图 3-94 所示；单击“打开 UV 编辑器”按钮，弹出“编辑 UVW”对话框，如图 3-95 所示。

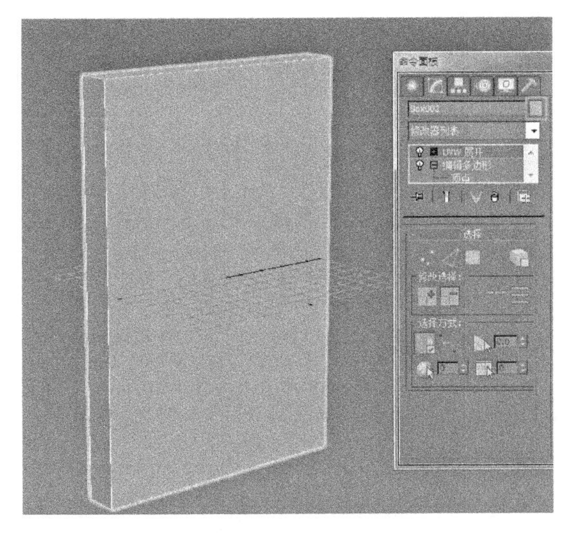

图 3-94 添加“UVW 展开”修改器

图 3-95 打开 UVW 编辑器

注意

在添加“UVW 展开”修改器时，不能选择多边形下的子级别。

（6）选择“UVW 展开”修改器的“多边形”子级别，按 Ctrl+A 快捷键，选择所有多边形，如图 3-96 所示。

（7）在“编辑 UV”卷展栏中将对齐轴切换成 Y 轴，单击快速平面贴图按钮，这时视图中书模型的 UV 方向以 Y 轴对齐。“编辑 UVW”对话框中会显示正确的模型坐标，如图 3-97 所示。

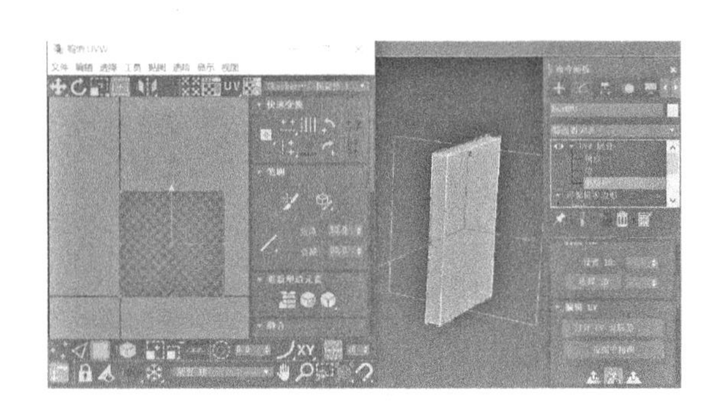
图 3-96　选择所有多边形

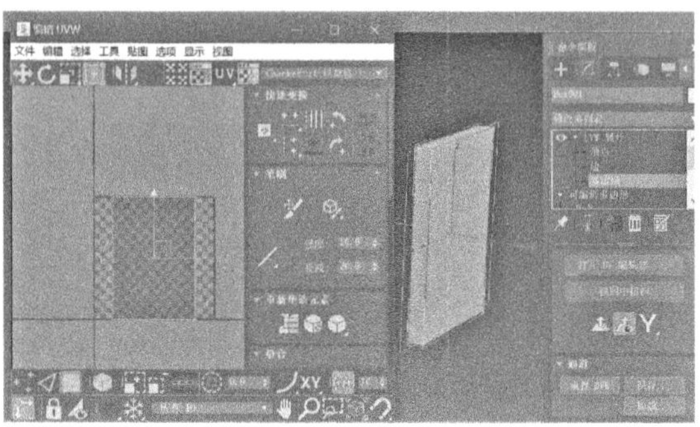
图 3-97　对齐 UV 轴

这一步非常重要，重置了模型 UV 随机产生的接缝。对齐后可以按照自己的设计方式切开接缝，接缝默认以绿色显示。

（8）选择“UVW 展开”修改器的“多边形”级别，在透视图中选择 3 个面，如图 3-98 所示。

（9）在“编辑 UVW”对话框中，右击模型，在快捷菜单中执行“断开”命令，如图 3-99 所示。此时选择的多边形就被断开了。单击自由变换工具，移动断开的多边形 UV，断开的面如图 3-100 所示。

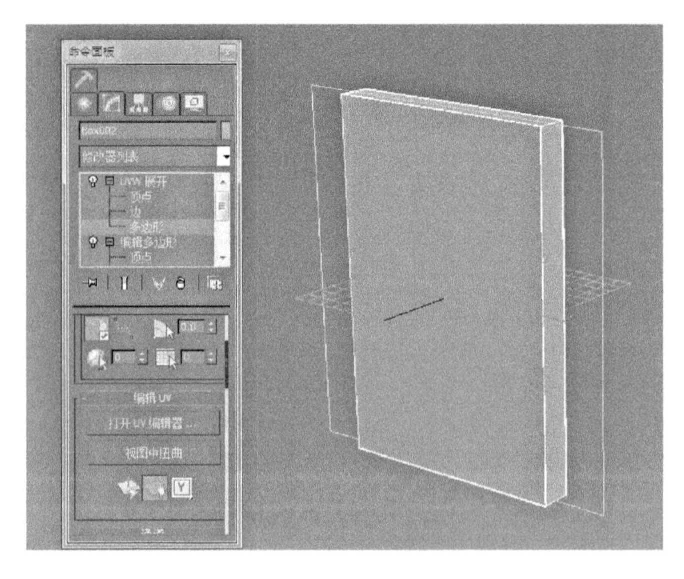

图 3-98　选择 3 个面

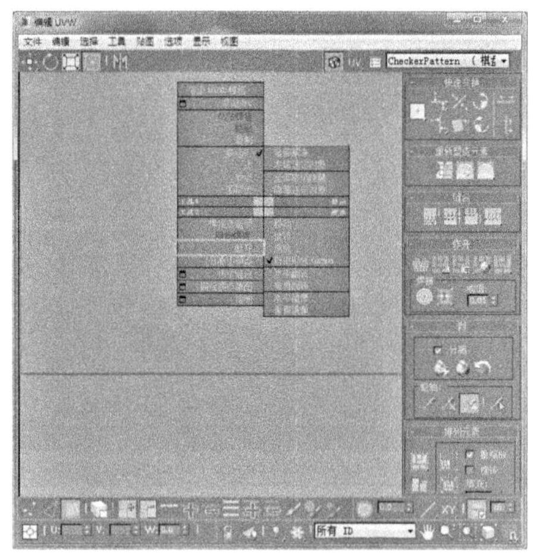

图 3-99　断开

（10）执行“工具”命令，单击“松弛”按钮，弹出“松弛工具”对话框，在第一个下拉列表中选择“由多边形角松弛”选项，单击“开始松弛”按钮，展平 3 个面，如图 3-101 所示。

（11）返回“编辑 UVW”对话框，将显示贴图通道切换为棋盘格显示，如图 3-102 所示；选择透视图中的书模型，在“UVW 展开”修改器中选择边级别，选择边线。

（12）在“编辑 UVW”对话框中，分别右击书模型的 4 个角边，在快捷菜单中执行“断开”命令，完成切开接缝（提示：断开接缝为绿色），如图 3-103 所示。

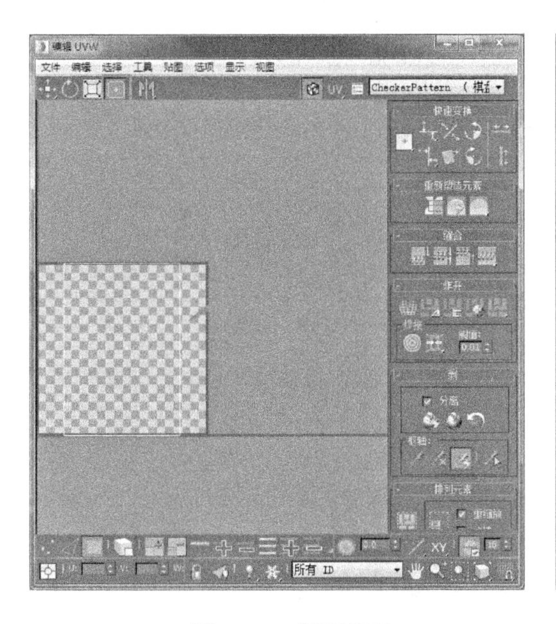

图 3-100　断开的面

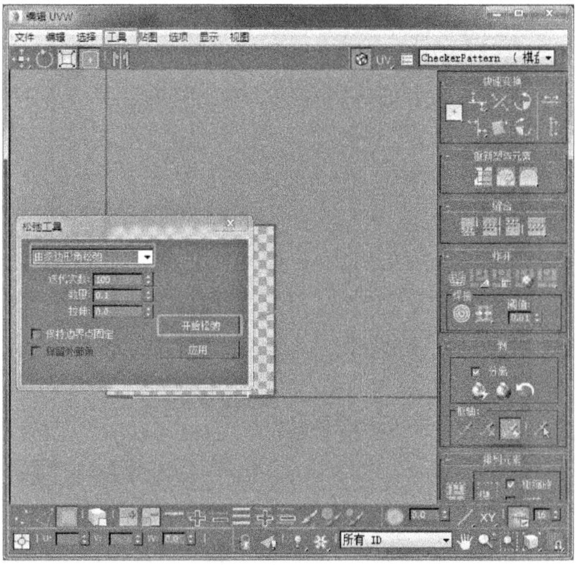

图 3-101　松弛 UV

图 3-102　棋盘格显示

图 3-103　断开边

（13）执行“工具”命令，单击“松弛”按钮，弹出“松弛工具”对话框，在第一个下拉列表中选择“由多边形角松弛”选项，单击“开始松弛”按钮，展开 UV，如图 3-104 所示。

（14）选择截面的 UV，如图 3-105 所示。断开后，将其旋转 90° 后排列到 UV 输出面板中，摆放 UV 如图 3-106 所示。

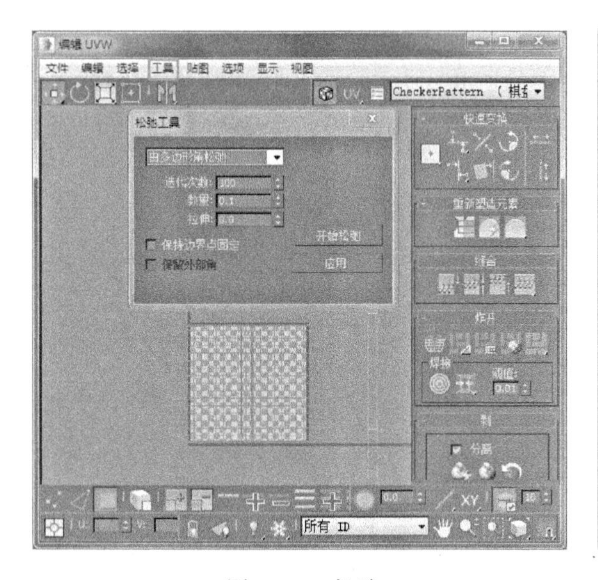

图 3-104　松弛 UV

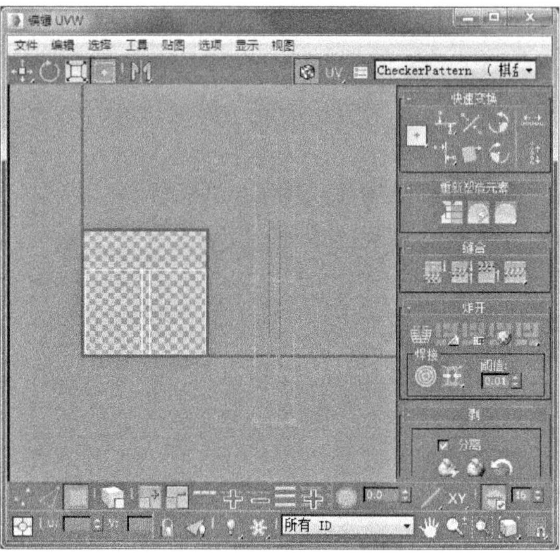

图 3-105　选择截面 UV

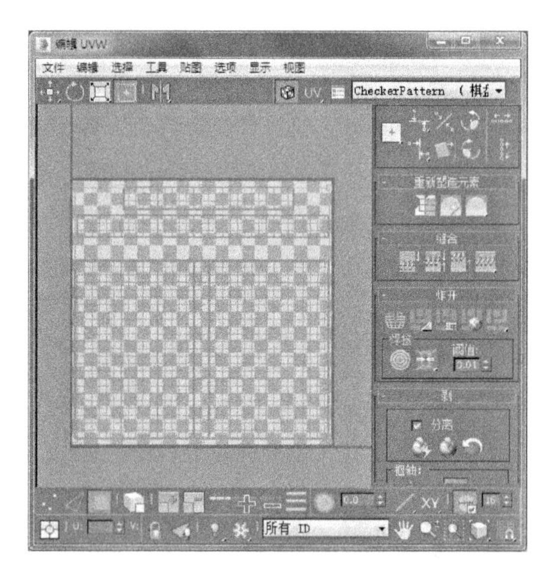

图 3-106　摆放 UV

（15）在摆放 UV 时按照模型的比例缩放 UV 的大小，以模型信息重要的部位为主，边角的 UV 则占比小。UV 输出面板的 UV 放置要填满。

（16）执行“工具”命令，单击“渲染 UV”按钮，在“渲染 UVs”对话框中将输出面板的 UV 输出格式保存为 TGA，如图 3-107 和图 3-108 所示。

（17）打开 Photoshop 软件，导入输出的 TGA 文件并对其进行编辑，再打开准备好的贴图进行处理，如图 3-109 所示。

（18）编辑完成后回到 3ds Max 中，打开材质编辑器，选择一个材质球，单击“漫反射”后面的按钮，如图 3-110 所示，设置“通道”为位图。打开处理好的贴图，将材质球直接拖动给模型，至此书的建模完成，效果如图 3-111 所示。

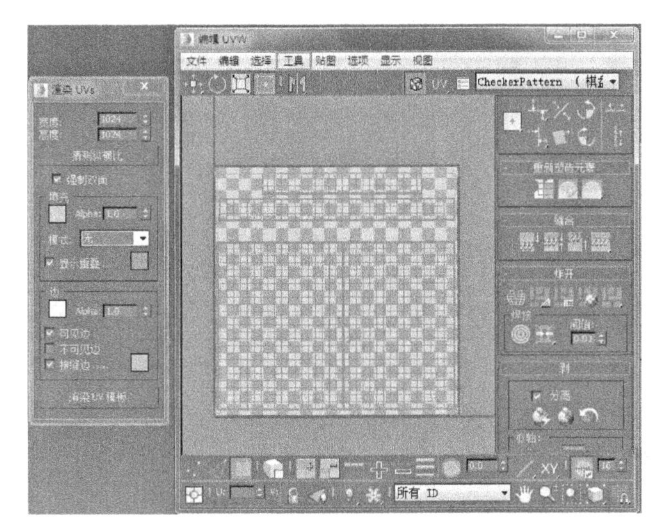

图 3-107　“渲染 UVs”对话框

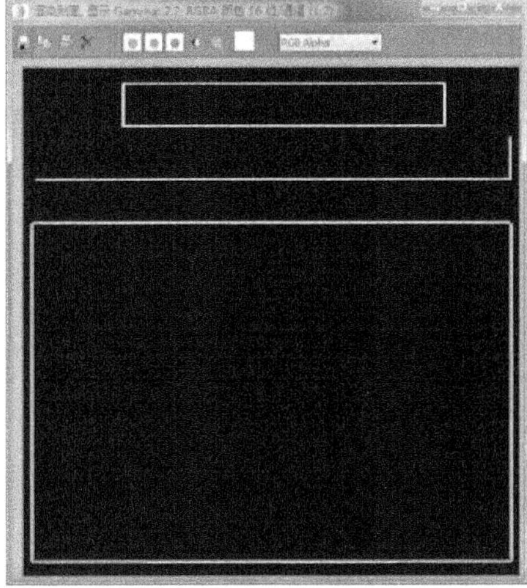

图 3-108　渲染 UV

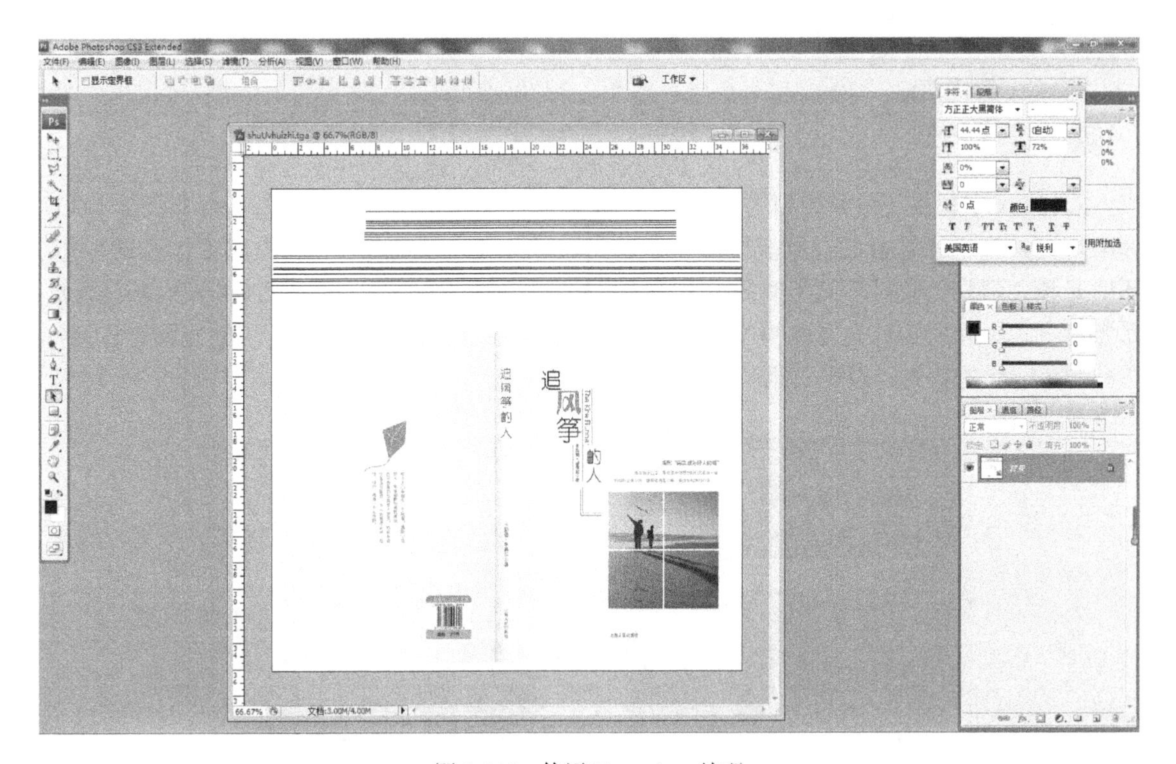

图 3-109　使用 Photoshop 处理

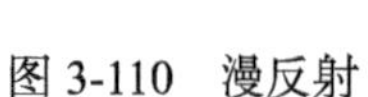
图 3-110 漫反射

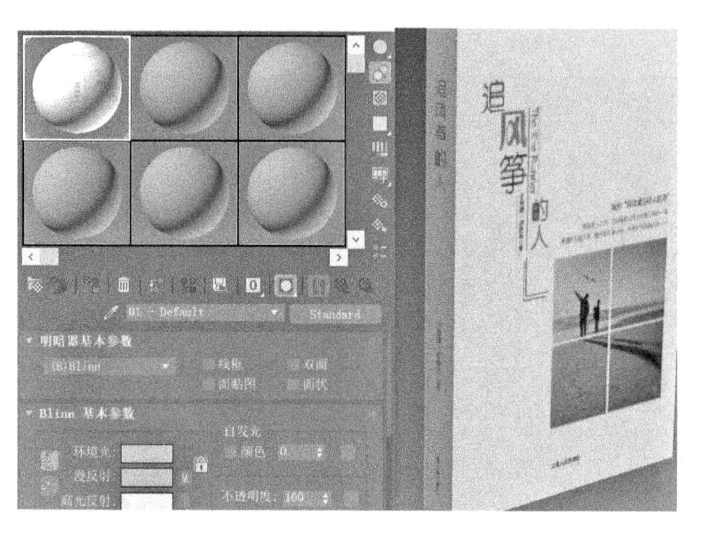

图 3-111 书效果

3.5 灯光与摄像机

3.5.1 灯光

3ds Max 中提供了两种类型的灯光：标准灯光（见图 3-112）和光度学灯光（见图 3-113）。标准灯光是基于计算机的对象模拟灯光效果，如舞台灯光、室内灯光、影视工作场景灯光、环境光和太阳光。针对不同类型的对象需要运用不同的灯光，还要参考光源的属性来设置灯光照射方式。光度学灯光可以精确地定义灯光，就像在真实世界一样，能够创建具有各种分布和颜色特性的灯光，或导入照明特定光度学文件。

图 3-112 标准灯光

图 3-113 光度学灯光

1．标准灯光

- 目标聚光灯：模拟投影聚焦的光束，使用可移动目标对象指向灯光。
- 自由聚光灯：模拟投影聚焦的光束，没有目标对象。
- 目标平行光：主要用于模拟太阳光，有目标点。
- 自由平行光：主要用于模拟太阳光，无目标点。
- 泛光：从单个光源向各个方向发射光线。用于辅助照明，模拟点光源。
- 天光：一种用于模拟日光照射效果的灯光，可以从四面八方同时对物体发射光线。
- mr Area Omni：使用 mental ray 渲染器时，从球体或圆柱体而非点光源发射光线。
- mr Area Spot：使用 mental ray 渲染器时，从矩形或圆盘形区域而非点光源发射光线。

2．光度学灯光

- 目标灯光：指向灯光的目标子对象，多用于点光源和模拟 IES 灯光。
- 自由灯光：不具备目标子对象。
- mr 天空入口：聚集内部场景中的现有天空照明的有效方法，无须高度最终聚集或全局照明设置。

3．灯光参数

（1）“常规参数”卷展栏

“常规参数”卷展栏用于控制灯光的排除对象、切换灯光类型和阴影的模式，如图 3-114 所示。

- 灯光类型启用：切换泛光、聚光、平行光。
- 阴影启用：勾选“启用”复选框后可以选择多种阴影方式，包括高级光跟踪阴影、区域阴影、阴影贴图、光线跟踪阴影、mr 阴影。
- 排除：排除或添加场景中的照明对象。

图 3-114　灯光类型

（2）“强度 / 颜色 / 衰减”卷展栏

“强度 / 颜色 / 衰减”卷展栏控制灯光的亮度、颜色和衰减效果，如图 3-115 所示。

- 倍增：控制灯光的亮度。
- 颜色：调节灯光的照明颜色。
- 近距衰减、远距衰减：控制灯光亮度的光照范围和灯光的衰减参数。

（3）“高级效果”卷展栏

“高级效果”卷展栏如图 3-116 所示。

- 影响曲面：控制灯光对物体表面的照射情况，控制明暗的交界线，对比度越高，交界线越明显。
- 柔化漫反射边：控制对象漫反射情况，数值越大，场景的照明越柔和。
- 投影贴图：模拟不透明通道，通过贴图的灰度值来控制灯光的照射范围，白色为透明，黑色为不透明。

图 3-115 “强度 / 颜色 / 衰减”卷展栏

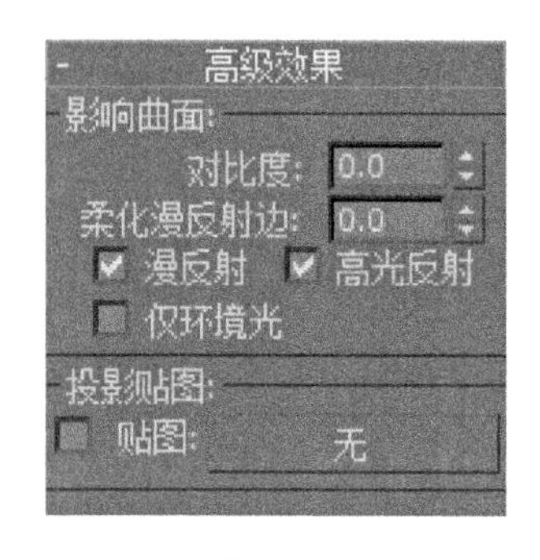

图 3-116 “高级效果”卷展栏

（4）“阴影参数”卷展栏

“阴影参数”卷展栏控制灯光照射对象的阴影效果，调节颜色和阴影密度，也可以添加一幅贴图来模拟阴影。

（5）“大气和效果”卷展栏

“大气和效果”卷展栏用于设置大气的参数及与灯光相关的渲染效果。

3.5.2 摄像机

摄像机用于拍摄三维场景和动画。3ds Max 中的摄像机能够模拟真实世界的摄像机效果，实现调节焦距、景深、透视等光学效果。

3ds Max 中的摄像机包括目标摄像机和自由摄像机两种，如图 3-117 所示。目标摄像机有目标点，常用于动画跟踪记录，基于目标点跟踪主体画面。自由摄像机没有目标点，常用于拍摄目标对象跟随主体运动的画面。

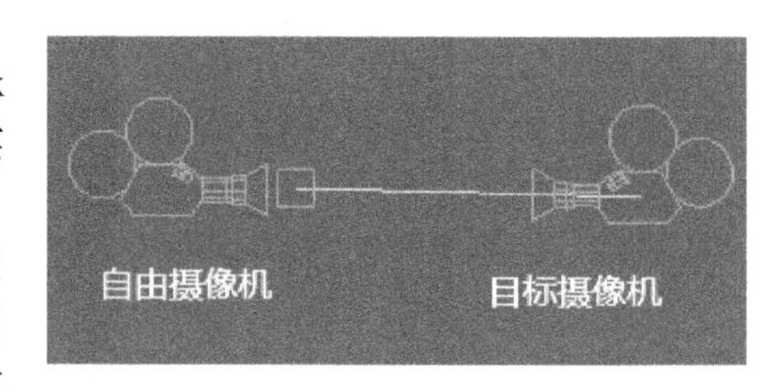

图 3-117 摄像机类型

3.6 动画

3ds Max 可为各种应用创建三维动画，用于制作角色动画、应用动画、机械原理动画、建筑动画等。3ds Max 提供了很多运动控制器，用于模拟各种对象的运动规律，使动画制作起来更加容易，而且可以在轨迹视图中编辑动画。

1. 自动记录关键帧动画

使用自动记录关键帧的方法记录动画是三维动画的基本制作方法。该方法用于记录对象的形态、位移、缩放、旋转、颜色等，在一定时间范围内生成动画，时间决定对象的速度，对象的属性决定加速或减速，根据运动规律对动画进行设定。

下面以一个小实例说明如何自动记录关键帧动画，操作步骤如下。

（1）创建一个长方体，设置“长度”为 2cm，“宽度”为 2cm，“高度”为 2cm，分段都为 1。按 N 键开始自动记录关键帧，对话框会以红色边框显示，标志着将在这里记录动画内容，长方体的 X、Y、Z 轴坐标都为 0，如图 3-118 所示。

（2）将时间滑块从第 0 帧移动到 100 帧，将长方体沿 X 轴方向移动一段距离，如图 3-119 所示，这时动画就自动记录了，按？键自动预览动画，再按 N 键关闭自动记录关键帧，动画完成。

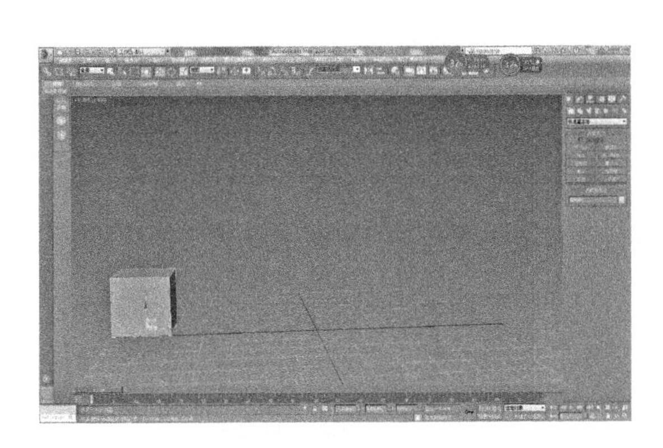

图 3-118　创建长方体

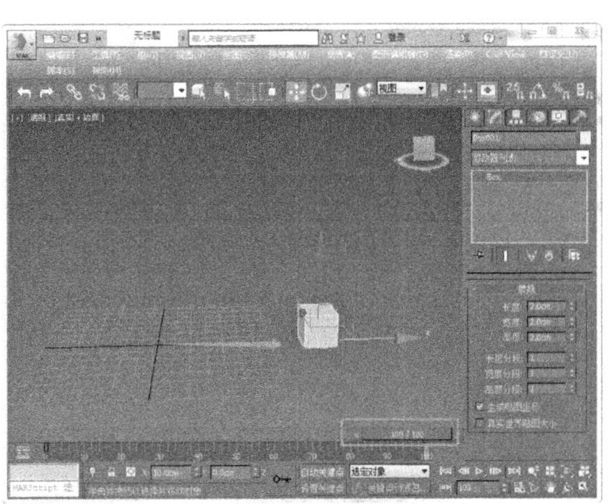

图 3-119　设定动画

2．手动记录关键帧动画

手动记录关键帧动画也是常用的记录动画方法。这种方法需要对动画对象在时间范围内变化后，手动单击记录动画按钮 ，手动记录关键帧，如图 3-120 所示。

图 3-120　手动记录关键帧

3．轨迹视图

单击菜单栏中的曲线编辑器按钮，打开轨迹视图编辑器。轨迹视图有两种模式：曲线编辑器和摄影表。

（1）曲线编辑器模式

曲线编辑器模式可以将动画显示为功能曲线，以曲线的方式对动画进行调整。曲线编辑器模式包含菜单栏、工具栏、控制器窗口、关键帧窗口。

（2）摄影表模式

摄影表模式对关键点进行编辑，以时间块的形式显示，如图3-121所示。在这种模式下可以显示关键帧、插入关键帧、缩放关键帧及进行所有其他的动画相关操作。

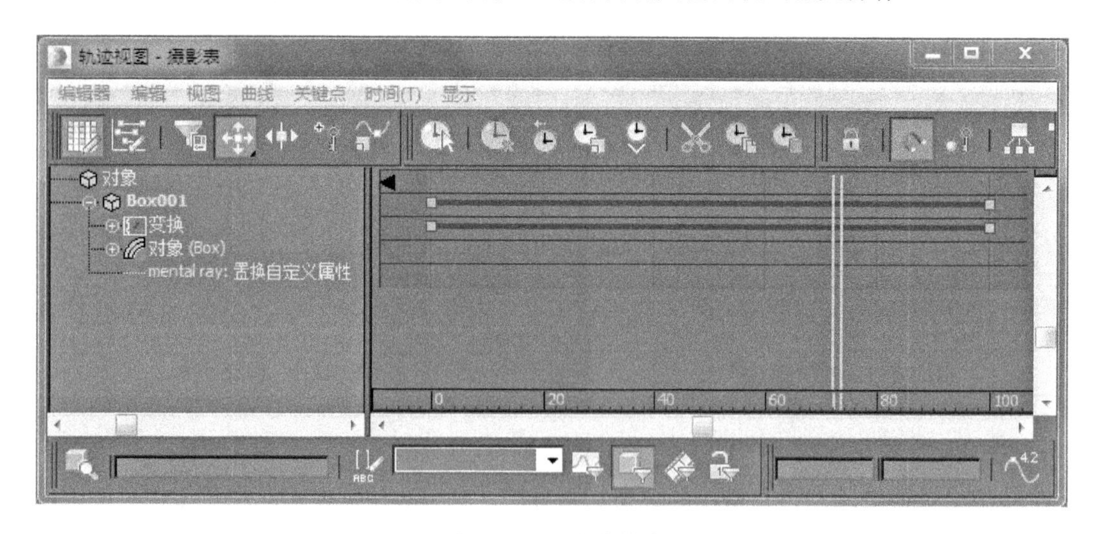

图3-121　摄影表模式

4．动画预览和输出

（1）动画预览

在动画输出前，为了避免渲染带来庞大数据，可以进行动画预览。在动画预览模式下仅能观察动画的设置情况，其多用于动画项目预览。

（2）动画输出

动画输出在3ds Max中是最后一个环节，做好的模型、贴图、灯光、渲染、动画等全部设置完后需要进行输出。在输出时应注意输出的大小、尺寸、格式、通道等，根据后期的制作需要选择相应的输出格式。一般项目以TGA序列的格式进行输出，保证画面的高清效果和信息完整无压缩，缺点是数据太大。

3.7　案例——烘焙茶壶

贴图的烘焙技术是将3ds Max中的光照信息渲染成贴图的方式，将烘焙好的贴图再贴回场景中。这样光照信息变成了贴图，不用计算灯光、阴影等信息，提高了场景的运转速度。烘焙技术多用于游戏、建筑、漫游、交互、动画等领域。

下面以烘焙茶壶为例介绍贴图的烘焙技术，操作步骤如下。

（1）在前视图中创建一个茶壶，设置“半径”为 5cm，分段都为 10；创建一个平面，设置“长度”为 100cm，“宽度”为 200cm，如图 3-122 所示。

图 3-122　创建茶壶

（2）选择“样条线”选项，在“修改器列表”下选择标准灯光“天光”，创建一盏天光，在“天光参数”面板中设置“倍增”为 0.5，如图 3-123 所示；再创建一盏目标平行光，设置“倍增”为 0.5，在“阴影”选项组中勾选“启用”复选框，如图 3-124 所示。

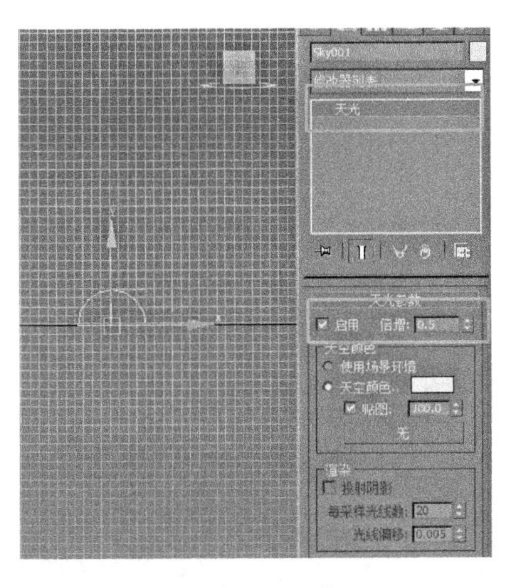

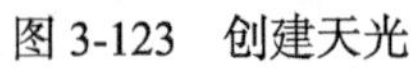
图 3-123　创建天光

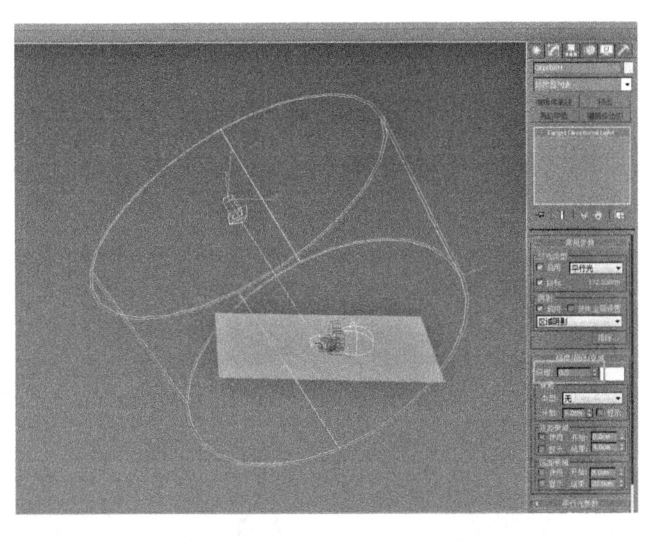

图 3-124　创建平行光

（3）选择“渲染器”选项，在“渲染设置：默认扫描线渲染器”对话框的“高级照明”选项卡中，在“选择高级照明”下拉列表中选择“光跟踪器”选项，在“参数”的“常规设置”选项组中设置“反弹”为 3，单击“渲染”按钮，如图 3-125 所示，渲染效果如图 3-126 所示。

图 3-125　高级照明

图 3-126　渲染效果

（4）为平面添加“编辑多边形”修改器，再添加“UVW 展开”修改器，确保 UV 放置在输出面板内，如图 3-127 所示。

（5）执行“渲染”命令，弹出“渲染到纹理”对话框，在“输出”卷展栏中单击“添加”按钮，如图 3-128 所示，弹出“添加纹理元素”对话框，在“可用元素”列表框中选择“CompleteMap”选项，如图 3-129 所示。

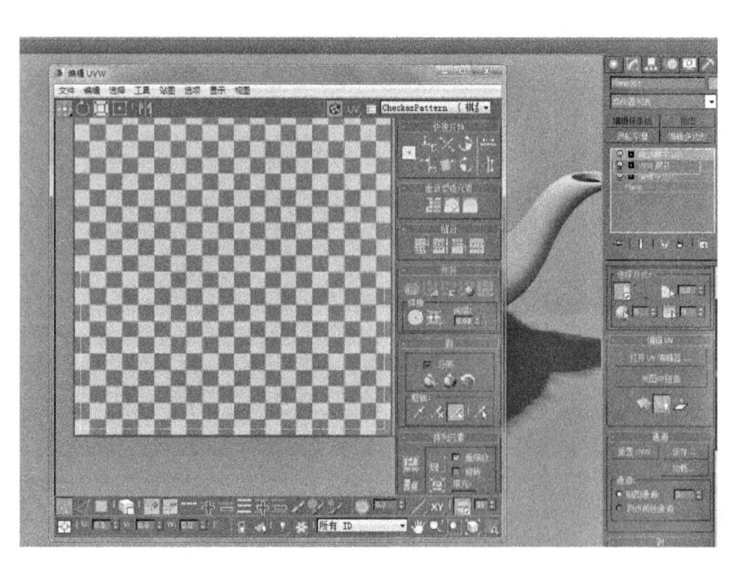

图 3-127　添加 UVW 展开

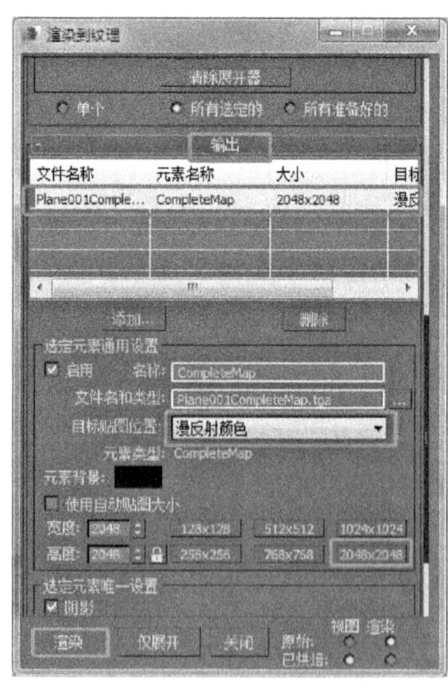

图 3-128　渲染纹理

（6）设置“目标贴图位置”为“漫反射颜色”，自动贴图大小为 2048×2048，单击“渲染”按钮。

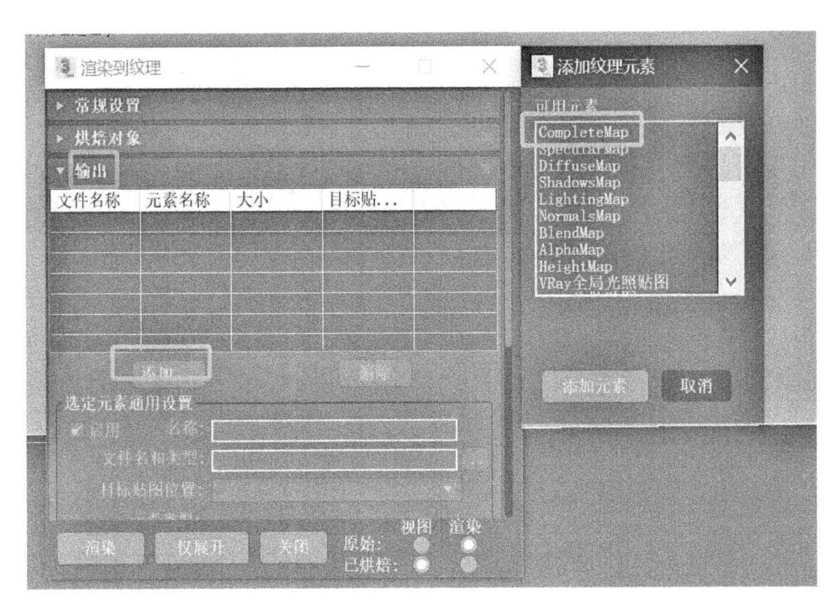

图 3-129　烘焙设置

（7）渲染完成后得到烘焙的贴图，烘焙阴影如图 3-130 所示。

（8）按 M 键打开材质编辑器，选择一个材质球，用吸管工具 吸场景内的平面，将烘焙好的贴图和原始贴图吸到材质球上，如图 3-131 所示。

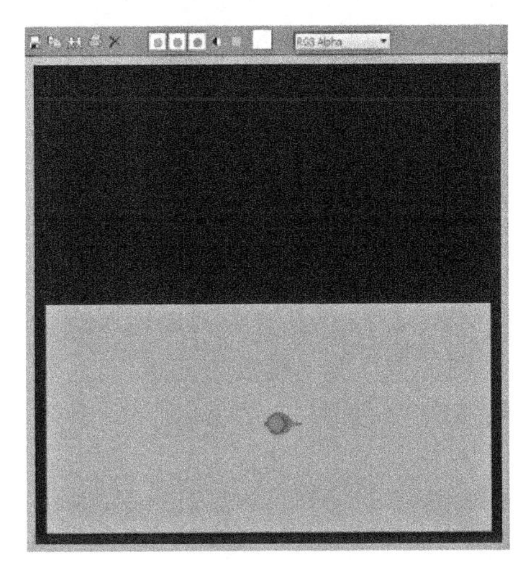

图 3-130　烘焙阴影

图 3-131　指定烘焙的材质

（9）选择烘焙好的材质，单击图子级别，复制漫反射通道的贴图到另一个空材质球的漫反射通道，如图 3-132 所示；将贴图重新指定给平面，隐藏茶壶，观察平面上烘焙的茶壶阴影，如图 3-133 所示。

（10）单击鼠标右键“取消”隐藏茶壶，让茶壶显示在场景中。为茶壶添加“编辑多边形”修改器，再添加“UVW 展开”修改器，添加 UVW 展开，如图 3-134 所示。

（11）选择“UVW 展开”修改器，单击“多边形”级别，选择所有的面。再执行“贴图”命令，单击“展平贴图”按钮，展平茶壶的 UV 用于烘焙使用，图 3-135 所示。

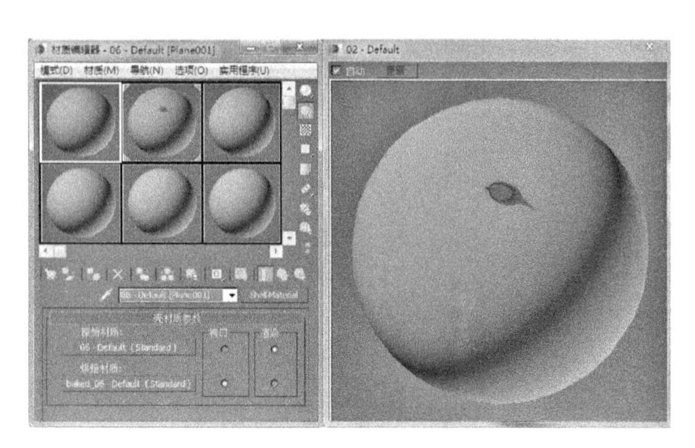

图 3-132　复制贴图

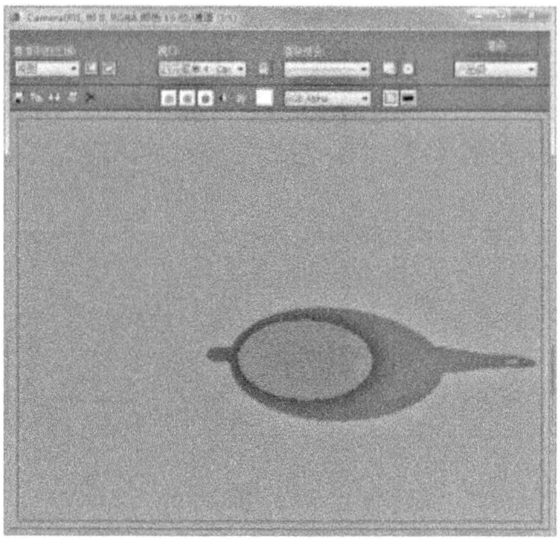

图 3-133　烘焙好的阴影

图 3-134　添加 UVW 展开

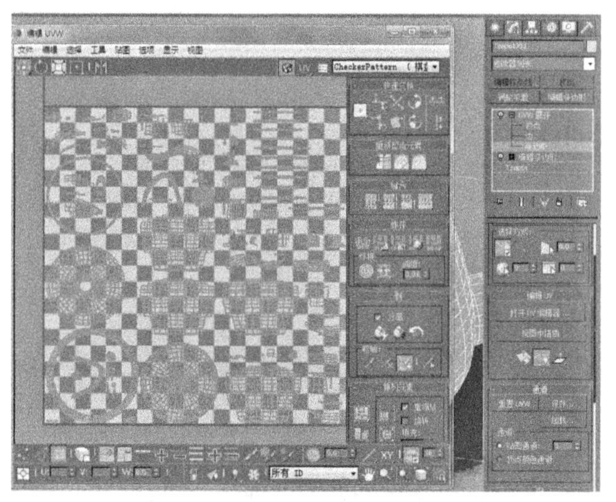

图 3-135　展平贴图

（12）烘焙茶壶 UV。执行“渲染”→“渲染到纹理”命令，打开“渲染到文理”对话框，在“输出”卷展栏中添加 CompleteMap 元素，“目标贴图位置”为“漫反射颜色”，自动贴图大小为 2048×2048，如图 3-136 所示；渲染烘焙“茶壶 UV”，如图 3-137 所示。

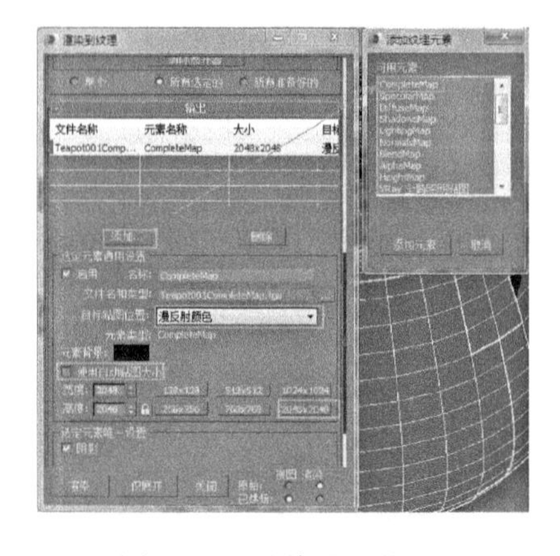

图 3-136　渲染纹理设置

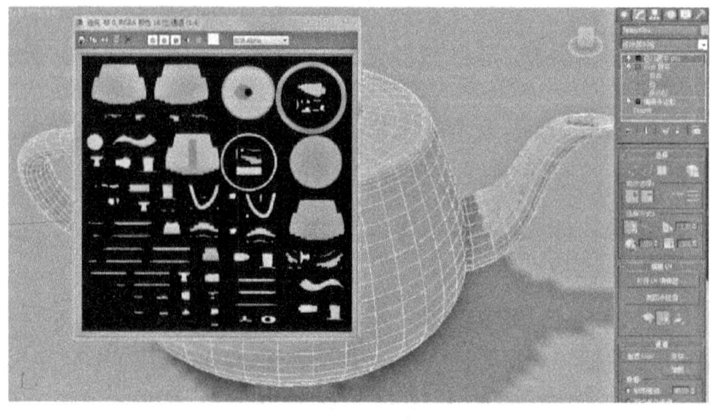

图 3-137　烘焙茶壶 UV

（13）参考步骤8将茶壶UV贴回茶壶的表面。设置平面和茶壶的自发光“颜色”为100，如图3-138所示，删除所有的灯光。渲染场景依然保持刚才的光照信息，至此烘焙完成，最终效果如图3-139所示。

图3-138　设置自发光

图3-139　最终效果

3.8　案例——古场景建模

本例是一个古场景建模，操作步骤如下。

1. 基本场景搭建

（1）在前视图中创建一个长方体，单击“编辑多边形”按钮，在“修改器列表”下拉菜单中执行“添加编辑多边形”命令，单击“面级别”按钮，删除上面和底面，如图3-140所示。删除面的图形如图3-141所示。

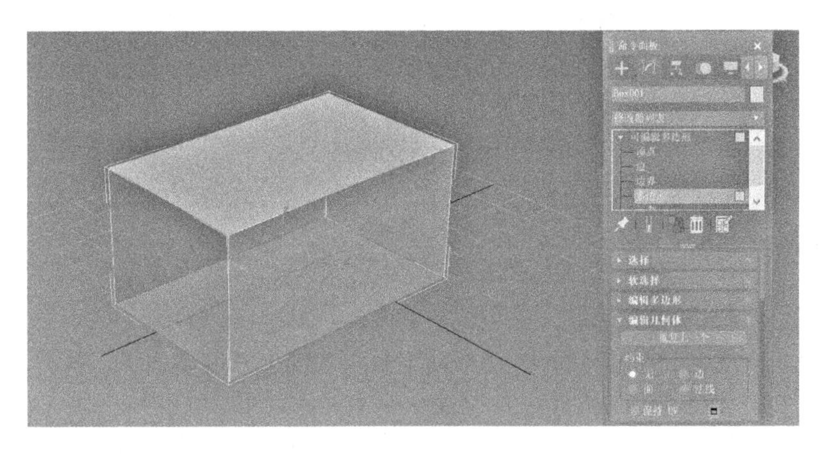

图3-140　删除面

图3-141　删除面的图形

（2）在“编辑多边形模式”下的“选择”面板中，单击“边界级别”按钮，按住 Shift 键的同时使用缩放工具向上缩放，再复制多边形，调整如图 3-142 所示。

（3）再次选择移动工具，按住 Shift 键的同时沿 Z 轴方向复制多边形，如图 3-143 所示。

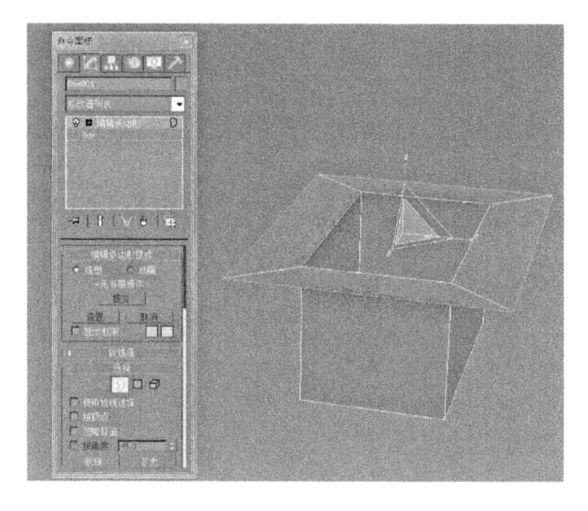

图 3-142　缩放复制并调整

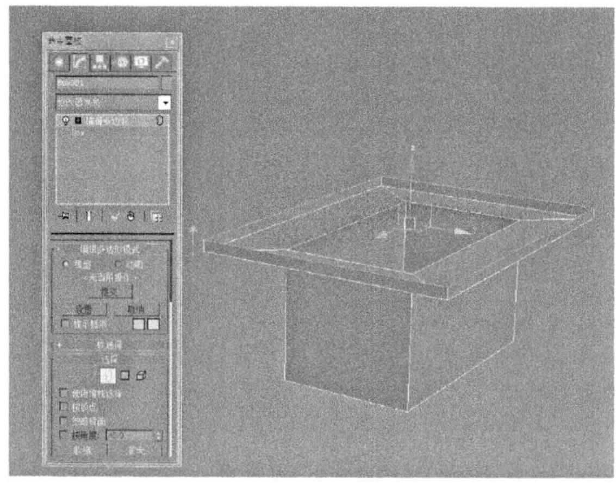

图 3-143　复制多边形

（4）重复步骤 2 操作，按住 Shift 键的同时使用缩放工具向上缩放，向内部复制多边形，如图 3-144 所示。

（5）选择移动工具，向上拖动边界级别，注意不是复制，如图 3-145 所示。

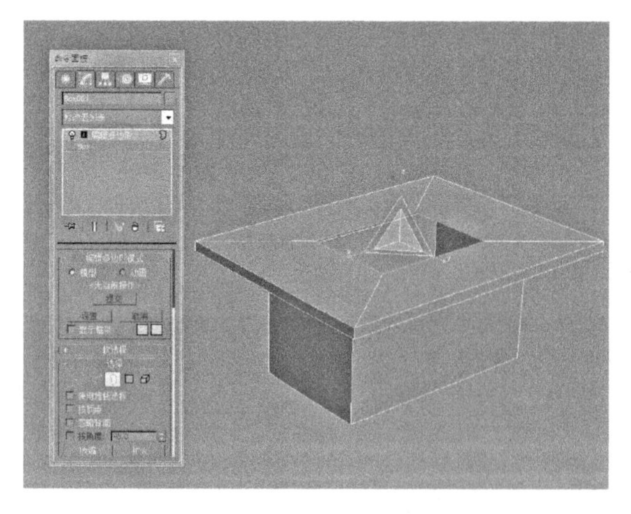

图 3-144　向内部复制多边形

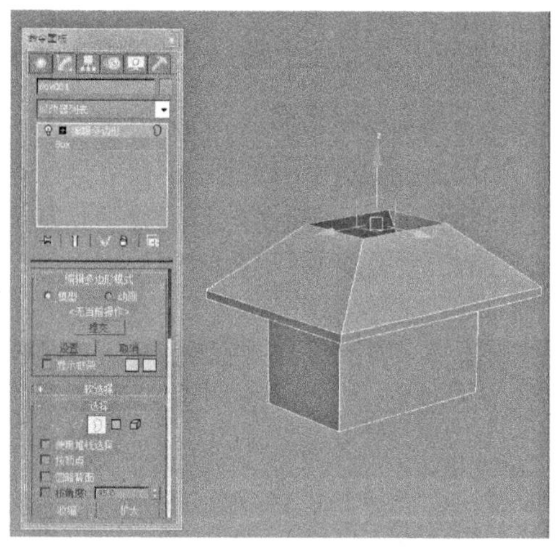

图 3-145　拖动边界级别

（6）缩放边界级别，使边界缩放为长条形状，适当调整高度，如图 3-146 所示。

（7）保持边界级别不变，按住 Shift 键的同时选择移动工具再次向上复制多边形，执行“封口”命令（快捷键为 Alt+P），如图 3-147 所示。

（8）选择屋顶的 4 个边线，执行“连接”命令加上一条边线，用来控制屋顶的弧度，如图 3-148 所示。

（9）选择添加的线条，将其向下移动，调整造型如图 3-149 所示。

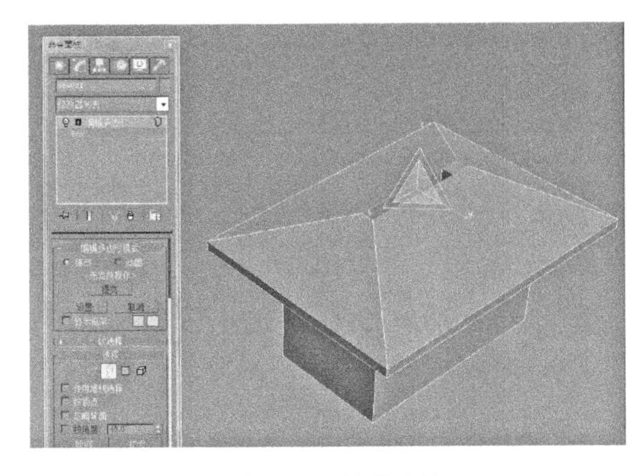

图 3-146　缩放边界

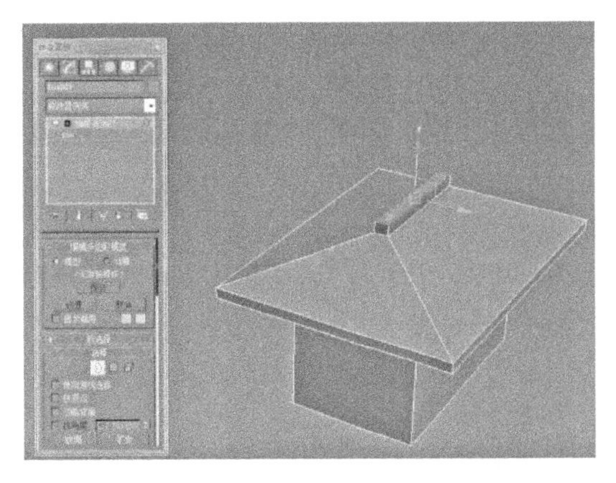

图 3-147　移动复制并封口

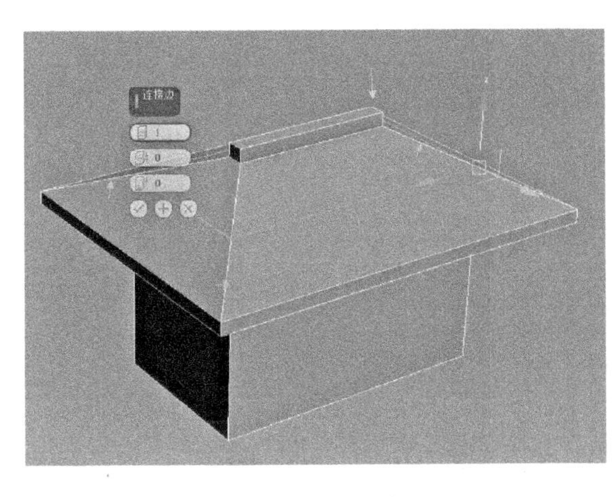

图 3-148　连接线

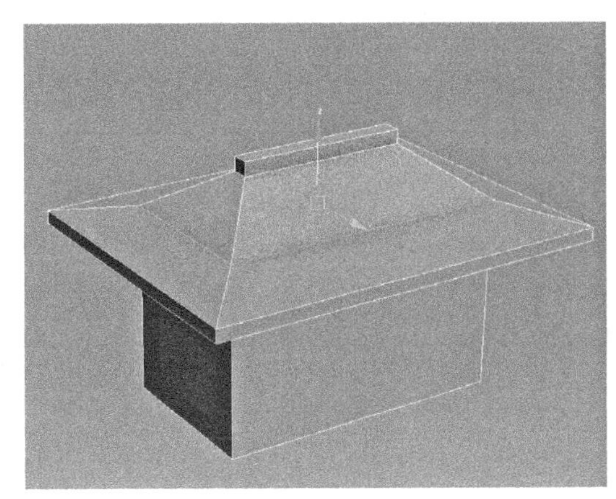

图 3-149　向下移动

（10）选择如图 3-150 所示的两个面，执行“挤出”命令，再将其向上拖动使屋角上翘，如图 3-151 所示。

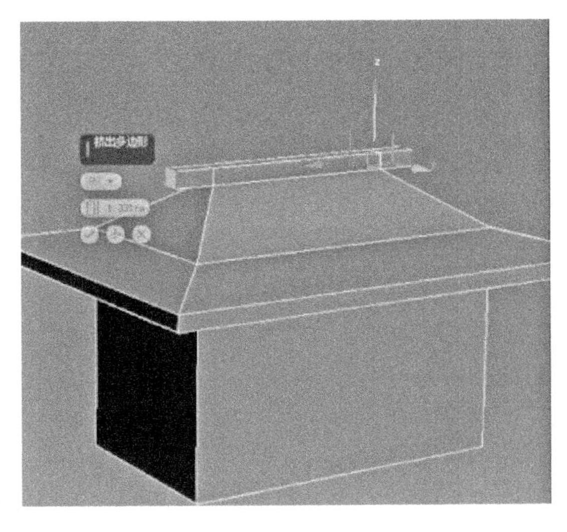

图 3-150　挤出

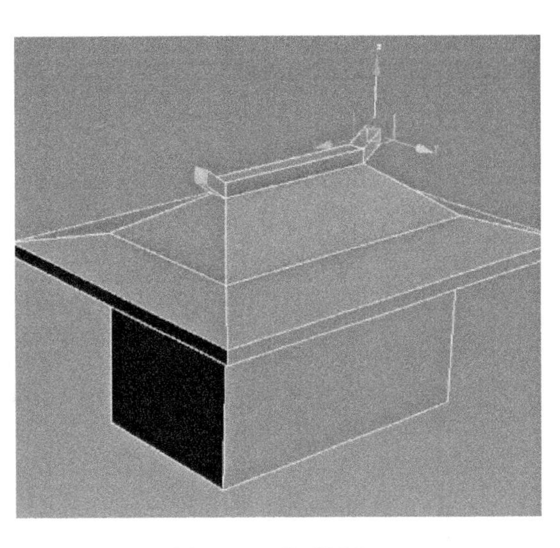

图 3-151　移动屋角

（11）如图 3-152 所示，选择边线，执行“连接”命令在中间连接一条线，如图 3-153 所示。

（12）如图 3-154 所示，删除选择的面，再选择如图 3-155 所示的边线，执行“连接”命令添加一条线，如图 3-156 所示，连接线。

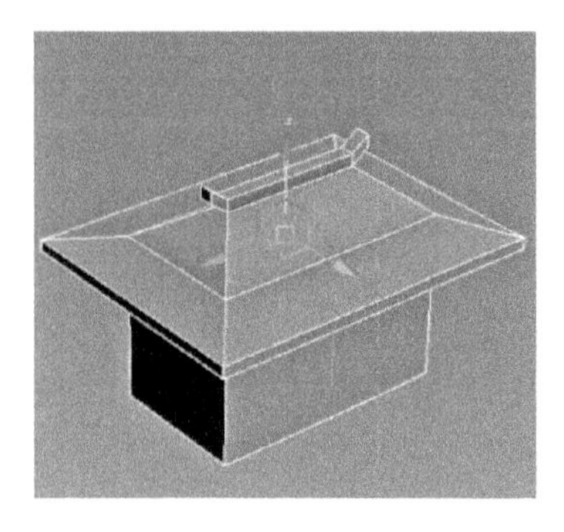

图 3-152　选择边线

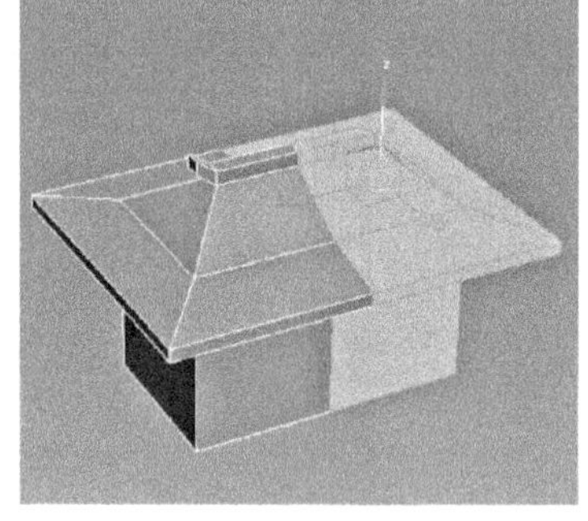

图 3-153　连接线

图 3-154　删除面

（13）选择如图 3-157 所示的面，删除后如图 3-158 所示。

图 3-155　选择边线

图 3-156　连接线

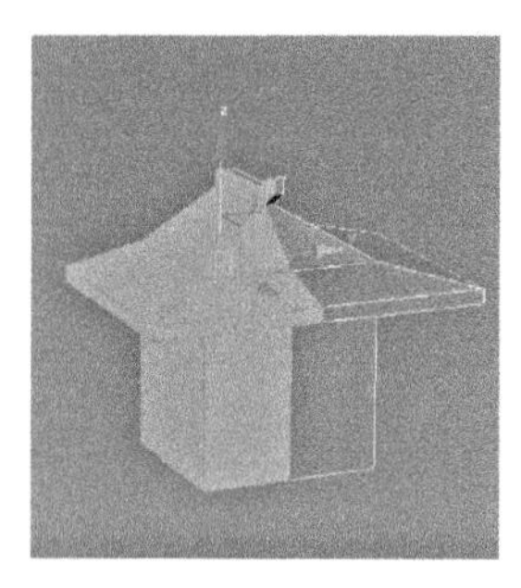

图 3-157　选择面

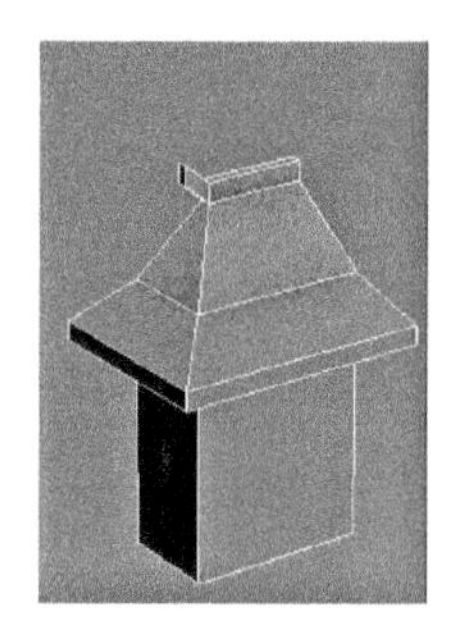

图 3-158　删除后

（14）为模型添加“对称”修改器，选择 X 轴对称，如图 3-159 所示。

（15）再添加一次“对称”修改器，使模型完整，如图 3-160 所示。这一步为材质对称 UV 做准备。

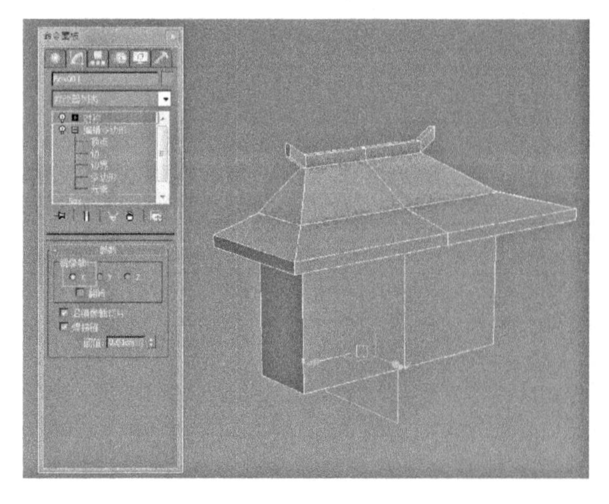

图 3-159　X 轴对称

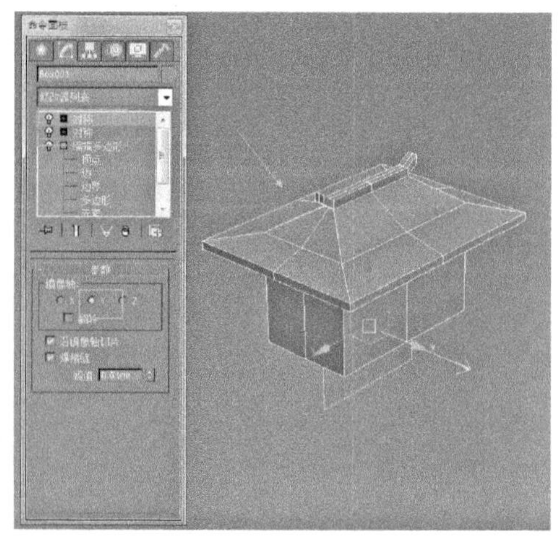

图 3-160　Y 轴对称

（16）选择屋角，连接一条线，如图 3-161 所示；选择屋角的顶点，向上移动它，完成屋角上翘的操作，如图 3-162 所示。

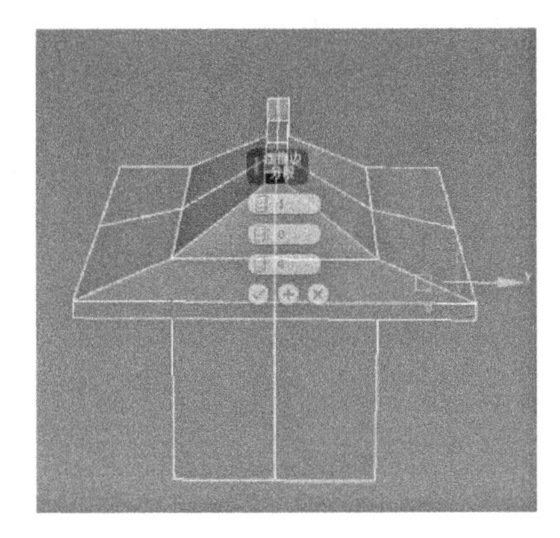

图 3-161　连接线

图 3-162　移动屋角

（17）创建一个长方体作为地台，将房子放置在长方体上，如图 3-163 所示。

图 3-163　创建长方体

（18）创建一个平面作为地面，如图 3-164 所示；再创建一个长方体，如图 3-165 所示。

图 3-164　创建平面

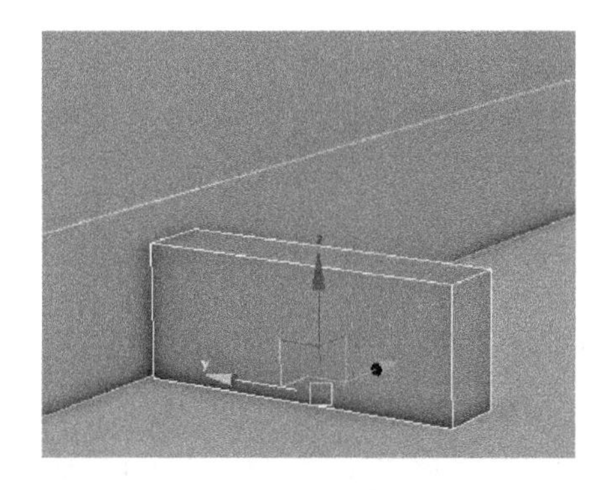

图 3-165　创建长方体

（19）给长方体添加“编辑多边形”修改器，选择点级别，对模型进行编辑，使其变成台阶侧边的形状，再复制一个，如图 3-166 所示。

（20）绘制样条线，将所有的点都设置为角点，如图 3-167 所示，再为样条线添加挤出，如图 3-168 所示。

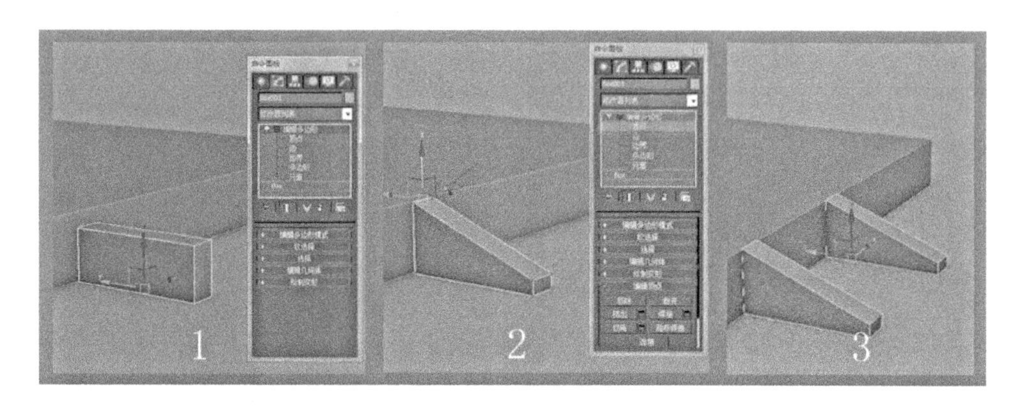

图 3-166　台阶编辑

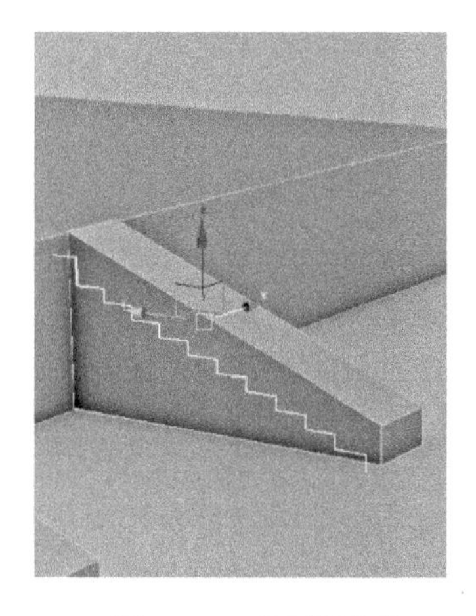

图 3-167　绘制样条线

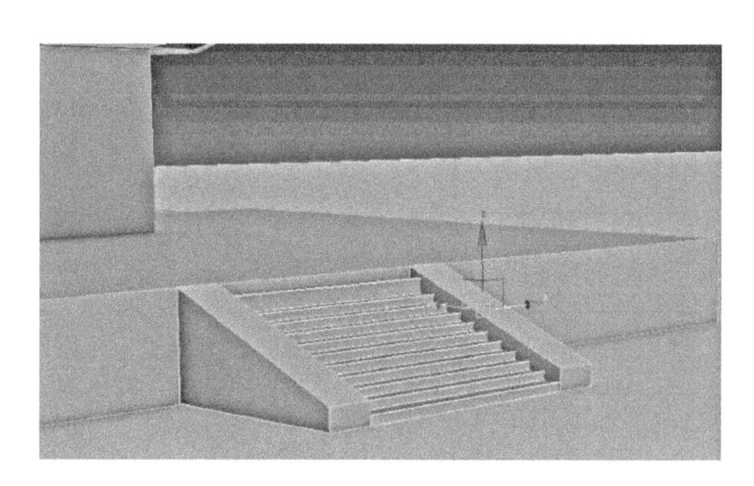

图 3-168　添加挤出

（21）右击屋顶的线条，在四元菜单中执行“创建图形”命令，如图 3-169 所示；弹出“创建图形”对话框，选择“图形类型”后面的“线性”单选按钮，如图 3-170 所示。

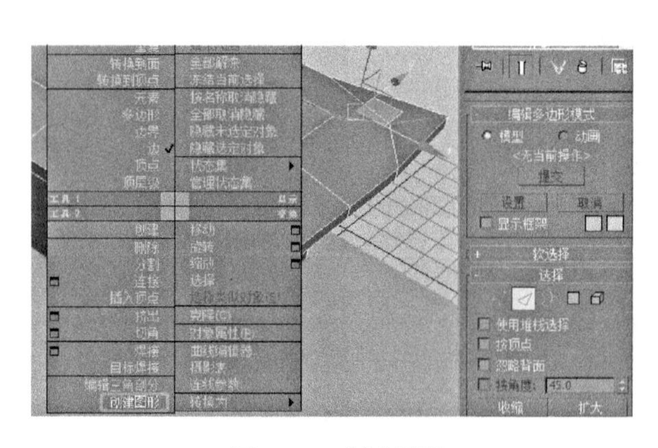

图 3-169　创建图形

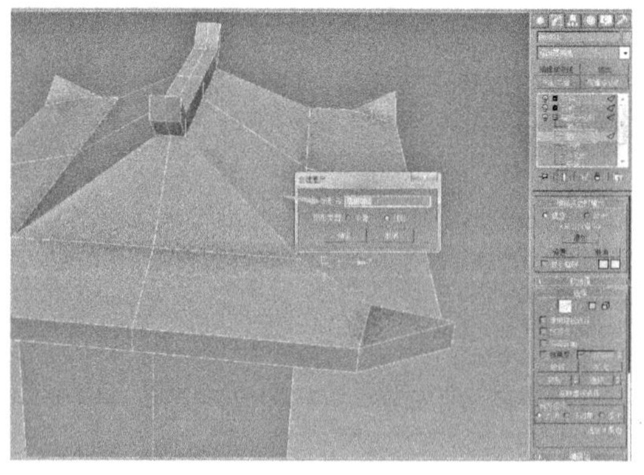

图 3-170　线性

（22）如图 3-171 所示，选择创建好的线物体，进入修改面板，在“样条线”修改器的“渲染”卷展栏中，勾选“在渲染中启用”和“在视口中启用”复选框，设置矩形大小，根据造型适当调整，将其作为屋顶压瓦石，如图 3-172 所示。

图 3-171　选择线物体

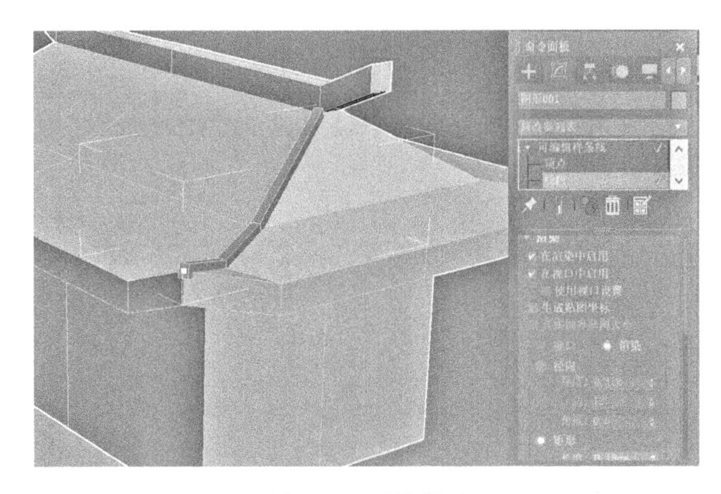

图 3-172　渲染设置

（23）选择房屋，附加刚创建的压瓦石，使屋顶 4 个边角都有压瓦石，如图 3-173 所示。

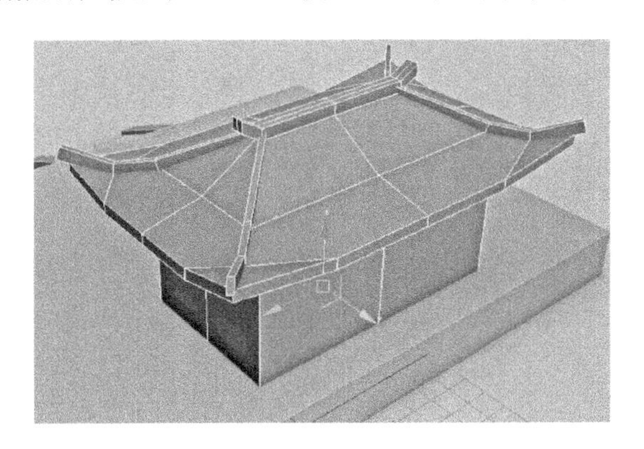

图 3-173　附加压瓦石

2. 场景材质与贴图

（1）删除“对称”修改器，如图 3-174 所示；在“修改器列表”下拉菜单中添加“UVW 展开”修改器，如图 3-175 所示。

图 3-174　删除“对称”修改器

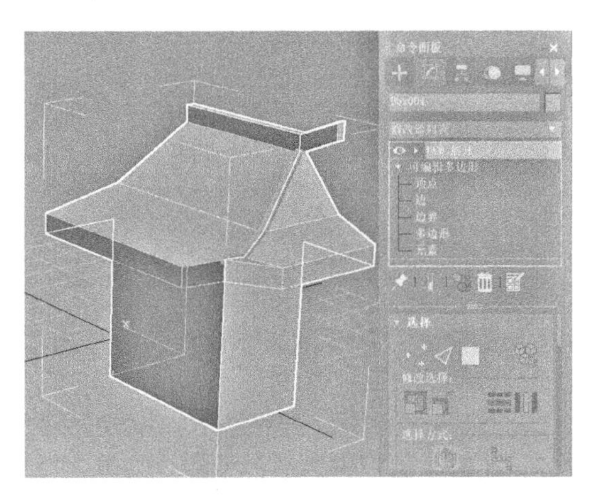

图 3-175　UVW 展开

（2）对房屋的模型进行 UV 展开，如图 3-176 所示。注意，烘焙时不可使用对称 UV，要将所有 UV 展平。

（3）将渲染的 UV 保存为 TGA 文件，并在 Photoshop 中对房屋的贴图进行整理和对位，如图 3-177 所示。

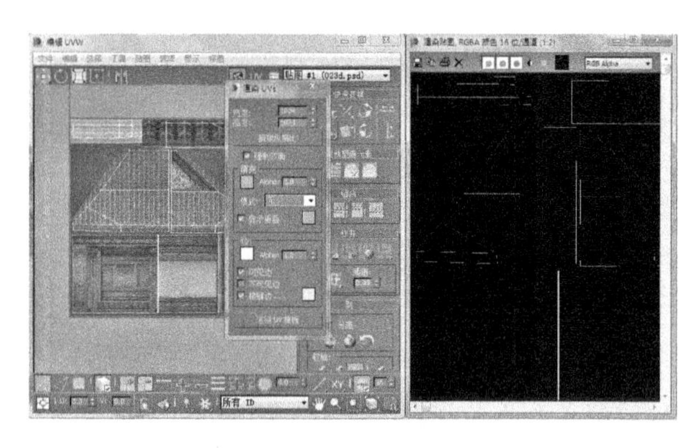

图 3-176　展开 UV

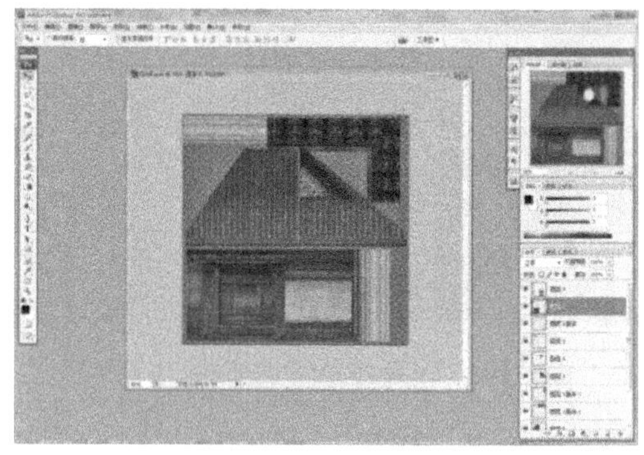

图 3-177　使用 Photoshop 处理

（4）贴图处理完成后，回到 3ds Max 中，按 M 键打开材质编辑器，选择任意一个材质球，在“漫反射通道”中选择“位图”，打开处理好的贴图，将材质指定给模型，再为其添加 X 轴和 Y 轴的两个对称命令，如图 3-178 所示。

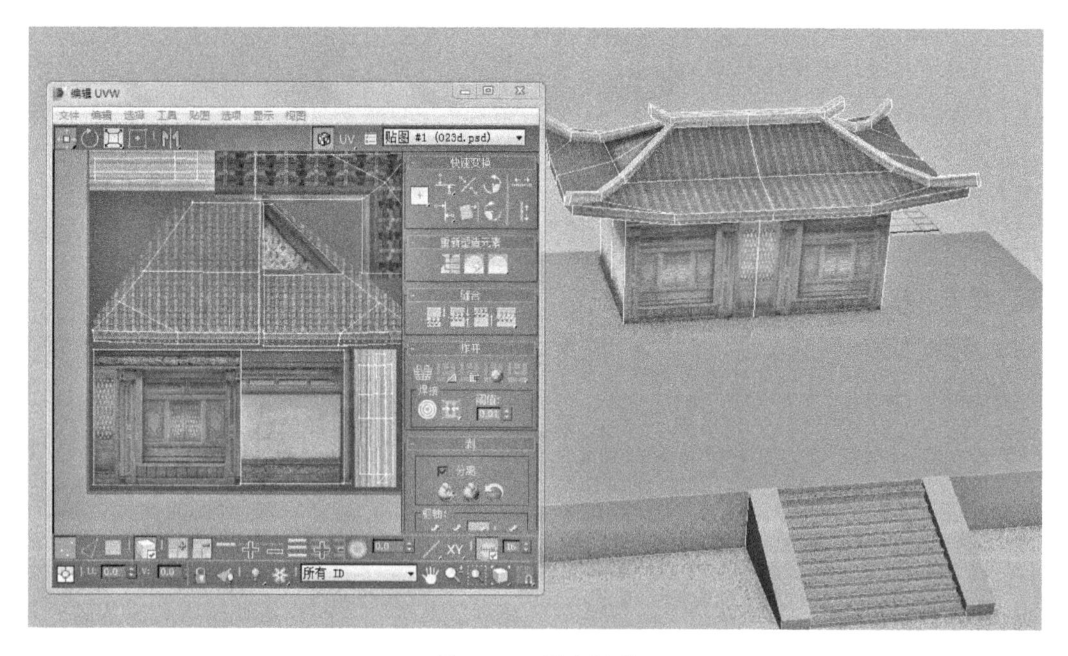

图 3-178　指定材质

（5）选择一个新的材质球，将其指定给地台模型，在“漫反射通道”中添加贴图，如图 3-179 所示。

（6）调整贴图坐标的平铺次数，设置瓷砖 U 向和 V 向的数值为 10，如图 3-180 所示。

（7）在修改面板中为地台添加“编辑多边形”修改器，选择面级别，再选择地台侧边的面，将其分离出来，如图 3-181 所示。

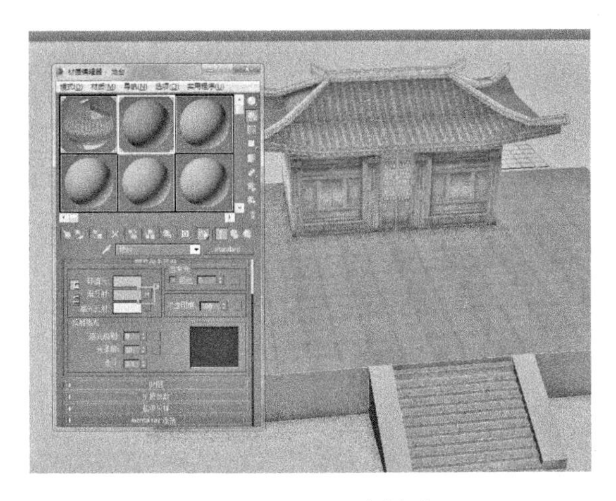

图 3-179　地台材质

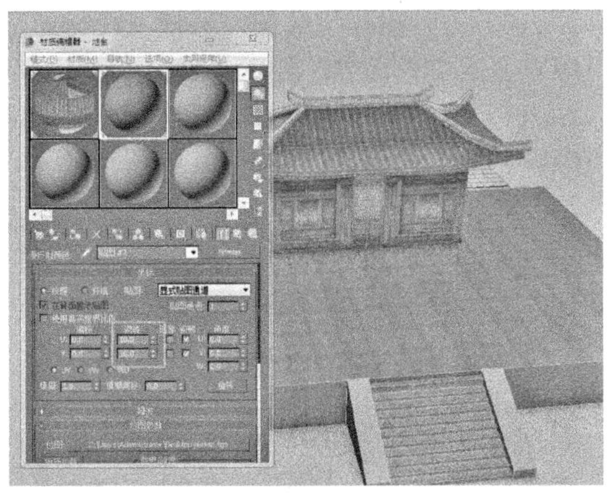

图 3-180　调整平铺次数

图 3-181　分离地台侧面

（8）回到材质面板，选择一个材质球，在“漫反射通道”中添加贴图，如图 3-182 所示。

（9）为其添加“UVW”修改器，选择“长方体”模式，调整贴图，如图 3-183 所示。

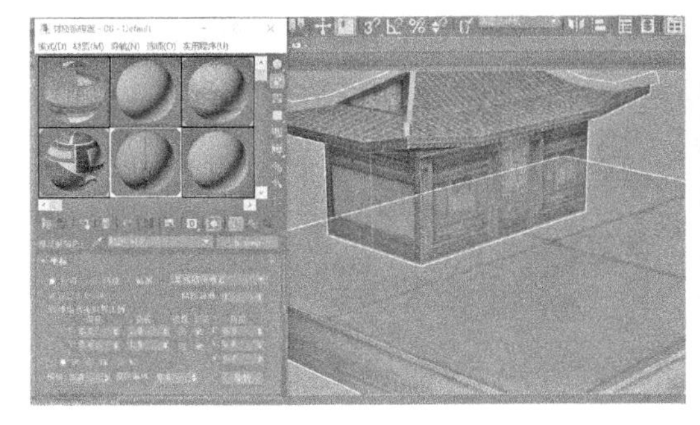

图 3-182　添加贴图

图 3-183　添加“UVW”修改器

（10）为台阶添加贴图。选择一个材质球，在“漫反射通道”中添加贴图，再为其添加“UVW 展开”修改器，如图 3-184 所示。

（11）为台阶侧边添加贴图，选择“编辑多边形”修改器，选择面级别，为其添加“UVW 展开”修改器，如图 3-185 所示。

图 3-184　添加“UVW 展开”修改器

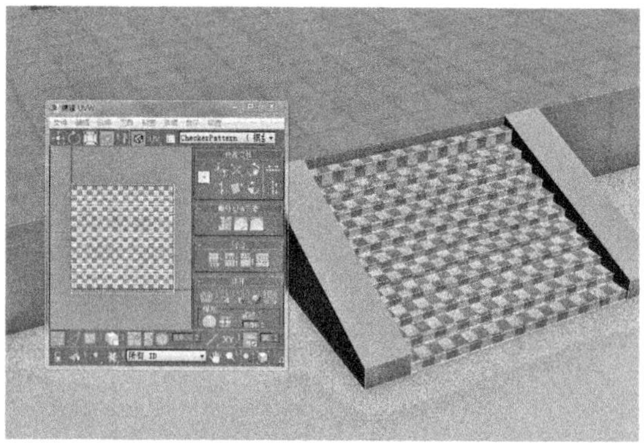

图 3-185　展开 UV

（12）弹出“编辑 UVW”对话框，选择 UV 面级别，执行“工具”命令，单击“松弛”按钮，将 UV 展平，如图 3-186 所示。

（13）右击侧边模型，执行“转换为”→“转换为可编辑多边形”命令，如图 3-187 所示，将其转换为可编辑多边形，这样可以将 UVW 展开修改器塌陷。再选择模型正面，单击“UVW 展开”修改器，指定贴图。

图 3-186　展平台阶

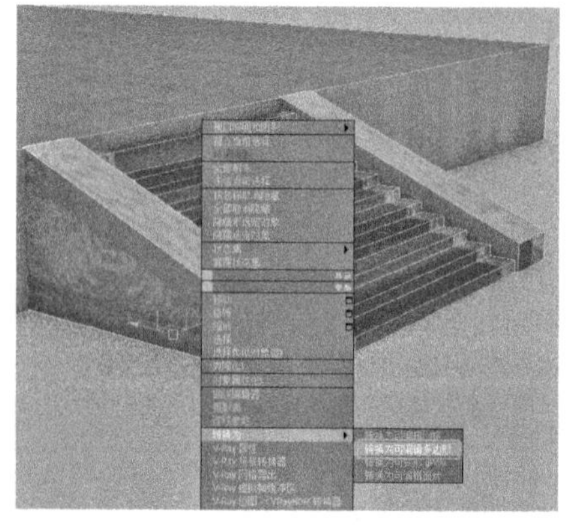

图 3-187　转换多边形

3．烘焙贴图

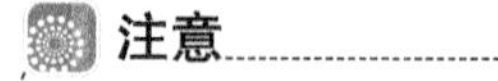

注意

在烘焙贴图时不能使用对称 UV，而要保证每个 UV 都独立用于光影烘焙。

（1）整理房屋的贴图 UV，其中不能产生任何叠加。烘焙时要将光影信息烘焙到每个贴图上，因此要保证 UV 完整，如图 3-188 所示。

（2）烘焙房子 UV。按 0 键弹出“渲染到文理”对话框，在“输出”卷展栏中添加 CompleteMap 模式，输出尺寸为 2048×2048，“目标贴图位置”为“漫反射颜色”，单击“渲染”按钮，如图 3-189 所示。

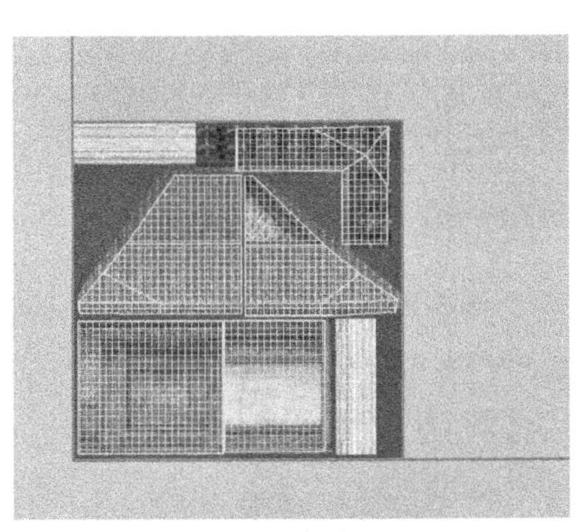

图 3-188　制作 UV

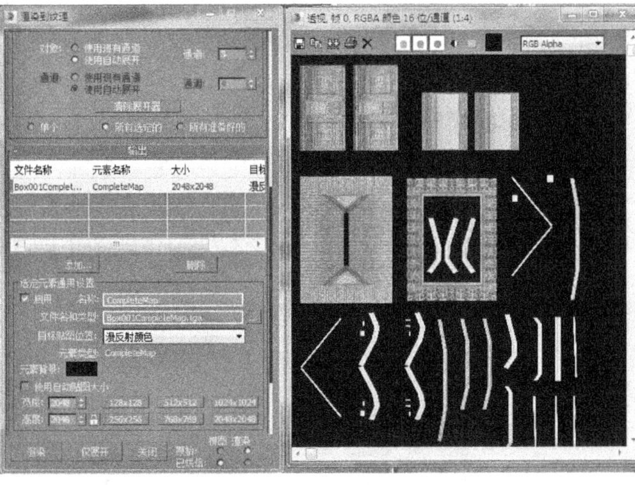

图 3-189　渲染纹理

（3）烘焙地台。整理地台 UV，如图 3-190 所示；烘焙地台，渲染纹理，如图 3-191 所示。

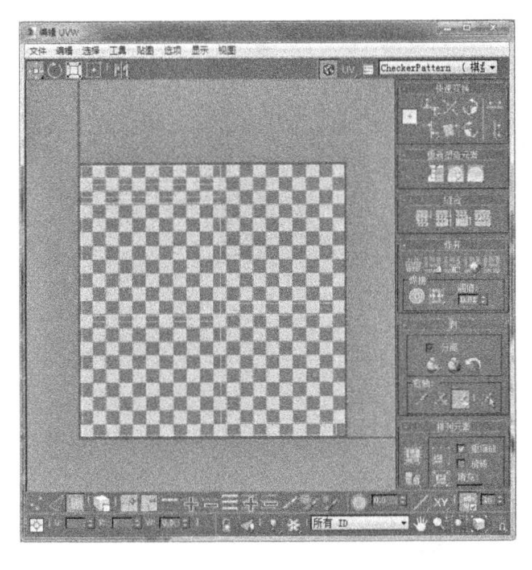

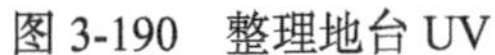

图 3-190　整理地台 UV

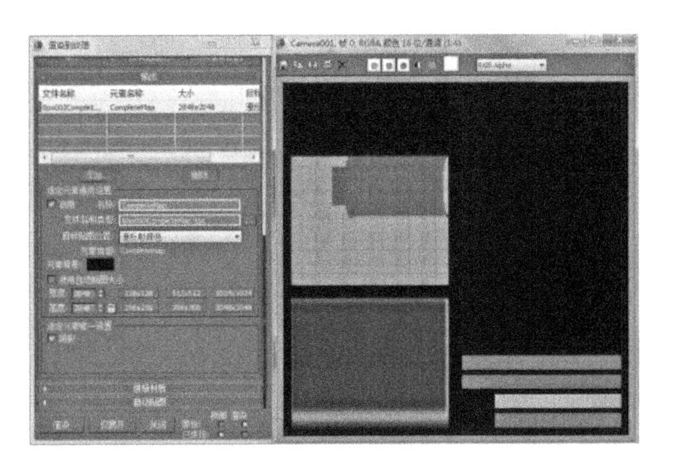

图 3-191　渲染纹理

（4）烘焙台阶。整理台阶 UV，如图 3-192 所示；烘焙台阶，渲染纹理，如图 3-193 所示。

（5）烘焙地面，如图 3-194 所示。

（6）删除所有灯光，再关闭高级照明效果，渲染完成，最终结果如图 3-195 所示。

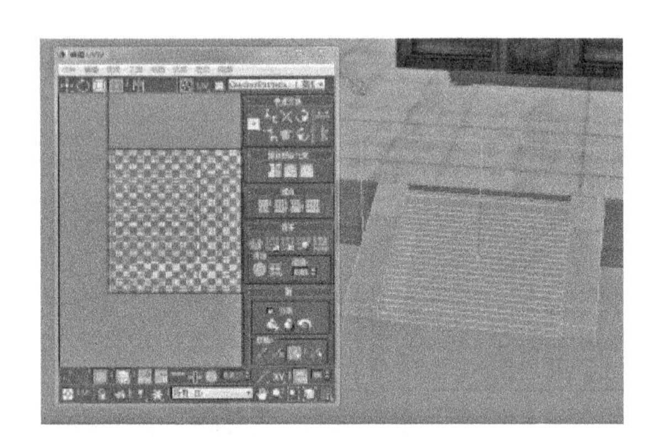

图 3-192　整理台阶 UV

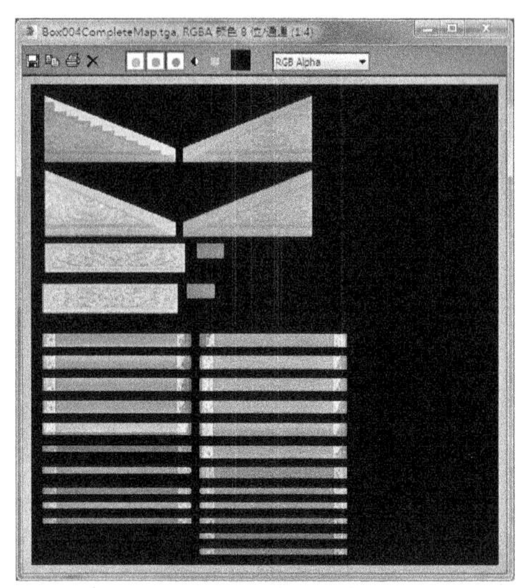

图 3-193　渲染纹理

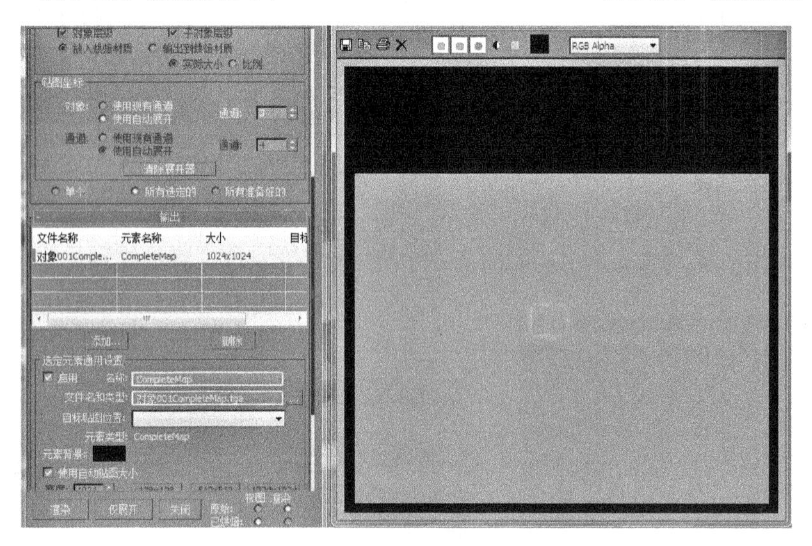

图 3-194　烘焙地面

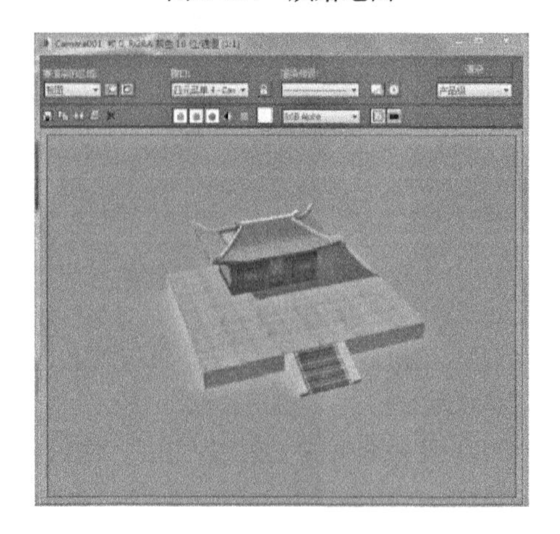

图 3-195　最终结果

提示

制作本例的过程中，要注意 UV 展开，防止拉伸；烘焙贴图时，必须保证所有的 UV 都没有重叠或对称。在本例中可以继续添加树、花草等物体。

习　题

一、单项选择题

1．3ds Max 默认的坐标系是（　　）。

A．世界坐标系　　B．视图坐标系

C．屏幕坐标系　　D．网格坐标系

2．3ds Max 提供（　　）种贴图坐标。

A．5　　B．6　　C．7　　D．8

3．3ds Max 软件由 AutoDesk 的多媒体分部（　　）设计完成。

A．Discreet　　B．Adobe　　C．Microsoft　　D．Apple

4．场景中镜子的反射效果，应在“材质与贴图浏览器”中选择（　　）贴图方式。

A．Bitmap（位图）　　B．Flat Mirror（平面镜像）

C．Water（水）　　D．Wood（木纹）

5．设置倒角应使用（　　）。

A．extrude　　B．lathe　　C．bevel　　D．bevel profile

二、填空题

1．复制对象时的三种模式分别是 __________。

2．在模型的对象属性面板中可以调节模型的透明效果，默认的快捷键是 __________。

3．在样条线绘制完成时添加 __________ 可以进行多边形编辑。

4．3ds Max 通过 __________ 来实现对场景中物体的交互控制。

5．修改器面板由 _____、_____、_____、_____ 组成。

三、简答题

1．3ds Max 中可以直接创建的标准几何体有哪些？

2．简要介绍“弯曲”修改器、“锥化”修改器、“扭曲”修改器、“车削”修改器、“挤出”修改器的作用。

第 4 章

Web3D技术

随着互联网的发展，网速已提升到了千兆水平，3D 内容的传播更加稳定快速。同时，模型格式的表示方法和渲染技术不断发展，使 3D 内容制作更加方便，呈现效果更佳。尤其是 WebGL 技术的出现，3D 内容的显示和交互不再需要安装任何其他插件，由此进入了 Web3D 时代。

4.1 Web3D 技术概述

Web3D 表示网络 3D 内容，最先由 Web3D 组织提出，当时主要是为了区别文字、视频、音频和动画等媒体内容。借助 WebGL 技术，Web3D 向 VR、增强现实和混合现实发展。

使用 Web3D 技术开发的应用系统具有网络性、三维性及交互性。使用 Web3D 技术需要解决的三个问题有：

- 3D 模型实时渲染；
- 无须其他插件实现浏览器端的交互；
- 模型文件快速传输。

应用 WebGL 技术，在线制作 3D 内容的平台越来越多，如国外的 Sketchfab、Autodesk TinkerCAD，国内的模模搭、模多客、腾讯磨坊等。

4.1.1 Web3D 的发展和特点

Web3D 的目的是在互联网上快速高效地传输、展示 3D 内容，并能够进行交互。因此，Web3D 随着网络传输速度、浏览器渲染模式、文件格式的发展而发展。Web3D 的发展可以按照文件格式、显示插件、VR 特征、开发工具等方面进行划分，并呈现如下特点。

1. 文件格式向HMTL标记语言靠拢

Web3D 文件格式从 VRML 开始，向 X3D、X3Dom、FBX/glTF 发展，目的是能更好地以小文件表达更真实的三维世界。

1994 年，首届 WWW 国际会议发布了 VRML 1.0 草案。1998 年 1 月，VRML 正式获得国际标准化组织（ISO）批准，简称为 VRML97。VRML97 格式使文本的描述方式简单明了，结构层次明确，文件小，文件后缀为 wrl。

X3D 是 2002 年 Web3D 组织发布的 VRML 后续产品，使用 XML 表述，主要任务是把 VRML 的功能封装到一个轻型的、可扩展的核心中；整合了正在发展的 XML、Java、流等先进技术，拥有更强大、更高效的 3D 计算能力、渲染质量和传输速度，以及对数据流强有力的控制、多种多样的交互形式。

2009 年，Web3D 组织中的 X3D 工作组将 X3Dom 解决方案提交给 HTML5 工作组会议。其使用 JavaScript 框架，借助 HTML5 的 WebGL 技术下的 Canvas 标签，直接在网页上渲染 X3D/X3Dom 节点以展示 3D 内容，更好地融合到网页。

2. 无须安装插件

X3D 工作组提出了在 HTML 页面中显示 X3D 场景的三种基本方法，如下所述。

- HTML 页面中的 X3D 对象是嵌入式对象。HTML 页面包含一个对象元素标记，引用 X3D 场景，通过 X3D 插件实现。
- HTML 页面直接包含 X3D 源文件内容，可能带有 XML 命名空间前缀，可通过 X3D 插件或浏览器本身实现。
- Canvas3D 或特殊 API 访问。HTML 页面包含某种形式的画布元素，允许对页面进行编程访问，以便 X3D 场景访问接口（SAI）绘制内容。

X3D 工作组成员 Fraunhofer 实现了第二种方法，开发了 X3Dom 套件，使 3D 内容展示不需要插件。WebGL 的出现也使浏览器具有渲染图形图像内容的能力，实现了第三种方法。目前，各种主流的最新版浏览器大都支持 WebGL，包括 Windows Internet Explorer、Windows Edge、Chrome、Safari、FireFox、Opera 等。

3. 更符合VR特性

基于 WebGL 的 Three.js 框架和 A-Frame 框架，使开发者能够快速构建具有高沉浸感的 VR 应用，用户通过 VR 头盔设备（如 Cardboard）即可进入 VR 空间。

4. 更加便捷的开发环境

VRML 早期只能通过文本编辑器进行编辑，X3D 能使用 X3D-Edit，X3Dom 能使用 Titania X3D Editor。目前，游戏引擎 Unity3D 和 Unreal Engine 通过 WebGL 支持 Web3D 内容。基于 WebGL 的在线 X3D 内容开发平台有 Three.js、A-Frame 等。

5. 规范的标准文档

Web3D 组织管理 VRML 和 X3D 的规范。X3D 的 ISO/IEC 规范文档如表 4-1 所示。

表 4-1　X3D 的 ISO/IEC 规范文档

序　号	文件名	代　号
1	Humanoid Animation (H-Anim)	19774 | V1.0
2	X3D Abstract : Node Definitions	19775-1 | V3.3
3	X3D Abstract : Scene Authoring Interface (SAI)	19775-2 | V3.3
4	X3D Encoding : XML	19776-1 | V3.3
5	X3D Encoding : Classic VRML	19776-2 | V3.3
6	X3D Encoding : Compressed Binary	19776-3 | V3.3

（续表）

序　号	文件名	代　号
7	X3D Language Bindings : ECMAScript (JavaScript)	19777-1 | V3.3
8	X3D Language Bindings : Java	19777-2 | V3.0

Web3D 组织还建立了 Humanoid Animation (H-Anim)、Medical、Mixed Augmented Reality (MAR)、X3D 等工作组，为 X3D 的应用做贡献。在 Web3D 组织的官方 WIKI 中可了解 X3D 的动态。

目前 WebGL 的标准规范版本是 WebGL 2.0，2017 年发布了 3D 内容的文件格式 glTF（GL Transmission Format）2.0 版本。

2016 年称为“虚拟现实元年”，Google、火狐、百度等多家基于搜索引擎起家的公司看到了 WebVR 所拥有的巨大潜力，并着手布局自己的 WebVR 浏览器。Google 和火狐合作，于 2017 年 12 月 12 日发布了 WebVR 1.1 规范，然而 WebVR 1.1 不能满足多移动终端的需求而已经停止使用，取而代之的是 WebXR Device API。此规范于 2019 年 2 月 1 日发布，在 WebVR 的基础上增加了对增强现实的支持。

4.1.2 Web3D 网络资源平台

Web3D 技术的主要目的是在互联网上进行 3D 内容的传输和显示。常用的 3D 内容的制作和共享平台有如下几个。

1. Sketchfab

Sketchfab 是一款创建 3D 模型的在线创作和共享内容库。它基于 WebGL 和 WebVR 技术，允许用户在 Web 上显示 3D 模型，其能够像视频内容一样进行交互控制，支持 30 多种本地文件格式的上传，并利用 WebGL 和 HTML5 技术在浏览器中进行实时渲染，支持 VR 模式。

Sketchfab 提供了丰富的免费 3D 模型，用户可以自由下载。模型包括家具与家居、动物与宠物、音乐、艺术与抽象、自然与植物、汽车与车辆、食物与饮料、武器与军事等。Sketchfab 具有很强的编辑模型的功能，对上传的 3D 内容，用户可以调整摄像头视角、背景颜色、动画，以及设置 VR 模式和添加声音等。

2. Clara.io

与 Sketchfab 一样，Clara.io 也提供了可以免费上传和下载的 3D 模型及强大的在线 3D 建模、渲染功能。Clara.io 是基于网络的免费增值 3D 计算机图形软件，由加拿大软件公司 Exocortex 开发。Clara.io 是使用 HTML5、JavaScript、WebGL 和 Three.js 开发的，主要功能包括多边形造型、构造性实体几何、关键帧动画、骨骼动画、分层场景图、纹理映射、真实感渲染；通过 HTML iframe 嵌入进行场景发布，支持 FBX、Collada、OBJ、STL 和 Three.js 导入 / 导出，协同实时编辑，版本控制，脚本，插件，REST API 和 3D 模型库。Clara.io 提供了详尽的用户指南，还提供了教学视频。

3. SketchUp's 3D Warehouse

SketchUp 又称为草图大师，由 Last Software 开发，该公司由 Brad Schell 和 Joe Esch 于 1999 年共同创立。2013 年，SketchUp 2013 发布，提供了一个新站点 ——Extension

Warehouse，托管 SketchUp 的插件和扩展。目前，SketchUp 2018 版本已发布，拥有 SketchUp Pro、SketchUp Free 和 SketchUp for School 三个细分版本。而 SketchUp Free 版本是需要在网络上完成建模工作的，用户可以进行建模工作，调用 SketchUp 模型库中的 3D 模型。

以上三个平台都实现了 3D 内容的上传和共享，后两个平台还提供了在线建模的功能。基于前沿的 Web3D 技术，很多企业开发或使用 Web3D 技术来实现商业价值，如室内设计的酷家乐、城市空间展示的 ThingJS、娱乐游戏类 Three.js 等。

4.1.3 Web3D 的应用领域

Web3D 在立体空间展示、物体展示、虚拟场景构建和交互行为构建上有很好的表达优势，主要服务于室内设计、城市空间展示、娱乐游戏、教育、室外建筑表现、商品立体展示等领域。

1．室内设计

在室内设计领域，Web3D 主要以室内展示和设计为目的，服务于装修建筑行业。酷家乐是杭州群核信息技术有限公司以分布式并行计算和多媒体数据挖掘为技术核心推出的 VR 智能室内设计平台，通过 ExaCloud 云渲染技术，以及对云设计、BIM、VR、AR、AI 等技术的研发，可以在 10 秒内生成效果图，在 5 分钟内生成装修方案。在酷家乐平台，用户可以使用计算机在线完成户型搜索、绘制、改造事宜，拖曳模型进行室内设计，快速渲染，预见装修效果等。

除了酷家乐，三维家也提供在线室内设计的功能，同时具备装修预算和物品清单列印的功能。这些在线室内设计平台，使用户预先体验户型设计效果，室内装修公司提高了室内装潢签单率，降低了房地产商开发样品房的成本。

2．城市空间展示

城市规划是为了实现一定时期内城市的经济和社会发展目标，确定城市性质、规模和发展方向，合理利用城市土地，协调城市空间布局和各项建设所进行的综合部署和具体安排工作。使用 Web3D 技术进行三维城市空间展示，让设计师和浏览者直观地欣赏城市空间。北京优锘科技有限公司开发的 ThingJS 能实现在线的三维空间规划和设计。

ThingJS 基于 HTML5 和 WebGL 技术，方便用户在主流浏览器上进行浏览和调试，支持台式计算机和移动设备。它提供了对场景的加载、分层级的浏览、对象的访问与搜索，以及对象的多种控制方式和丰富的效果展示，通过绑定事件可以进行各种交互操作，还提供了摄像机视角控制、点线面效果、温湿度云图、界面数据展示、粒子效果等可视化功能。

3．娱乐游戏

目前基于 WebGL 和 HTML5 技术的游戏引擎有 Three.js 和 Babylon.js 等。Three.js 是一个开源的主流 3D 绘图 JavaScript 引擎（Three 即 3D 的含义），原作者为 Mr. Doob，用于快速为 Web 开发 3D 内容的系统。Three.js 简化了 WebGL 的编程，使用 JavaScript 进行编程，并提供了在线的开发平台。

4．教育

德国的 Anatomy 平台，使用户能够在响应式开放学习环境中通过平台提供的小部件创建协作 3D 模型，并在线查看。在 Anatomy 平台，用户可以创建一个工作区，设置一个学习环境，邀请其他人加入课程，还可以将协作3D模型视图与许多其他小部件结合起来进行协作学习。

4.1.4 常用模型的文件格式

Web3D技术的传输速度与网络固有的传输速度、文件大小、渲染效果、图形化技术有关。Web3D数据表示方式包括文本结构、XML结构和JSON结构。下面介绍几种面向网络传输的3D文件格式。

1．VRML的文件格式WRL

VRML的默认文件格式是WRL，此格式的文件是ASCII文件。WRL文件不能直接在网页浏览器中运行，而需要借助专门的播放器或浏览器插件，如Bitmanagement公司的BS Contact等。目前仍有部分建模软件能直接导出VRML的模型文件格式，如3ds Max。

2．X3D文件格式

X3D是Wed3D协会（Wed3D Consortium）制定的下一代VRML97标准，是VRML的升级版，功能比VRML强大，X3D规范已经被国际标准化组织审批通过。X3D基于XML格式开发，可直接使用XML DOM文档树、XML Schema校验等技术和相关的XML编辑工具，拥有很好的整合效果。同时，X3D提供了加密技术和压缩技术，从而加强了数据的安全性，提高了模型传输的速度。

3．OBJ文件格式

OBJ是Wavefront为它的一套基于工作站的3D建模和动画软件Advanced Visualizer开发的一种文件格式。其使用文本表示，一行表示一个元素，支持点、多边形、直线、表面和自由形态曲线，支持三个点以上的面，支持法线和贴图坐标，结合MTL文件表达位图贴图信息。OBJ格式的3D模型文件主要用于软件之间3D模型的转换，OBJ是一种标准的模型文件格式，能在建模软件、贴图制作软件和动画制作软件之间互导互用。

4．FBX文件格式

FBX最初由Kaydara为MotionBuilder开发，Kaydara于2006年被Autodesk收购。其最大的用处是在3ds Max、Maya、Softimage等软件之间进行模型、材质、动作和摄像机信息的互导。目前，很多主流的动画制作软件、视频软件、游戏引擎都支持FBX文件，如Unity3D、Unreal Engine等。

5．glTF文件格式

glTF能够实现快速的模型数据交换。2017年，2.0版本克服了一些低版本的功能缺陷，使其自身功能得到了发展。glTF解析及转换工具的快速发展，为其进一步推广做出了很多的贡献。glTF是对近20年来各种3D格式的总结，使用最优的数据结构来保证最大的兼容性及可伸缩性。glTF使用JSON格式进行描述，可以编译成二进制的内容bglTF。glTF格式可用于场景、摄像机、动画、网格、材质、纹理，甚至渲染技术（technique）、着色器及着色器程序，可直接在WebGL中进行解释。

4.1.5 Web3D应用系统开发流程

Web3D应用系统的开发流程中，前期的设计和开发过程与一般应用的开发流程区别不大，如图 4-1 所示。下面主要介绍 Web3D 应用系统的开发流程，包括模型的构建、模型贴图制作、模型互导、模型优化、添加视觉镜头、添加交互行为等。

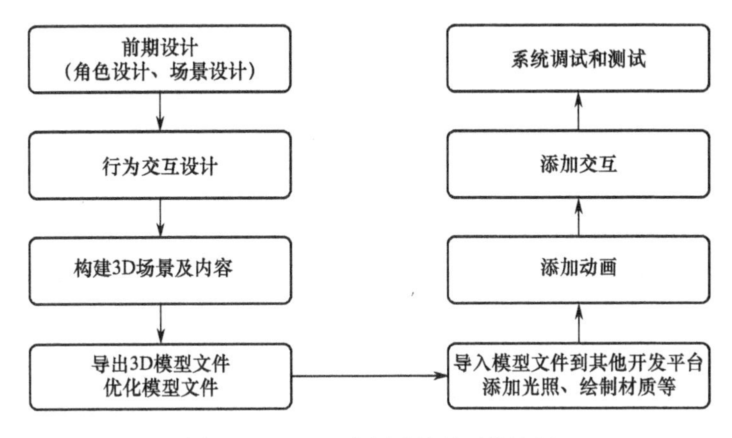

图 4-1　Web3D 应用系统的开发流程

1．前期设计

对 Web3D 应用系统中出现的 3D 内容进行设计，包括人物角色设计、场景设计和物品设计等，通过制作原型图的形式表现。

2．行为交互设计

行为交互设计主要设计物品的交互行为、人机交互行为，通过原型系统的形式展示。

3．构建3D场景及内容

根据前期设计的内容构建 3D 场景和内容，此阶段主要使用三维建模软件完成任务，常见的 3D 建模软件有 3ds Max、Maya、Blender、SketchUp、Cinema 4D、Unreal Engine 和 Unity3D 等。

4．导出3D模型文件，优化模型文件

此阶段将应用 3D 建模软件所创建的场景模型和物体模型导出为 VRML、FBX 或 OBJ 等格式的文件，再通过其他文件格式转换工具将这些文件转化为 glTF 格式的文件。使用 Vrmlpad、Unity3D 和 Unreal Engine 等软件编辑模型文件，对模型文件进行优化，尽量减少冗余的点数和面数，整合重复的模型表达。

优化模型文件使用相应的文件格式对模型文件进行优化，去掉冗余节点等信息，使模型文件最小化，方便传输。

5．导入模型文件到其他开发平台，添加光照、绘制材质等

有一些模型可以直接在建模软件中进行贴图渲染工作；而有些模型需要在导出模型文件后，在专门的贴图绘制软件中制作贴图。使用贴图可以加快 Web3D 中模型的显示速度。

6．添加动画

动画可以在动画软件中进行添加，也可以在游戏引擎的动画模块中添加。通过设置动画让物体动起来，使 3D 内容拥有某些物理特性。

7．添加交互

按照行为交互设计的内容添加交互行为，使整个系统成为一个完整的整体。添加交互行

为一般需要编程。

8．系统调试和测试

设计测试案例，完成系统的测试问题，检查系统逻辑的正确性和完整性。

4.2 可拓展语言 VRML/X3D/X3Dom

按照 Web3D 组织的研究，从 3D 内容编码方式和标准角度看，Web3D 的发展过程经历了 VRMl、X3D、X3Dom。其中，X3Dom 在 HTML 中实现对 X3D 内容的解释，从此 3D 内容走入了真正意义上的 Web 时代。

4.2.1 VRML/X3D/X3Dom 概述

常用的 X3D 浏览器包括 InstantReality、FreeX3D、X_ITX、X3Dom、Bitmanagement 的 BS Contact 播放器等，使用时需要注意 X3D 浏览器支持的 X3D 组件范围。与 X3D 标准兼容较好的浏览器包括 InstantReality、X_ITX、X3Dom 和 BS Contact 播放器。

对 X3D 内容的编辑有两种方式：文本编辑器和集成开发环境。常用的开发环境有如下几种。

1．X3D-edit

X3D-edit 是一个免费 X3D 内容创作工具，能实现 X3D 内容的建模、编辑、交互等功能，目前版本为 3.3，能够在 Java8 的环境下独立运行。

2．White Dune

White Dune 是一个图形 VRML97 / X3D 编辑器，包括简单的 NURBS / Superformula 3D 建模器、动画工具和正在开发的 VRML97 / X3DV 命令行编译器。它是一个免费开源的创作工具。

3．Titania X3D Editor

Titania X3D Editor 为动画、环境、动态图像和 VR 提供了集成的强大工具集。集成的 X3D 浏览器 X_ITE 能够展示编辑器中编辑的场景内容；允许用户查看和交互式编辑场景，并提供强大的工具和实现场景的实时执行；完全符合 Web3D Consortium 规定的规范；开源免费，但只能在 Debian、Ubuntu 等 Linux 操作系统下运行。

4.2.2 X3D 语法结构

每个 X3D 场景都由节点（Nodes）构成。Web3D 组织将相同类型的节点进行分组从而形成了组件（Components）。为了适应不同的领域及加快 X3D 节点的渲染速度，X3D 设置了配置文件（Profiles），X3D 默认 Imersive 沉浸式交互环境。为了融入 HTML5 标准，X3Dom 在实现时加入了 HTML 的实现配置文件，即 X3Dom 实现了 X3D 标准的部分节点。X3D 的各个配置文件和 X3Dom 的 HTML 配置文件的关系图如图 4-2 所示，其中

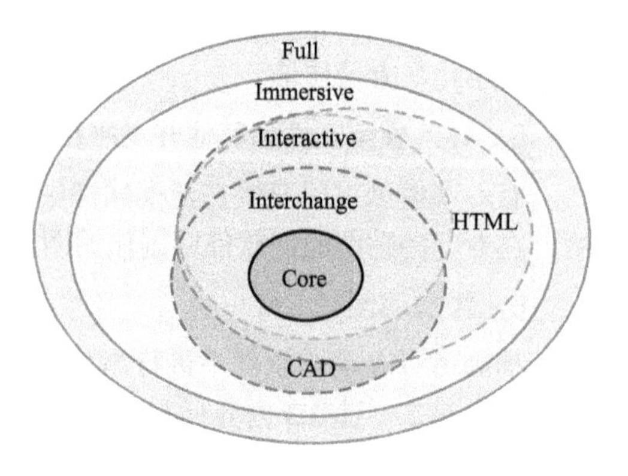

图 4-2　X3D 的各个配置文件和 X3Dom 配置文件的关系图

CAD 主要面向建筑行业所需的应用环境。

X3D 文本文件的扩展名为 .x3d、.x3dv 或 .x3db，文件格式之间能够相互转换，不同的扩展名对应着不同的用途，如下所述。

- .x3d：采用 XML 编码，使用 ISO/IEC 19776-1 标准进行规范，易于 Web 解释和数据处理，方便查看和 3D 模型数据重构。
- .x3dv：采用经典 VRML 编码，使用 ISO/IEC 19776-2 标准进行规范，易于传输，易于学习，可使用 Gzip 进行压缩，压缩后文件的扩展名为 .x3dvz 或 .x3dv.gz。
- .x3db：采用压缩二进制编码，使用 ISO/IEC 19776-3 标准进行规范，适合大型的三维场景，快速传输大型场景。

为了方便数据之间的转换和脚本处理，有些实际应用系统会将 X3D 改写为 JSON 数据。目前 X3D 3.3 支持 JSON 格式，也支持 Python 格式。

1．文件头

文件头包含 X3D 场景的主要设置信息，没有可呈现的节点。标题包含场景功能的必需和可选信息。组成文件头的语句包括：XML、X3D 头部、概要文件、组件和元。XML 编码中，这些信息会在 <header> 标记中表示；而经典 VRML 编码中没有文件头信息。

2．X3D头语句

X3D 头语句将文件标识为 X3D 文件。该特定格式和位置是与编码相关的。头语句中的信息是 X3D 标识符、X3D 版本号和文本编码。X3D 使用 UTF-8 字符编码，基本支持所有的字母字符。

在 XML 编码中，X3D 头语句包含 <?xml> 的声明语句、<!DOCTYPE> 语句和 <X3D> 标记，例如：

```
<?xml version="1.0" encoding="UTF-8"?>
<!DOCTYPE X3D PUBLIC "ISO//Web3D//DTD X3D 3.3//EN" "http://www.web3d.org/specifications/x3d-3.3.dtd">
<X3D profile='Immersive' version='3.3' xmlns:xsd='http://www.w3.org/2001/XMLSchema-instance' xsd:noNamespaceSchemaLocation='http://www.web3d.org/specifications/x3d-3.3.xsd'>
```

在经典 VRML 编码中，只需一句话即可标识头语句，如 #X3D V3.0 utf8。这句话一定是文件中的第一句话，否则文档无法解释。其中，V3.0 表示 X3D 执行的标准为 3.0 版本，uft8 表示字符编码。

3．配置文件（Profile概貌）语句

配置文件语句描述了 X3D 文件中所包含的组件和级别，使 X3D 浏览器可以快速地找到文件中的节点进行解释，加快传播的速度和渲染速度，同时为了特殊的应用设置了不同范围的节点级别。

X3D 的配置文件包括 Interchange、Interactive、MPEG-4Interactive、CADInterchange、Immersive、Full。在所有的 X3D 文件中，必须声明 Profile。在经典 VRML 编码中，可以使用“PROFILE Immersive”语句进行声明；在 XML 编码中，使用 <X3D> 标记中的 Profile 属性进行声明，如“profile='Immersive'”。

4．组件语句

组件语句更加准确地描述了 X3D 文件中使用的组件和级别，让浏览器更快速定位到相

关的节点。一般来说，配置文件包含组件和组件级别的设置，所以这部分设置可有可无。为了提高 X3D 文件的解析效率，一般设置 Profile 时会选择相对较小的范围。如果 X3D 文件设置了小的 Profile，当使用了超出 Profile 定义的组件和级别时，可以单独使用组件语句进行声明，而不需要将 Profile 扩大范围。

使用经典 VRML 编码的组件语句如下：

```
COMPONENT DIS:1
COMPONENT Geospatial:1
COMPONENT H-Anim:1
COMPONENT NURBS:4
```

使用 XML 编码的组件语句作为 <header> 标记中的一个元素，形式如下：

```
<component name='DIS' level='1'/>
<component name='Geospatial' level='1'/>
<component name='H-Anim' level='1'/>
<component name='NURBS' level='4'/>
```

5．META语句

META 语句提供关于 X3D 场景的信息，包括作者、文件名、版权、参考等，在 XML 编码的文件中以键值对的方式编写，形式如下：

```
<meta name='filename' content='WithNoAbbreviations.x3d/>
```

其中，name 和 content 是 meta 标记的属性，在 X3D 场景文件中可以选择多条 meta 语句。在经典 VRML 编码中不需要这些信息。

6．X3D根节点

X3D 根节点是 Scene 节点，其中包含 X3D 场景的所有节点，也是 X3D 展示和渲染内容之处。若将 X3D 文件与 HTML 文件进行比较，则 X3D 标记相当于 html 标记，X3D 中的 Scene 标记相当于 body 标记。

7．X3D场景的子节点

Scene 节点下按照组件管理的节点以树型结构进行编写。X3D 定义了很多组件，组件结构详细说明可参考 ISO/IEC 19775-1 标准，其中常用的组件和各配置文件所支持的级别如表4-2 所示。

表 4-2　X3D 中常用的组件和各配置文件所支持的级别

Components（组件）	Interchange	CAD Interchange	Interactive	Immersive	Full
Core	1	1	1	2	2
Geometry3D	2		3	4	4
Grouping	1	1	2	2	3
Key device sensor			1	2	2
Lighting	1	1	2	2	3
Networking	1	1	2	3	3
NURBS					4
Rendering	3	4	2	3	4
Scripting				1	1

（续表）

Components（组件）	Interchange	CAD Interchange	Interactive	Immersive	Full
Shape	1	2	1	2	3
Text				1	1
Texturing	2	2	2	3	3
Time	1		1	1	2

使用 XML 编码和经典 VRML 编码的 X3D 文件模板如下：

```
------------------------------ 以下是 XML 编码的 X3D 文件模板 -------------------------------------------------------
<?xml version="1.0" encoding="UTF-8"?>
<!DOCTYPE X3D PUBLIC "ISO//Web3D//DTD X3D 3.3//EN" "http://www.web3d.org/specifications/x3d-3.3.dtd">
<X3D profile='Immersive' version='3.3' xmlns:xsd='http://www.w3.org/2001/XMLSchema-instance' xsd:noNamespaceSchemaLocation='http://www.web3d.org/specifications/x3d-3.3.xsd'>
  <head>
    <meta content='hw.x3d' name='title'/>
    <component name='DIS' level='1'/>
    <component name='Geospatial' level='1'/>
    <meta content='X3D-Edit 3.3, https://savage.nps.edu/X3D-Edit' name='generator'/>
  </head>
  <Scene>
    <!-- 此处编写其他节点，创作 X3D 应用系统 -->
  </Scene>
</X3D>
------------------------------ 以下是经典 VRML 编码的 X3D 文件模板 ---------------------------------------------
#X3D V3.0 utf8
PROFILE Interactive
COMPONENT EnvironmentalEffects:2
## 此后添加场景的子节点，形成应用系统
```

在介绍文件编码方式前，需要了解 X3D 的数据类型和各节点的结构。

4.2.3 X3D 的数据类型

X3D 的数据类型包含布尔值、整数、单精度浮点、双精度浮点和字符串等。X3D 场景中每个节点的数据存储在节点的字段中，字段包含数据类型的单值（single-valued field）或多值（multiple-valued field）。因此，X3D 数据类型的命名约定是：以指定单值字段或多值字段的两个字母开始，如 SFString、MFVec3f 等。类型名称与基于文本的编码（XML 和经典 VRML）是一致的。在经典 VRML 编码中，另一个要求是多值字段必须包含在方括号中。例如，4 元组 SFRoting 字段值，在 .x3d 文件中表示为‘0 1 0 1.57’，在 .x3dv 文件中则表示为 [0 1 0 1.57]。X3D 的数据类型和取值范围如表 4-3 所示。

表 4-3　X3D 的数据类型和取值范围

数据类型名称（Field Type）	描　述	示　例
SFBool	单值布尔数据，取值为true和false	true or false (X3D 语法); TRUE or FALSE (ClassicVRML 语法)

（续表）

数据类型名称（Field Type）	描　述	示　例
MFBool	多值布尔数组，可由多个true/false组成数组	true false false true (X3D 语法); [TRUE FALSE FALSE TRUE](ClassicVRML 语法)
SFColor	单值颜色值，red-green-blue表示红、绿、蓝	0 0.5 1.0，0~1表示0~255的色阶
MFColor	多值颜色值数组，由多个单值颜色值组成	1 0 0, 0 1 0, 0 0 1
SFColorRGBA	单值颜色值RGBA, red-green-blue alpha (opacity)表示红、绿、蓝、不透明度	0 0.5 1.0 0.75，其中第四个值是不透明度的值，0~1表示0%到100%的不透明度
MFColorRGBA	多值颜色值RGBA数组，red-green-blue alpha (opacity)表示红、绿、蓝、不透明度	1 0 0 0.25, 0 1 0 0.5, 0 0 1 0.75
SFInt32	单值32位的整数	0
MFInt32	多值32位的整数数组	1 2 3 4 5
SFFloat	单值单精度浮点数	1
MFFloat	多值单精度浮点数	-1 2.0 3.14159
SFDouble	单值双精度浮点数	2.7128
MFDouble	多值双精度浮点数	-1 2.0 3.14159
SFImage	单值图像编码数据	包含一个特殊的像数编码值
MFImage	多值图像编码数据	包含多个特殊的像数编码值
SFNode	单值节点	<Shape/> or Shape {space}
MFNode	多值节点组	<Shape/><Group/><Transform/>
SFRotation	单值旋转值，表示为三分量表示的旋转轴和旋转角度	0 1 0 1.57，最后一个值为旋转角度的弧度值
MFRotation	多值旋转值数组	0 1 0 0, 0 1 0 1.57, 0 1 0 3.14
SFString	单值字符串	"Hello world!"
MFString	多值字符串数组	"EXAMINE" "FLY" "WALK" "ANY"
SFTime	单值时间值	0
MFTime	多值时间值数组	-1 0 1 567890
SFVec2f/SFVec2d	单值2单精度浮点数分量的或2双精度浮点数分量的向量	0 1.5
MFVec2f/MFVec2d	多值2单精度浮点数分量的或2双精度浮点数分量的向量	1 0, 2 2, 3 4, 5 5
SFVec3f/SFVec3d	单值3单精度浮点数分量的或3双精度浮点数分量的向量	0 1.5 2
MFVec3f/MFVec3d	多值3单精度浮点数分量的或3双精度浮点数分量的向量	10 20 30, 4.4 -5.5 6.6

4.2.4 X3D 基本节点

X3D 语法和各节点的说明在 Web3D 组织的网站中有所介绍。本节介绍基本节点，即规则几何体节点、分组节点、外观节点、不规则几何体节点、环境资源节点和导航节点。使用这些节点能快速构建 X3D 场景。

1．规则几何体节点

在 X3D 世界中使用 Shape 节点来表示物体，Shape 节点包含一个规则几何体节点和一个外观节点。规则几何体节点包括 Box、Cone、Cylinder、Sphere 和 Text。每个都单独放置在 Shape 节点内。其语法如下：

```
<Shape>
    <!-- 一个球体的几何体节点 Sphere -->
    <Sphere radius='1'></Sphere>
    <Appearance>
        <Material diffuseColor='0 0 1'></Material>
    </Appearance>
</Shape>
```

上述代码表示创建了一个半径为 1 米的小球，球的外观为蓝色。

2．分组节点

分组节点有助于组织 Scene 场景结构，建立相对坐标系，能够包含大多数其他类型的 X3D 节点。分组节点包括 Anchor、Billboard、Collision、Group、StaticGroup、Switch 和 Transform。其语法如下：

```
<Transform translation='-4 0 0'> <!--Transform 节点中包含一个 Shape 节点 -->
        <Shape>
            <!-- 长宽高都为 1.8 米的正方体 -->
            <Box size='1.8 1.8 1.8'></Box>
            <Appearance>
                <Material diffuseColor='1.0 0 0'></Material>
            </Appearance>
        </Shape>
</Transform>
```

上述代码将一个名为 Box 的正方体放置在空间 $X=-4$，$Y=0$，$Z=0$ 的世界坐标上。

对于物体而言，世界上有许多物体可以重复使用。为了实现节点复用的功能，需要使用 DEF 和 USE 两个属性。使用 DEF 属性定义节点，使用 USE 属性引用已定义的节点。DEF 节点可以表示组节点及其下级的子节点内容，类似 XML 标记中的 ID 属性，方便节点内容的重用。例如：

```
<Shape   DEF="Spike" >
*******
</Shape>
<Transform  rotation="0.0 0.0 1.0  1.0472">
    <Shape   USE="Spike"></Shape>
</Transform>
```

上述代码使用 DEF 定义了一个名为 Spike 的 Shape 节点，使用 USE 属性将另一个与 Spike 一样的模型放到 Transform 节点中，使场景拥有不同位置同样形状的两个 Shape 节点。

有时候，使用 Inline 引入 X3D 的整个文档可以执行类似组的功能，实现世界场景的可重用性。例如：

```
<Inline url="coordinates.x3d"></Inline>
```

3．外观节点

物体表面应拥有颜色等信息，X3D 提供了外观表达的 Appearance 节点。其语法如下：

```
<Transform translation='2 0 0'>
        <Shape>
      <!-- 长宽高都为 2 米的立方体 ->
            <Box size="2 2 2"/>
      <!-- diffuseColor 的颜色值使用 RGB 颜色模式，数值 0~1.0 对应 0~255 的颜色值，
          因此此处为红色 -->
            <Appearance>
                <Material diffuseColor="1.0 0 0"></Material>
            </Appearance>
        </Shape>
</Transform>
```

Appearance 节点是一个容器节点，用于表达物品的外观，包括颜色、材质、纹理图像等，其下包含 Material、TwoSidedMaterial、ImageTexture、MovieTexture、PixelTexture 和 MultiTexture；还包含控制渲染和材质属性的节点，如 FillProperties、LineProperties、TextureProperties、TextureTransform 和 MultiTextureTransform 等。

4．不规则几何体节点

Shape 节点除包含规则的几何物体节点外，还包含不规则的几何体节点，后者用于显示点、线和各种多边形网格。使用 PointSet、LineSet、IndexedLineSet、IndexedFaceSet、ElevationGrid 和 Extrusion 节点可以创建不规则的几何物体，每个节点都可单独放置在 Shape 节点中。而几何体节点的几何属性由 Color、ColorRGBA、Coordinate、CoordinateDoubl、Normal、TextureCoordinate、TextureCoordinateGenerator 和 MultiTextureCoordinate 节点控制。这些节点用于描述复杂的 3D 模型。

5．环境资源节点

X3D 提供的灯光节点包括平行光源 DirectionalLight、点光源 PointLight、聚光灯源 SpotLight 和环境的前灯 NavigationInfo。

环境影响节点包括 Background、TextureBackground、Fog 和 LocalFog。每组灯光节点、NavigationInfo 节点、背景节点和雾节点都绑定在单独的绑定堆栈上，意味着每次只能激活一个。例如，NavigationInfo 节点不能和 DirectionalLight 节点一起使用，所以在使用时需要进行如下设置：

```
<NavigationInfo headlight='false'> </NavigationInfo>
<DirectionalLight> </DirectionalLight>
```

上述代码表示停用 NavigationInfo 头灯，启动 DirectionalLight 节点的定向光功能。

6．导航节点

在 X3D 场景中，浏览者能够从不同的视点和角度观看物体。X3D 提供 Viewpoint 节点让浏览者自由切换观看的位置。NavigationInfo 节点视情况启用不同的用户交互样式，如 FLY（飞行）、WALK（步行）和 EXAMINE（检视）等。注意，一次只能激活一个 Viewpoint 和一个 NavigationInfo 节点，并通过绑定堆栈控制选择的顺序。

NavigationInfo 节点的语法如下：

```
<NavigationInfo DEF='DEFAULT_EXAMINE_FIRST'> </NavigationInfo>
```

```
<NavigationInfo DEF='FLY_FIRST' type='"FLY" "ANY"'> </NavigationInfo>
<NavigationInfo DEF='SIT_TIGHT' type='"NONE"'> </NavigationInfo>
```

Viewpoint 节点结合 Anchor 锚点节点能够实现切换用户视角的功能，方便用户浏览系统。Viewpoint 节点使用 DEF 进行声明，然后在 Anchor 的 url 属性中调用 Viewpoint 的 DEF 定义名称。其语法如下：

```
<Viewpoint DEF='FrontView' description='Front view Anchor text' position='0 0 8'/>
<Viewpoint DEF='AngledView' description='Side view Anchor text' orientation='0 1 0 0.7854' position='6 0 6'/>
<Anchor description=' 切换到 AngledView 视点 ' url=' "#AngledView" '>
.........<!-- 按键模型 -->
</Anchor>
```

上述代码定义了两个 Viewpoint：FrontView 和 AngledView。FrontView 是第一个 Viewpoint，X3D 场景会默认第一个 Viewpoint 的位置浏览场景。Anchor 节点的 url 属性中加入“#Angledview”字符串，表示单击此 Anchor 所包含的按钮后模型可以跳转到 #AngledView 视点，从而将 Viewpoint 和 Anchor 联系起来。

4.2.5 X3D 交互节点

真实的世界是动态的、可交互的。为了实现真实世界的交互和场景中的交互，X3D 提供交互节点，包含动画效果呈现节点、传感器节点、脚本节点。

1. 动画效果呈现节点

X3D 中表现动画的方法是先在 3ds Max、Maya 等三维建模软件中制作，然后导出 VRML 文件，再将 VRML 文件转换为 X3D 格式。X3D 在表现动画时使用时间计时器 TimeSensor、插值器和 ROUTE 节点。TimeSensor 用于计算动画的时间；而插值器主要记录动画的关键帧数据；ROUTE 将时间的变化值通知到插值器，然后改变物体。插值器节点包括 ScalarInterpolator、ColorInterpolator、PositionInterpolator、PositionInterpolator2D、OrientationInterpolator、NormalInterpolator、CoordinateInterpolator 和 CoordinateInterpolator2D。

以常用的开门动作为例，浏览者单击门，然后门旋转，开门动作完成，语法如下：

```
<!-- 定义门物体 --->
<Transform DEF='DoorTF' center='-0.65 0 0' translation='0 1 0'>
<!-- TouchSensor 用于让浏览者执行单击操作 -->
<TouchSensor DEF='UserClick' description=' 单击执行开门 '> </TouchSensor>
<Shape>
<!-- 这里放置门的物体模型 -->
</Shape>
</Transform>
<!-- 定义一个名为 ClockNumber1 的时间计时器，时间间隔为 2 秒 -->
<TimeSensor DEF='ClockNumber1' cycleInterval='2'></TimeSensor>
<!-- 通过 ROUTE 节点将 TouchSensor 和 TimeSensor 进行通信，用户单击 TouchSensor 时，启动时间计时器 ClockNumber1-->
<ROUTE fromNode='UserClick' fromField='touchTime' toNode='ClockNumber1' toField='startTime'> </ROUTE>
<!-- 使用方向插值器节点 OrientationInterpolator 传递旋转值 ->
<OrientationInterpolator DEF='DoorOpener' key='0 0.5 1' keyValue='0 1 0 0 0 1 0 4.7124 0 1 0 3'></OrientationInterpolator>
<ROUTE fromNode='ClockNumber1' fromField='fraction_changed' toNode='DoorOpener' toField='set_
```

```
fraction'> </ROUTE>
<ROUTE fromNode='DoorOpener' fromField='value_changed' toNode='DoorTF' toField='rotation'> </
ROUTE>
```

OrientationInterpolator 方向插值器节点的 key 属性表示关键帧的时间列表，数值范围在 0 ～ 1 之间，表示占所有动画时间的百分比；keyValue 属性记录与 key 时间列表上数量一样的旋转值（四元素）格式。上述 DoorOpener 的 OrientationInterpolator 方向插值器节点的 keyValue 包含 (0 1 0 0)、(0 1 0 4.7124)、(0 1 0 3) 三个旋转值，每个旋转值中的前三个值表示旋转的轴，第四个值表示旋转弧度。时间计时器节点中的 fraction_changed 事件值传递到方向插值器 DoorOpener 的 set_fraction 属性，即设置 key 的值；然后 DoorOpener 通过 value_changed 事件值传递给 DoorTF 的 rotation 值，从而让门所在 Transform 节点按要求执行动画。

2．传感器节点

传感器节用于捕捉浏览者的动作及感知浏览者在虚拟场景中的行为。传感器节点包括 LoadSensor、CylinderSensor、PlaneSensor、KeySensor 和 StringSensor。能产生事件的环境传感器节点包括 LoadSensor、ProximitySensor 和 VisibilitySensor。音频节点包括用于音频空间化的 Sound 和用于识别音频文件的 AudioClip。MovieTexture 节点也可以用做音频声道节点。

PlaneSensor 节点使用频率较高，检测鼠标拖曳对象的动作，使对象可在 *XY* 平面上移动。一般用于制作滑条等控制用的标尺，例如：

```
<PlaneSensor DEF='Ps' maxPosition='1.5 1.5' minPosition='1.5 0.5' offset='1.5 1.5 0'/>
```

上述代码需要放置在物体中。maxPosition 表示最大点 *X*、*Y* 值；minPosition 则表示最小点 *X*、*Y* 的值。因此，在拖曳物体时，物体沿着 *XY* 平面的（1.5,1.5）与（1.5,0.5）连接线。offset 表示初始值的位置，此处为 1.5 1.5 0，标识物体放置在 *Z*=0 的 *XY* 平面的（1.5, 1.5）坐标上。

日常生活中，感应门也是一个很常见的动画情景。X3D 场景中，通过 ProximitySensor 实现浏览者靠近某个空间时触发事件，例如：

```
<ProximitySensor DEF='HereIAm' size='100 100 100'></ProximitySensor>
```

上述代码创建了一个 100×100×100 的感应空间，只要浏览者进入此区域就会触发动作，ProximitySensor 会发出 orientation_changed、position_changed 两个重要事件。这样可以完成区域感应的行为，如感应门、人靠近就开灯、靠近就显示大图等。

3．脚本节点

交互节点允许通过 ROUTE 转换和连接不同的数据类型，而脚本节点 Script 允许用户为特殊的场景功能编写独立的事件处理代码。当在节点之间生成动画链时，事件使用程序节点可以简化事件的数据类型转换，X3D 提供的转换节点包括 BooleanFilter、BooleanSequencer、BooleanToggle、IntegerSequencer、IntegerTrigger 和 TimeTrigger。

Script 节点使用 JavaScript（ECMAscript）或 Java 语言编写交互的脚本，允许添加字段定义声明、存取类型（inputOnly、outputOnly、initializeOnly、inputOutput）和数据类型。Script 将功能写在节点中，代码如下：

```
<Script DEF='ControlScript'>
<field name='angle' type='SFFloat' accessType='inputOnly'/>
<field name='positionRed' type='SFVec3f' accessType='outputOnly'/>
<field name='positionGreen' type='SFVec3f' accessType='outputOnly'/>
<field name='positionTurquoise' type='SFVec3f' accessType='outputOnly'/>
```

```
<field name='orientationRed' type='SFRotation' accessType='outputOnly'/>
<field name='orientationGreen' type='SFRotation' accessType='outputOnly'/>
<field name='orientationTurquoise' type='SFRotation' accessType='outputOnly'/>
<![CDATA[   // 这是将 ecmascript 脚本写在节点中
ecmascript:
function angle (value)
{
  positionRed       = new SFVec3f (Math.cos (value), 1.5 * Math.sin(value), 0.5);
  positionGreen     = new SFVec3f (Math.cos (value+2.094), 1.5 * Math.sin(value+2.094),    0);
  positionTurquoise = new SFVec3f (Math.cos (value+4.189), 1.5 * Math.sin(value+4.189), -0.5);
  orientationRed       = new SFRotation (0, 0, 1, -2*value);
  orientationGreen     = new SFRotation (0, 0, 1, -2*(value+2.094));
  orientationTurquoise = new SFRotation (0, 0, 1, -2*(value+4.189));
}
]]>
</Script>
```

对 Script 节点设置属性节点 field，需要考虑如下存取类型。

- inputOnly：要求在 Script 节点中创建一个函数，如上述代码的 angle 属性；在 ecmascript 脚本中创建 angle 函数，用于接收来自脚本外的数据；一般这个属性会在 ROUTE 节点的 toField 属性中。
- outputOnly：要求在 Script 节点中设置这个属性的值，用于从 Script 节点中输出数据，一般这个属性会在 ROUTE 节点的 fromField 属性中。
- initializeOnly：要求在 Script 节点开始创建时就进行初始化，脚本的函数中只能调用它，而不作为输入 / 输出的属性。
- inputOutput：可作为 Script 节点的输入 / 输出接口。

Script 节点使用节点的 url 属性引入脚本，代码如下：

```
    <Script DEF='CnvText' url='ProximitySensorScriptConvertText.js'><!--url 引入脚本文件 -->
                <field accessType='inputOnly' name='position' type='SFVec3f'></field>
                <field accessType='inputOnly' name='orientation' type='SFRotation'></field>
                <field accessType='outputOnly' name='positionText' type='MFString'></field>
                <field accessType='outputOnly' name='orientationText' type='MFString'></field>
    </Script>
<ROUTE fromField='orientation_changed' fromNode='HereIAm' toField='rotation' toNode='HUD'></ROUTE>
<ROUTE fromField='position_changed' fromNode='HereIAm' toField='translation' toNode='HUD'></ROUTE>
<ROUTE fromField='position_changed' fromNode='HereIAm' toField='position' toNode='CnvText'></
ROUTE>
<ROUTE fromField='orientation_changed' fromNode='HereIAm' toField='orientation' toNode='CnvText'></
ROUTE>
<ROUTE fromField='positionText' fromNode='CnvText' toField='string' toNode='TopTextLine'></ROUTE>
<ROUTE fromField='orientationText' fromNode='CnvText' toField='string' toNode='BottomTextLine'></
ROUTE>
```

将代码单独写在 JavaScript 文件中，“ProximitySensorScriptConvertText.js”文件内容如下：

```
function setDigits (val, precision) {
  return Math.floor (val*precision + 0.5) / precision;
}
function position (positionValue) {
  var x = setDigits (positionValue[0], 100);
```

```
    var y = setDigits (positionValue[1], 100);
    var z = setDigits (positionValue[2], 100);
    positionText = new MFString ('Position  ' + x + ' ' + y + ' ' + z);
  }
  function orientation (orientationValue) {
    var x = setDigits (orientationValue[0], 1000);
    var y = setDigits (orientationValue[1], 1000);
    var z = setDigits (orientationValue[2], 1000);
    var r = setDigits (orientationValue[3], 100);
    orientationText = new MFString ('Orientation  ' + x + ' ' + y + ' ' + z + ' ' + r);
    Browser.print (orientationText[0]+'\n');
  }
```

其中，setDigits 函数为公共的调用函数，而 position 和 orientation 函数都是与 Script 节点的 position 和 orientation 属性对应的。

Script 节点可比成整个 X3D 场景的大脑，而物品模型是 X3D 场景的各个器官，各器官可以通过 ROUTE 节点连接到大脑，大脑控制各器官的变化。

4.2.6 X3Dom 的实现

X3Dom 的 HTML 结构如下：

```
<html> <!--HTML5 的写法 -->
   <head>
     <meta http-equiv="X-UA-Compatible" content="IE=edge"/>
       <title>Hello X3Dom</title>
     <!-- 引入 x3dom.js 和 x3dom.css 文件，用于网页浏览器本地渲染 X3D 的节点内容 -->
       <script type='text/javascript' src='https://www.x3dom.org/download/x3dom.js'> </script>
       <link rel='stylesheet' type='text/css' href='https://www.x3dom.org/download/x3dom.css'></link>
   </head>
   <body>
     <h1>Hello, X3Dom!</h1>
     <x3d width='500px' height='400px'> <!--X3D 在 HTML 中的基本根节点。设定 X3D 场景显示的尺
寸，宽为 500 像素，高为 400 像素 -->
       <scene> <!--X3D 在 HTML 中的场景节点。与 </scene> 标签之间书写 X3Dom 的节点 -->
         <Transform translation='-4 0 0'>
       <Shape>
         <!-- 长宽高为 1.8 米的正方体 -->
         <Box size='1.8 1.8 1.8'></Box>
         <Appearance>
           <Material diffuseColor='1.0 0 0'></Material>
         </Appearance>
       </Shape>
           </Transform>
       </scene>
     </x3d>
   </body>
</html>
```

使用 X3Dom 时需要引入 x3dom.js 和 x3dom.css 文件。X3D 的所有节点标记都写在 <scene></scene> 中。X3Dom.js 对场景中的 X3Dom 节点进行渲染，从而构成虚拟场景。X3Dom 实现了 X3D 标准中的大部分节点。

与 X3D 一样，X3Dom 节点被分组为 Components，X3Dom 已实现的组件如表 4-4 所示。

表 4-4　X3Dom 已实现的组件

CADGeometry	Networking	Geometry3DExt	Sound
Core	Nurbs	Geospatial	Text
CubeMapTexturing	PointingDeviceSensor	Grouping	Texturing
EnvironmentalEffects	Rendering	H-Anim	Texturing3D
Followers	RigidBodyPhysics	Interpolation	Time
Geometry2D	Shaders	Lighting	VolumeRendering
Geometry3D	Shape	Navigation	

在 X3Dom 页面中，节点是 HTML DOM 的常规部分。

1. 访问和动态读写X3Dom的节点

访问和动态操作 DOM 中所有 X3Dom 节点的字段有三种方式，这取决于特定需求和最适合的应用程序。

（1）getAttribute 和 setAttribute

像常规 HTML 属性一样，使用标准 getAttribute 和 setAttribute 方法可以读写 X3Dom 节点的属性值。例如，一个使用 Material 材质节点 HTML 标记，如修改 Material 节点的属性值需要使用如下代码：

```
<Material id='myMaterial' diffuseColor='1 0 0'></Material>
// 在 Script 标记中写下代码获取 material 节点的 diffuseColor 属性
var oldMaterial = document.getElementById('myMaterial').getAttribute('diffuseColor');
// 设置 material 节点的 diffuseColor 属性
var newMaterial = document.getElementById('myMaterial').setAttribute('diffuseColor', '0 1 0');
```

标准的 getAttribute 返回值为字符串类型，setAttribute(field, value) 函数中 value 接收的是字符串类型，在这种模式下就不能单独地对字段中的单独值进行操作，因此使用这种方法处理起来有时会比较麻烦。

（2）getFieldValue 和 setFieldValue

为了能够单独地对属性的某个分量进行编辑，X3Dom 提供了直接方位类型化字段值的方法。上面使用 setAttribute() 方法修改颜色值，可以修改为：

```
var myColor = document.getElementById('myMaterial').getFieldValue('diffuseColor');
myColor.r = 1.0;  // 由于 diffuseColor 是一个 SFColor 数据类型，是 RGB 颜色编码的，所以 .r 为红色分量，g 为绿色分量，b 为蓝色分量
myColor.g=1;
document.getElementById('myMaterial').setFieldValue('diffuseColor', myColor);
```

在实际应用开发过程中，使用 console.log 函数将所获得属性值的分量名称输出到浏览器的 console 中，Google 浏览器中按 F12 键即可进入网页开发者模式，然后查看到 console 中的数据，执行如下代码，可以显示 SFColor 的分量名称：{b,g,r}。

```
console.log(document.getElementById('myMaterial').getFieldValue('diffuseColor'));
```

（3）requestFieldRef 和 releaseFieldRef

getFieldValue 和 setFieldValue 用于获取到节点的属性值，并进行控制。同时，由于 getFieldValue 所获取的是 X3Dom 节点属性值的副本，即脚本通过 getFieldValue 获取到

X3Dom 的值，然后保存到开发者设置的变量中，修改变量的值并不会直接更新 X3Dom 场景下的节点属性值，而使用 setFieldValue 才会进行更新。getFieldValue 和 setFieldValue 不能实时更新数据，当数据要求实时更新时，getFieldValue 和 setFieldValue 的效率就比较慢。为了避免频繁更新和数组的字段属性，X3Dom 提供了 requestFieldRef 和 releaseFieldRef 方法。requestFieldRef 只支持 MF 开头的数据类型，如 MFColor、MFFloat。如果一个节点的 color 属性是 MFColor 数据类型，就需要修改 color 属性的颜色数组中索引为 23 位置的 r 分量的值，代码如下：

```
var myColorArray = document.getElementById('myColorNode').requestFieldRef('color');
myColorArray[23].r = 1.0;   //myColorArray 是一个 MFColor 数据类型
document.getElementById('myColorNode').releaseFieldRef('color');
```

RequestFieldRef 函数获取到引用而非副本，所以需要使用 releaseFieldRef 进行提交修改。

2．X3Dom、HTML、CSS和JavaScript

X3Dom 中 X3D 节点的外观表示可通过两种方式表示：CSS 样式表和标记中 style 属性。X3Dom 为 X3D 节点提供使用回调函数的功能，如 onclick、onmousemove、onmousedown、onmouseup、onmouseover 和 onmouseout 等事件，实现与 JavaScript 脚本进行交互。

以更换一个物品的外观颜色为例，代码如下：

```
<html>
<head>
<!-- 此处省略一些 HTML 常用的标记 -->
    <script type='text/javascript' src='https://www.x3dom.org/download/x3dom.js'> </script>
    <link rel='stylesheet' type='text/css' href='https://www.x3dom.org/download/x3dom.css'>
    <script><!-- 此处在 HTML 的 script 标记中编写一个回调函数 changeColor()，此函数不含参数，实
现更换物体颜色的功能 -->
        function changeColor()
        {
            if(document.getElementById("color").getAttribute('diffuseColor')=="1 0 0")
                document.getElementById("color").setAttribute('diffuseColor', '0 0 1');
            else
                document.getElementById("color").setAttribute('diffuseColor', '1 0 0');
        }
    </script>
    <!--- 此处描述 X3D 节点的样式，主要是设置 X3D 展示舞台与 HTML 之间的关系。border 表示边
框，粗细为 2 像素，使用 darkorange 纯色填充，背景是 128 灰度，且有 0.4 的不透明度 -->
    <style>
        x3d
        {
            border:2px solid darkorange;
            background: rgba(128, 128, 128, 0.4);
        }
    </style>
</head>
<body>
<!-- 此处省略部分说明内容 -->
<x3d width='500px' height='400px'>
    <scene>
        <shape onclick="changeColor();">
```

```
                <appearance>
                    <material id ="color" diffuseColor='1 0 0'></material>
                </appearance>
                <box></box>
            </shape>
            <!--- 此处省略其他 X3Dom 节点，但不影响运行 -->
        </scene>
</x3d>
</body>
</html>
```

上面代码显示一个红色的正方体，然后单击正方体，正方体会来回切换红色和蓝色。

3．引入外部X3D场景并访问节点属性

使用 Inline 标记可以引入其他 X3D 场景，基本代码如下：

```
<inline url="myScene.x3d"> </inline>
```

结合 X3Dom 提供的命名空间 DEF 与 ID 的映射技术，能够访问 Inline 场景中的 X3D 元素。例如，在 myScene.x3d 文件中使用 DEF 定义节点，在 X3Dom 主文件中可以使用命名空间进行访问。

MyScene.x3d 文件中有节点 Material：

```
<Material DEF="mColor" diffuseColor="1 0 0"transparency="0.0"/>
```

在 X3Dom 文件中使用 Inline 引用 MyScene.x3d 到 test.html 文件，并且加入命名空间和 DEFToID 的映射，可以在文件中直接访问到 Material 节点的属性值。

X3Dom 文件 test.html 中的关键代码如下：

```
<!--- 下面代码放在 <scene></scene> 之间 -->
<Inline nameSpaceName="MyScene" mapDEFToID="true" onclick='changeColor();' url="MyScene.
x3d"   ></Inline>
<!-- 编写函数 -->
<script>
        function changeColor()
        {
            if(document.getElementById("MyScene__mColor").getAttribute('diffuseColor')=="1 0 0")
                document.getElementById("MyScene__mColor").setAttribute('diffuseColor', '0 0 1');
            else
                document.getElementById("MyScene__mColor").setAttribute('diffuseColor', '1 0 0');
        }
</script>
```

在 Inline 中使用 nameSpaceName 定义 Inline 引入场景的命名空间，使所引入场景的内容名称不会与 X3Dom 上定义的 ID 名称冲突，同时使用 mapDEFToID 将 X3D 场景中由 DEF 定义的节点映射为 X3Dom 文件中以 ID 标示的节点。在 X3Dom 文件中使用“命名空间__X3D 场景节点名称”的形式进行调用，命名空间后面是两个下画线，如 MyScene__mColor。

4．导航模式

X3Dom 提供通用的交互和导航方法，与 X3D 的 NavigationInfo 节点一样，但交互式对象将通过类似 HTML 的事件进行处理。导航可以由用户定义，也可由特定的预定义模式控制。当前，X3Dom 支持的交互式导航模式有：检查（Examine）、步行（Walk）、飞行（Fly）、定点查看（Look-at）、环顾四周（Look-around）、转盘（Turntable）、游戏（Game）和直升机

（Helicopter）。

导航模式能通过 JavaScript 脚本进行控制，如：

```
<x3d width='500px' height='400px'>
<scene><navigationInfo type='"walk" "any"' id="navType"></navigationInfo></scene>
</x3d>
document.getElementById('navType').setAttribute("type", "Fly");
```

结合功能键和鼠标键可以执行所选导航模式的前进、后退、平移、旋转等功能。除了交互性的快捷键，X3Dom 还提供了视图变化的非交互控制命令，包括：R 键表示重置视点，即返回到初始时的视点；A 键表示显示所有物体，用于查看模型的总体概貌；U 键表示将视图进行直立平视显示；D 键表示进入调试模式，用于显示场景的后台信息。

在 X3D 中，Viewpoint 节点一次只能激活一个，通过 Viewpoitn 节点可以快速更换浏览者的视点。在 X3Dom 中，使用 DOM 的操作可以完成页面和场景中的视点切换，这种切换带有从起始视点到切换视点的位置动画，设置合理的视点跳跃，从而组成导航视图。将 set_bind 设置为 True 表示绑定，代码如下：

```
<!-- 场景中添加 Viewpoint 节点，并设置 id-->
<Viewpoint id="front" position="-0.07427 0.95329 -2.79608" orientation="-0.01451 0.99989 0.00319 3.15833" description="camera"></Viewpoint>
<Viewpoint id="right" position="-2.43383 1.07351 -1.28700" orientation="-0.00318 -0.99950 -0.03159 2.06609" description="camera"></Viewpoint>
<!-- 在网页上调用属性设置函数 setAttribute，设置视点的 set_bind 属性为 true--->
<button onclick="document.getElementById('right').setAttribute('set_bind','true');">Right</button>
<button onclick="document.getElementById('front').setAttribute('set_bind','true');">Left </button>
```

有时设置 Viewpoint 的位置比较困难，X3Dom 在播放时，按 D 键进入调试模式，然后按 V 键获取到当前的视点参数，视点参数数据能够直接在网页源代码中获取。

5．X3Dom中动画表达方式

参照 4.2.5 节，创建一个包含造型几何节点的 Transform 节点，然后创建一个控制动画播放时长的 TimeSensor 节点，再创建一个控制动画关键帧的插值器节点（此处为 PositionInterpolater），然后通过 Route 节点将 TimeSensor、PositionInterpolator 和 Transform 节点链接起来即可，如图 4-3 所示。

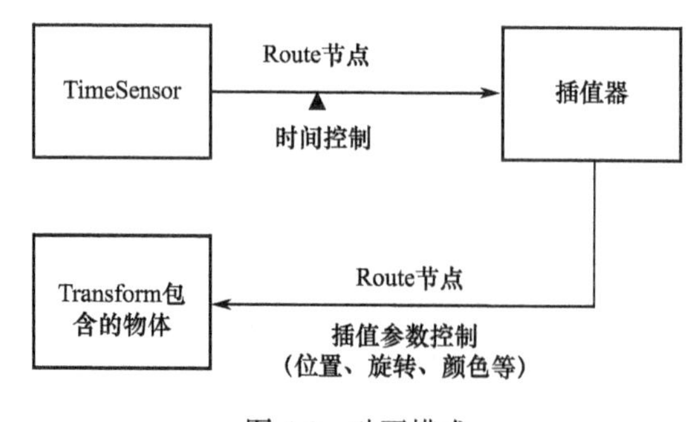

图 4-3　动画模式

基本代码如下：

```
<transform DEF="boxT" id="boxT">...... 此处放置造型几何节点 </transform>
<timeSensor DEF="time" cycleInterval="2" loop="true"></timeSensor>
<PositionInterpolator DEF="move" key="0 0.5 1" keyValue="0 0 0   0 3 0   0 0 0"></PositionInterpolator>
```

```
<Route fromNode="time" fromField ="fraction_changed" toNode="move" toField="set_fraction"></Route>
<Route fromNode="move" fromField ="value_changed" toNode="boxT" toField="translation"></Route>
```

X3Dom 提供事件回调机制，从而能够控制更复杂的动画。X3Dom 使用 onoutputchange 事件来完成传感器的值的变化而执行回调函数。上面的 Route 动画，能够使用如下代码代替：

```
<!--X3D 的场景树 scene 中需要加入如下代码 -->
    <transform DEF="boxT2" translation="2 0 0"   id="boxT2">
    <!--- 此处为造型几何节点 ->
    </transform>
    <timeSensor DEF="time" cycleInterval="2" loop="true" ></timeSensor>
    <PositionInterpolator DEF="move" key="0 0.5 1" keyValue="-2 -2.5 0   -2 2.5 0   -2 -2.5 0" onoutputch
ange="changeBoxT(event)"></PositionInterpolator>
<Route fromNode="time" fromField ="fraction_changed" toNode="move" toField="set_fraction"></Route>
<!--- 在页面上的 script 模块中需要加入如下代码 ->
  function changeBoxT(eventObject)
  {
    console.log(eventObject);// 输入 eventObject 对象了解对象的属性值
    // 测试事件类型和发出时间的属性值是否是 outputchange 和 value_changed
    if(eventObject.type != "outputchange" || eventObject.fieldName != "value_changed")
        return;
    // 获取到需要的变化值
    var value = eventObject.value;
    // 创建一个三分量的坐标值
    // 这里的 value.y 是来自 PositionInterpolator 的连续变化值
    var newPos = new x3dom.fields.SFVec3f(2,value.y, 0);
    // var newPos = new x3dom.fields.SFVec3f(2, Math.round(value.y), 0);
    // 注意，这里的 boxT2 一定要在 HTML 中使用 id 进行标记
    document.getElementById("boxT2").setAttribute('translation', newPos.toString());
  }
```

在 transform 节点中需要使用 DEF 和 id 属性进行定义，这样才能在 JavaScript 脚本中进行元素控制。此处需要使用 timeSensor 驱动 PositionInterpolator 变化，因此加入了 TimeSensor 和 Route 两个节点的语句。使用 onoutputchange 事件，可以组合更多的动画变化。例如，在运动的同时更换物品的颜色，关键代码如下：

```
// 设置变量 i 作为全局变量，用于控制变化颜色的时间计数
var i = 0;
// 在 onoutputchange 事件的回调函数中添加如下控制切换颜色的代码
//color2 是材质的 id 名称
i = i + 1;      // 每次加 1 操作
if (i % 10 == 0) {//10 次进行一次切换颜色
if (document.getElementById("color2").getFieldValue('diffuseColor') == "1 0 0")
document.getElementById("color2").setAttribute('diffuseColor', '0 0 1');
else
document.getElementById("color2").setAttribute('diffuseColor', '1 0 0');
}
```

因此，使用 onoutputchange 事件后，X3Dom 的动画模式变化如图 4-4 所示。

6. 结合jQuery实现物品分类显示

由于 X3Dom 中 X3D 的节点被看成 HTML 中的标记，所以可使用 jQuery 等 JavaScript 框架进行处理。但是通过 Inline 引入的元素不能使用 jQuery 代码访问，而需要使用原生

JavaScript 访问。X3Dom 提供实现物品分类显示实例的应用，使用 table 标记构建物品列表，然后使用 Inline 节点作为容器引入其他场景，再编写交互脚本。结合 jQuery 的物品分类显示实现效果，代码如下：

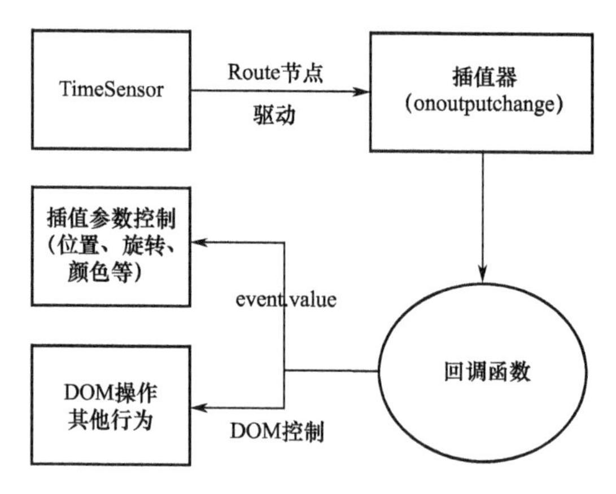

图 4-4　X3Dom 的动画模式变化

```
<!--- 脚本内容，用于实现控制 Inline 节点属性和其中场景的控制，X3Dom 页面造型节点的 jQuery 实现 ->
<script type="text/javascript" charset="utf-8">
    $(document).ready(function(){    //jQuery 中当页面所有的元素都添加完毕后，启动这个软件。
        // 给 class 样式名为 gallery 下的 td 标记注册 onclick 事件，回调函数的主要功能是将当前 td 下
的 file 属性设置 id 为 inlineBox 的 Inline 节点的 url 值。
        $(".gallery td").on("click", function() {
            var file = $(this).attr('file');
            if(file != $('#inlineBox').attr('url'))
                $('#inlineBox').attr('url', file);
        });
        // 给 id 为 inlineBox 的 X3D 节点注册 onclick 事件，实现 inlineBox 下物体 color 属性值的来回
切换。使用原生态 JavaScript 能够实现 Inline 中交互行为，但是这里不可以使用 jQuery 访问
        $("#inlineBox").on("click",function(){
            if(document.getElementById("shapeAll__color").getFieldValue('diffuseColor')=="1 0 0")
                document.getElementById("shapeAll__color").setAttribute('diffuseColor', '0 0 1');
            else
                document.getElementById("shapeAll__color").setAttribute('diffuseColor', '1 0 0');
        });
        //ts 节点是 X3Dom 页面上的一个 transform 节点，包含右边正方体的节点。此代码是为 ts 注册
了 onclick 时间，然后使用 jQuery 获取和设置 Material 的 diffuseColor 值
        $("#ts").on("click",function(){
            if($("#mcolor").attr('diffuseColor')=="1 0 0")
                $("#mcolor").attr('diffuseColor', '0 0 1');
            else
                $("#mcolor").attr('diffuseColor', '1 0 0');
        });
    });
</script>
```

页面的 HTML 和 X3D 标记代码如下：

```
<div style="height:420px">
    <x3d width='500px' height='400px'>
```

```
        <scene id="mainScene">
        <!--- 定义一个 Inline 标签，命名为 inlineBox，定义其命名空间 shapeAll-->
            <transform translation='-2 0 0'><Inline id="inlineBox" nameSpaceName="shapeAll" url="boxS.
x3d" /></transform>
            <!--- 定义一个 ts，用于检验 X3Dom 场景中是否可以执行 jQuery 的代码 -->
            <transform def='ts' id='ts' translation="3 0 0">
                <shape>
                    <appearance>
                        <material DEF="mcolor" id ="mcolor" diffuseColor='1 0 0'></material>
                    </appearance>
                    <box></box>
                </shape>
            </transform>
        </scene>
    </x3d>

</div>
<p> 物品列表 </p>
<table id="demo_table" class="gallery">
  <tr>
    <td file="boxS.x3d"><img src="box.png" width="512" height="512" /></td>
    <td file="cylinderS.x3d"><img src="cylinder.png" width="512" height="512" /></td>
    <td file="sphereS.x3d"><img src="sphere.png" width="512" height="512" /></td>
  </tr>
</table>
```

如果需要访问 Inline 节点引入的场景内容，要求场景中的节点设置 id 属性，并且只能使用原生 JavaScript 进行访问。

7. 阴影效果

X3D 标准中很难实现阴影效果，主要原因是阴影需要进行大量的运算才能做到。因此，X3D 在使用阴影效果时会采用烘焙技术，将物体的阴影信息烘焙到贴图，然后将贴图以材质的方式贴到模型上。X3Dom 在灯光节点中加入 shadowIntensity、shadowCascades、shadowFilterSize 和 shadowMapSize 属性来设置阴影效果。

设置如图 4-5 所示灯光的阴影属性，代码如下：

```
<directionalLight id="directional" direction='0 -1 0' on ="TRUE" intensity='1.0' shadowIntensity='0.5'
shadowMapSize="512" shadowFilterSize="16" shadowCascades="1">
        </directionalLight>
```

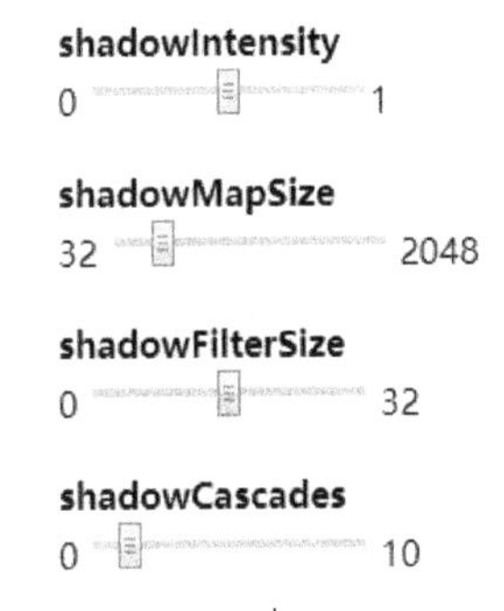

图 4-5 X3Dom 中的阴影属性设置

X3Dom 提出了与 AR 结合的简单 AR 系统实例，官方推荐使用 JSARTOOLKIT 完成 AR 系统的识别、标定等内容。X3Dom 提供了详细节点、类和类包的说明，可参考其官方网站。

4.3 HTML5 与 WebGL 技术

HTML5 是 HTML 最新的修订版本，设计目的是在移动设备上支持多媒体。HTML5 中 Canvas 元素使 Web 能够承载 3D 内容，为实现图形绘制提供了基础，从而使 Web3D 快速进入无插件时代。

WebGL（Web Graphics Library）由 Khronos 公司开发，把 JavaScript 和 OpenGL ES 2.0 结合在一起，为 HTML5 Canvas 提供硬件 3D 加速渲染。为了让 WebGL 更加方便开发者使用，目前出现了两个应用广泛的 JavaScript 框架：Three.js 和 Babylon.js。

4.3.1 HTML5 的内容画布 Canvas

Canvas 标记是用于绘图的标记；Canvas 对象是一个画布元素，不具有可交互的功能，但能使用 JavaScript 的 API 方式支持脚本化客户端绘图操作。Canvas 标记只有两个属性：height 和 width，默认值分别是 300 像素和 150 像素，在 HTML 页面的表示如下：

```
<canvas id="canvas" width="150" height="150"></canvas>
```

Canvas 需要获取到其渲染上下文（the rendering context）。常见的渲染上下文包括 2D 渲染上下文和 WebGL 的 3D 渲染上下文。getContext 可以获取到 2D 渲染上下文，获取到的对象为 CanvasRenderingContext2D，通过此对象可在 Canvas 中绘制路径、矩形、圆形、字符及添加图像等内容。

表 4-5 所示为 CanvasRenderingContext2D 对象的方法。

表 4-5　CanvasRenderingContext2D 对象的方法

方　法	说　明
arc()	使用一个中心点和半径，为一个画布的当前子路径添加一条弧线
arcTo()	使用目标点和一个半径，为当前的子路径添加一条弧线
beginPath()	开始一个画布中的一条新路径（或者子路径的一个集合）
bezierCurveTo()	为当前的子路径添加一个三次贝塞尔曲线
clearRect()	在一个画布的一个矩形区域清除像素
clip()	使用当前路径作为连续绘制操作的剪切区域
closePath()	如果当前子路径是打开的，就关闭它
createLinearGradient()	返回代表线性颜色渐变的一个CanvasGradient 对象
createPattern()	返回代表贴图图像的一个CanvasPattern对象
createRadialGradient()	返回代表放射颜色渐变的一个CanvasGradient 对象
drawImage()	绘制一幅图像
fill()	使用指定颜色、渐变、模式来绘制或填充当前路径的内部

（续表）

方 法	说 明
fillRect()	绘制或填充一个矩形
lineTo()	为当前的子路径添加一条直线线段
moveTo()	设置当前位置并开始一条新的子路径
quadraticCurveTo()	为当前路径添加一条贝塞尔曲线
rect()	为当前路径添加一条矩形子路径
restore()	为画布重置为最近保存的图像状态
rotate()	旋转画布
save()	保存 CanvasRenderingContext2D 对象的属性、剪切区域和变换矩阵
scale()	标注画布的用户坐标系统
stroke()	沿着当前路径绘制或画一条直线
strokeRect()	绘制（但不填充）一个矩形
translate()	转换画布的用户坐标系统

由此可见，HTML5 标准下的 Canvas 标记为在 Web 中绘制 3D 图形提供了可能，尽管目前 Canvas 只能通过 getContext("2d") 获取到绘制 2D 图形的功能。

4.3.2 WebGL 概述

WebGL 基于 OpenGL ES 的低级 3D 图形 API，是一个开源免费的 Web 标准，通过 HTML5 Canvas 元素公开给 ECMAScript。WebGL 1.0 基于 OpenGL ES 2.0 功能集；WebGL 2.0 基于 OpenGL ES 3.0 API。

WebGL 将无插件的 3D 引入网络，并直接在浏览器中实现。主要的浏览器供应商 Apple（Safari）、Google（Chrome）、Microsoft（Edge）和 Mozilla（Firefox）都是 WebGL 工作组的成员。WebGL 使用 OpenGL 着色语言（OpenGL Shading Language，GLSL），并提供标准 OpenGL API。

GLSL 用来在 OpenGL 编写着色器程序。而着色器程序是在 GPU 上运行的简短程序，代替了 GPU 固定渲染管线的部分工作，使 GPU 渲染过程中的某些部分允许开发者通过编程进行控制。

而 GPU 渲染过程中具体可进行控制的部分如下所述。

- JavaScript 程序：处理着色器所需要的顶点坐标、法向量、颜色、纹理等。
- 顶点着色器：接收 JavaScript 传递的顶点信息，将顶点绘制到对应的坐标。
- 图元装配阶段：将三个顶点装配成指定的图元类型。
- 光栅化阶段：将三角形内部区域用空像素进行填充。
- 片元着色器：为三角形内部的像素填充颜色信息。

WebGL 只关注两个方面，即投影矩阵的坐标和投影矩阵的颜色。使用 WebGL 程序的任务就是实现具有投影矩阵坐标和颜色的 WebGL 对象。WebGL 绘制内容的过程如图 4-6 所示。

WebGL 渲染内容是通过可编辑渲染管线完成的，而不是固定渲染管线。这样为开发人员提供了编写程序的自由度，同时也增加了开发难度。渲染是指图形处理硬件将内存中的矢量图像数据（顶点集合）进行变换、光照计算、裁剪等操作，最后经过光栅化将图像呈现给人

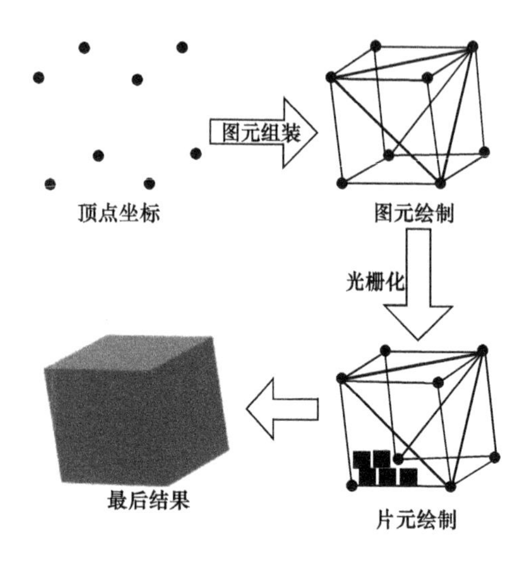

图 4-6　WebGL 绘制内容的过程

眼。渲染过程中各个步骤的集合，称为流水线或管线。固定渲染管线是指通过固定的参数和固定的函数形成固定的功能来控制世界、视、投影变换及固定光照、纹理混合。而可编程渲染管线是指有开发人员对渲染管线的某些过程进行编程控制，而不是使用默认的控制参数和函数。WebGL 使用着色器来完成渲染工作，着色器分为顶点着色器和片元着色器（像素着色器）。

- 顶点着色器（VERTEX_SHADER）：在进行坐标变换和光照计算时工作，用来处理顶点数据。
- 片元着色器（FRAGMENT_SHADER）：在光栅化环节工作，处理片段，负责输出每个三角形像素的最终颜色，将顶点着色器输出的片段作为输入，片段的顶点属性已被光栅化单元进行了插值处理。

在应用时，WebGL 通过 Canvas 获取 WebGL 的上下文对象 WebGL2RenderingContext，代码如下：

```
var canvas = document.createElement('canvas');
canvas.width = Math.min(window.innerWidth, window.innerHeight);
canvas.height = canvas.width;
document.body.appendChild(canvas);
var gl = canvas.getContext( 'webgl2', { antialias: false } );
```

其中，getContext 中的第一个参数是字符串 webgl2，表示使用 WebGL 2.0 标准；如果使用 WebGL 1.0 标准，那么此字符串为 webgl 或 experimental-webgl。而第二个参数是 WebGLContextAttributes 的值使用大括号将参数括起来，第二个参数可有可无。获取到 WebGL2RenderingContext 后，即可调用对象的属性和方法实现在 Canvas 上绘画。

4.3.3 WebGL 编程

根据 WebGL 的渲染管道，以一个显示带有贴图的平面实例来介绍 WebGL 编程的主要过程，效果如图 4-7 所示。

图 4-7　WebGL 编程的贴图效果

1. 创建和获取WebGL2RenderingContext

通过 DOM 操作获取到 Canvas 页面标记，然后通过 Canvas 的 DOM 对象获取到 WebGL2RenderingContext 对象，即获取到绘制的空间，代码如下：

```
var gl = canvas.getContext( 'webgl2', { antialias: false } );
```

2. 定义顶点着色器

使用 script 标记保存一个 GLSL 的字符串。浏览器会自动识别 script 节点的内容是否为 JavaScript 脚本语言的代码；如果 script 中包含的不是 JavaScript 脚本，则浏览器不解释此标签内的内容。因此，此处 script 的 id 设置为 vs；type 是 x-shader/x-vertex，用于标示此脚本的内容是创造顶点着色器的字符串，浏览器只会将这些内容作为字符串进行传递。字符串的着色器描述使用 Open ES 3.0 版本的规范。

着色器代码如下：

```
<script id="vs" type="x-shader/x-vertex">
    #version 300 es
    #define POSITION_LOCATION 0
    #define TEXCOORD_LOCATION 4
    precision highp float;
    precision highp int;
    uniform mat4 MVP;
    layout(location = POSITION_LOCATION) in vec2 position;
    layout(location = TEXCOORD_LOCATION) in vec2 texcoord;
    out vec2 v_st;
    void main()
    {
        v_st = texcoord;                    // 材质坐标的位置
        gl_Position = MVP * vec4(position, 0.0, 1.0);    // 顶点的位置
    }
</script>
```

3. 定义片元着色器

与顶点着色器一样，需要在页面上定义片元着色器，为了区分顶点着色器和片元着色器，片元着色器的 <script> 标签的 type 属性值为 x-shader/x-fragment。片元着色器的字符串代码如下：

```
<script id="fs" type="x-shader/x-fragment">
    #version 300 es
    precision highp float;
    precision highp int;
    uniform sampler2D diffuse;
    in vec2 v_st;
    out vec4 color;
    void main()
    {
        color = texture(diffuse, v_st);    // 定义片元的颜色
    }
</script>
```

4. 创建着色器、着色器程序

在 WebGL 中，需要通过着色器的字符串代码创建着色器，才能在程序中使用。WebGL API 中使用 WebGLShader 表示着色器对象，可以是顶点着色器（vertex shader）或片元着色器（fragment shader）。当使用 WebGLSampler 对象时，WebGL2RenderingContext 的相关代码如下：

```
WebGL2RenderingContext.createSampler()
WebGL2RenderingContext.deleteSampler()
WebGL2RenderingContext.isSampler()
WebGL2RenderingContext.bindSampler()
WebGL2RenderingContext.getSamplerParameter()
```

着色器需要经过编译才能使用。为了能让一个函数创建顶点着色器和片元着色器，页面的 JavaScript 脚本封装了 createShasder 公共函数，代码如下：

```
function createShader(gl, source, type) {
    var shader = gl.createShader(type);
    gl.shaderSource(shader, source);
    gl.compileShader(shader);
    return shader;
}
```

WebGLShader 对象 shader 需要使用 createShader，通过 shaderSource() 挂接 GLSL 源代码，最后调用 compileShader() 完成着色器的编译。

WebGL 在绘制内容之前，需要创建着色器程序对象 WebGLProgram，此对象由顶点着色器和片元着色器组成。着色器程序对象 WebGLProgram 附加预设的顶点着色器和片元着色器，WebGL2RenderingContext 链接着色器程序。创建着色器时应加入 gl.VERTEX_SHADER 和 gl.FRAGMENT_SHADER 标识作为顶点着色器和片元着色器的常量，代码如下：

```
var program = gl.createProgram();
var vshader = createShader(gl, vertexShaderSource, gl.VERTEX_SHADER);
var fshader = createShader(gl, fragmentShaderSource, gl.FRAGMENT_SHADER);
gl.attachShader(program, vshader);
gl.deleteShader(vshader);gl.attachShader(program, fshader);
gl.deleteShader(fshader);
gl.linkProgram(program);
```

因为需要调用着色器中定义的 uniform 变量，所以使用 getUniformLocation 函数。此函数返回 uniform 变量的指针位置，代码如下：

```
var mvpLocation = gl.getUniformLocation(program, 'MVP');
var diffuseLocation = gl.getUniformLocation(program, 'diffuse');
```

5. 使用数据缓冲区对象WebGLBuffer存储数据

着色器程序准备好后，需要设置存放数据的缓冲区，WebGL 中使用 WebGLBuffer 对象实现。WebGLBuffer 对象是一个不透明的缓冲区对象，存储如顶点或着色之类的数据；没有定义任何自己的方法或属性，且内容不能被直接访问。当使用 WebGLBuffer 对象时，需要调用 WebGL2RenderingContext 的方法：bindBuffer()、createBuffer()、deleteBuffer()、isBuffer()。

定义顶点数组数据或片元数组数据，此处以顶点数据为例，通过 WebGLBuffer 对象存储起来，代码如下：

```
var positions = new Float32Array([
        -1.0, -1.0,
         1.0, -1.0,
         1.0,  1.0,
         1.0,  1.0,
        -1.0,  1.0,
        -1.0, -1.0
    ]);
    var vertexPosBuffer = gl.createBuffer();    // 创建 WebGLBuffer 对象
    gl.bindBuffer(gl.ARRAY_BUFFER, vertexPosBuffer);   // 绑定到指定的缓冲区
    gl.bufferData(gl.ARRAY_BUFFER, positions, gl.STATIC_DRAW);   // 用 positions 的数据写入缓
冲区
    gl.bindBuffer(gl.ARRAY_BUFFER, null);// 清空缓冲区
```

数据进入缓冲区后，需要 WebGLVertexArrayObject 对象指向顶点数组数据，并提供不同顶点数据集合的名称。创建顶点数组对象，指向数据，代码如下：

```
varvertexArray=gl.createVertexArray();
gl.bindVertexArray(vertexArray);// 绑定 WebGLVertexArrayObject 对象
varvertexPosLocation=0;// 设置 GLSL 的参数，在 <script> 已标记
gl.enableVertexAttribArray(vertexPosLocation);// 指向顶点数组的位置
gl.bindBuffer(gl.ARRAY_BUFFER,vertexPosBuffer);
gl.vertexAttribPointer(vertexPosLocation,2,gl.FLOAT,false,0,0);// 指定一个顶点 attributes 数组中，顶点 attributes 变量的数据格式和位置
gl.bindBuffer(gl.ARRAY_BUFFER,null);
```

6．材质设置

绘制图像时，在 WebGL 中设置材质需要创建 WebGLTexture 对象。WebGLTexture 对象为不透明的纹理对象提供储存和状态等纹理操作，不能直接被创建，而需要使用 WebGL RenderingContext 中的 createTexture、activeTexture、bindTexture、texParameteri、pixelStorei 等方法完成材质的创建、激活、绑定、参数和像素存储方式的设置。代码如下：

```
vartexture=gl.createTexture();
gl.activeTexture(gl.TEXTURE0);
gl.bindTexture(gl.TEXTURE_2D,texture);
gl.texParameteri(gl.TEXTURE_2D,gl.TEXTURE_MAG_FILTER,gl.NEAREST);
gl.texParameteri(gl.TEXTURE_2D,gl.TEXTURE_MIN_FILTER,gl.NEAREST);
gl.pixelStorei(gl.UNPACK_FLIP_Y_WEBGL,false);
gl.pixelStorei(gl.UNPACK_ALIGNMENT,1);
gl.pixelStorei(gl.UNPACK_ROW_LENGTH,image.width);
gl.pixelStorei(gl.UNPACK_SKIP_PIXELS,image.width/4);
gl.pixelStorei(gl.UNPACK_SKIP_ROWS,image.height/4);
```

设置材质对象之后，需要材质图像的数据，由于图像的数据体积庞大，如果自己编程则比较麻烦，所以通过 Canvas 的 2D 绘图功能将原有的图像转换为图像像素数据，然后加入材质对象中。获取图像像素数据的代码如下：

```
varcanvas=document.createElement('canvas');
canvas.width=image.width;
canvas.height=image.height;
varctx=canvas.getContext('2d');
ctx.drawImage(image,0,0);
varimageData=ctx.getImageData(0,0,image.width,image.height);
varpixels=newUint8Array(imageData.data.buffer);
```

获取到像素数据，使用 texImage2D 方法指定 2D 纹理图像，代码如下：

```
gl.texImage2D(gl.TEXTURE_2D, 0, gl.RGBA, image.width / 2, image.height / 2, 0, gl.RGBA, gl.UNSIGNED_BYTE, pixels);
```

7．组装、渲染

准备好 WebGLShader、WebGLProgram、WebGLVertexArrayObject、WebGLTexture 等对象后，组装内容，然后渲染显示到 Canvas 中，代码如下：

```
gl.clearColor(0.0,0.0,0.0,1.0);
gl.clear(gl.COLOR_BUFFER_BIT);
varmatrix=newFloat32Array([
0.5,0.0,0.0,0.0,
```

```
0.0,0.5,0.0,0.0,
0.0,0.0,0.5,0.0,
0.0,0.0,0.0,1.0
]);
gl.useProgram(program);                           // 使用 WebGLProgram 对象
gl.uniformMatrix4fv(mvpLocation,false,matrix);    // 设置 GLSL 中的 uniform，传入变换矩阵
gl.uniform1i(diffuseLocation,0);                  // 设置 uniform 具体的参数值
gl.bindVertexArray(vertexArray);                  // 绑定 WebGLVertexArrayObject 对象
gl.drawArrays(gl.TRIANGLES,0,6);                  // 以三角形的形式绘制内容，并显示
```

WebGL 提供多种绘制模式。例如，通过 drawArrays 方法绘制，第一个参数指定绘制方式；第二个参数表示从哪个点开始绘制；第三个参数表示需要绘制点的数量。此处表示从定点数字的第 0 个点开始绘制，共绘制 6 个点。

8．释放WebGL资源

在 WebGL 中使用了很多对象和资源完成内容的绘制，在绘制完成后需要将这些资源释放。此处先后释放了定点缓冲区、材质缓冲区、材质对象、着色器程序对象和顶点数组对象，代码如下：

```
gl.deleteBuffer(vertexPosBuffer);
gl.deleteBuffer(vertexTexBuffer);
gl.deleteTexture(texture);
gl.deleteProgram(program);
gl.deleteVertexArray(vertexArray);
```

4.3.4 Three.js 框架

WebGL 是能够画点、线和三角形的非常底层的系统，是一个非常出色的图形图像显示系统，但不擅长于快速开发大型应用系统。WebGL 需要程序员自己设置着色器，创建多种对象，以构建绘制在 Canvas 中的图像。鉴于 WebGL 的编程难度，很多程序员开发出多个 JavaScript 框架，其中影响力最大的是 Thress.js 和 Babylon.js。下面主要介绍 Three.js 的基本原理和应用。

WebGL 是面向过程编程的；而 Three.js 是面向对象编程的，绘制 3D 内容时需要 3 个基本对象：场景（scene）、摄像机（camera）和渲染器（renderer）。场景和摄像机代表 3D 观察空间和数据模型，渲染器则包含 WebGL 绘图上下文和着色器。Three.js 是通过摄像机对指定空间内的场景进行渲染的，支持多种摄像机，其中用得最多的是远景摄像机（Perspective Camera）。这个摄像机相当于观察场景时人的眼睛。

定义远景摄像机需要 4 个参数：视角（Field of View，FOV）、宽高比（aspect ratio）、近裁剪面（near clipping plane）和远裁剪面（far clipping plane）。这几个参数所限定的可视 3D 空间称为视椎体（View Frustum），用于裁剪视图，在该视锥体以外的物体将不会被渲染。WebGL 中的视锥体图解如图 4-8 所示。

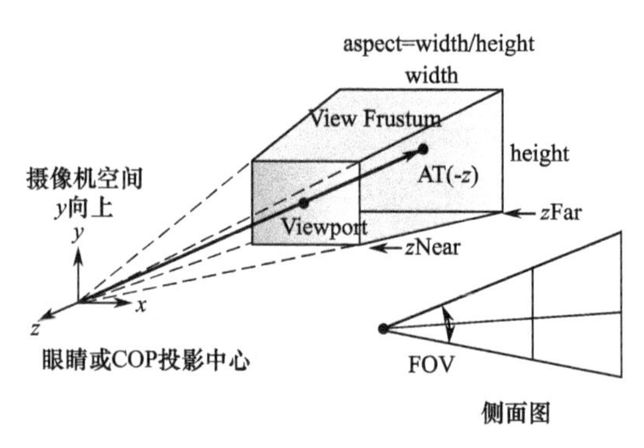

图 4-8　WebGL 中的视锥体图解

使用 Three.js 创建应用程序的基本流程如下。

1. 设置Canvas标签内容

与 WebGL 一样，Three.js 使用 Canvas 标记进行渲染。页面上定义 Canvas 的代码如下：

```
<canvas id="c"></canvas>
```

2. 获取Three.js所支持的渲染器对象

引入 Three.js 框架，然后在页面的 <script> 标记中创建场景、摄像机和渲染器，代码如下：

```
<script src="js/three.js"></script>
var scene = new THREE.Scene();        // 创建场景
// 创建远景摄像机
var camera = new THREE.PerspectiveCamera( 75, window.innerWidth / window.innerHeight, 0.1, 1000 );
// 创建渲染器
var renderer = new THREE.WebGLRenderer();
renderer.setSize( window.innerWidth, window.innerHeight );
document.body.appendChild( renderer.domElement );
```

3. 添加物体Objects

创建和设置了场景、摄像机和渲染器后，要为场景添加内容。添加一个正方体物体，代码如下：

```
var geometry = new THREE.BoxGeometry( 1, 1, 1 );
var material = new THREE.MeshBasicMaterial( { color: 0x00ff00 } );
var cube = new THREE.Mesh( geometry, material );
scene.add( cube );
```

Three.js 提供物体对象，包含多个 geometry 物体，如 BoxGeometry 等。物体需要设置材质，Three.js 支持多种材质对象，包括 MeshBasicMaterial、MeshDepthMaterial、MeshNormal Material、MeshFaceMaterial、MeshLambertMaterial、MeshPhongMaterial、ShaderMaterial、LineBasicMaterial、LineDashMaterial。

4. 添加灯光Light

Three.js 支持 5 种灯光模式：环境光（AmbientLight）、半球灯光（HemisphereLight）、平行光（DirectionalLight）、点光源（PointLight）和聚光灯（SpotLight）。平行光类似于太阳光，能够照亮 3D 场景，但需要添加 light 和 light.target 对象，代码如下：

```
const light = new THREE.DirectionalLight(color, intensity);    // 创建平行光
light.position.set(0, 10, 0);                                  // 设置 light 的位置
light.target.position.set(-5, 0, 0);                           // 设置 light.target 的位置
scene.add(light);                                              // 添加 light
scene.add(light.target);                                       // 添加 light.target
```

5. 鼠标拾取物体

对象拾取是指获得鼠标事件发生位置的图形对象。Three.js 通过 raycaster 对象来拾取对象，ray 是射线，caster 是投射器。其工作原理是：从某个方向发射一条射线，穿过光标所在的点，射线经过的对象就是鼠标单击的对象。代码如下：

```
let raycaster = new THREE.Raycaster();
let mouse = new THREE.Vector2();
function pickupObjects(e){
```

```
        // 将鼠标单击位置的屏幕坐标转换成 Three.js 的标准坐标
        mouse.x = (e.clientX/window.innerWidth)*2 -1;
        mouse.y = -(e.clientY/window.innerHeight)*2 + 1;
        // 从摄像机发射一条射线，经过鼠标单击位置
        raycaster.setFromCamera(mouse,camera);
        // 计算射线经过的对象，可能有多个对象，因此返回的是一个数组，按离摄像机远近排列
        let intersects = raycaster.intersectObjects(scene.children);
        for ( var i = 0; i < intersects.length; i++ ) {
            intersects[ i ].object.material.color.set( 0x00ff00 );
        }
}
```

使用 addEventListener 方法添加监听器，使 Window 能监控鼠标的事件，addEventListener 函数的第一个参数是 Web 事件的标示符，可参考 DOM 中的 Web 事件，代码如下：

```
window.addEventListener('mousemove', setPickPosition);
window.addEventListener('mouseout', clearPickPosition);
window.addEventListener('mouseleave', clearPickPosition);
```

6．加载3D模型

Three.js 为多种 3D 模式格式文件提供加载程序。Three.js 对 glTF 格式支持良好，在创建模型时尽量使用能导出 / 导入 glTF 格式的建模软件，如 3ds Max、Maya、Blender、Unity3D、Unreal Engine 等。如果不能直接导出 glTF 格式，则尽量导出 FBX、Obj 或 COLLADA 等流行的 3D 模式格式。

导入 / 导出 glTF 格式的常用插件有：

- Khronos Group 维护的 COLLADA2GLTF/UnityGLTF 等；
- Facebook 提供的 FBX2GLTF；
- Graphics Inc 提供的 OBJ2GLTF。

导入 / 导出 glTF 格式的步骤如下。

（1）需要引入模型加载器，代码如下：

```
// 全局引入模式
<script src="GLTFLoader.js"></script>
// 动态命令引入加载器
var THREE = window.THREE = require('three');
require('three/examples/js/loaders/GLTFLoader');
// ES 的模块加载模式
import { GLTFLoader } from 'three/examples/jsm/loaders/GLTFLoader';
```

（2）使用加载器完成 3D 模型的加载，代码如下：

```
var loader = new THREE.GLTFLoader();
loader.load(
    // 资源地址
    'models/gltf/duck/duck.gltf',
    // 当资源加载后执行的回调函数
    function ( gltf ) {
        scene.add( gltf.scene );
    },
    // 加载时调用
    function ( xhr ) {
        console.log( ( xhr.loaded / xhr.total * 100 ) + '% loaded' );
```

```
        },
        // 加载错误时调用
        function ( error ) {
            console.log( 'An error happened' );
        }
);
```

有些模型加载器只能单独加载模型，这时还要加载材质的资源。Three.js 提供加载材质的加载器 MTLLoader。例如，给 ObjLoader 加载器添加材质内容，代码如下：

```
const mtlLoader = new MTLLoader();
  mtlLoader.load('resources/models/windmill_2/windmill-fixed.mtl', (mtlParseResult) => {
    const objLoader = new OBJLoader2();
    const materials =   MtlObjBridge.addMaterialsFromMtlLoader(mtlParseResult);
    objLoader.addMaterials(materials);
```

4.4 WebXR 技术

WebVR 即 Web + VR，当前实现 WebVR 的模式分为移动端模式和 PC 端模式。移动端模式的 WebVR 解决方案是移动设备与类 Cardboard 设备的结合；PC 端模式是个人计算机端和头盔显示器等设备的结合。

WebXR 是指用于 VR、增强现实和其他相关技术的硬件、应用程序、技术。WebXR 的设备包括但不限于：

- 头戴式显示器，无论是不透明或透明，还是利用视频直通；
- 具有位置跟踪功能的移动设备；
- 具有头部跟踪功能的固定显示器。

它们之间的重要共性是：提供了一定程度的空间跟踪，可用来模拟虚拟内容的视图。

4.4.1 WebXR 规范

2017 年 12 月 12 日，Mozilla 的 Vladimir Vukicevic、Kearwood Gilbert、Chris Van Wiemeersch 和 Google 的 Brandon Jones 发布了 WebVR 1.0 规范，这是一个比较稳定的版本。目前，由于 WebXR 规范代替了 WebVR 规范，所以 WebVR Polyfill 也更名为 WebXR Polyfill。

2019 年 10 月 25 日，由 Brandon Jones 主笔的 W3C 规范 WebXR Device API 发布，目的是取代 WebVR API。此项目在 GitHub 中管理。

这些规范推动着 WebXR 的发展，使网页上出现 WebXR 的 3D 展示内容，并且能够摆脱安装 App 的束缚，更自由地分享 WebXR 内容。

WebXR Device API 提供了必要的接口，使开发人员能够跨各种硬件形式在网络上构建引人注目的、舒适且安全的沉浸式应用程序。

1. WebXR设备跟踪方式

WebXR 规范中使用以下两种方式跟踪 WebXR 设备。

（1）3DoF 设备

3DoF 是“三自由度”（Three Degrees of Freedom）的缩写。该设备只能跟踪旋转运动，不响应来自用户的平移运动，尽管它们可能使用基于颈部或手臂建模的算法来估计平移变化。

（2）6DoF 设备

6DoF 是“六自由度”（Six Degrees of Freedom）的缩写。该设备是一种既能跟踪旋转又能跟踪平移的装置，可以实现精确的 1:1 空间跟踪。通过由内向外环境的理解实现跟踪，在跟踪设备本身上的传感器用来确定设备的位置或由外向内地跟踪。外部设备放置在用户的环境中，提供了一个稳定的参考点，WebXR 设备能确定其位置。

2. 使用API的基本流程

使用 WebXR Device API 的大多数应用程序遵循如下基本流程。

- 查询 navigator.xr.isSessionSupported() 以确定硬件和 UA 是否支持所需的 XR 内容类型。
- 如果支持，则将 WebXR 内容发送给用户。
- 等待用户触发用户激活事件，指引用户查看 WebXR 内容。
- 使用请求 XRSession 用户激活事件 navigator.xr.requestSession()。
- 如果 XRSession 请求成功，则使用它运行帧循环（frame loop）以响应 WebXR 输入，并生成图像作为响应显示在 WebXR 设备上。
- 继续运行帧循环，直到 UA 关闭会话或用户退出 WebXR 内容为止。

WebXR 设备是硬件的物理单元，用于向用户显示图像。WebXR 设备有一个受支持模式列表，其中包含 WebXR 设备支持的 XRSessionMode 的枚举值。用户代理必须有一个内联 WebXR 设备，且它必须在其支持的模式列表中包含“内联”。内联 WebXR 设备将报告用户代理正在呈现给物理设备的尽可能多的姿态信息。

3. WebXR规范模块

WebXR 规范中，规定了 10 个模块，包括初始化（Initialization）、会话（Session）、帧循环（Frame Loop）、空间（Spaces）、视图（Views）、几何图元（Geometric Primitives）、姿态跟踪（Pose）、输入（Input）、层（Layer）和事件（Event）。

WebXR Device API 提供了强大的新功能，但是也为用户带来了一定的隐私问题，因此 WebXR 中通过用户代理的形式来解决隐私、安全性和舒适性风险等问题。

目前，行业上不止 WebXR 工作组在制作标准和规范，一流硬件企业也在这方面进行研究和探讨。例如，Khronos 于 2019 年 7 月 29 日发布了 OpenXR 规范。WebXR 与 OpenXR 的关系，正如 WebGL 与 OpenGL 的关系。WebXR 工作组希望能使用 OpenXR 规范，让整个 VR 应用的规范更加易用和统一。随着 OpenXR 1.0 规范的发布，AR / VR 开发人员现在可以创建真正的跨平台 WebXR 体验。

4.4.2 A-Frame 框架

A-Frame 是一个构建 VR 应用的网页开发框架，由 WebVR 的发起人 Mozilla VR 团队开发，是当下用来开发 WebVR 内容的主流技术方案。A-Frame 基于 HTML，也是一个 3D 场景渲染引擎或者一个标记语言。其核心思想是基于 Three.js 来提供一个声明式、可扩展及组件化的编程结构。

A-Frame 的目标是定义具有位置跟踪、操控的完全身临其境和交互式 VR 体验，超出基本的 360° 内容呈现。A-Frame 的特征如下。

- VR 变得简单：只需放入 <script> 标签和 <a-scene>。A-Frame 将处理 3D 样板、VR 设置和默认控件，无须安装插件。
- 声明性 HTML：HTML 易于阅读，理解和复制粘贴。基于 HTML 的 A-Frame 可供所有人使用，包括 Web 开发人员、VR 爱好者、艺术家、设计师、教育者和制造商等。
- 实体组件体系结构：A-Frame 提供了声明性、可组合且可重用的实体组件结构。
- 跨平台 VR：为 HTC Vive、Rift、Windows Mixed Reality、Daydream、GearVR 和 Cardboard 构建 VR 应用程序，并支持各自的控制器。
- 流畅性能好：A-Frame 从头开始针对 WebVR 进行了优化。
- 可视化检测工具：A-Frame 提供一个便捷的内置 3D 可视化检测工具。打开任意的 A-Frame 场景，按 Ctrl + Alt + I 快捷键，将切换到 3D 元素检测模式。
- 组件：A-Frame 底层运行着核心组件，如几何模型（geometries）、材料（materials）、光线（lights）、动画（animations）、模式（models）、光线投射（raycasters）、阴影（shadows）、定位音频（positionalaudio）、文本（text）和 Vive/Touch/Daydream/GearVR/Cardboard 控制。
- 可靠且可扩展：A-Frame 已被 Google、迪士尼、三星、丰田、福特、雪佛兰、大赦国际、CERN、NPR、半岛电视台、华盛顿邮报、美国国家航空航天局（NASA）等使用。Google、Microsoft、Oculus 和 Samsung 等公司已经为 A-Frame 做出了贡献。

1. A-Frame与HMTL、DOM的关系

A-Frame 基于 HTML 和 DOM，因此大多数现有的工具和库的工作框架，包括 React、Vue.js、Angular、d3.js、jQuery，都能够和 A-Frame 一起工作。

HTML 和 DOM 是 A-Frame 的表面抽象层。A-Frame 提供简单易用的标签元素，如 <a-box> 和 <a-sky>，这些称为原语（primitives）。原语主要为新手提供一个易用的语法封装层，原语具备如下特征：

- 有语义名称（如 <a-box>）；
- 有默认值预设绑定组件；
- 映射或代理 HTML 属性到组件数据。

2. 实体-组件-系统

A-Frame 使用了实体 - 组件 - 系统（Entity-Component-System，ECS）框架。ECS 框架是 3D 游戏中常见且理想的设计模式，遵循组合模式要好于继承和层次结构的设计原则。

ECS 的基本定义如下。

- 实体（Entities）：容器对象，用来包含组件。实体是场景中所有对象的基础。没有附加组件的实体不会渲染任何东西，类似于空的 <div>。
- 组件（Components）：可重用的模块或数据容器，依附于实体以提供外观、行为和功能。组件就像即插即用的对象。所有的逻辑都是通过组件实现的，并通过混合、匹配和配置组件来定义不同类型的对象。
- 系统（Systems）：为组件类提供全局范围、管理和服务。系统通常是可选的，但可以使用它们来分离逻辑和数据；系统处理逻辑，组件充当数据容器。

将不同组件组合成不同类型的实体的抽象实例，如：

```
Box = Position + Geometry + Material
```

Box 是一个实体，是由 Position、Geometry 和 Material 组件构成的。Position 组件控制 Box 的空间位置，其拥有 x、y、z 三个坐标的属性；Geometry 组件控制 Box 的形状，拥有 primitive 属性，规定了不同的形状，如正方体、球体等，对不同的 primitive 也会配合不同的属性；Material 组件控制 Box 的材质、颜色、不透明度或纹理等属性。定义一个位置在（0 1 -1）的长、高、深度都为 1 的红色正方体，代码如下：

```
<a-entity position="0 1 -1"geometry="primitive: box; width: 1; height: 1; depth: 1" material="color: red" >
</a-entity>
```

A-Frame 的 ECS 框架中的组件是可以被混合、匹配和组合到实体上的 JavaScript 模块（module），用来构建外观、行为和功能。A-Frame 应用程序的代码应尽可能放在组件中。组件必须被定义在 <a-scene> 前，从而增强了 A-Frame 的扩展性。组件是可配置、可重用和可分享的。实体由多个组件构成，不同的实体可由相同或不同的组件构成。组件的独立性使实体的“组装”和“改装”更容易。

3．A-Frame的交互模式

A-Frame 依赖于事件和事件侦听器来实现交互性和动态性。但是，由于 A-Frame 是 JavaScript 框架的，且所有操作都在 WebGL 中完成，因此 A-Frame 的事件是合成的自定义事件。代码如下：

```
document.querySelector('a-entity').addEventListener('collide', function (evt) {
  console.log('This A-Frame entity collided with another entity!');
});
```

对侦听事件并设置响应属性的基本事件处理程序，使用 event-set 组件。事件集组件使基本事件处理程序具有声明性，代码如下：

```
<a-entity event-set__${id}="_event: ${eventName}; ${someProperty}: ${toValue}">
```

4．可视化查看器和开发工具

A-Frame 为 VR 内容提供了方便的开发和调试方法，包括 A-Frame 查看器和运动捕捉。

A-Frame 查看器（Inspector）：所见即所得的检查工具，用于获得场景的不同视图并看到实体调整后的视觉效果，与浏览器的 DOM 检查器类似；可以在任意的 A-Frame 场景中按 Ctrl+Alt+I 快捷键打开。

运动捕捉（Motion Capture）：记录并回放头戴设备和控制器的姿势、事件的工具。单击记录，头戴设备移动，使用控制器与对象交互；然后在任何计算机上回放该记录，以便快速开发和测试，减少使用头戴的时间。

5．A-Frame核心API

A-Frame 核心 API 包括：实体、组件、系统、场景、组合复用、资源管理系统、全局对象和公共接口等。

（1）实体 API

A-Frame 使用 <a-entity> 元素表示实体。就像在 ECS 框架中定义一样，实体是占位符对象，开发者可以将其插入组件为其提供外观、行为和功能。实体固有 position、rotation 和 scale 组件，其他组件可以按照开发者的需求进行组合。

Dom 操作中，使用 document.querySelector(id) 获取实体对象，此实体对象拥有以下属性和方法。

- components 属性：el.components 获取附加到实体的组件对象，能让开发者访问组件中的数据、状态和方法。
- hasLoaded 属性：实体是否已附加且初始化其所有组件。
- isPlaying 属性：实体是否处于活动状态且正在播放。
- object3D 属性：el.object3D 获取到 Three.js 表示的 3D 物品对象，如摄像机、网络物体、灯光或音频等。
- addState(stateName)：将 stateName 的状态信息推送到实体中，触发 stateadded 事件，然后使用 is(stateName) 判断是否进入状态 stateName。
- getAttribute(componentName)：获取组件数据，从而可以访问组件的属性。
- getObject3D(type)：查找 THREE.Object3D 的引用类型为 type 的 object3DMap。
- pause()：停止由动画和组件定义的任何动态行为。
- play()：启动由动画和组件定义的任何动态行为。
- setAttribute(componentName,value,[propertyValue|clobber])：设置实体中组件的属性值。
- destroy()：清理与实体相关的内存，如清除所有组件及其数据。

（2）组件 API

组件是 A-Frame 中最小的元素，通过多个组件组合与复用构建复杂的三维实体。除了默认的组件，开发者能自由创建各自的组件以扩充属性和功能。扩充的组件需要完成注册、调用的步骤。

与 HTML 标记进行对照，组件的名称与 HTML 标记中的属性对应；组件数据与 HTML 标记中的属性值对应。按组件数据值的多少划分，可以将组件划分为单值组件和多值组件。例如，position 是一个单值组件，其 'x y z' 数据类型为 Vec3 的数据类型；而 geometry 是一个多值组件，包含 {primitive: circle; radius: 1} 或 {primitive: box; width: 1; height: 1; depth: 1} 等数据，能够根据 primitive 的值应用不同的数值。开发者开发组件时，组件注册后才能在 <a-scene> 中使用。注册组件的框架如下：

```
AFRAME.registerComponent('componentName', {
  schema: {},
  init: function () {},
  update: function () {},
  tick: function () {},
  remove: function () {},
  pause: function () {},
  play: function () {}
});
```

schema 是定义和描述一个或多个组件属性的对象。schema 的键是属性的名称，schema 的值定义属性的类型和值，代码如下：

```
AFRAME.registerComponent('myCom', {
  schema: {
    color: {default: '#FFF'},
    size: {type: 'int', default: 5}
  }
}
<a-scene>
```

```
    <a-entity myCom="color: red; size: 20"></a-entity>
  </a-scene>
```

方法 init、update、tick、remove、pause 和 play 预定了组件的行为。

（3）系统 API

系统类提供全局范围内服务和管理组件的类，系统 API 为组件类提供了公共 API。通过场景元素访问系统，并且帮助组件与全局场景进行交互。例如，摄像机系统使用摄像机组件管理所有实体，控制哪个摄像机是活动摄像机。系统的注册与组件的注册一样，使用 AFRAME.registerSystem 完成。

（4）场景 API

场景（scene）由 <a-scene> 元素表示，是全局根对象，并且所有实体都包含在场景内。场景继承自实体 Entity 类，因此它继承了实体 Entity 所有属性、方法，附加组件的能力，以及在启动渲染循环前等待其所有子节点（如 <a-assets> 和 <a-entity>）加载的行为。

场景 scene 对象的属性包含 camera、isMobile、canvas 等显示场景内容的信息，A-Frame 中默认设置以下组件。

- embedded：移除全屏显示。
- fog：添加雾气效果。
- keyboard-shortcuts：切换快捷键功能。
- inspector：启动检查器。
- stats：切换显示性能统计信息。
- vr-mode-ui：切换进入和退出 VR 模式的 UI。

场景能够发出的事件包括：enter-vr、exit-vr、loaded 和 renderstart。

（5）组合复用

组合复用（mixin）提供了一种组合和重用常用组件属性的方法。使用 <a-mixin> 元素定义，并放在 <a-assets> 中。mixin 应设置为 id，当实体将 id 设置为组件 mixin 属性时，该实体将附加 mixin 的所有属性，例如：

```
<a-scene>
  <a-assets>
    <a-mixin id="red" material="color: red"></a-mixin>
    <a-mixin id="blue" material="color: blue"></a-mixin>
    <a-mixin id="cube" geometry="primitive: box"></a-mixin>
  </a-assets>

  <a-entity mixin="red cube"></a-entity>
  <a-entity mixin="blue cube"></a-entity>
</a-scene>
```

上述代码定义了 red、blue、cube 三个 mixin，然后在 <a-entity> 中进行组合，组合 red 和 cube 就产生了红色的正方体；组合了 blue 和 cube 则产生了蓝色的正方体。

（6）资源管理系统

A-Frame 拥有资源管理系统。该系统将资源放在一个位置，并可以预加载和缓存资源以提高性能。资源管理系统仅用于预加载资源。在运行时，实体上设置的资源可以通过指向资源的直接 URL 来完成。所有的资源节点都放在 <a-assets> 中，而 <a-assets> 放在 <a-scene> 中，一般放在第一个节点上。资源包括以下几个。

- <a-asset-item>：其他资源，如 3D 模型和材料。
- <audio>：音频文件。
- <img>：图像文件。
- <video>：视频文件。

资源管理系统示例代码如下：

```
<a-scene>
  <!-- 资源管理系统 -->
  <a-assets>
    <a-asset-item id="horse-obj" src="room1.obj"></a-asset-item> // 要求每个 a-asset 元素都需要一个唯一
的 ID
    <a-asset-item id="room1-mtl" src="room1.mtl"></a-asset-item>
    <a-mixin id="giant" scale="5 5 5"></a-mixin>
    <audio id="feng" src="feng.mp3"></audio>
    <img id="pic1" src="pic1.png">
    <video id="tv1" src="tv1.mp4"></video>
  </a-assets>
  <!-- Scene. -->
  <a-plane src="#pic1"></a-plane> // 使用时直接调用 id 名称
  <a-sound src="#feng"></a-sound>// 使用 feng 的音频资源
  <a-entity geometry="primitive: plane" material="src: #tv1"></a-entity>// 给平面
  <a-entity mixin="giant" obj-model="obj: #room1-obj; mtl: #room1-mtl"></a-entity>
</a-scene>
```

（7）全局对象（Globals）

A-Frame 设置了全局变量，提供公共的接口。此类对象可以通过 AFRAME 对象进行调用，AFRAME 中的组件原型、实体原型等内容需要不断地完善。常用的属性和方法包括 AScene、components、geometries、registerComponent、registerPrimitive、registerShader、utils 和 THREE 等。

（8）公共接口（Utils）

AFRAME.utils 封装了许多应用程序公共的功能接口。开发者可以调用 AFRAME.utils 进行应用开发，主要包含以下对象。

- AFRAME.utils.coordiates：处理 vec3 和 vec4 类型的模块。
- AFRAME.utils.entity：执行类似 Entity.getAttribute，但支持返回多属性组件的单个属性。componentName 是一个字符串，可以是组件名称，也可以是用属性名称分隔的组件名称。
- AFRAME.utils.styleParser：将类似 CSS 样式的字符串解析为一个对象。
- AFRAME.utils.device：VR 头盔的设备对象，处理与设备相关的问题。

6. A-Frame的组件库

A-Frame 提供了以下组件，让开发者可以快速地构建场景。

- animation：动画组件，设置动画值和补间值。
- background：背景组件，设置场景的基本颜色背景，该基本颜色背景比 a-sky 未创建几何图形的性能更好。
- camera：摄像机组件，定义用户从哪个角度观看场景。摄像机通常与控件组件配对，该控件组件允许输入设备移动和旋转摄像机。

- cursor：光标组件，在 raycaster 组件的顶部提供光标悬停和鼠标单击状态以进行交互。
- daydream-controls：与 Google Daydream 控制器接口。包装了 tracked-controls 组件，同时添加了按钮映射、事件及突出显示触摸和 / 或按下按钮（触控板）的 Daydream 控制器模型。
- debug：调试组件，启用组件到 DOM 的序列化。
- device-orientation-permission-ui：显示一个权限对话框，供用户授予或拒绝访问。
- embedded：嵌入式组件，从 A-Frame 的 <canvas> 元素中删除全屏 CSS 样式，从而更容易嵌入现有网页布局中。
- fog：雾化组件，在与摄像机有一定距离的情况下模糊雾中的实体。
- gearvr-controls：与 Samsung / Oculus Gear VR 控制器接口。包装了 tracked-controls 组件，同时添加了按钮映射、事件和 Gear VR 控制器模型，该模型突出显示了触摸和 / 或按下的按钮（触控板、触发器）。
- geometry：几何部件为实体提供基本形状。该 primitive 属性定义一般形状。在计算机图形学中，几何图元是不可简化的基本形状。通常定义材料组件以在形状旁边提供外观，用于创建完整的网格。
- gltf-model：glTF（GL 传输格式）是 Khronos 的一个开放项目，为 3D 资源提供了一种通用且可扩展的格式，该格式既高效又可与现代 Web 技术高度互操作。
- hand-controls：手势控件组件，为被跟踪的手势提供动画手势。
- keyboard-shortcuts：键盘快捷方式组件，切换全局键盘快捷方式。
- laser-controls：激光控件组件，为跟踪控件提供了激光或射线光标，用于输入和交互。
- light：光源组件，将实体定义为光源。
- line：线组件，使用给定起点坐标和终点坐标的线 THREE.Line。
- link：链接组件，在体验之间进行连接，并允许在 VR 网页之间进行遍历。
- loading-screen：加载屏幕组件，配置加载屏幕的视觉样式。
- look-controls：外观控件组件，控制实体的旋转，主要用于具有合理默认值的 VR，可跨平台使用。
- material：材质组件，实体外观，定义颜色、不透明度或纹理等属性。通常与提供形状的几何组件配合使用。
- obj-model：使用 Wavefront（.OBJ）文件和 .MTL 文件加载 3D 模型和材质。
- oculus-go-controls：与 Oculus Go 控制器接口。包装了 tracked-controls 组件，同时添加了按钮映射、事件及突出显示触摸和 / 或按下按钮的 Oculus Go 控制器模型。
- oculus-touch-controls：与 Oculus Touch 控制器接口。包装了 tracked-controls 组件，同时添加了按钮映射、事件和 Touch 控制器模型。
- pool：池组件，允许对象池，提供了可重用的实体池，以避免在动态场景中创建和破坏相同类型的实体。
- position：位置组件，将实体放在 3D 空间的某些位置。
- raycaster：提供了基于线的相交测试。射线投射是一种将一条线从原点延伸到一个方向，并检查该线是否与其他实体相交的方法。
- renderer：renderer 系统配置了场景的 THREE.WebGLRenderer 实例。
- rotation：旋转组件，以度为单位定义实体的方向。用俯仰（x）、偏航（y）和横滚（z）

组成三个以空格分隔的数字，来指示旋转程度。
- scale：缩放组件，定义实体的收缩、拉伸或倾斜变换，有 X、Y 和 Z 三个缩放因子。
- screenshot：屏幕截图组件，使用键盘快捷键来截取不同类型的屏幕截图。
- shadow：阴影组件，为实体及其子级启用阴影。
- sound：音频组件，将实体定义为音频或音频的来源。
- stats：统计组件，显示具有与性能相关指标的 UI。
- text：文本组件，呈现带符号的距离字段（SDF）字体文本。
- tracked-controls：跟踪控件组件，是跟踪控制器接口。
- visible：可见组件，确定是否渲染实体。如果设为 false，则该实体将不可见或绘制。
- vive-controls：HTC Vive 控制器 / wand 接口。包装了 tracked-controls 组件，同时添加了按钮映射、事件及一个 HTC Vive 控制器模型，该模型突出显示所按下的按钮（触发器、手柄、菜单、系统）和触控板。
- vr-mode-ui：允许禁用 UI，如“输入 VR”按钮、兼容性模式和移动设备的方向模式。

7．A-Frame常用基元

A-Frame 通过实体也可以创建物体，为了能快速地调用常用实体，A-Frame 定义了基本的实体 - 原语基元，部分基元如下。

- <a-box>：描述长方体、立方体和墙体的几何规则物体。
- <a-camera>：确定用户看到的内容，通过修改摄像机实体的位置和旋转参数来更改视口。
- <a-circle>：创建圆曲面。
- <a-cone>：创建圆锥体。
- <a-cursor>：一种标线，允许在没有手动控制器的设备上与场景进行单击和基本交互。默认外观是环形几何体。光标通常放置在摄像机的子级中。
- <a-curvedimage>：创建围绕用户的弯曲图像。
- <a-cylinder>：创建管和曲面。
- <a-dodecahedron>：创建十二面体。
- <a-gltf-model>：显示从 3D 建模程序中创建或从 Web 下载的 3D glTF 模型。
- <a-image>：图像会改变场景的照明和阴影。
- <a-light>：灯光会改变场景的照明和阴影。
- <a-link>：提供了一个紧凑的 API，用于定义类似传统 <a> 标签的链接。
- <a-obj-model>：显示 3D Wavefront 模型（.obj 格式）。
- <a-octahedron>：创建八面体。
- <a-plane>：创建平面。
- <a-ring>：创建环形或圆盘形状。
- <a-sky>：创建天空。
- <a-sound>：创建音频。
- <a-sphere>：创建球体。
- <a-tetrahedron>：创建四面体。
- <a-text>：创建文本。
- <a-torus-knot>：创建圆环体。
- <a-torus>：创建甜甜圈或管状形状 torus。

- <a-triangle>：创建三角曲面 triangle。
- <a-video>：创建视频。
- <a-videosphere>：在场景背景中播放 360° 视频。视频球是一个球体，视频纹理映射到内部。

4.5 Web3D 应用

Web3D 内容的组织都采用节点、组件和实体等形式。下面先通过 X3Dom 墙纸更换系统开发的案例介绍 X3Dom 系统的开发流程和基本思路，再使用 A-Frame 框架构建一个简单的动画效果演示 VR/AR 系统。本节主要介绍 A-Frame 的实体 - 组件 - 系统模式的开发流程和方法。

4.5.1 案例——X3Dom 墙纸更换系统开发

学习目的：掌握 X3Dom 开发应用程序的流程和方法。

重点难点：交互逻辑的设计和实现。

步骤解析：

墙纸更换系统开发需要进行建模、贴图、编辑模型文件、交互设计和实现、测试等阶段工作。对墙纸更换系统进行需求分析，可以知道：住房设置卧室、大厅为主要的墙纸装饰区域，所以设计时需要对该区域进行特殊标示，建模时对材质进行区域命名，以方便后期 X3D 文件中内容的修改。本案例中，使用三室一厅的套房作为更换墙纸的基础模型。

1．建模与贴图

使用 Blender 建模，并将三室一厅的基础空间进行标记，设定 4 个材质，名称为 tex_wallPaper1、tex_wallPaper2、tex_wallPaper3 和 tex_wallPaper4，如图 4-9 所示。

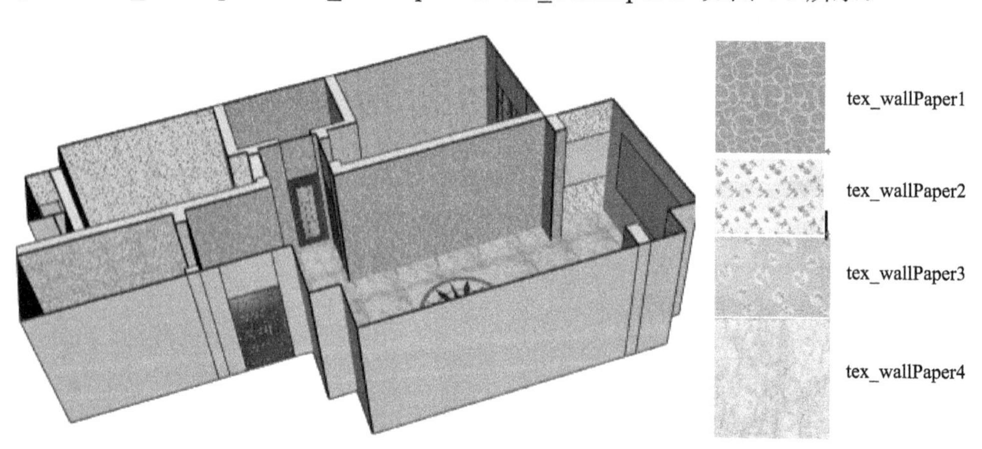

图 4-9　设定 4 个材质

完成建模后，在 Blender 中将 3D 模型导出为 X3D 文件。

2．编辑X3D模型文件

使用 X3D 编辑器打开 Blender 导出的 X3D 文件，可以看到 X3D 的版本和所使用的软件信息。为了能规范和方便 X3Dom 页面对模型进行操作，需要在 X3D 文件中提取出设置墙纸贴图的外形节点 Appearance 和图像贴图节点 ImageTexture。其中设置一个用于大厅的墙纸的代码如下：

```
<Appearance DEF='ap_tex_wallPaper1'>
    <Material/>
    <ImageTexture DEF=kt_wallPaper' url="'imgs/tex_wallPaper1.jpg'"/>
  </Appearance>
  <Appearance DEF='ap_tex_wallPaper2'>
          <Material/>
          <ImageTexture DEF='kf_wallPaper' url="'imgs/tex_wallPaper2.jpg'"/>
  </Appearance>
```

一般来说，Blender 以节点的形式组织 3D 模型，导出 X3D 文件时，会使用 DEF 和 USE 定义和使用重复的物体、材质等。此处在文件的开头定义了外观和贴图节点。在场景中会有相应的 USE 进行引用，从而在修改 ImageTexture 节点的 url 时可修改节点的图像贴图，改变墙上的壁纸贴图。

3. 交互设计和实现

准备好模型和基本内容后，要进行交互设计。为了能体现交互行为，再创建一个套房模型，内容与第一个模型一致。交互的行为包括：

- 用户选择套房模型，切换到不同的套房空间；
- 用户选择套房中的不同空间；
- 用户为不同空间的墙纸选择不同的墙纸贴图，达到切换效果。

首先，需要在 X3D 文件中使用 inline 节点将模型文件引入 X3Dom 文件中，代码如下：

```
<x3d width='1024px' height='768px'>
    <scene>
        <Transform DEF="roomObjTF">
            <Inline nameSpaceName="roomObj" id="roomObj" mapDEFToID="true" url="'room1.x3d'"
bboxCenter='0.0000000 -0.5728400 1.7547158' bboxSize='5.8710442 3.7363200 8.5421295'>
            </Inline>
        </Transform>
    </scene>
</x3d>
```

接着，设置交互界面如图 4-10 所示。交互的核心代码如下：

```
    var space="kt";// 初始化空间，kt 表示客厅，kf 表示客房，etf 表示儿童房，zrf 表示主人房
    var sceneURL="";  // 记录场景的 X3D 文件的路径
    function setScene(vSceneURL){       // 切换套房模型的 X3D 模型文件
        if(vSceneURL != $('#roomObj').attr('url'))    // 通过 jQuery 访问 X3Dom 中名为 roomObj 的 Inline
节点
                $('#roomObj').attr('url', vSceneURL);// 更改场景文件的路径
    }
    function setSpace(vspace){       // 用户选择套房中的空间，并记录
        space=vspace;
    }

    function changeWallPaper(imageURL)   // 更换墙纸
    {
       document.getElementById('roomObj__'+space+'_tex_wallPaper').setAttribute('url', imageURL);
    }
```

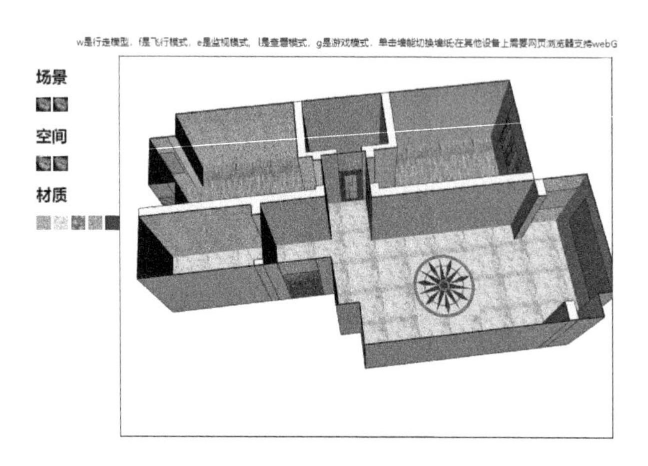

图 4-10　交互界面

通过 kt、kf、etf 和 zrf 标识符区分不同空间的墙纸贴图。最后，完成更换墙纸演示系统，按照交互设计的路径，测试墙纸更换系统。

4.5.2 案例——A-Frame 的项目开发

学习目的：掌握使用 Web3D 框架 A-Frame 开发应用程序的流程和方法。

重点难点：动画制作和交互实现。

步骤解析：

为场景添加一个上下运动的红正方体，添加环境，添加基本的场景内容。

1．添加HTML标记

aframe 是使用 JavaScript 编写的，使用前必须编写如下 HTML 标记内容：

```
<html>
  <head><!--- 引入 JavaScript 框架 -->
    <script src="https://aframe.io/releases/1.0.0/aframe.min.js"></script>
  </head>
  <body>
    <a-scene><!--- 创建 A-Frame 中的 VR 场景 --->
    <!-- 此处放置显示场景的内容 -->
    </a-scene>
  </body>
</html>
```

2．添加红色的正方体

在 <a-scene> 场景中添加实体内容，添加正方体的代码如下：

```
<a-box color="red"></a-box><!--- 此为红色的正方体 -->
<a-entity id="box" geometry="primitive: box" material="color: red"></a-entity>
```

如果物体要平移、旋转和缩放，则更改 position、rotation 和 scale 组件。应用旋转和缩放组件，代码如下：

```
<a-box color="red" rotation="0 45 45" scale="2 2 2"></a-box>
```

3．场景图中的层级关系

每个原语或实体有一个父级、多个子级，代码如下：

```
<a-box position="0 2 0" rotation="0 45 45" scale="2 4 2">
    <a-sphere position="1 0 3"></a-sphere>
</a-box>
```

4. 设置环境内容

A-Frame 由于其开源共享，拥有庞大的开发者群体。添加环境内容时使用了 environment 组件，因此需要在 <head> 标签上引入组件的 JavaScript 脚本，然后使用 environment 组件，代码如下：

```
<script src="https://unpkg.com/aframe-environment-component/dist/aframe-environment-component.min.
js"></script>
<a-entity environment="preset: forest; dressingAmount: 500"></a-entity>
```

5. 设置图像材质

材质是 3D 内容的重要部分。A-Frame 将材质和贴图作为 src 组件，代码如下：

```
<a-box src="https://i.imgur.com/mYmmbrp.jpg" position="0 2 -5" rotation="0 45 45"
    scale="2 2 2"></a-box>
```

6. 使用资源库

如果很多实体都使用同样的贴图或材质，可以将这些贴图和材质放在 a-assets 资源库原语中，方便实体使用。修改上面的代码如下：

```
<a-assets><!-- 这是 a-assets 原语，用于管理资源 -->
    <img id="boxTexture" src="https://i.imgur.com/mYmmbrp.jpg"><!-- 使用 img 标记表示此为图像资源，
设置 id，使得可以在场景中调用 -->
  </a-assets>
  <a-box src="#boxTexture" position="0 2 -5" rotation="0 45 45" scale="2 2 2"></a-box>
```

7. 添加天空和地面

添加 <a-sky> 围绕场景的背景。<a-sky> 是应用于大球体内部的材料，可以是纯色、360° 图像或 360° 视频；纯色使用 color 组件，360° 图像或 360° 视频使用 src 组件，代码如下：

```
<a-sky color="#222"></a-sky>
<a-sky src="#skyTexture"></a-sky>
```

使用 <a-plane> 添加地面。默认情况下，平面的方向平行于 XY 轴。为了使其与地面平行，需要沿 XZ 轴定向，因此通过将 X 轴上的负平面旋转 90° 实现，代码如下：

```
<a-plane rotation="-90 0 0" width="30" height="30"></a-plane>
```

8. 添加光源

在 A-Frame 中，同样提供了光源的设置，使用 a-light 原语完成。光源类型包括：环境光（ambient）、平行光（directional）、半球体光（hemisphere）、点光源（point）和聚灯光（spot）。代码如下：

```
<a-light type="ambient" color="#445451"></a-light>
<a-light type="point" intensity="2" position="2 4 4"></a-light>
```

9. 配置阴影

A-Frame 包括对实时阴影渲染的支持。如果配置正确，则对象（移动的或静止的）会投射阴影，从而增加场景的深度和真实感。由于阴影具有许多属性，所以使用 A-Frame 检查器配置阴影非常有帮助。光（point、spot 和 directional）支持的阴影效果属性如表 4-6 所示。投影物体中需要加入 shadow="receive: false" 组件，接收投影的物体中需要加入 shadow=

"receive: true" 组件。

表 4-6 光支持的阴影效果属性

属 性	光 源	描 述	默认值
castShadow		光是否在场景上投射阴影	假
shadowBias		决定曲面是否在阴影中时的偏移深度。此处的微小调整（大约为0.0001）可以减少阴影中的伪影	0
shadowCameraBottom	directional	阴影摄像机视锥的底平面	−5
shadowCameraFar		阴影摄像机视锥的远平面	500
shadowCameraFov	point，spot	阴影相机的FOV	50
shadowCameraLeft	directional	阴影摄像机视锥的左平面	−5
shadowCameraNear		阴影摄像机视锥附近的平面	0.5
shadowCameraRight	directional	阴影摄像机视锥的右平面	5
shadowCameraTop	directional	阴影摄像机平截体顶面	5
shadowCameraVisible		显示视觉辅助工具，显示阴影摄像机的位置和视锥。这是场景的灯光视图，用于投射阴影	假
shadowMapHeight		阴影贴图的垂直分辨率。较大的阴影贴图以性能为代价显示更清晰的阴影	512
shadowMapWidth		阴影贴图的水平分辨率	512

10．添加动画

使用 A-Frame 的内置动画系统将动画添加到框中。动画随时间插值或补间值。在实体 Box 上设置动画组件，让 Box 上下移动来向场景添加一些运动，代码如下：

```
<a-box src="#boxTexture" position="0 2 -5" rotation="0 45 45" scale="2 2 2"
animation="property: object3D.position.y; to: 2.2; dir: alternate; dur: 2000; loop: true"></a-box>
```

在 animation 组件中设置如下参数：

- 对实体的 object3D 位置的 Y 轴进行动画处理。
- 移动到 2.2，表示移动 20cm，原始的 y=2m，然后移动到 y=2.2m。
- 交替 DIR 动画（方向）上的动画的每个循环如此这般反复。
- 每个周期持续 2000ms，dur 表示持续时间。
- 永久循环播放或重复播放动画。

11．添加交互

为了应用添加交互，实现当我们盯着实体 Box 时物体放大或缩小；使用控制器进行单击时物体旋转，此处使用 <a-cursor> 光标组件进行交互。在摄像机中添加光标组件，代码如下：

```
<a-camera>
    <a-cursor></a-cursor>
</a-camera>
```

<a-cursor> 光标组件的文档会发出 mouseenter、mouseleave 和 click 等光标悬停事件。手动处理光标事件的一种方法是使用 JavaScript 添加事件监听器。在 JavaScript 中，使用 querySelector 获取实体 Box，使用 addEventListener 和 setAttribute 让 Box 在光标悬停时增大其规模。注意，A-Frame 向 setAttribute 添加了一些特性，以处理多属性组件。传递一个完整的 {x, y, z} 对象作为第二个参数。代码如下：

```
<script>
  var boxEl = document.querySelector('a-box');
```

```
    boxEl.addEventListener('mouseenter', function () {
      boxEl.setAttribute('scale', {x: 2, y: 2, z: 2});
    });
</script>
```

或者可以使用注册组件的方法，减少加载内容所需要的时间。使用 this.el.object3D.scale 直接进行缩放控制，代码如下：

```
<script>
  AFRAME.registerComponent('scale-on-mouseenter', {
    schema: {
      to: {default: '2.5 2.5 2.5', type: 'vec3'}
    },
    init: function () {
      var data = this.data;
      var el = this.el;
      this.el.addEventListener('mouseenter', function () {
        el.object3D.scale.copy(data.to);
      });
    }
  });
</script>
```

将 scale-on-mouseenter 组件加入实体 Box 中，代码如下：

```
<a-box src="#boxTexture" position="0 2 -5" rotation="0 45 45" scale="2 2 2"
        animation="property: object3D.position.y; to: 2.2; dir: alternate; dur: 2000; loop: true" scale-on-
mouseenter></a-box>
```

12．添加音频

添加音频的方法有两种：一是使用 HTML 标记 <audio> 添加背景的音频；二是使用原语 <a-sound> 添加可定位的声音源。

在资源实体中加入音频资源，资源引入应使用 HTML 标记 <audio>，代码如下：

```
<a-assets>
    <audio id="bSound" src="music1.mp3" preload="auto"></audio>
</a-assets>
```

使用 <a-sound> 原语能够让浏览者感受到真实的三维视听效果，当浏览者靠近时声音较大，远离时声音较小，代码如下：

```
<a-sound src="hello.wav" autoplay="true" position="-3 1 -4"></a-sound>
```

13．添加文字

A-Frame 附带文字组件，使用 text 文字组件可以给场景添加文字内容，代码如下：

```
<a-entity text="value: Hello World!!; color: #BBB" position="-0.9 0.2 -3" scale="1.5 1.5 1.5"></a-entity>
```

习　题

一、单选题

1．VRML 文档的默认文件格式是（　　）。

A．WRL　　B．X3D　　C．RML　　D．OBJ

2．glTF 使用（　　）格式进行描述，也可以编译成二进制的内容 bglTF。

A．XML　　B．JSON　　C．VRML　　D．ASCII

3．每个 X3D 场景都由（　　）构成。

A．原语　　B．组件　　C．节点　　D．标记

4．X3D 提供（　　）节点让浏览者自由切换观看的位置。

A．Shape　　B．Viewpoint　　C．NavigationInfo　　D．Script

5．X3Dom 使用（　　）事件来完成传感器的值的变化而执行回调函数。

A．Onclick　　B．onload　　C．onoutputchange　　D．onmouseout

6．X3D 中，（　　）有助于组织 Scene 场景结构，能够建立相对坐标系。

A. 几何造型节点　　B．分组节点　　C．交互节点　　D．环境节点

7．HTML5 中（　　）元素使 Web 能够承载 3D 内容，为实现图形绘制提供了基础。

A．content　　B．div　　C．vedio　　D．Canvas

8．在 WebGL 中，（　　）在进行坐标变换和光照计算时工作，用来处理顶点数据。

A．顶点着色器　　B．片元着色器　　C．像素着色器　　D．向量着色器

9．（　　）是一个用来构建虚拟现实应用的网页开发框架。

A．WebGL　　B．Three.js　　C．Babylon.js　　D．A-Frame

10．A-Frame 中，（　　）提供了一种组合和重用常用组件属性的方法。

A．Component　　B．Scene　　C．Mixins　　D．Assets

二、填空题

1．X3D 包含的配置文件包括：Interchange、＿＿＿＿＿＿、MPEG-4Interactive、CADInterchange、＿＿＿＿＿＿、Full。

2．X3D 场景中每个节点的数据存储在节点的字段中，字段包含数据类型的＿＿＿＿＿＿或＿＿＿＿＿＿。

3．在 X3D 世界中使用 Shape 节点来表示物体，Shape 节点包含一个＿＿＿＿＿＿和一个＿＿＿＿＿＿。

4．Script 节点的设置属性节点 field，需要考虑存取类型为＿＿＿＿＿＿、outputOnly、＿＿＿＿＿＿和 inputOutput。

5．X3Dom 是 X3D 与＿＿＿＿＿＿的结合，X3Dom 实现将 X3D 的节点直接写在 XHTML 和＿＿＿＿＿＿文件中。

三、操作题

1．在 X3Dom 中实现切换浏览者视角的功能。

知识要点提示：使用 Viewpoint 节点。

2．在 A-Frame 框架中，设计一个简单场景，并进行漫游。

知识要点提示：使用 A-Frame 框架。

第 5 章 • Unity3D

本章主要介绍 Unity3D。在 Unity3D 中，可以通过创建交互对象、组件及脚本完成一个基本场景的设计；通过导入贴图、创建材质及制作动画等丰富场景和交互的内容；利用自带的粒子系统和物理系统使场景的表现“锦上添花”。目前，Unity3D 广泛应用于游戏、虚拟仿真、汽车、建筑、电影和动漫等行业。

5.1 Unity3D 概述

Unity3D 是 Unity Technologies 开发的多平台游戏与交互开发工具，是一个高度整合的、商业化的游戏与交互引擎，用于开发 2D 和 3D 的移动游戏与交互、即时游戏与交互、主机 / PC 游戏与交互及 AR/VR 游戏与交互等。Unity 能够为超过 25 个平台制作和优化内容，这些平台包括 Xbox One、PlayStation 4、Gameroom（Facebook）、SteamVR（PC & Mac）、Oculus、PSVR、Gear VR、HoloLens、ARKit（Apple）、ARCore（Google）。

5.1.1 Unity3D 安装

打开 Unity 官方网站 https://unity.com/，首页如图 5-1 所示，按照页面指引安装 Unity3D 的最新版。

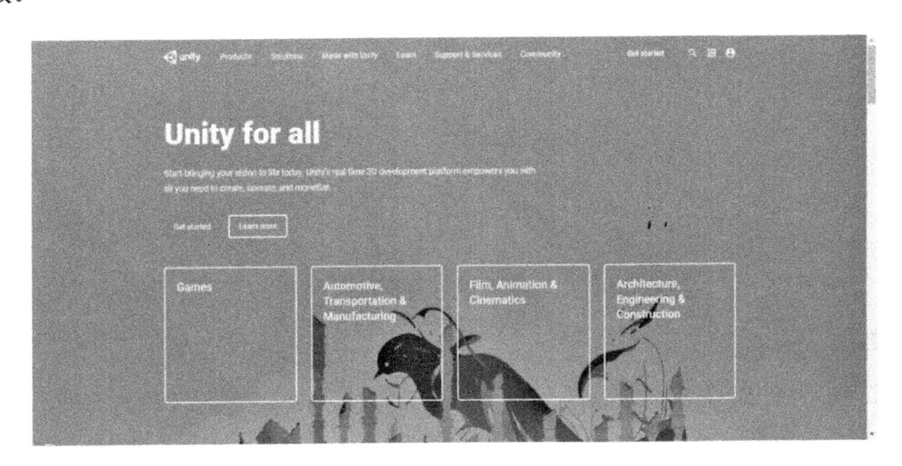

图 5-1　Unity3D 官方网站首页

5.1.2 Unity3D 主界面

1. 创建项目

启动 Unity3D，打开启动界面，如图 5-2 所示，单击“新建”按钮，弹出界面如图 5-3 所示。设置项目名称和保存位置，此处取默认值，单击“创建”按钮，Unity3D 会自动创建一个空项目，其中自带一个名为 Main Camera 的摄像机和一个名为 Directional Light 的平行光。

图 5-2　新建项目

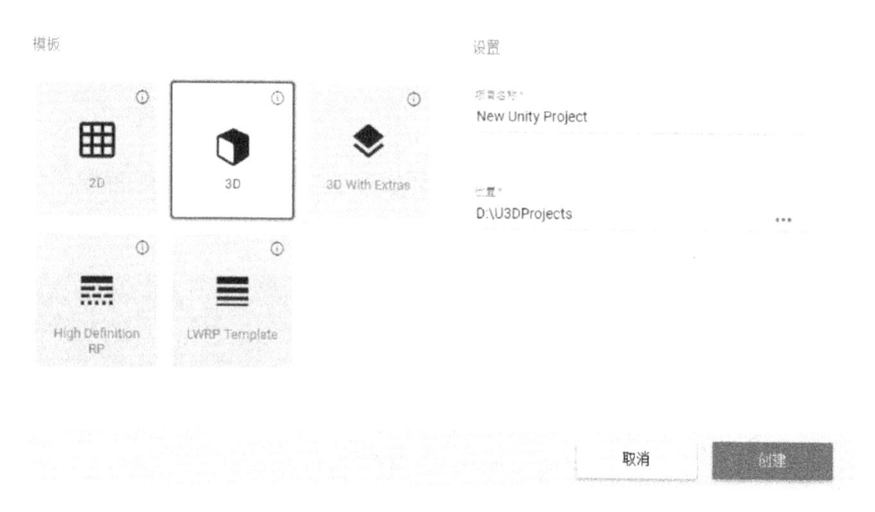

图 5-3　设置项目名称和保存位置

2. 主界面

Unity3D 主界面如图 5-4 所示，包括菜单栏、工具栏及 6 个视图。这 6 个视图为 Hierarchy（层次）视图、Project（项目）视图、Inspector（检视）视图、Scene（场景）视图、Game（游戏）视图和 Asset Store（资源商店）视图。

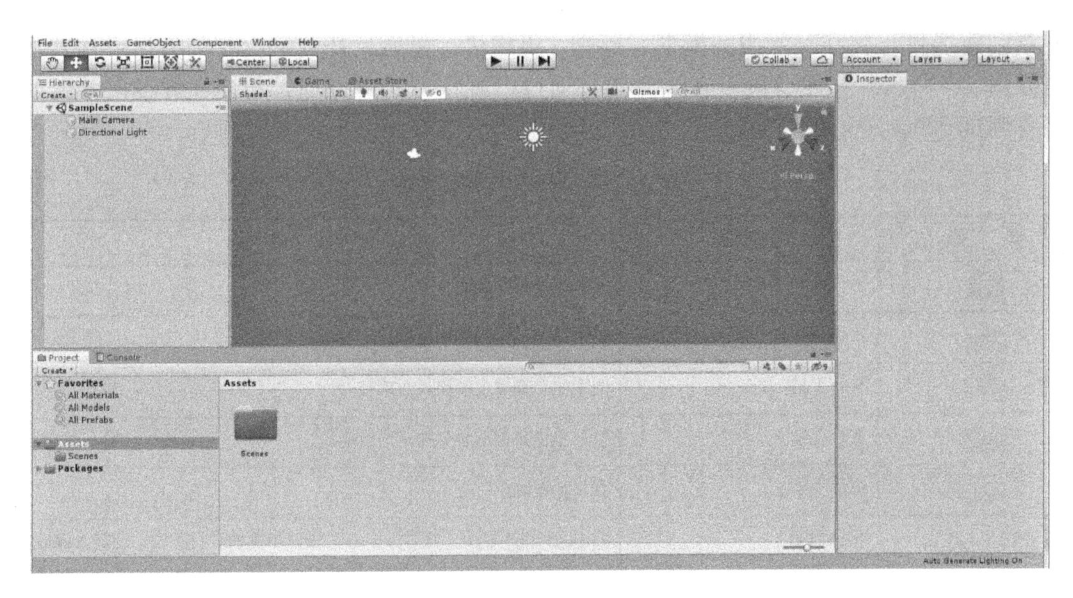

图 5-4 Unity3D 主界面

3. 菜单栏

Unity3D 的菜单栏包括 File（文件）、Edit（编辑）、Assets（资源）、GameObject（游戏对象）、Component（组件）、Window（窗口）和 Help（帮助）7 组菜单，如图 5-5 所示。

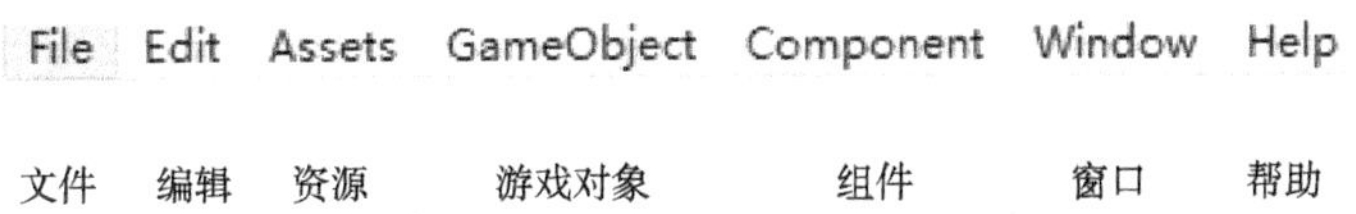

File	Edit	Assets	GameObject	Component	Window	Help
文件	编辑	资源	游戏对象	组件	窗口	帮助

图 5-5 菜单栏

“File”菜单用于打开和保存场景项目，也可以创建场景。“Edit”菜单用于场景对象的基本操作（如撤销、重做、复制、粘贴）及项目的相关设置。“Assets”菜单用于资源的创建、导入、导出及同步相关的功能。“GameObject”菜单用于创建、显示游戏对象。“Component”菜单用于在项目制作过程中为游戏物体添加组件或属性。“Window”菜单用于在项目制作过程中显示和布局 Scene（场景）、Game（游戏）和 Inspector（检视）等视图。“Help”菜单用于帮助用户快速学习和掌握 Unity3D，提供当前安装的 Unity3D 版本号。

4. 工具栏

Unity3D 的工具栏如图 5-6 所示，其中常用的工具如表 5-1 所示。

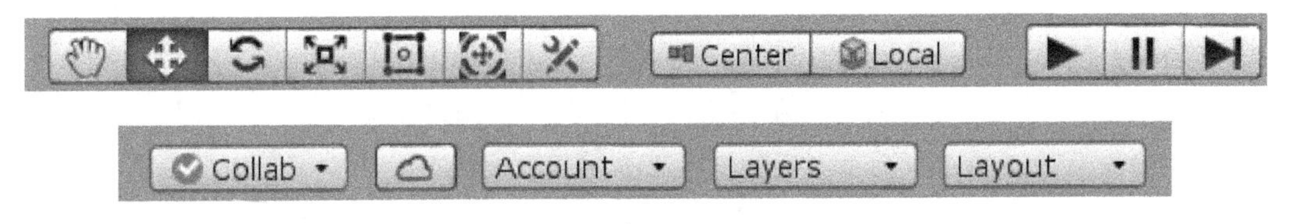

图 5-6 工具栏

5. 视图

Unity3D 的 Scene 视图用于构建交互场景，是对场景与交互对象进行编辑的可视化区域，开发者创建场景与交互时所用的模型、灯光、摄像机、材质、音频等内容都将显示在该视图中，如图 5-7 所示。开发者可以在该视图中通过可视化方式进行场景与交互开发，并根据实际需要调整 Scene 视图的位置。

表 5-1 工具栏中常用的工具

图 标	工具名称	功 能
	平移窗口工具	平移场景视图画面
	位移工具	针对单个或两个轴向进行移动
	旋转工具	针对单个或两个轴向进行旋转
	缩放工具	针对单个轴向或整个物体进行缩放
	矩形手柄	设定矩形选框
Center	变换轴向	与 Pivot 切换显示，以对象中心轴线为参考轴进行移动、旋转及缩放
Pivot	变换轴向	与 Center 切换显示，以网格轴线为参考轴进行移动、旋转及缩放
Local	变换轴向	与 Global 切换显示，控制对象本身的轴向
Global	变换轴向	与 Local 切换显示，控制世界坐标的轴向
	播放	播放游戏，进行测试
	暂停	暂停游戏，暂停测试
	单步执行	单步进行测试
Layers	图层下拉列表	设定图层
Layout	页面布局下拉列表	选择或自定义 Unity3D的页面布局方式
Collab	协作	启动Unity协作
	服务	打开 Unity Service窗口
Account	账户	访问Unity账户

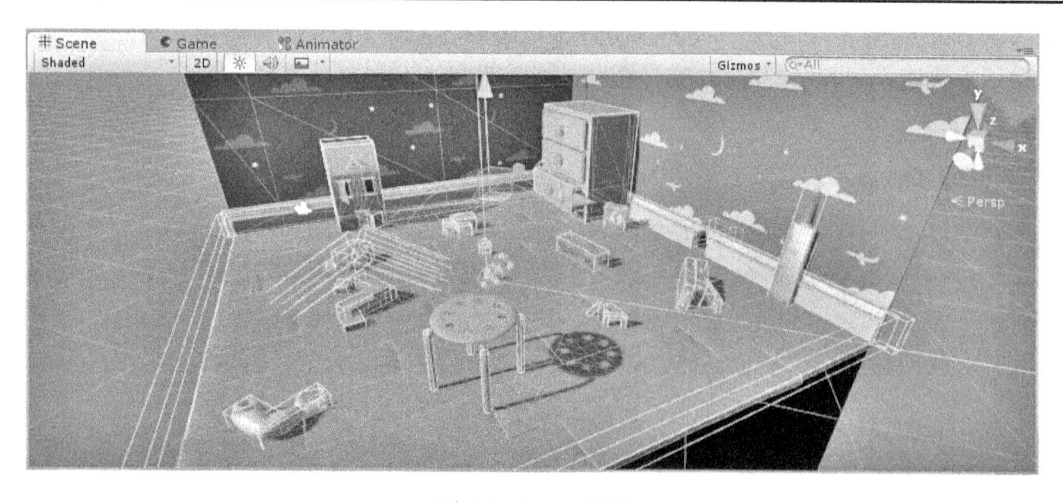

图 5-7 Scene 视图

开发者可以在 Game 视图中进行场景与交互的预览，如图 5-8 所示，并且可以随时停止测试。

图 5-8 Game 视图

在 Asset Store 视图中，如图 5-9 所示，涵盖了大量的 2D 模型、3D 模型、SDK 包、模板和加快开发的很多工具。其中常用的主要有 ：3D 模型和动作、2D 资源、音频资源、编辑器扩充与脚本、粒子系统资源等。

图 5-9 Asset Store 视图

Hierarchy 视图包含当前场景的所有游戏对象（GameObject），如图 5-10 所示。其中一些是资源文件的实例，如 3D 模型和其他预制物体（Prefab）的实例，可以在 Hierarchy 视图中选择对象或者生成对象。

Inspector 视图显示当前选定的交互对象的所有附加组件（脚本属于组件）及其属性的详细信息。如图 5-11 所示，以 Player 为例，Inspector 视图显示了当前交互场景中的 Player 对象拥有的所有组件，开发者可以在 Inspector 视图中修改对象的各项参数。

Project 视图显示资源目录下所有可用的资源，用户可以使用它来访问和管理项目资源。每个 Unity3D 的项目包含一个资源文件夹，其中的内容将呈现在 Project 视图中，如图 5-12

所示，这里存放游戏与交互的所有资源，如场景、脚本、3D 模型、纹理、音频文件和预制组件。

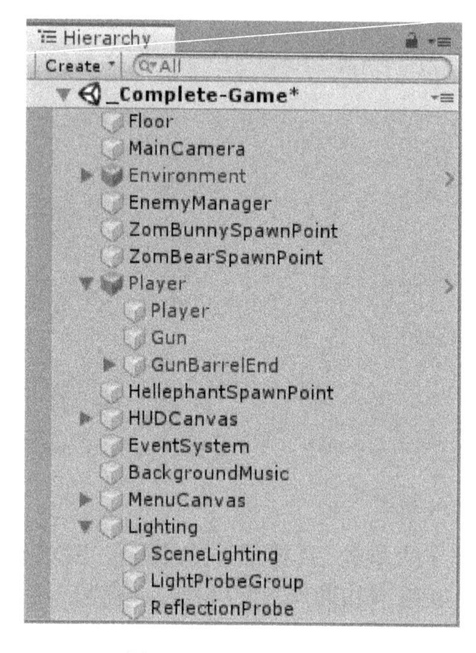

图 5-10　Hierarchy 视图

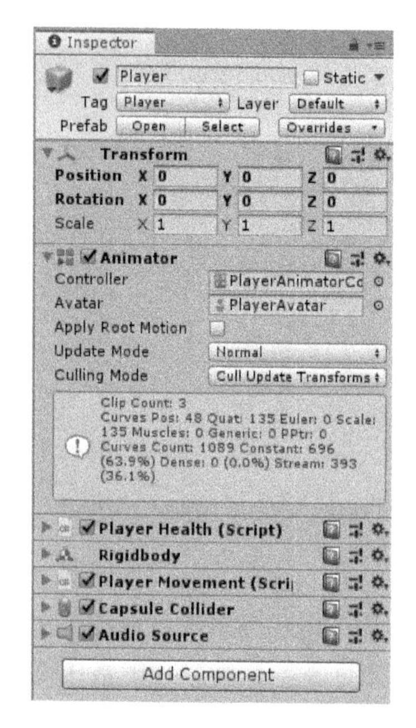

图 5-11　Inspector 视图

Project 视图左侧显示当前文件夹的层次结构，当选中一个文件夹时，它的内容就会显示在右侧。从显示的资源图标可以看出它的类型，如脚本、材质、子文件夹等。

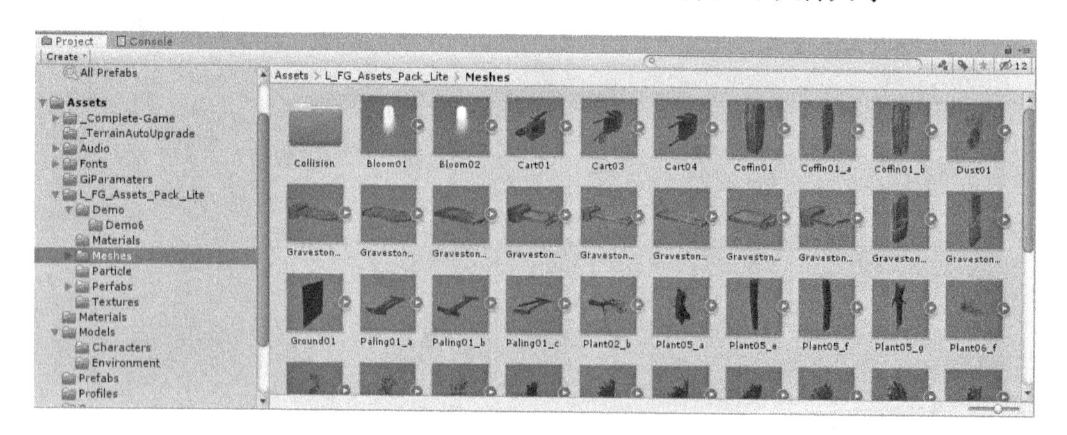

图 5-12　Project 视图

5.2　Unity3D 项目开发

5.2.1　新建项目

一个完整的游戏与交互就是一个项目（Project），游戏与交互中不同关卡对应的是项目下的场景（Scene）。一个游戏与交互可以包含若干关卡（场景），因此一个项目下可以保存多个场景。

创建一个新项目“U3DDemo1”，并将其保存在“D:\U3DProjects”目录下，如图5-17所示。

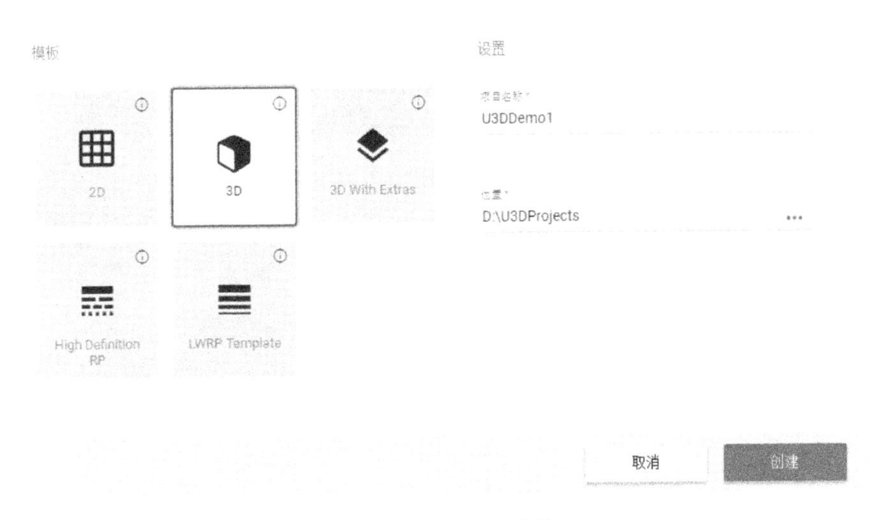

图5-13　创建3D项目

5.2.2 添加3D模型

使用Unity3D可以创建一些基本的几何体，如立方体Cube、球体Sphere、胶囊体Capsule、圆柱体Cylinder、平面Plane等。也可以在3D建模软件如3ds Max、Maya等中创建3D模型，导出文件为FBX格式，再将生成的FBX文件导入Project视图中。

首先，创建平面。执行“GameObject”→“3D Object”→“Plane”命令，在Inspector视图中设置“Transform”的“Position”为（0,0,0），如图5-14所示。

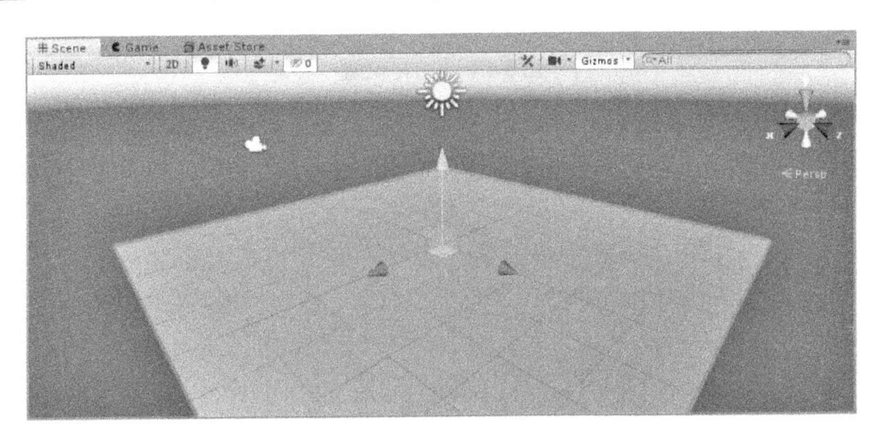

图5-14　创建平面

为了方便操作，先选择z轴视角。

其次，创建立方体，执行“GameObject”→“3D Object”→“Cube”命令，设置Cube的Inspector视图中的“Transform”的“Position”为（0, 0.5, 0），如图5-15所示。

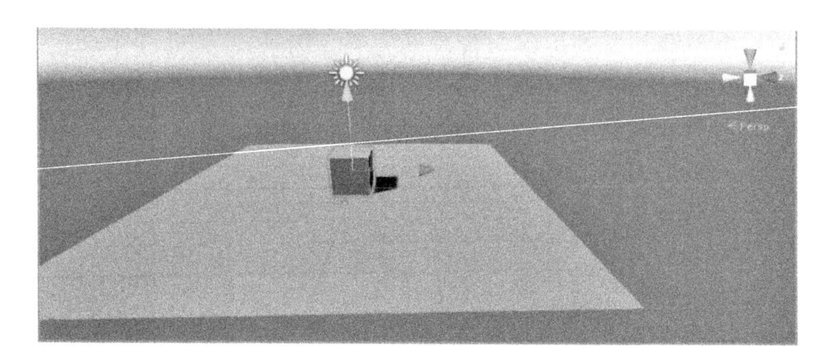

图 5-15　创建立方体

使用同样方法，创建一个球体 Sphere，设置“Position”为（1, 0.5, 2），如图 5-16 所示。

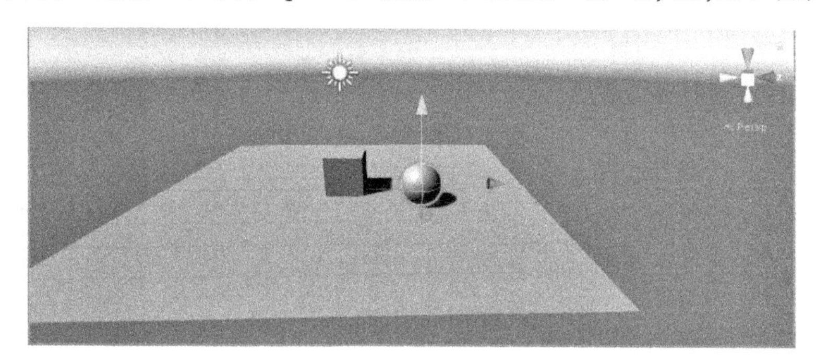

图 5-16　创建球体

再次，执行“Import New Asset”命令，导入模型 house.fbx，在 Asset 窗口中会看到 house.fbx 模型，如图 5-17 所示。

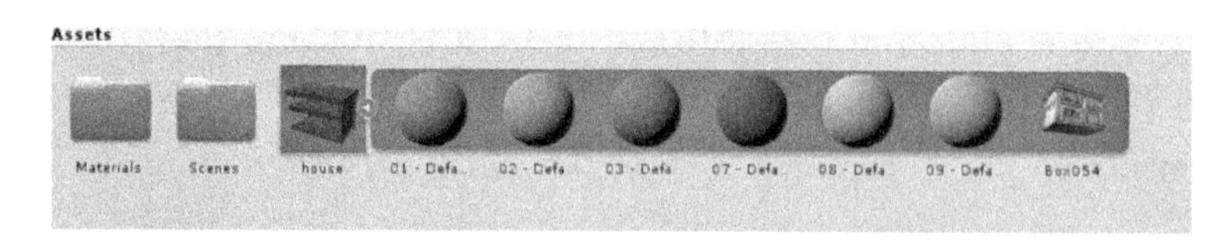

图 5-17　house 模型

最后，将 house 模型拖曳到 Hierarchy 视图中，设置“Transform”的“Position”为（0, 0, −2）。由于模型比较大，设置缩放比例“Scale”为（0.1, 0.1, 0.1）。如图 5-18 所示，这样就初步建立了一个简单场景。

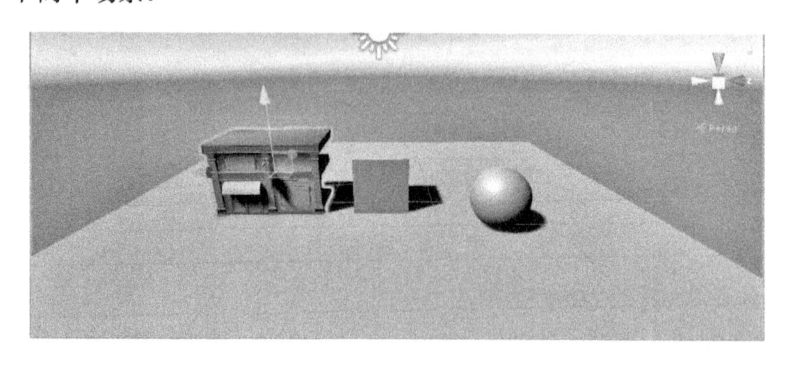

图 5-18　简单场景

5.2.3 添加灯光

Unity3D 中可以创建的灯光有：聚光灯、点光源、平行光、面积光。另外，还可以创建两种探针（Probe）：反射探针（Reflection Probe）和光照探针组（Light Probe Group）。新建的场景默认有一个平行光（Directional Light），用于模拟太阳光（自然光），如图 5-19 所示。

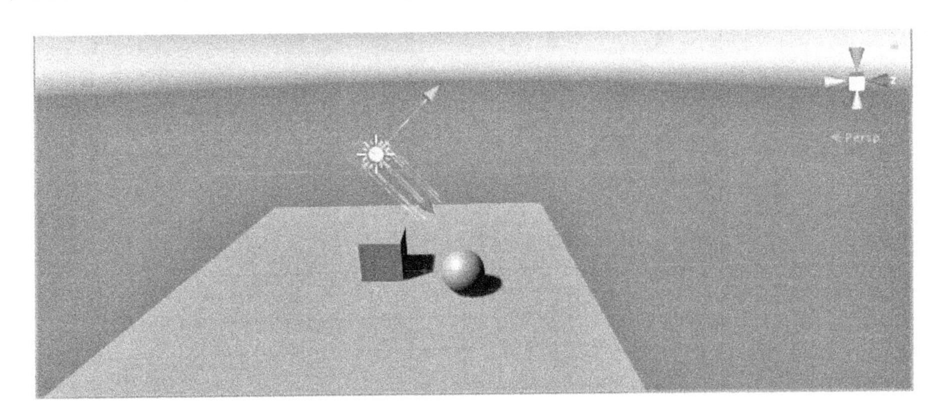

图 5-19　平行光

灯光的基本属性如下所述。

- Type：灯光类型，所有类型的灯光都共用一个组件，本质上是一样的。
- Color：灯光颜色。
- Mode：灯光照明模式，每种模式对应“Lighting”面板中一组设定。
  - ➢ Realtime：对应 Realtime Lighting。
  - ➢ Mixed：对应 Mixed Lighting。
  - ➢ Baked：对应 Lightmapping Setting。
- Intensity：灯光强度。
- Indirect Multiplier：在计算该灯光产生的间接光照时的强度倍乘。
- Shadow Type：阴影贴图的类型。
  - ➢ No Shadows：无阴影贴图。
  - ➢ Hard Shadows：硬阴影贴图。
  - ➢ Soft Shadows：光滑阴影边缘（即阴影模糊效果）。
- Cookie：相当于在灯光上贴黑白图，用于模拟一些阴影效果，如贴上网格图模拟窗户栅格效果。
- Cookie Size：调整贴图大小。
- Draw Halo：绘制光晕（在点光源中显示雾蒙蒙的效果）。如果勾选该复选框，一个球形的光晕将被绘制。光晕的半径等于范围（Range）。
- Flare：Flare 使用一幅黑白贴图来模拟灯光在镜头中的“星状辉光”效果，实现光源的闪光效果，用于在光照位置上渲染闪光。
- Render Mode：渲染模式。
- Culling Mask：通过层设置指定图层不受光照影响。

执行“GameObject”→“Light”→“Point Light”命令，创建一个点光源，在 Hierarchy 视图中选中该点光源；在 Inspector 视图中，设置“Position”为（1, 1.5, −2），“Color”为

（255, 255, 0），如图 5-20 所示。一个黄色的点光源效果如图 5-21 所示。

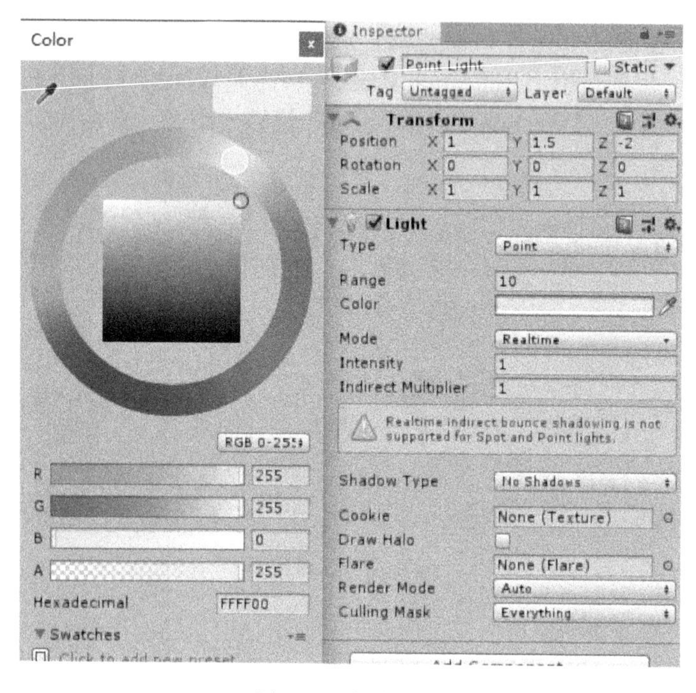

图 5-20　灯光设置

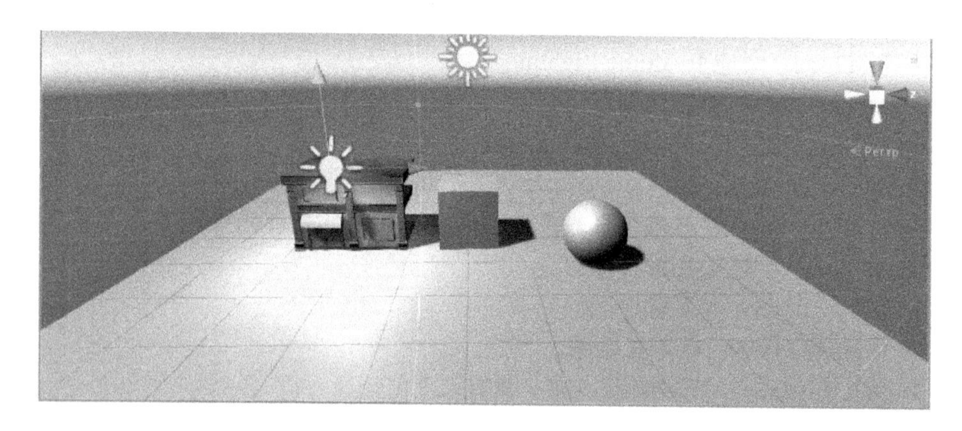

图 5-21　点光源效果

5.2.4 GUI 设计

在场景与交互开发过程中，图形用户界面（Graphical User Interface，GUI）用于增强场景与玩家的交互性。Unity3D 的 GUI 控制是利用 OnGUI() 函数实现的，OnGUI() 函数可以在每帧调用，就像 Update() 函数一样。规定屏幕左上角坐标为 (0,0)，并以像素为单位对控件进行定位。下面介绍 4 种常用的控件。

Label 控件一般用于显示提示性的信息，如当前窗口的名称、场景与交互中游戏对象的名字、场景对玩家的任务提示和功能介绍等。Button 控件是场景与交互开发中最常使用的控件之一，用户常常通过 Button 控件来确定其选择行为。当用户单击 Button 控件时，Button

控件会显示按下的效果，并触发与该控件关联的交互功能。TextField 控件用于绘制一个单行文本编辑框，用户可以在其中输入信息。每当用户修改文本编辑框中的文本时，TextField 控件就会将当前文本编辑框中的文本信息以字符串形式返回。TextArea 控件用于创建一个多行文本编辑区，用户可以在其中编辑文本，并且该控件可以对超出控件宽度的文本实现换行操作。

下面对之前建好的场景构建 GUI，在其上增加一个 Box、一个 Label 和两个 Button。右击 Project 视图中的“Assets”面板，在快捷菜单中执行“Create”→“Folder”命令，新建一个目录“Scripts”。然后右击 Scripts 目录，在快捷菜单中执行“Create”→“C# Script”命令，新建一个 C# 脚本，命名为“GUIDemo.cs”，双击此脚本将其打开，添加如下代码。

```
private void OnGUI()
{
GUI.Box(new Rect(10, 10, 300, 90), "GUI Demo");
    GUI.Label(new Rect(10, 30, 300, 20), " 这是一个演示 Label 和 Button 的 GUI 案例 ");
    GUI.Button(new Rect(10, 50, 100, 20), " 向后移动 ");
    GUI.Button(new Rect(10, 70, 100, 20), " 向前移动 ");
}
```

再将 GUIDemo.cs 文件拖曳到之前建立的 Cube 对象上，实现将脚本挂载到 Cube 上，在 Hierarchy 视图中选中摄像机“Main Camera”，在 Inspecor 视图中调整摄像机的“Position”为（7, 2, 0），“Rotation”为（0, −90, 0）。运行查看执行效果，如图 5-22 所示。这时单击任何按钮都是没有响应的。

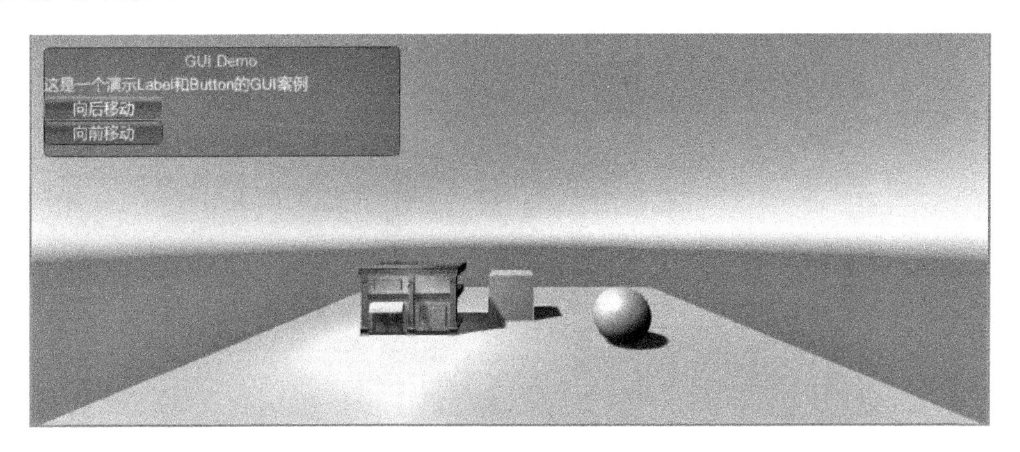

图 5-22　GUI 案例效果

5.2.5 交互控制脚本

在 Project 视图的“Scripts”目录中双击 GUIDemo.cs 将脚本打开，更改 Button 的控制操作，代码如下。此处 Translate 的作用是平移。

```
private void OnGUI()
{
    GUI.Box(new Rect(10, 10, 300, 90), "GUI Demo");
    GUI.Label(new Rect(10, 30, 300, 20), " 这是一个演示 Label 和 Button 的 GUI 案例 ");
    if (GUI.Button(new Rect(10, 50, 100, 20), " 向后移动 "))
```

```
    {
        gameObject.transform.Translate(-1,0,0);// 物体沿 x 轴负向移动 1 个单位
    }
    if (GUI.Button(new Rect(10, 70, 100, 20), " 向前移动 "))
    {
        gameObject.transform.Translate(1, 0, 0);// 物体沿 x 轴正向移动 1 个单位
    }
}
```

运行程序，这时单击按钮就可以控制 Cube 移动了，gameObject 是挂载代码的对象，这里是 Cube。

5.2.6 发布

执行“File”→“Build Settings”命令，弹出“Build Settings”对话框，如图 5-23 所示。

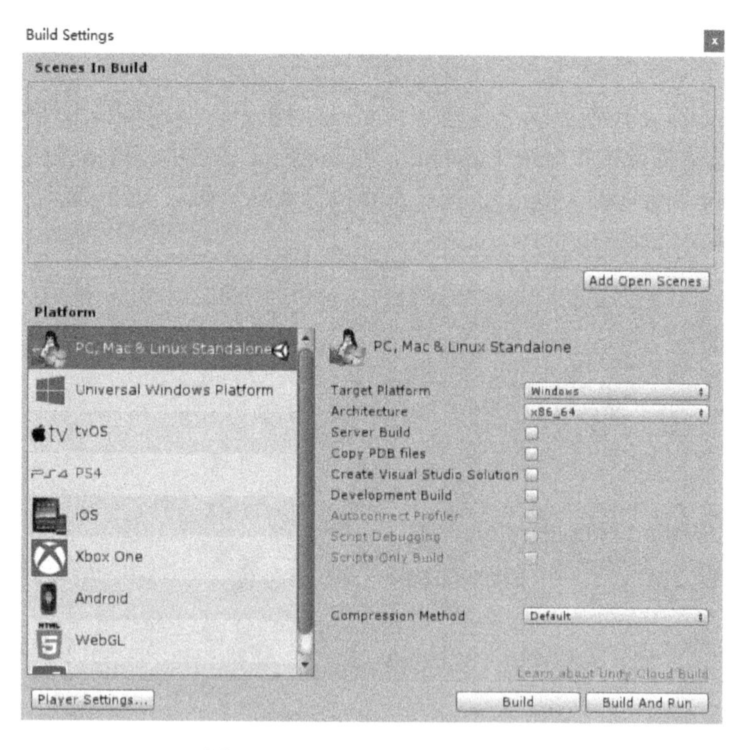

图 5-23 “Build Settings”对话框

在“Platform”列表框中选择“PC，Mac&Linux Standalone”选项，在“Target Platform”下拉列表中选择“Windows”、“Mac”或“Linux”选项，在“Architecture”下拉列表中选择“x86”或“x86_64”选项。

单击“Player Settings”按钮，出现“Player Settings”面板，如图 5-24 所示。其中，Company Name 和 Product Name 用于设置相关的名称，Default Icon 用于设置程序在平台上显示的图标。

设置“Resolution”下的“Fullscreen Mode”为“Windowed”，“Default Screen Width”为 1024，“Default Screen Height”为 768，其他不变，如图 5-25 所示。

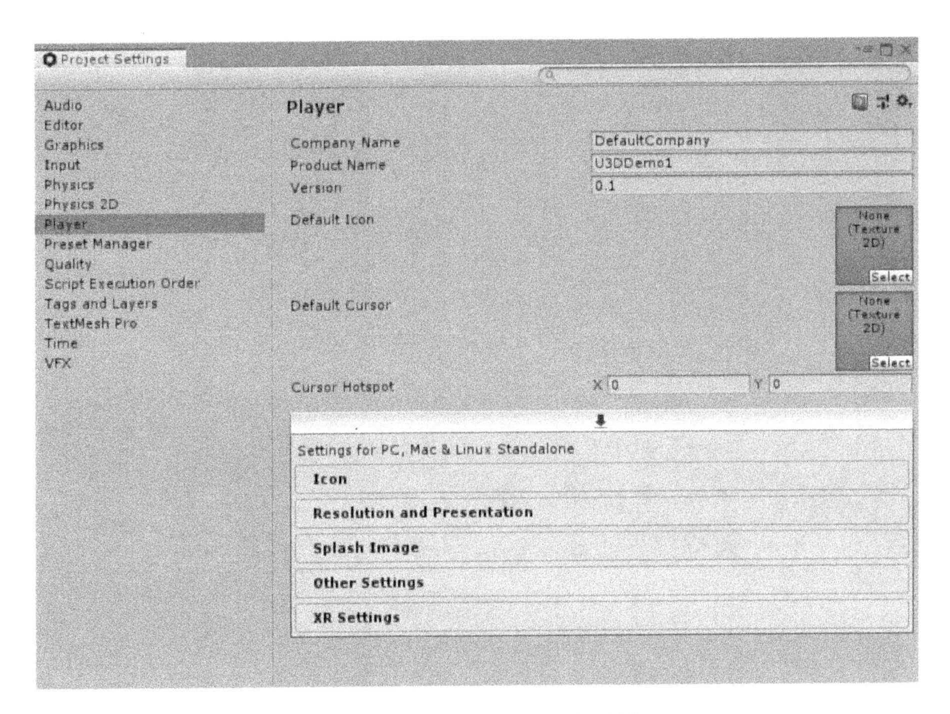

图 5-24 “Player Settings”面板

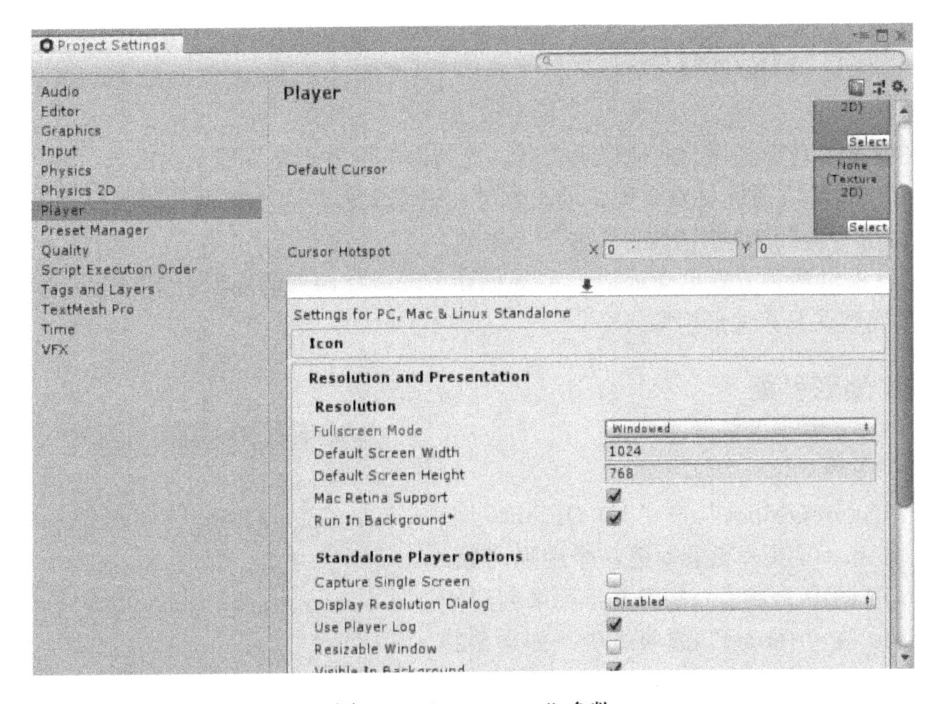

图 5-25 “Resolution”参数

当完成上述设置后，回到“Build Settings”对话框，单击“Build”按钮，选择文件路径用于存放可执行文件。

这时发布的内容是一个可执行的 EXE 文件和包含其所需资源的同名文件夹，双击该文件会出现如图 5-26 所示的场景与交互画面。

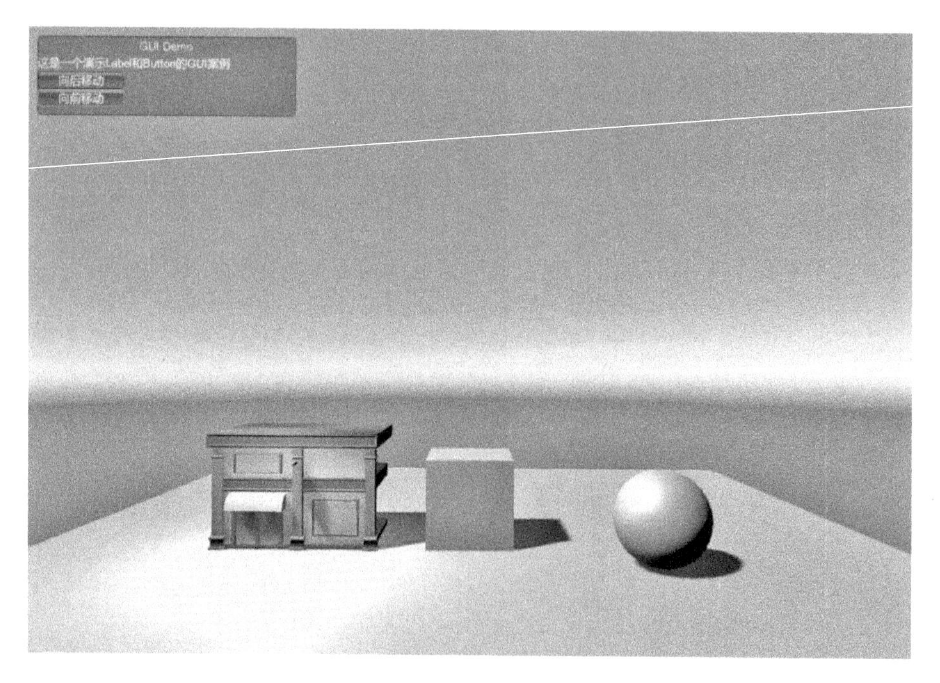

图 5-26　场景与交互画面

5.3　地形地貌场景创建

Unity3D 有一套功能强大的地形编辑器，支持以笔刷方式精细雕刻出山脉、峡谷、平原、盆地等地形，同时还提供材质纹理、动植物等。其实大多数人物模型和建筑模型都是在 3ds Max、Maya 等专业的 3D 模型软件中制作出来的。

Unity3D 提供两种方式创建地形：一是使用 Unity3D 内置的地形引擎，二是将带有大量地形信息的高度图导入地形引擎。

5.3.1 地形引擎

1. 地形工具

执行“GameObject”→“3D Object”→“Terrain”命令，可以为场景创建一个地形对象。在 Inspector 视图中提供了一些工具，用来创建任何地表元素。在“Terrain”选项组中，如图 5-27 所示，5 个按钮分别是创建邻居地形、绘制地形、画树模型、绘制细节和地形设置。创建邻居地形用于创建邻接的地形；绘制地形提供雕刻和绘制地形的选项；画树模型用于添加树和细节，如草地、花卉和岩石；绘制细节用于添加细节；地形设置用于更改所选地形的常规设置。

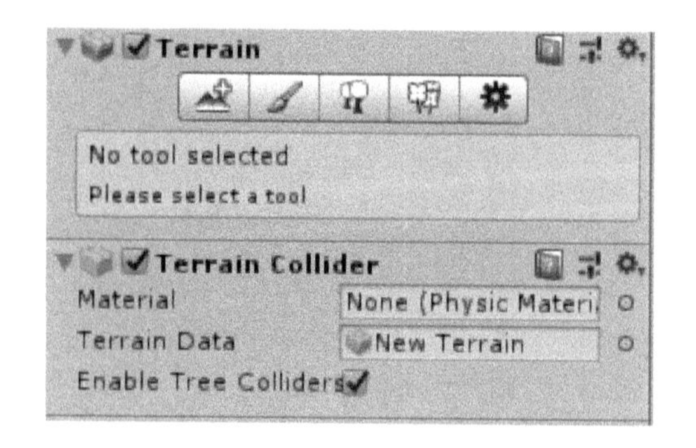

图 5-27　“Terrain”选项组

选中刚才创建的地形，在 Inspector 视图中单击地形设置按钮 ，出现地形属性面板，如图 5-28 所示。

单击绘制地形按钮，选择“Raise or Lower Terrain”选项，高度将随着光标在地形上扫过而升高。如果在一处固定光标，高度将逐渐增加。如果按 Shift 键，高度将会降低。

在图 5-29 中，画刷工具有三个选项。Brushes：地形绘制画刷，有多种画刷的图案可供选择。Brush Size：画刷宽度取值范围。Opacity：画刷高度取值范围。不同的画刷用于创建不同的效果。

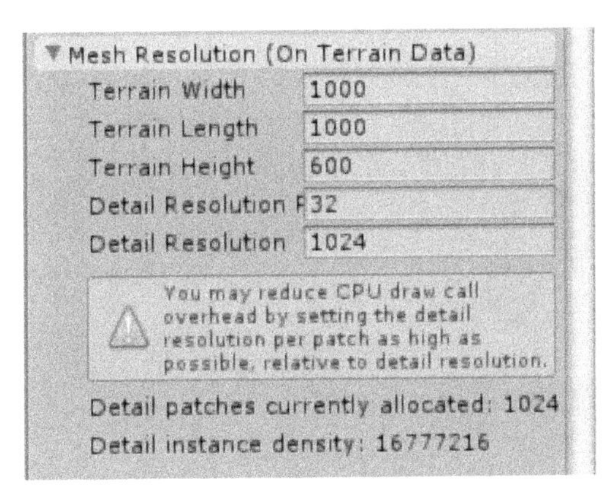

图 5-28　地形属性面板

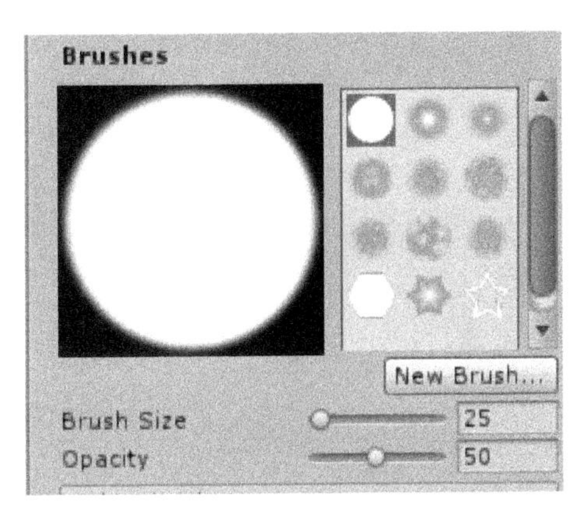

图 5-29　画刷工具

例如，创建丘陵地形，使用 soft-edged 画刷进行抬升，然后使用 hard-edged 画刷削减陡峭的山峰和山谷，绘制后的地形如图 5-30 所示。

图 5-30　绘制后的地形

当选择“Paint Texture”选项时，在地形的表面上可以添加纹理图像，以创建色彩和良好的细节。由于地形是巨大的对象，在实践中标准的做法是使用一个无空隙（即连续）的重复的纹理，在表面上用它成片覆盖，绘制不同的纹理区域以模拟不同的地面，如草地、沙漠和雪地。绘制出的纹理可以在不同的透明度下使用，在不同地形纹理之间形成渐变，效果更自然。

2. 使用地形纹理

右击“Assets”面板，在快捷菜单中执行“Import Package”→“Custom Package”命令，弹出文件选择对话框，选中“Mountain Terrain Rock Tree”资源包并打开，再导入全部资源，该资源包包含地形和地形贴图等资源，可以从 Asset Store 免费获取。一开始地形没有纹理分配用于绘制，需要在“Terrain”的地形设置中给“Material”选择一个合适的纹理，如图 5-31 所示。地形纹理绘制效果如图 5-32 所示。

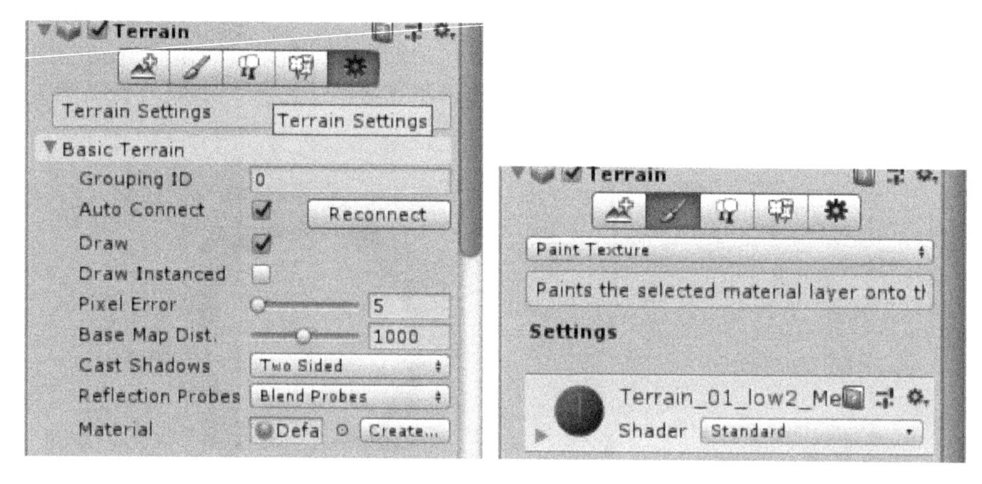

图 5-31　选择地形纹理

图 5-32　地形纹理绘制效果

3. 填充树

Unity3D 使用优化来维持好的渲染效果，因此可以拥有由上千棵树组成的森林，同时保持可接收的帧率。

导入资源包“Free Speed Trees package”，单击画树模型按钮，启用树绘制。一开始，地形没有可用的树，单击“Edit Trees”按钮并且选择“Add Tree”选项，弹出“Add Tree”对话框，选择一个树资源，此处选择“Palm_Desktop”，如图 5-33 所示。

一棵树被选中，可以在地表上用绘制纹理或高度图的方式来绘制相同的树，如图 5-34 所示。按住 Shift 键的同时单击，可以从区域中移除一片树，按住 Ctrl 键的同时单击，则只绘制或移除当前选中的树。

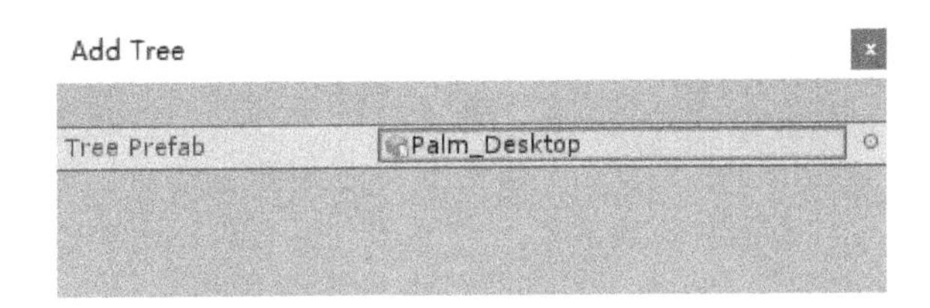

图 5-33 导入树模型

图 5-34 绘制相同的树

4．添加草地

草地使用 2D 图像进行渲染可以表现单个草丛，而其他细节可从标准网格中生成。单击绘制细节按钮启用细节绘制。

选中地形，单击 Inspector 视图中的“Edit Details”按钮，在弹出的菜单中将看到“Add Grass Texture”和“Add Detail Mesh”命令。执行相应的命令，在弹出的对话框中选择添加到地形中绘制的资源。如图 5-25 所示，此时执行了“Add Grass Texture”命令。

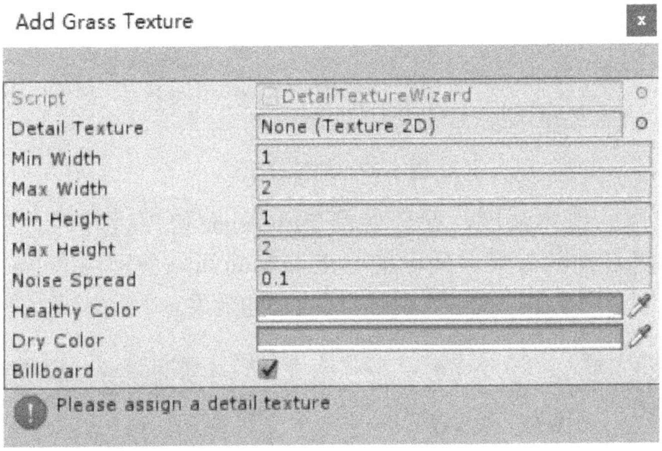

Add Grass Texture
Script DetailTextureWizard
Detail Texture None (Texture 2D)
Min Width 1
Max Width 2
Min Height 1
Max Height 2
Noise Spread 0.1
Healthy Color
Dry Color
Billboard
Please assign a detail texture

图 5-35 增加草地纹理

Detail Texture 是表现草地的纹理。一些合适的纹理包含在 Unity3D 的标准资源库中，可以从 Asset Store 下载，也可以自己创建。Min Width、Min Height、Max Width 和 Max Height 指定了生成草地的尺寸上下限。为了看着真实，草地用随机带噪声模式生成，草地上散落光秃的部位。为地形添加的草地纹理效果如图 5-36 所示。

图 5-36　草地纹理效果

公告板（Billboard）选项被启用，草地图像会被旋转，这样它们永远面向镜头。当想要展示草地的密集区域时这个选项有用，因为二维图像不可能从哪个方向都能看到。

5．风区

通过添加一个或多个带有风区组件的对象，可以在地形上创建风的效果。带有风区的树将以逼真的动画效果摆动，而风自身将间歇性生成，以产生树自然摆动的效果。

风区对象可以直接创建，方法是执行“GameObject”→“3D Object”→“Wind Zone”命令；也可以向场景中已经存在的任何合适物体添加这个组件，方法是执行“Component”→“Miscellaneous”→“Wind Zone”命令。

如图 5-37 的风区设置中，Mode 可以被设置为定向（Directional）或球形（Spherical）。在定向模式中，风会同时影响整个地形；而一个球形风从一个由 Radius 属性定义的球体中向外吹。定向风在创建树自然摆动时更有用，而球形风更适合如爆炸一样的特定效果。

Wind Zone	
Mode	Spherical
Radius	20
Main	1
Turbulence	1
Pulse Magnitude	0.5
Pulse Frequency	0.01

图 5-37　风区设置

Main 属性决定风的整体强度，配合使用 Turbulence 可以进行一些随机变化。风间歇地吹在树上能产生更自然的效果。间歇的强度和时间间隔分别用 Pulse Magnitude 和 Wind Frequency 属性来控制。图 5-38 所示为运行时风吹动的效果。

图 5-38　运行时风吹动的效果

5.3.2 利用高度图生成地形图

在 Unity3D 中，利用高度图生成地形图是指通过导入一幅预先渲染好的灰度图来快速地为地形建模。

地形上每个点的高度被表示为一个矩阵中的一列值。这个矩阵用一个称为高度图（Heightmap）的灰度图来表示。灰度图是一种使用二维图形来表示三维高度变化的图像，较暗的颜色表示高度较低的点，较亮的颜色表示高度较高的点，如图 5-39 所示。常用 Photoshop 或其他三维软件导出灰度图，灰度图的文件格式为 RAW。Unity3D 支持 16 位灰度图。

Unity3D 提供了为地形导入、导出高度图的选项。在地形的 Inspector 视图中选择 "Terrain Settings" 选项，有 "Import Raw" 和 "Export RAW" 两个按钮。这两个按钮允许从标准 RAW 格式的灰度图中读出或者写入高度图，并且兼容大部分图像和地表编辑器。

执行 "GameObject" → "3D Object" → "Terrain" 命令，创建一个新的地形。在地形的 Inspector 视图中，单击 "Import Raw" 按钮，选择图 5-39 所示的 RAW 灰度图，建立地形，效果如图 5-40 所示。

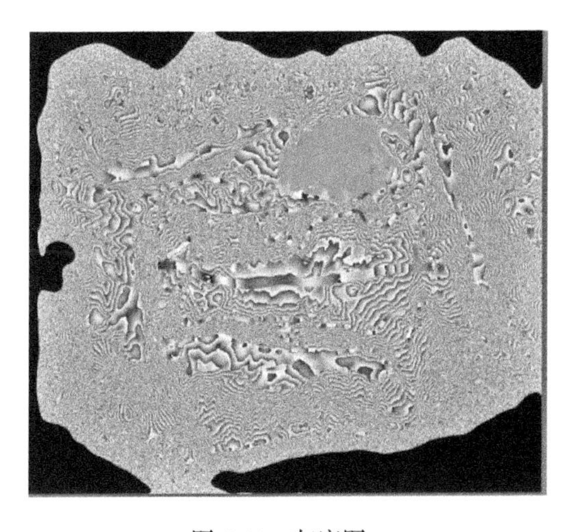

图 5-39　灰度图

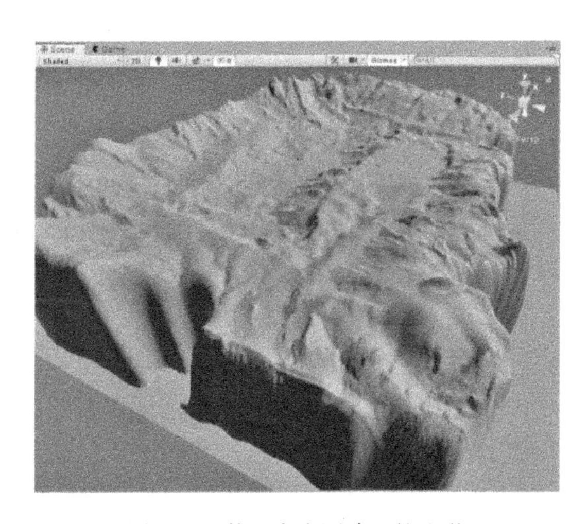

图 5-40　使用高度图建立的地形

5.4 脚本入门

Unity3D 支持两种脚本语言：C# 和 JavaScript。因为有强大的 .NET 类库支持，以及由此衍生出的很多跨平台语言，C# 逐渐成为 Unity3D 开发者首选的程序语言。

5.4.1 C# 基本语法

1．数据类型

C# 中有两种数据类型：值类型和引用类型，如表 5-2 所示。值类型又分为简单类型、枚举类型、结构类型和 null。引用类型又分为类类型、接口类型、数组类型和委托类型。

表 5-2　C# 中常见的数据类型

值类型	byte、short、int、long、float、double、decimal、char、bool、struct
引用类型	String、class

2．变量

在 C# 中，声明一个变量的语句由一个类型和跟在后面的一个或多个变量组成，多个变量之间用逗号分开，声明变量语句以分号结束。变量也可以通过在等号后跟一个常量表达式进行初始化（即赋值）。例如：

```
int i, j, k = 1;
char ch = 'a';
double pi = 3.14159;
```

3．表达式

表达式是在操作数和运算符的基础上构造而成的。表达式的运算符指明向操作数应用的运算。运算符包括 +、–、*、/、new。操作数包括文本、字段、局部变量和表达式。例如：

```
int i = 100;
i = 100 / 2 + 200;
int j = 200;
j = j * 2 - 200;
```

4．语句

C# 的常用语句有顺序执行语句、选择分支语句和迭代语句。

顺序执行语句是按照语句的书写顺序来执行的。例如：

```
int i;
i = 123;
print("i="&i);
i++;
print( “i=” &i);
```

选择分支语句用于根据一些表达式的值从多个可能的语句中选择一个执行。这类语句包括 if 语句和 switch 语句。例如：

```
void IfStatement(int a,int b)
{//if 语句
  if(a>b)
    print("a>b");        // 输出 a>b
  else
    print("a<b");        // 输出 a<b
}
```

迭代语句用于重复执行嵌入语句，包括 while、do、for 和 foreach 语句。跳转语句用于转移控制权，包括 break、continue、goto、throw、return 和 yield 语句。例如：

```
void ForStatement(int n)
{  //for 语句
  int s=0;                          // 定义累加和初始变量 s=0
  for(int i=1;i<=n;i++)
  {   // 循环 1,2,3,…,n
    s=s+i;                          // 加 1，加 2，…，加 n
```

```
        if (s>100) break;           // 如果累加和超过 100，中断循环
    }
    print ("s="& s);                // 输出 s 的值
}
```

5．协程

Unity3D 中，协程（Coroutine）有点像线程，但不是线程。因为协程仍然在主线程中执行，且在使用时不考虑同步与锁的问题。协程只是控制代码等到特定的时机再执行后续步骤。Unity3D 中的协程必须是 IEnumerator 返回类型，并且 yield 用 yield return 替代。例如：

```
void IEnumerator   SomeCoroutine()
{                                                   //C# 协程
  yield return 0;                                   // 等待 1 帧
  yield return new WaitForSeconds(3);               // 等待 3 秒
}
```

6．Unity3D类

在 Unity3D 中，所有挂载到游戏对象上脚本中包含的类都继承自 MonoBehaviour 类。代码示例如下，其中，NewBehaviourScript 是脚本的类名称，必须和脚本文件的名称（NewBehaviourScript.cs）一致。

```
using System.Collections;
using System.Collections.Generic;
using UnityEngine;
public class NewBehaviourScript : MonoBehaviour
{
    // Start is called before the first frame update
    void Start()
     {
     }
    // Update is called once per frame
    void Update()
    {
    }
}
```

5.4.2 脚本的常用方法

1．系统自调用方法

（1）Awake

Awake 用于在场景开始前初始化变量或创建状态。在脚本整个生命周期内，它只被调用一次。Awake 在所有对象都被初始化后才能调用，所以可以安全地与其他对象对话或使用如 GameObject 等工具。Awake 总是在 Start 之前被调用，但不能用于执行协同程序。

（2）Start

Start 仅在 Update 函数第一次被调用前调用。Start 在 Behaviour 的生命周期内只被调用一次。它和 Awake 不同的是 Start 只在脚本实例被启用时调用。

（3）Update 和 FixedUpdate

Update 和 FixedUpdate 在游戏中都会在更新时被自动循环调用。但 Update 是在每次渲染

新的一帧时才会被调用，即这个函数的更新频率与设备的性能、被渲染的物体（可以认为是三角形的数量）有关。这会导致同一个游戏在不同设备上的效果不一致，有的快，有的慢。FixedUpdate 则在固定的时间间隔执行，不受帧率的影响。

2．常用的脚本操作

在 Unity3D 中，对场景中交互对象的操作都是通过脚本修改游戏对象的 Transform（变换）与 Rigidbody（刚体）参数来实现的。对这些参数的修改是通过脚本编程来实现的。

下面通过案例演示物体位移与旋转的操作。在场景中，首先，执行“GameObject”→“3D Object”→“Cube”命令，创建一个 Cube，如图 5-41 所示。

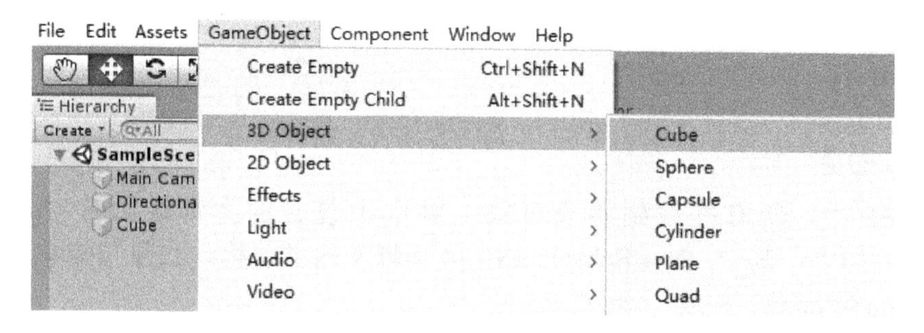

图 5-41　创建 Cube

然后，执行“Assets”→“Create”→“C# Script”命令，如图 5-42 所示，创建一个 C# 脚本，并将其命名为“CubeTranslate.cs”。

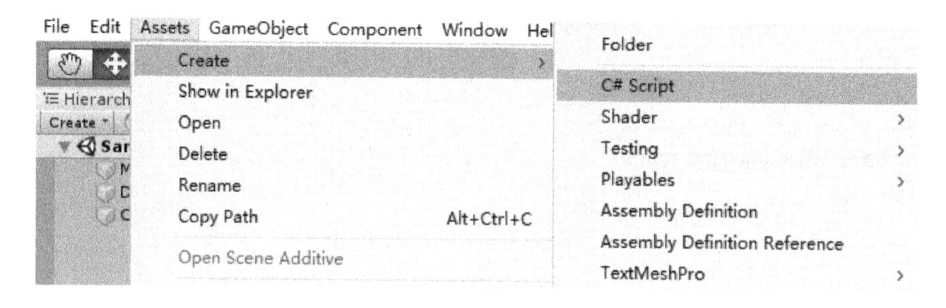

图 5-42　创建 C# 脚本

双击“CubeTranslate.cs”将其打开，编写脚本，代码如下：

```
using System.Collections;
using System.Collections.Generic;
using UnityEngine;
public class CubeTranslate : MonoBehaviour
{
void Update()
    {
        transform.Translate(0,0,1);// 沿着 z 轴平移 1 个单位
    }
}
```

最后，挂载脚本，将“Assets”面板的 CubeTranslate.cs 脚本拖曳到 Hierarchy 视图的 Cube 上。运行项目，可以看到 Cube 沿着 *z* 轴做平移运动，如图 5-43 所示。

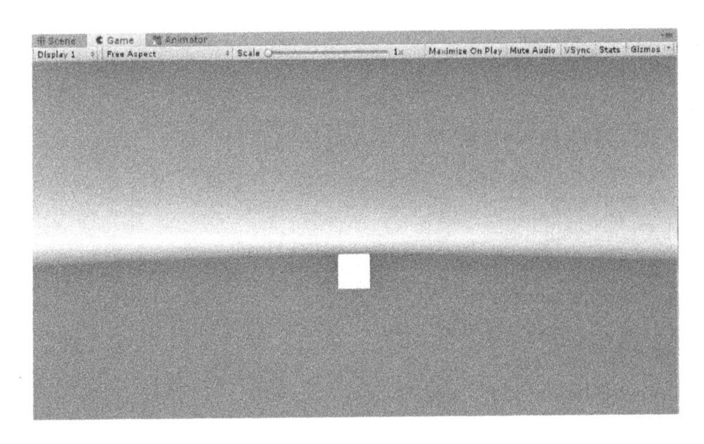

图 5-43　Cube 的运动

同样，使用 Transform.Rotate 实现绕坐标轴旋转的代码如下。

```
using System.Collections;
using System.Collections.Generic;
using UnityEngine;
public class CubeRotate : MonoBehaviour
{
void Update()
    {
        transform.Rotate(1,0,0);// 绕 x 轴旋转角度 1 度
    }
}
```

3. 获取游戏对象的方法

在脚本中获取游戏对象的方法有三种：第一种是通过对象名获取游戏对象，第二种是通过标签（Tag）获取单个游戏对象，第三种是通过相同标签获取多组游戏对象。

（1）通过对象名获取游戏对象

首先，在 Hierarchy 视图中添加两个立方体 Cube1 和 Cube2，在场景中直接移动其位置，使两个立方体之间保持距离，便于观察效果，如图 5-44 所示。

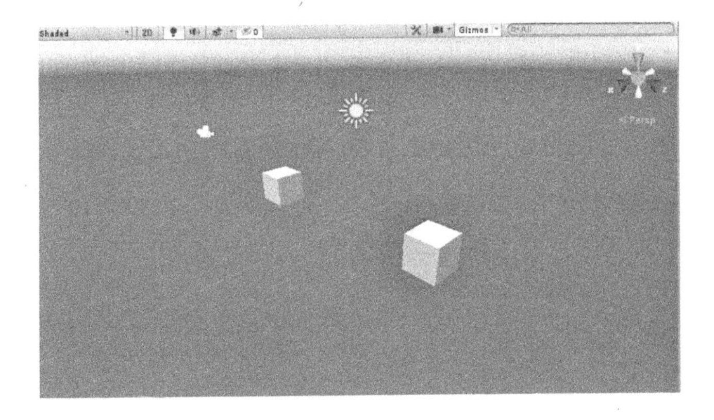

图 5-44　Cube1 与 Cube2

然后，编写“FindObject.cs”脚本代码，并将脚本拖曳到“Main Camera”上。运行项目，可以看到 Cube1、Cube2 实现各自运动。

```
using System.Collections;
using System.Collections.Generic;
using UnityEngine;
public class FindObject : MonoBehaviour
{
    GameObject objCube1=null;
    GameObject objCube2=null;
void Start()
    {  // 按照名字找到对象 Cube1
        objCube1=GameObject.Find("Cube1");
        // 按照名字找到对象 Cube2
        objCube2=GameObject.Find("Cube2");
    }
    void Update()
    {  //Cube1 沿着 z 轴平移 1 个单位
        objCube1.transform.Translate(0,0,1);
        //Cube2 绕 x 轴旋转角度 1 度
        objCube2.transform.Rotate(1,0,0);
    }
}
```

其中，GameObject.Find 方法用于获取游戏对象，该方法的参数为游戏对象在 Hierarchy 视图中的完整路径，返回值为需要获取的游戏对象。

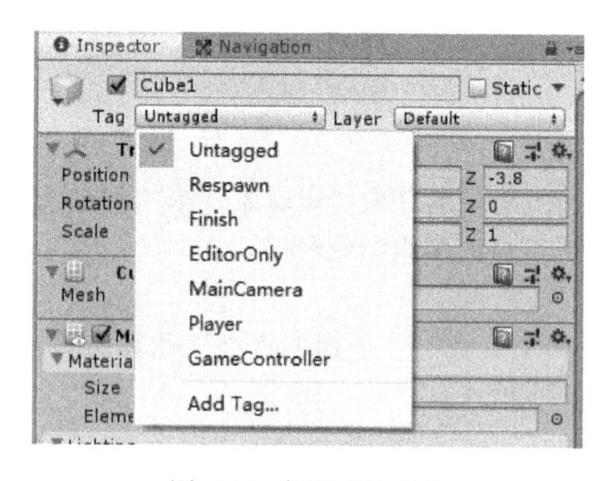

图 5-45　标签下拉列表

（2）通过标签获取单个游戏对象

任何游戏对象都可以添加标签，也可以通过标签获得游戏对象。在 Hierarchy 视图中单击创建的游戏对象（如立方体 Cube1），在 Inspector 视图中默认游戏对象标签为“Untagged”（未标记）。单击标签，弹出下拉列表，如图 5-45 所示，系统默认有 7 个标签，分别为“Untagged”、“Respawn”、“Finish”、“EditorOnly”、“MainCamera”、“Player”和“GameController”。

单击“AddTag”按钮（或者执行“Edit”→“Project Settings”→“Tags and Layers”命令），出现图 5-46 所示的“Tags & Layers”面板，单击“Tags”后的“+”图标，可以自己增加标签，输入标签名后单击“Save”按钮即可。

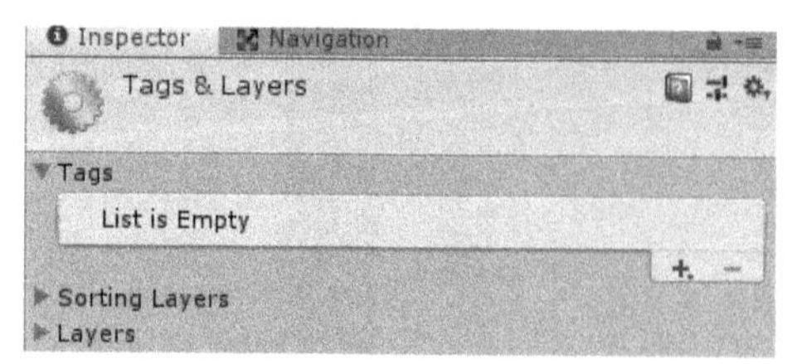

图 5-46　增加标签 Tag

添加的自定义标签也会在 Inspector 视图中显示。GameObject.FindWithTag(" 标签名 ") 方法用于获取指定标签的游戏对象。下列代码实现了通过标签获取对象。

新建一个 Cube 对象，命名为“Cube3”，并添加标签为“MyTag”。

```
using System.Collections;
using System.Collections.Generic;
using UnityEngine;
public class FindObject : MonoBehaviour
{
    GameObject objCube3=null;
    void Start()
    {
        // 通过标签获取对象 Cube3
        objCube3=GameObject.FindWithTag("MyTag");
    }
    void Update()
    {
        //Cube3 沿着 x 轴平移 1 个单位
        objCube3.transform.Translate(1,0,0);
    }
}
```

（3）通过相同标签获取多组游戏对象

给多个游戏对象添加相同的标签，使用 FindGameObjectsWithTag 方法将相应的标签名作为参数传入，可返回一个游戏对象数组，其中包含具有这个标签的所有游戏对象。

下列代码演示了游戏对象数组的获取方式，给对象 Cube1、Cube2、Cube3 都加了标签“MyTag”。

```
using System.Collections;
using System.Collections.Generic;
using UnityEngine;
public class FindObject : MonoBehaviour
{
    public GameObject[] objects;// 用于获取游戏对象的数组
    void Start()
    {
        // 获取所有加了 MyTag 标签的对象
        objects= GameObject.FindGameObjectsWithTag("MyTag");
    }
    void Update()
    {
        foreach (GameObject obj in objects){
            // 每个对象都绕 x 轴旋转角度 1 度
            obj.transform.Rotate(1,0,0);
        }
    }
}
```

4. 获取游戏组件的方法

游戏中，除了获取游戏对象，还需要获取其他资源，特别是游戏对象上挂载的资源，如脚本、动画、贴图、音频等。此时可以使用 GameObject.GetComponent<type> 方法来实现。

先建立两个 Cube 对象，命名为 Cube4 和 Cube5，再建立两个脚本“ObjectGameComponnent.cs”和“Test.cs”，分别赋予 Cube4 和 Cube5，下面在“ObjectGameComponnent.cs”中获取

Cube5 上的 Test 脚本，执行 DoSomething 方法，代码如下。

```
//ObjectGameComponnent.cs
using System.Collections;
using System.Collections.Generic;
using UnityEngine;
public class ObjectGameComponent : MonoBehaviour
{
    // 这里定义为 public
    // 通过 Inspector 视图直接赋值
    public GameObject obj;
    void Update()
    {
        // 获取 obj 即 Cube5 上的 Test 脚本
        Test test=obj.GetComponent<Test>();
        test.DoSomething();
    }
}
//Test.cs
using System.Collections;
using System.Collections.Generic;
using UnityEngine;
public class Test : MonoBehaviour
{
    // 这里需要定义为 public
    // 因为需要在别的代码中调用 DoSomething 方法
    public void DoSomething()
    {
        Debug.Log("Test:DoSomething");
    }
}
```

在 Cube4 的 Inspector 视图中，将 Hierarchy 视图中的 Cube5 拖曳到“Obj”栏中，如图 5-47 所示。运行项目，控制台会不断输出内容，如图 5-48 所示。

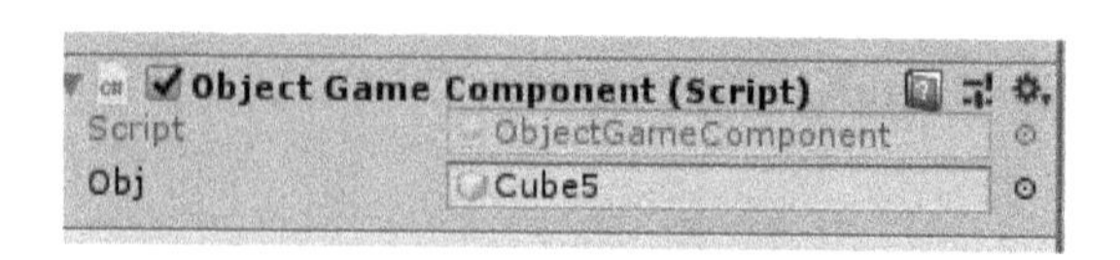

图 5-47　对象直接赋值

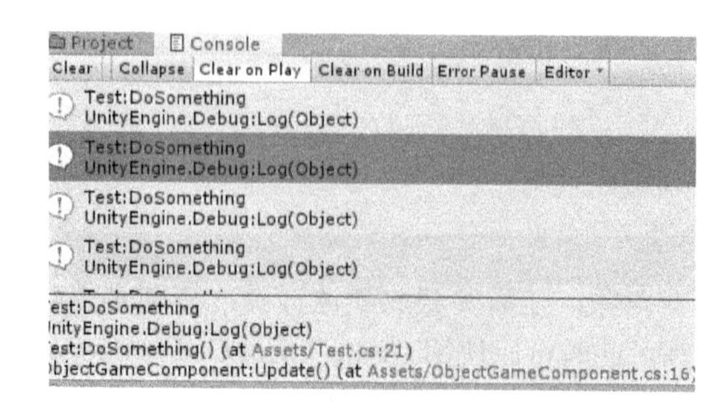

图 5-48　输出内容

5．Unity3D中的向量

向量在 Unity3D 开发过程中的应用十分广泛，可用于描述具有大小和方向两个属性的物理量。物体运动的速度、加速度、摄像机观察方向、刚体受到的力等都是向量，因此向量是物理、动画、三维图形的基础，如之前介绍的物体位移和旋转等。Unity3D 中，向量可分为二维向量 Vector2 类和三维向量 Vector3 类。Vector3 类常用的向量常量如表 5-3 所示。

表 5-3　Vector3 类常用的向量常量

常　量	值	常　量	值
Vector3.zero	Vector(0,0,0)	Vector3.one	Vector(1,1,1)
Vector3.forward	Vector(0,0,1)	Vector3.up	Vector(0,1,0)
Vector3.right	Vector(1,0,0)		

6．实例化游戏对象

在制作游戏过程中，需要通过代码创建多个相同的 GameObject，如场景中的人物、道具、物品、家具等，在 Unity3D 中也称之为 Prefab（预制件），起到模板的作用，可以快速复制出相同的 GameObject。如果想创建很多相同的对象，可以通过实例化（Instantiate）对象快速实现，并且实例化出来的对象包含此对象的所有属性。

在项目中创建一个 Cylinder 对象，命名为“Cylinder”，在 Inspector 视图中，单击“Transform”右边的小齿轮，在弹出的快捷菜单中执行“Reset”命令，重置属性，如图 5-49 所示。这样建好了一个对象。

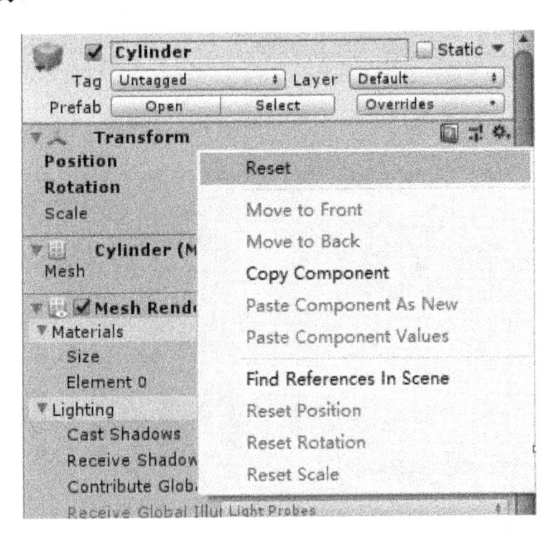

图 5-49　重置“Transform”

把 Hierarchy 视图的“Cylinder”拖曳到“Assets”面板中，自动建立一个 Cylinder.prefab，这是生成的预制件，如图 5-50 所示。删除 Hierarchy 视图中的 Cylinder。

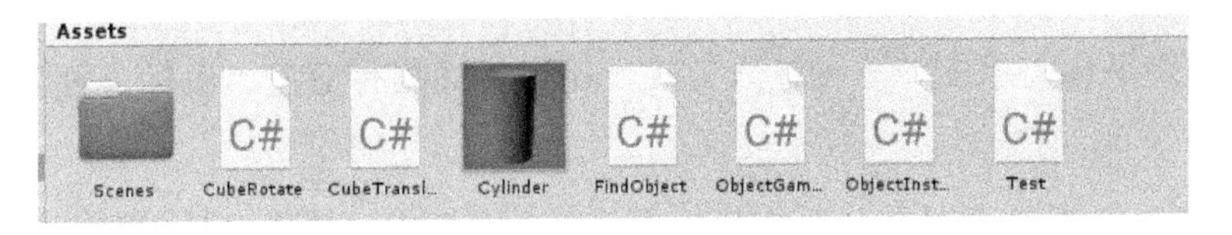

图 5-50　Cylinder 预制件

下面代码实现生成 5 个 Cylinder 建立脚本“ObjectInstantiate .cs”，再将其拖曳到“Main Camera”上。

```
using System.Collections;
using System.Collections.Generic;
using UnityEngine;
public class ObjectInstantiate : MonoBehaviour
{
    public Transform prefab;
    //Awake() 中初始化对象
    public void Awake()
    {
        // 实例化 5 个对象，x 轴位置有变化
        for(int i=0;i<5;i++)
        {
            Instantiate(prefab,new Vector3(i * 2.0f, 0, 0), Quaternion.identity);
        }
    }
}
```

把“Assets”面板中的 Cylinder.prefab 拖曳到“Main Camera”的 Inspector 视图的“Prefab”栏中，如图 5-51 所示。运行项目，会发现生成 5 个同样的 Cylinder，如图 5-52 所示。

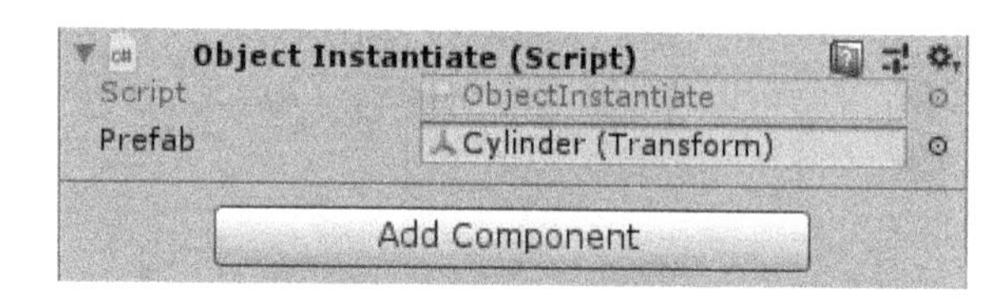

图 5-51 对 Cylinder 预制件赋值

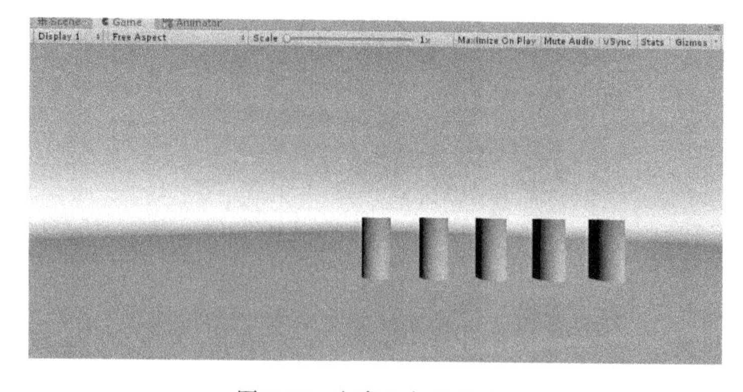

图 5-52 生成 5 个 Cylinder

5.4.3 键盘、鼠标和触屏的输入

Unity3D 为跨平台需求支持多种输入方式，比较常见的有键盘、鼠标、触屏、摇杆。

1. 键盘

虽然 Unity3D 中可以直接在代码中指定某个按键的功能，但建议使用按键管理器为项目配置输入操作。这样不仅能更好地统一管理，还为 Unity3D 提供了更简单可控的配置方案，

而且有 Unity 自带的输入设置工具供用户自行配置。当程序打包完成后，用户也可以在程序启动器的“Button Setting”中配置。但要使用这个功能，需要在项目打包时设置启动器。执行“Edit”→“Project Settings”命令，弹出“Project Settings”对话框，可以在“Input”选项项组中对按键细节进行设置，如图 5-53 所示。

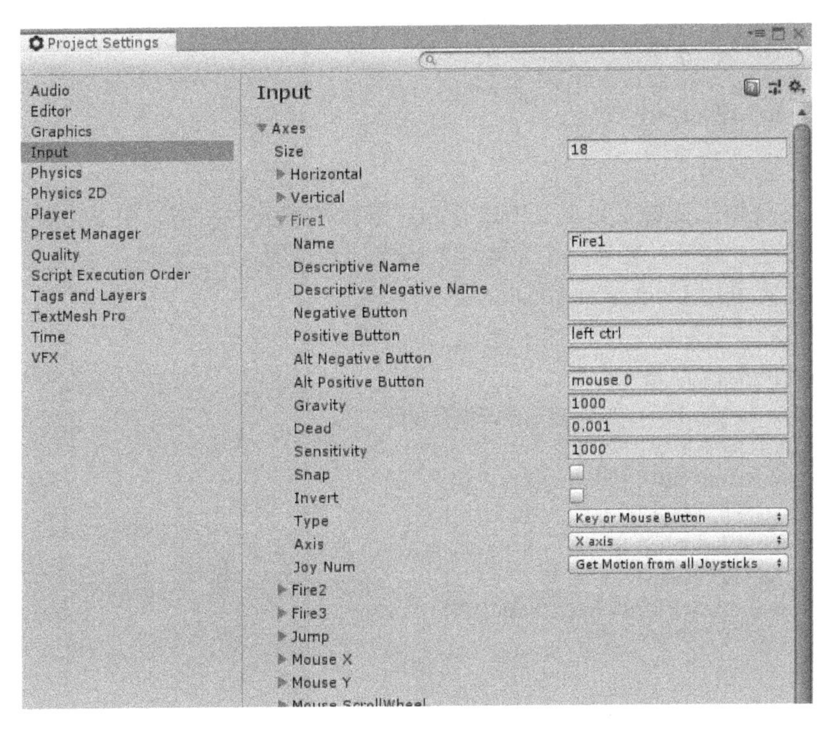

图 5-53 “Input”选项组

- Size：大小，定义按键的数量。
- Name：按键名称，调用或在外部设置时需要使用该名称。
- Negative Button：负方向运动按键，默认值为 −1 的按键。
- Positive Button：正方向运动按键，默认值为 1 的按键。
- Alt Negative Button：备用的负方向运动按键，默认值为 −1 的按键。
- Alt Positive Button：备用的正方向运动按键，默认值为 1 的按键。
- Gravity：重力，表示松开按键时从 1 或 −1 返回默认值 0 时的速度。
- Dead：盲区，用于模拟控制。在模拟控制器上，这个范围内的任何值都会映射到空档而不会提供任何输入，触摸或者摇杆大于这个值才会触发输入。
- Sensitivity：灵敏度，按下按键时，从默认值 0 到 1 或 −1 时的速度。
- Snap：对齐，当触发反向操作时，当前值是否立即归零。
- Invert：反转，是否取反值。
- Type：类型，预设输入设备类型，包括键盘、鼠标按键、鼠标移动、手柄。
- Axis：轴，装置选择，如一个手柄有两个十字键、两个摇杆，设置当前设定作用于哪个装置。
- Joy Num: 手柄编号，指定连接哪个设备。

键盘事件也是桌面系统中的基本输入事件，键盘有关的输入事件有按键按下、按键释放、按键长按。键盘操作判断的代码如下：

```
If(Input.GetKeyDown(KeyCode.A)){//KeyCode 表示包含键盘所有键
    Debug.Log(" 按下 A 键 "); }
If(Input.GetKeyUp(KeyCode.D)){// 当松开 D 键时
    Debug.Log(" 松开 D 键 "); }
If(Input.GetAxis("Horizontal")){// 当按下水平键时
    Debug.Log(" 按下水平键 "); }
If(Input.GetKeyUp("Verical")){// 当按下垂直键时
    Debug.Log(" 按下垂直键 "); }
```

2. 鼠标

鼠标控制与操作是在场景与交互中进行的。鼠标按键分为左键、中键、右键。鼠标操作主要是按下、按住、放开，在实际中也需要取得光标的位置。

获取鼠标位置可用 Input.mousePosition。

鼠标按键 ID：左键 0，右键 1，中键 2。

鼠标操作判断的代码如下：

```
if(Input.GetButton("Fire1")){//Fire1 表示按下鼠标左键
    Debug.Log(" 按下鼠标左键 "); }
if (Input.GetMouseButton(0)) {//0 表示鼠标左键
    Debug.Log(" 按下鼠标左键 "); }
if (Input.GetMouseButton(1)) {//1 表示鼠标右键
    Debug.Log(" 按下鼠标右键 "); }
if (Input.GetMouseButton(2)) {//2 表示鼠标中键
    Debug.Log(" 按下鼠标中键 "); }
```

3. 触屏

将 Unity3D 游戏运行到 iOS 或 Android 操作系统的移动设备上，桌面系统的鼠标左键可以自动变为移动设备屏幕上的触屏操作，但如多点触屏等操作是无法利用鼠标操作进行的。Unity3D 的 Input 类中不仅包含桌面系统的各种输入功能，还包含针对移动设备触屏操作的各种功能。下面介绍 Input 类在触屏操作上的使用。

首先介绍 Input.touches 结构，它是一个触摸数组，每个记录代表手指在屏幕上的触摸状态。每个手指触摸都是使用 Input.touches 描述的，touches 属性如表 5-4 所示。

表 5-4　touches 属性

属　　性	说　　明
fingerId	触摸的唯一索引
position	触摸屏幕的位置
deltatime	从最后状态到目前状态所经过的时间
tapCount	单击数。Andorid设备不对单击计数，这个方法总返回1
deltaPosition	自最后一帧所改变的屏幕位置
phase	相位，即屏幕操作状态

其中，phase 的参数如表 5-5 所示。

表 5-5 phase 的参数

状态	说明
Began	手指刚刚触摸屏幕
Moved	手指在屏幕上移动
Stationary	手指触摸屏幕，但自最后一帧没有移动
Ended	手指离开屏幕
Canceled	系统取消触控跟踪，如把设备放在脸上或同时有超过5个触摸点

下面代码实现物体随触屏移动，需要导出到移动端平台进行测试。

```
using System.Collections;
using System.Collections.Generic;
using UnityEngine;
public class TouchMovement : MonoBehaviour
{
    private float speed = 0.1f;// 定义平移速度
    void Update()
    {
          // 触屏输入，并且在屏幕上移动
        if (Input.touchCount > 0 && Input.GetTouch(0).phase == TouchPhase.Moved)
        {
              // 获得触屏输入的最后位置
              Vector2 touchDeltaPosition = Input.GetTouch(0).deltaPosition;
              // 平移到触屏的最后位置
              transform.Translate(-touchDeltaPosition.x * speed, -touchDeltaPosition.y * speed, 0);
        }
    }
}
```

5.4.4 事件系统与 UGUI

Unity 5.0 后，开发了新的 UI 系统 UGUI，附带的事件系统 EventSystem 不仅可用于 UI，也适合场景中的对象。

1. EventSystem对象的说明

在场景中创建任一对象，在 Hierarchy 视图中都可以看到系统自动创建了对象 EventSystem。该对象下有三个组件：EventSystem、StandaloneInputModule、TouchInput Module。后两个组件都继承自 BaseInputModule 组件。

EventSystem 组件主要负责处理输入、射线投射及发送事件。一个场景中只能有一个 EventSystem 组件，而且需要 BaseInputModule 类型组件的协助才能工作。

BaseInputModule 组件是一个基类模块，负责发送输入事件（如单击、拖曳、选中等）到具体对象。EventSystem 组件下的所有输入模块都必须继承自 BaseInputModule 组件。

StandaloneInputModule 和 TouchInputModule 组件是系统提供的标准输入模块和触摸输入模块，可以通过继承 BaseInputModule 组件实现自己的输入模块。

除了以上组件，还有一个很重要的组件通过 EventSystem 对象看不到，它就是 BaseRaycaster

组件。BaseRaycaster 组件也是一个基类模块，前面所说的输入模块要检测到鼠标事件，必须有 BaseRaycaster 组件才能确定目标对象。

一个完整的事件系统如图 5-54 所示。摄像机上的 Event System 负责事件管理，Standalone Input Module 负责输入，Physics Raycaster 负责确定目标对象，目标对象的 Collider 和 Event Trigger 负责接收事件并处理。

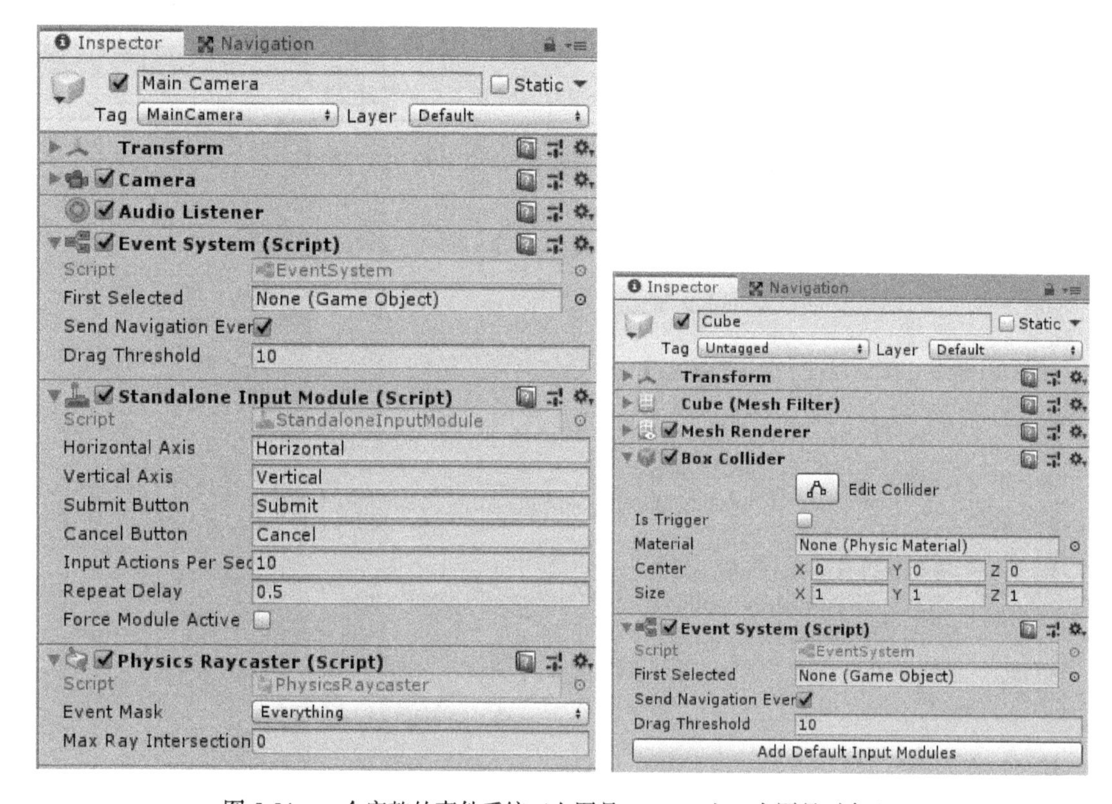

图 5-54　一个完整的事件系统（左图是 Camera 上，右图是对象上）

2．门演示案例

（1）场景建立

新建项目“门演示代码”，导入“门资源包 .unitypackage”，新建场景“SamepleScene.unity”，把 Assets/Prefabs 目录下的“Door”拖曳到 Hierarchy 视图中，并重设其“Transform”。设置摄像机“Main Camera”的“Transform”的“Position”为（18,11,−40），“Rotation”为（15,−18,0），其他保持不变。

新建 Cube1，设置“Position”为（0,0,0.8），“Scale”为（1,32,0.5）。新建 Cube2，设置“Position”为（6.5,15.49,0.87），“Scale”为（12.5,1,0.5）。新建 Cube3，设置“Position”为（13.33,0,0.8），“Scale”为（1,32,0.5）。演示场景如图 5-55 所示。

（2）动画创建与设置

在 Hierarchy 视图中选中 Door 对象，执行“Component”→“Miscellaneous”→“Animator”命令，如图 5-56 所示，给 Door 添加一个 Animator Controller（动画控制器），并将其命名为“DoorOpenAC”，保存在 Assets 目录下，如图 5-57 所示。

双击“DoorOpenAC”文件，打开“Animator”编辑窗口，如图 5-58 所示。

图 5-55　演示场景

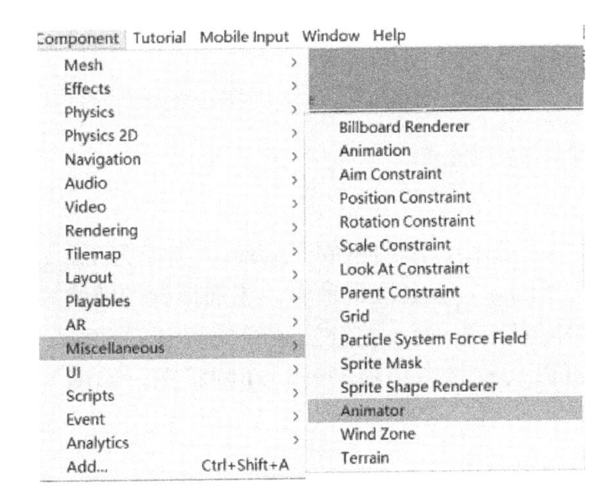

图 5-56　添加 AnimatorController 组件

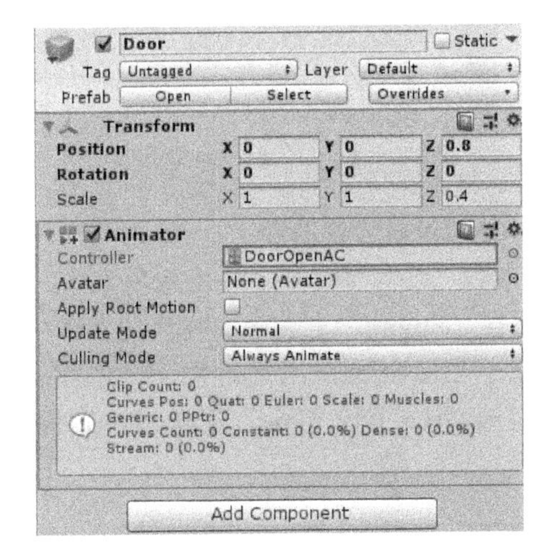

图 5-57　DoorOpenAC

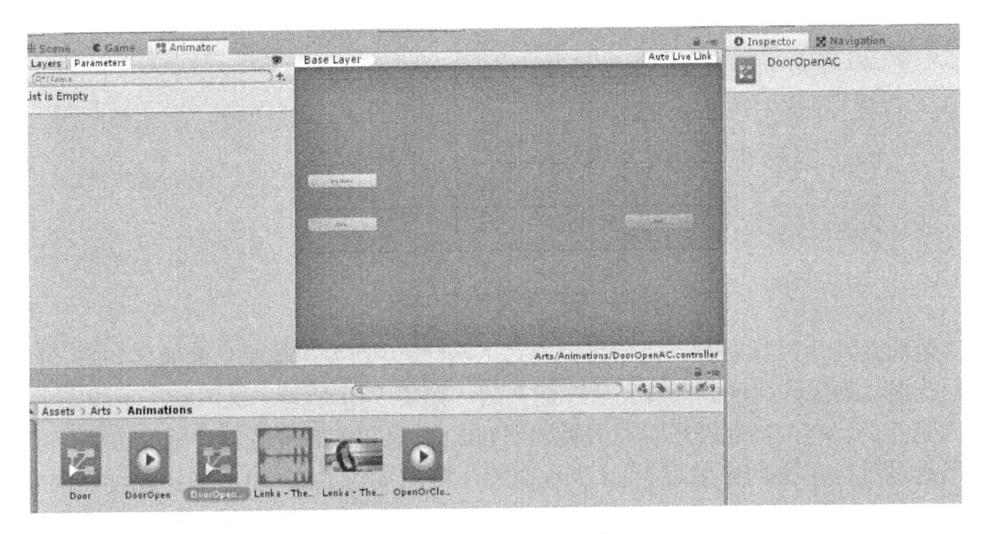

图 5-58　“Animator”编辑窗口

右击中间操作区，在快捷菜单中执行“Create State”→“Empty”命令，新建一个空的动画状态，命名为“Empty”，设置为默认状态。再次执行“Create State”→“Empty”命令，新建另一个空的动画状态，命名为“OpenDoor”，并把动画片段“OpenOrClose.anim”赋给它。复制“OpenDoor”并粘贴，将新的动画状态重命名为“CloseDoor”，速度调为 -1，倒着播放动画，即关门动画，如图 5-59 所示。

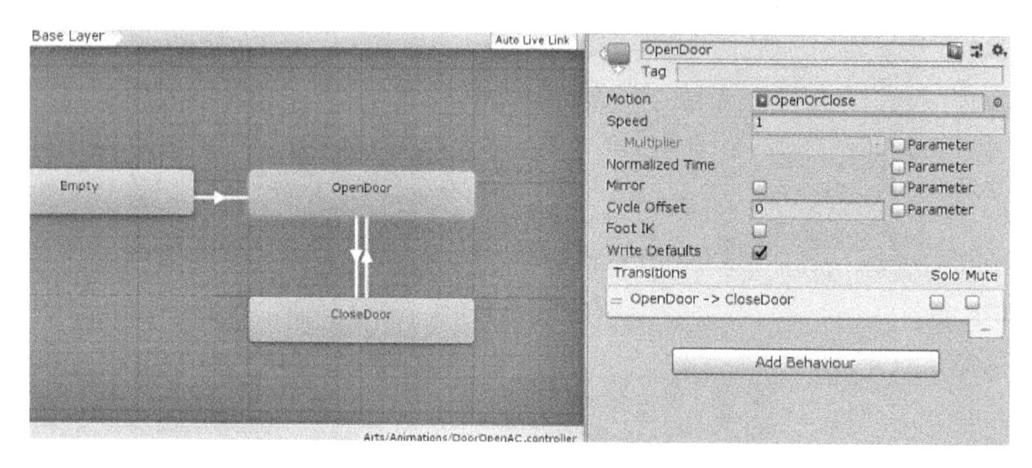

图 5-59　动画片段赋值

（3）动画参数设置

在左边的“Parameters”选项卡中，单击“+”按钮，添加参数“Next”，类型为 Trigger。然后在“Empty”上右击，在快捷菜单中执行“Make Transition”命令，添加动画的转换。单击这个 Transition，添加触发动画触发条件“Next”，当 Next 被触发时切换到开门动画。取消勾选“Has Exit Time”复选框，确保随时可以从空状态切换到开门动画状态，如图 5-60 所示。

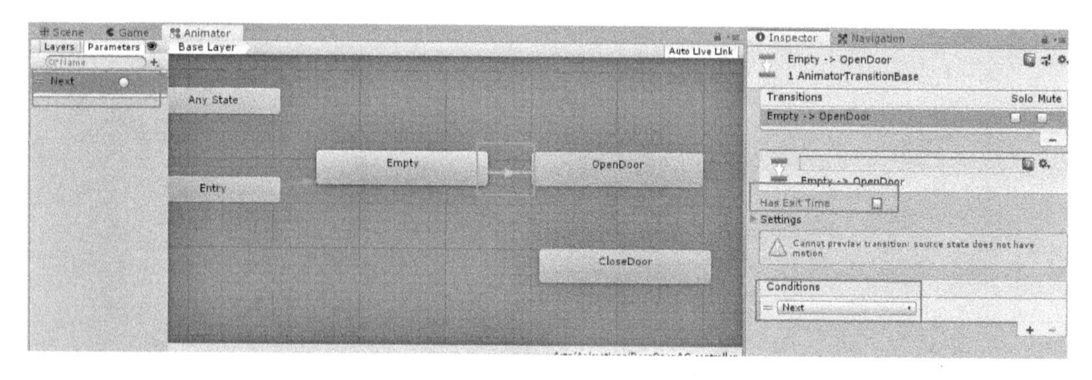

图 5-60　触发条件“Next”

当动画切换到开门状态时，仍然可以通过 Next 触发到关门动画，此时要勾选“Has Exit Time”复选框，确保开门动画播放完后才能关门，如图 5-61 所示。关门状态下同样可以通过 Next 又回到开门状态。如此循环，只需要调用 Next 就可以实现开关门动画的切换。

若想通过鼠标单击门来触发 Next 实现交互，则需要给 Door 加上事件触发器和碰撞体。选择 Door，执行“Component”→“Physics”→“Box Collider”命令，给 Door 添加盒子碰撞体，如图 5-62 所示。

选择 Door，执行“Component”→“Event”→“Event Trigger”命令，给 Door 添加事件触发器，如图 5-63 所示。

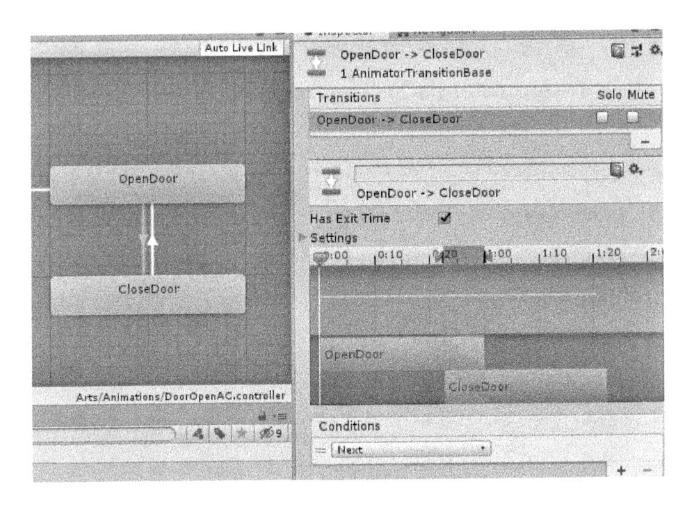

图 5-61　关门触发条件

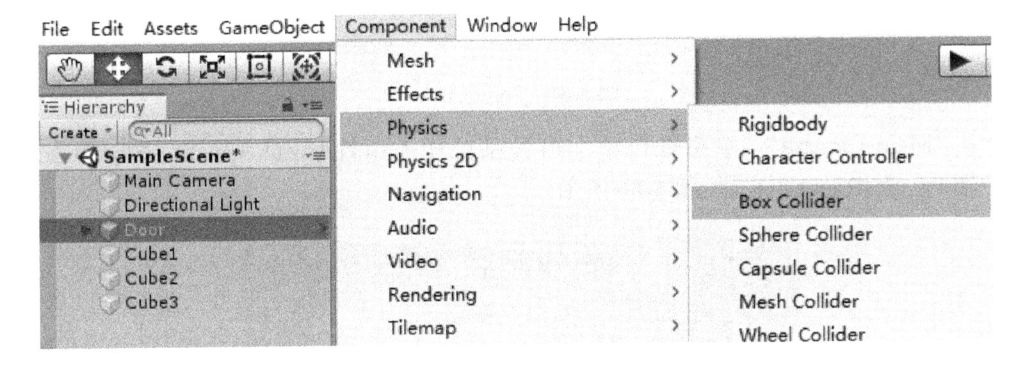

图 5-62　给 Door 添加盒子碰撞体

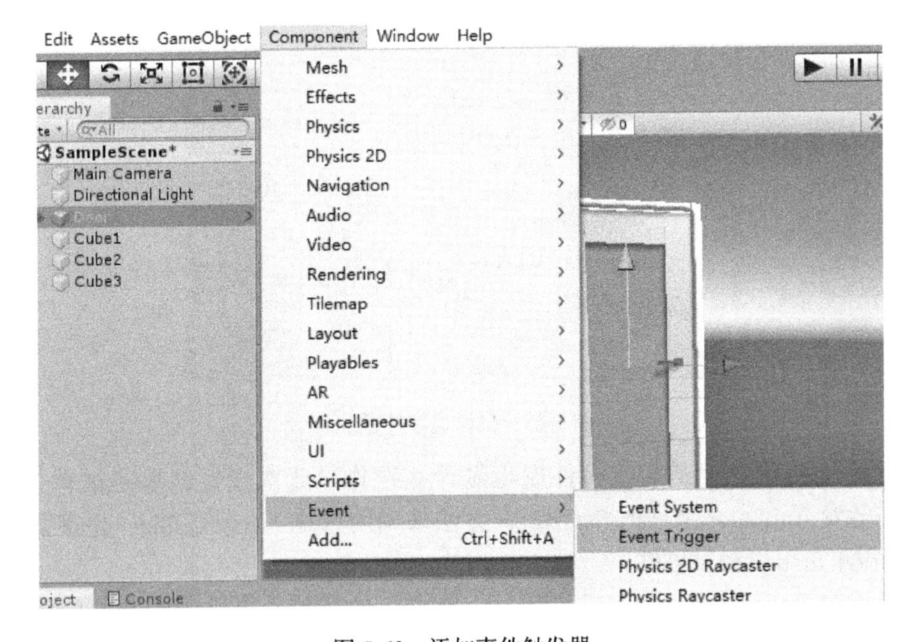

图 5-63　添加事件触发器

在 Inspector 视图中，单击“Add New Event Type”按钮，选择“Point Click”选项，然后选择 Door，右边选择 Animator 的 SetTrigger 触发条件，再输入“Next”，如图 5-64 所示。

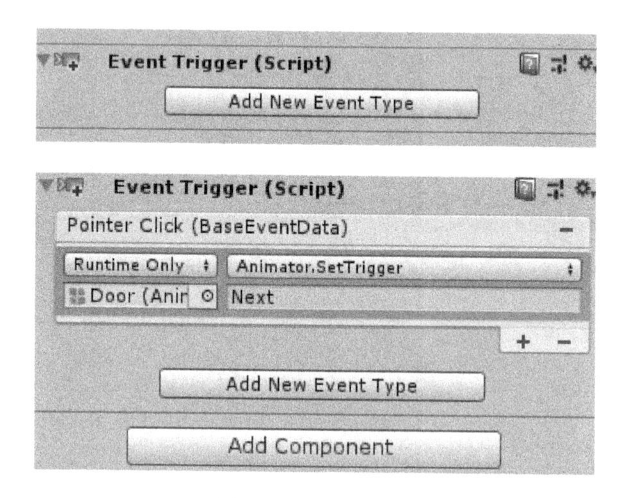

图 5-64　Point Click

选中“Main Camera”，给摄像机添加事件系统相关组件 Event System、StandaloneInput Module 和 PhysicsRaycaster，如图 5-65 所示。

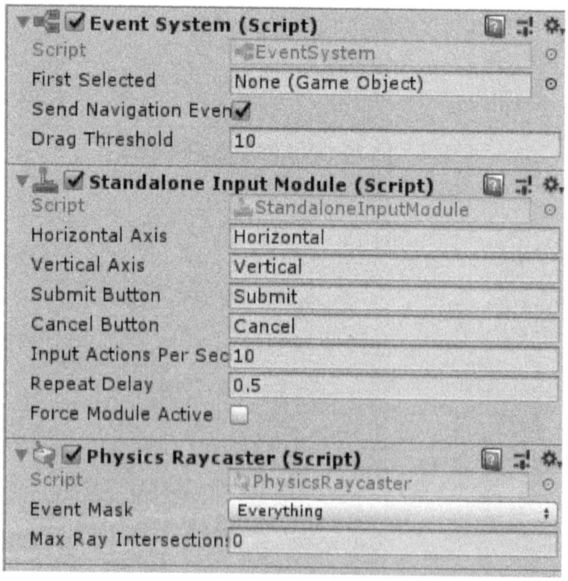

图 5-65　摄像机事件系统

事件触发器控制发生了某些事件后将做什么操作。此次设置结果是被单击（Pointer Click）后，触发 Animator 组件的 SetTrigger 方法来调用 Next。Box Collider 碰撞体影响这个门哪些部分被单击可以触发事件。

保存场景为 DoorOpen.unity，运行项目。单击门的部位，可以看到开关门的效果，如图 5-66 所示。

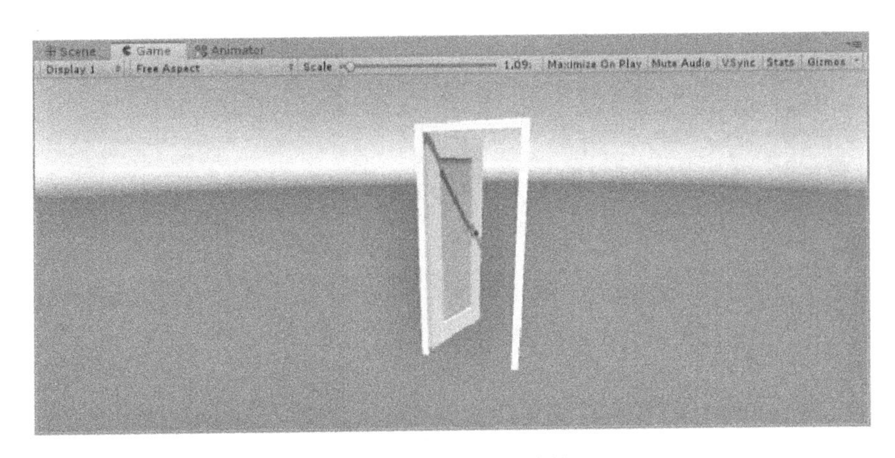

图 5-66　开关门的效果

3．摄像机位置跳转案例

将刚才建立的场景另存为 gui_nav.unity。给场景中添加一个 Plane，并给其添加一个 Mesh Collider 组件，如图 5-67 所示。

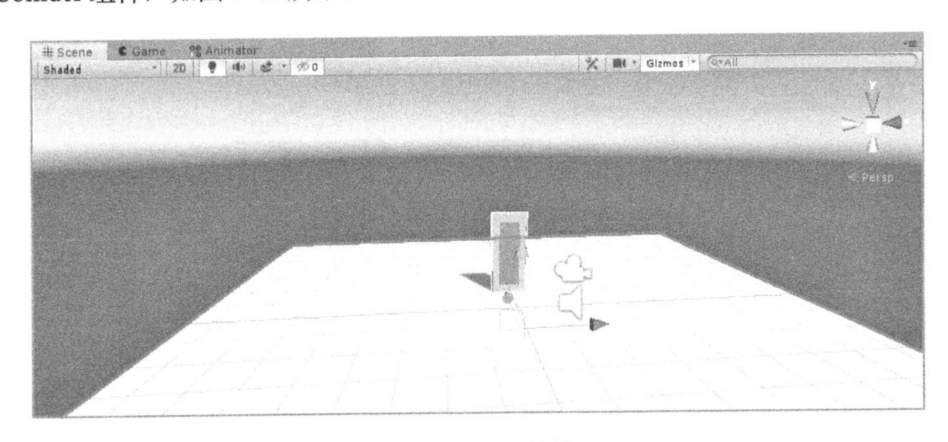

图 5-67　Nav 场景

删除场景中原来有的 Main Camera，因为下面要使用第一人称控制的摄像机。将路径 Assets/FPSCharacter/Prefabs/ 下的预制件 FPSController_Free.prefab 拖曳到场景中，设置其“Tag”为“Player”。运行项目，可以使用键盘的方向键来控制移动。

继续在场景中新建 3 个 SetPlace 空对象及 1 个新 GUI 空对象 gui，如图 5-68 所示。在室内外选取合适的点，分别添加空对象，调整其位置和角度，将其作为跳转目标点，使它们成为 SetPlace 的子对象，如图 5-69 所示。

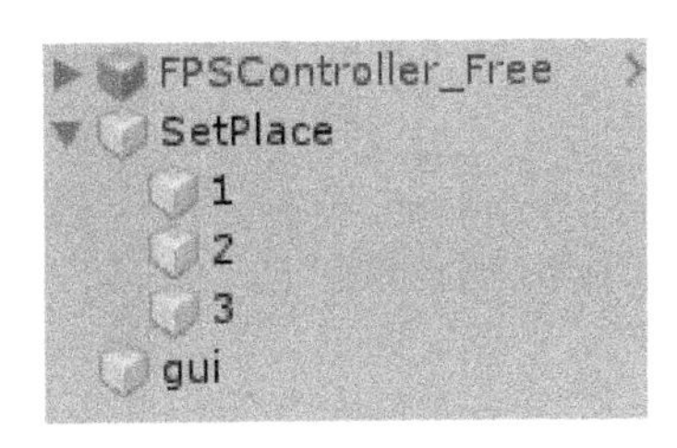

图 5-68　新建空对象

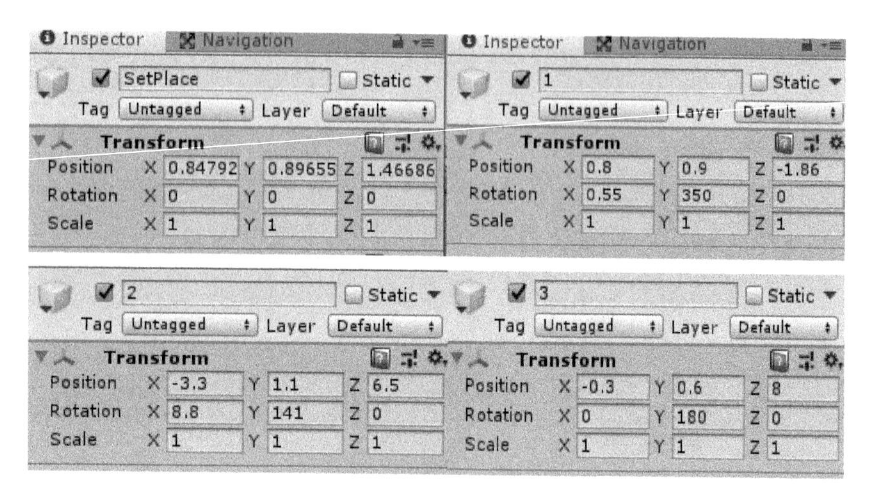

图 5-69　空对象的位置和角度

为 Place 添加“SetPlace.cs”脚本，将预先设定好位置的几个空对象拖曳到脚本的相应栏中，如图 5-70、图 5-71 所示。

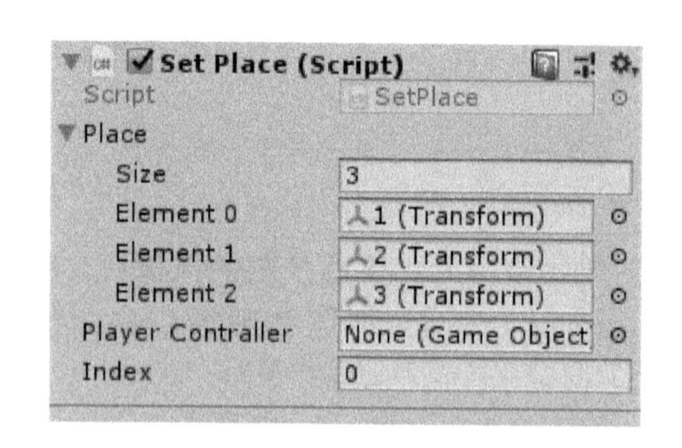

图 5-70　gui 设置

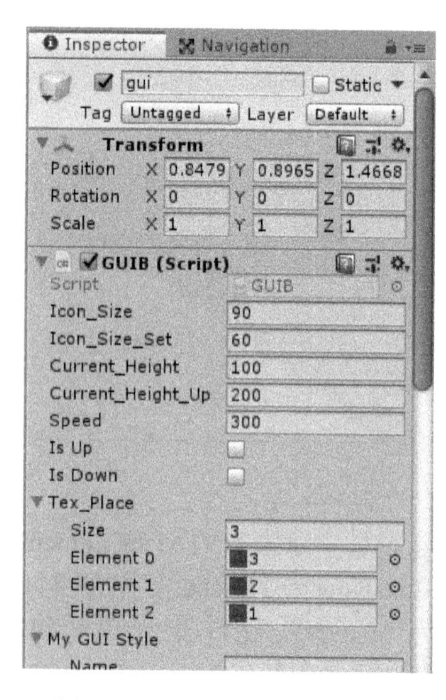

图 5-71　“SetPlace.cs”脚本设置

代码如下。

```
using UnityEngine;
using System.Collections;
public class SetPlace : MonoBehaviour {
    public static SetPlace Instance;// 保存本实例，供其他程序调用
    public Transform[] Place;// 定义跳转位置的数组
    public GameObject PlayerContraller;
    public int index;
    void Start () {
        Instance = this;
```

```
        // 通过标签找到 Player 对象
        PlayerContraller = GameObject.FindWithTag("Player");
    }
    public void GetToPlace(int index){
        if(Place == null)       // 没有跳转位置，则返回
            return;
        if(Place[index] != null){// 设置跳转到的新位置
            PlayerContraller.transform.position = Place[index].position;
            // 设置 Player 的旋转角为跳转后位置的角度
            PlayerContraller.transform.eulerAngles =new Vector3(0, Place[index].transform.eulerAngles.y, 0);
        }
    }
}
```

为 gui 添加“GUIB.cs”脚本，设置显示 logo 图像，测试调整到合适视角。代码如下。

```
using UnityEngine;
using System.Collections;
public class GUIB : MonoBehaviour {
    public float Icon_Size;// 导航图标大小
    public float Icon_Size_Set;// 提示窗口大小
    public float Current_Height;// 导航图标高度位置
    public float Current_Height_Up;// 提示窗口高度位置
    public float Speed;
    public bool IsUp;
    public Texture[] Tex_Place;
    public GUIStyle MyGUIStyle;
    public GUIStyle MyButtonStyle;
    public bool IsQuestion;
    void Start () {
        // 设置显示的导航图标大小
        Icon_Size = Screen.width*0.10f;
        // 设置帮助提示的窗口大小
        Icon_Size_Set = Screen.width*0.04f;
        // 初始化高度为 0，表示在屏幕下方，不显示
        Current_Height = 0;
        Current_Height_Up = Screen.height+Icon_Size_Set;
    }
    void Update(){
        // 显示与隐藏提示窗口
        GUI_Update_IsUp();
        // 显示与隐藏导航图标
        IsUp_Update();
    }
    void OnGUI(){
        // 绘制导航图标及提示窗口
        Set_Place();
        DrawQuestionBox();
    }
    void IsUp_Update(){
        // 如果光标的位置在屏幕下方，则显示图标
        if(Input.mousePosition.y < Icon_Size-10){
```

```
                IsUp = true;
            }
            else{
                IsUp = false;
            }
        }
        void GUI_Update_IsUp(){
            //高度逐渐增加，会有过渡动画效果来显示图标
            if(IsUp&&Current_Height < Icon_Size){
                Current_Height += Time.deltaTime*Speed;
            }
            else if(!IsUp&&Current_Height > 0){
                Current_Height -= Time.deltaTime*Speed;
            }
        }
        private void Set_Place(){
            //画出3幅导航图，并指定图标跳转的位置
            GUI.Box(new Rect(Screen.width*0.05f,Screen.height-Current_Height-10,Icon_Size,Icon_Size),Tex_
    Place[0]);
            GUI.Box(new Rect(Screen.width*0.17f,Screen.height-Current_Height-10,Icon_Size,Icon_Size),Tex_
    Place[1]);
            GUI.Box(new Rect(Screen.width*0.29f,Screen.height-Current_Height-10,Icon_Size,Icon_Size),Tex_
    Place[2]);
    if (GUI.Button(new Rect(Screen.width*0.05f,Screen.height-Current_Height-10,Icon_Size,Icon_
    Size),"",MyGUIStyle)){
                SetPlace.Instance.GetToPlace(0);
            }
            if(GUI.Button(new Rect(Screen.width*0.17f,Screen.height-Current_Height -10,Icon_Size,Icon_
    Size),"",MyGUIStyle)){
                SetPlace.Instance.GetToPlace(1);
            }
            if(GUI.Button(new Rect(Screen.width*0.29f,Screen.height-Current_Height -10,Icon_Size,Icon_
    Size),"",MyGUIStyle)){
                SetPlace.Instance.GetToPlace(2);
            }
        }
        private void DrawQuestionBox(){
             if(GUI.Button(new Rect(Screen.width - Icon_Size_Set,0,Icon_Size_Set,Icon_Size_
    Set),"",MyButtonStyle)){
            if(IsQuestion){
                IsQuestion = false;
            }
                else{
                    IsQuestion = true;
                }
            }
            if(IsQuestion){
                GUI.Box(new Rect(Screen.width * 0.15f,Screen.height * 0.05f,Screen.width*0.7f,Screen.
    height*0.7f),
                    "1.Press W or Up to go forward\n\n" +
                    "2.Press S or Down to go backward\n\n" +
```

```
                "3.Press A or Left to go left\n\n" +
                "4.Press D or Right to go right\n\n" +
                "5.Press Mouse Button Right to Rotate Camera\n\n" +
                "6.Click Mouse Button Left to Use\n" +
                "Thank your!!");
        if(GUI.Button(new Rect(Screen.width*0.5f-40,Screen.height*0.75f-30.0f,80,25),"Cancle")){
                IsQuestion = false;
            }
        }
    }
}
```

5.5 动画

5.5.1 Animation

Unity3D 中可以利用 Animation 来创建简单的动画。复杂的动画一般由第三方软件（如 3ds Max）创建并以 FBX 格式文件导入资源中的形式来使用。动画的播放由动画控制器实现。需要说明的是：当使用 Animation 时，需选中物体，完成创建动画（如 XX.anim），如图 5-72 所示；同时，生成一个相应的动画控制器 XX. Controller，如图 5-73 所示。

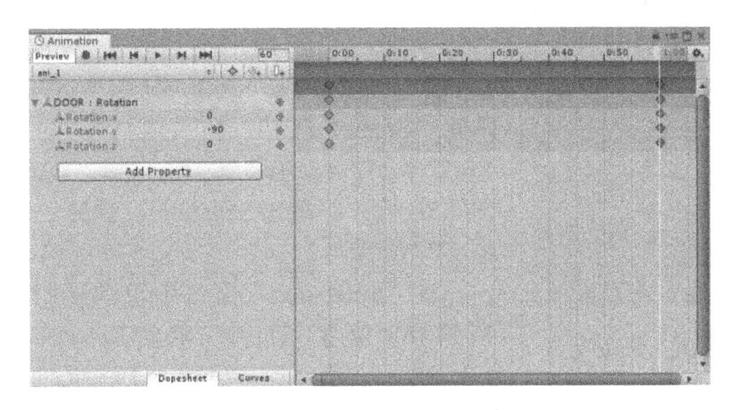

图 5-72 创建动画

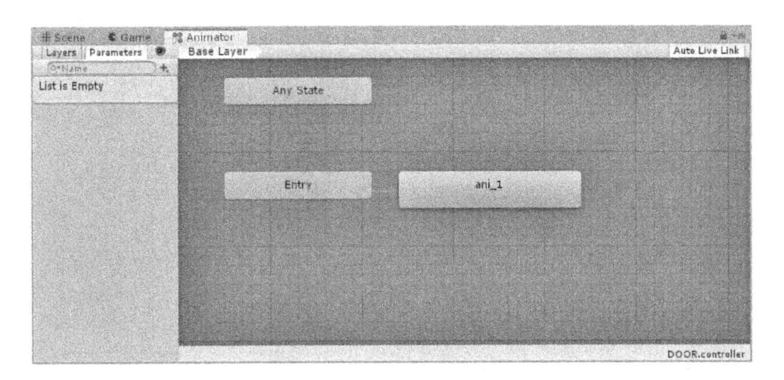

图 5-73 生成动画控制器

5.5.2 门动画的创建与制作

新建项目，执行“Game Object”→“3D Object”→“Cube”命令，将Cube命名为“Door”，设置其“Position”为（0,1,−8），“Rotation”为（0.8,2,0.1），创建Door对象。给门赋予木质纹理，参数如图5-74所示。

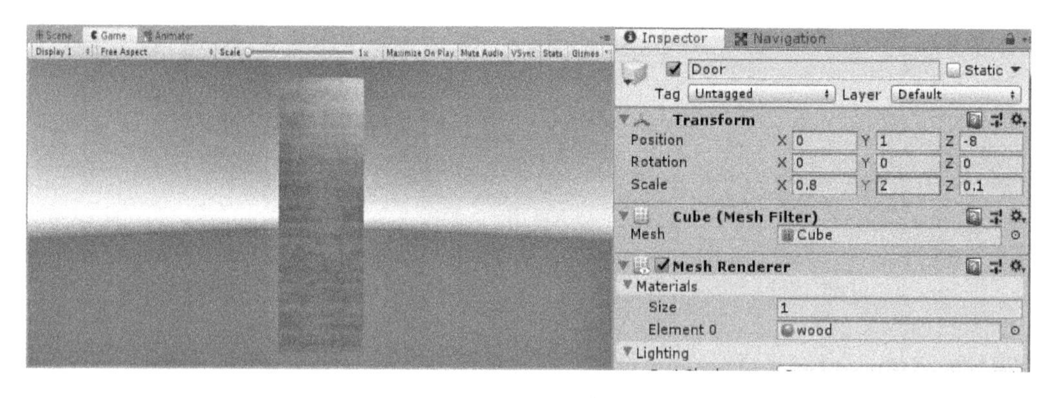

图5-74　Door参数

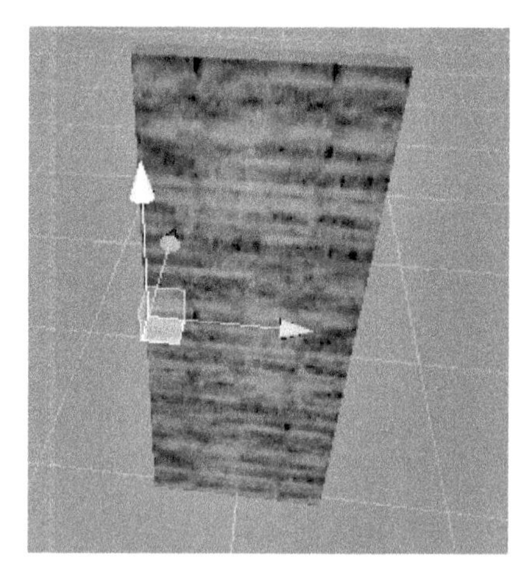

图5-75　空对象DOOR的位置

在Hierarchy视图中，创建一个空对象“DOOR”，设置“Position”为（−0.4,0,−8），使其位于门的左边，如图5-75所示。

拖曳Door到DOOR上，将实体Door变成DOOR的子对象。选择DOOR，执行“Window”→“Animation”→“Animation”命令，打开“Animation”窗口，然后单击“Create”按钮，输入动画名“ani_1”，保存文件。单击“Add Property”按钮，选择“Transform”选项，如图5-76所示；单击Rotation右侧的“+”图标，效果如图5-77所示。

在“Animation”窗口中单击录制按钮，移动关键帧到1:00位置，将DOOR的Rotation.y从0旋转到垂直（−90）位置。这样创建了DOOR的一个动画（ani_1.anim），如图5-78所示，单击播放按钮浏览动画效果。

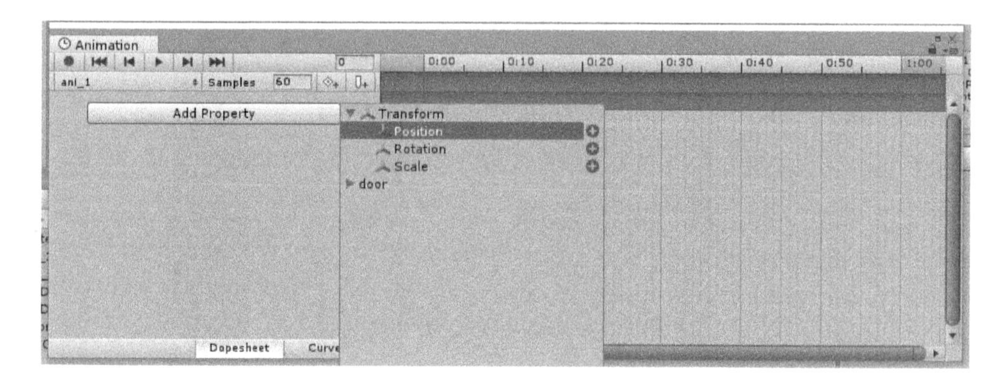

图5-76　“Animation”窗口

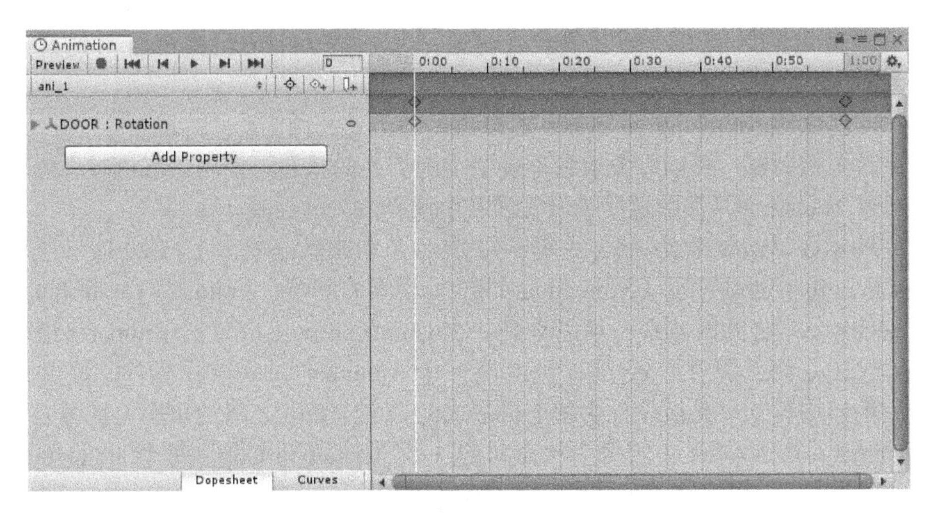

图 5-77 添加 Rotation 效果

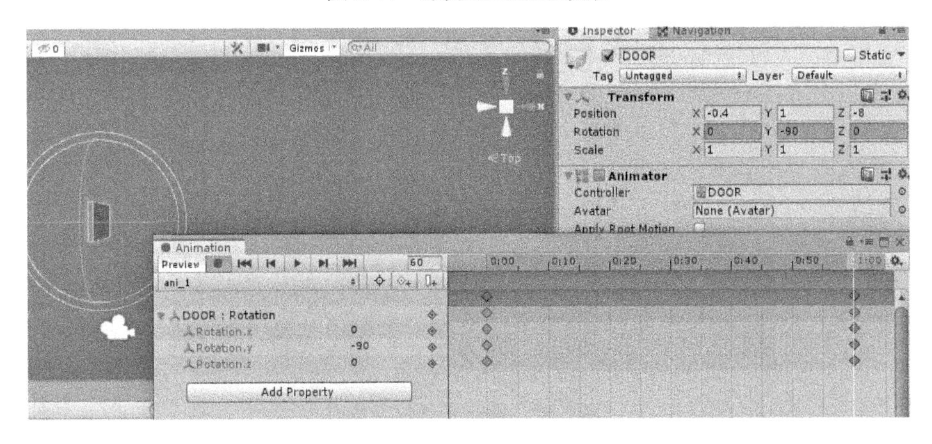

图 5-78 创建 ani_1 动画

在完成 DOOR 旋转动画的同时，在资源窗口中生成了一个动画控制器 DOOR.Controller（状态机）。打开 DOOR. Controller，如图 5-79 所示。运行项目，可以看到门的运动动画。

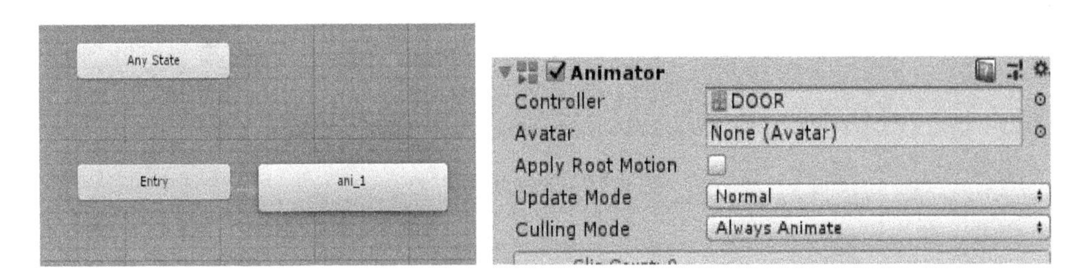

图 5-79 DOOR.Controller

5.5.3 Mecanim 动画系统简介

Mecanim 动画系统是从 Unity3D 4.0 开始引入的一套全新的动画系统，主要提供了以下 4 个功能。

- 针对人形角色提供一套特殊的工作流，包含 Avatar 的创建和对肌肉的调节。

- 有动画重定向的能力，可以非常方便地把动画从一个角色模型应用到其他角色模型上。
- 提供可视化的 Animation 编辑器，可以方便地创建和预览动画片段。
- 提供动画控制器，可以方便地管理多个动画切换的状态。使用状态机的思想可以直观地通过 Transition（动画过渡线）管理各个动画之间的过渡。

图 5-80 展示了 Avatar 骨骼系统；图 5-81 展示了动画状态机；图 5-82 展示了 Mecanim 动画组件关系，包括动画片段（Animation Clip）、动画控制器（Animator Controller）与游戏对象（GameObject）之间的联系。可以看到，在 GameObject 上绑定的 Animator 组件是控制模型动画播放的。而其属性 Controller 则对应一个 Animator Controller 文件，该文件可以在“Animator”窗口中打开，是被设计为状态机形式的，多个状态之间的切换关系可以在该窗口中设置。Animator Controller 中的每个状态对应一个 Animation Clip，每个 Animation Clip 是一个简单的动画单元，可以在“Animation”窗口中打开。

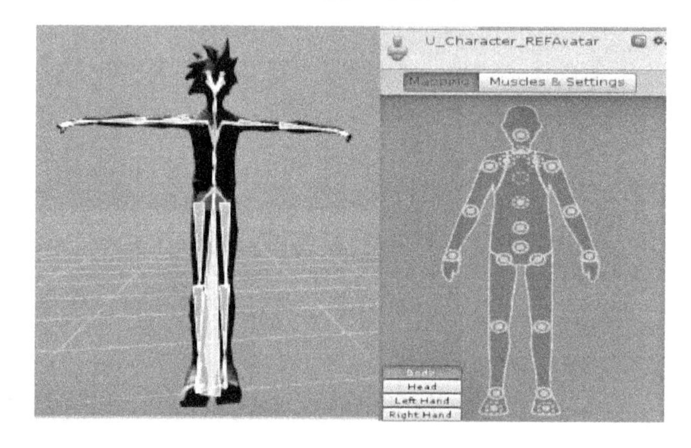

图 5-80　Avatar 骨骼系统

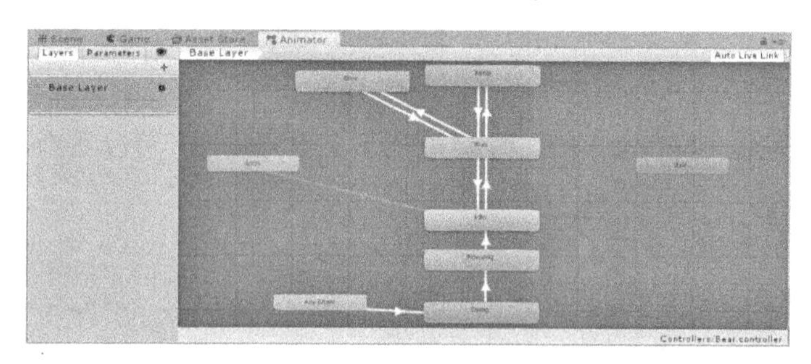

图 5-81　动画状态机

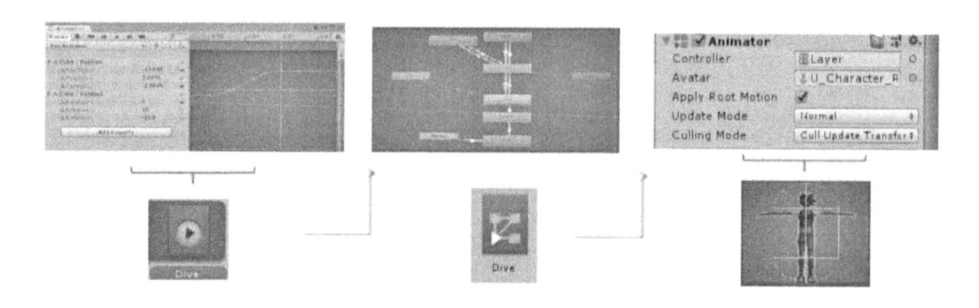

图 5-82　Mecanim 动画组件关系

5.5.4 案例——Mecanim 人物动画系统

本节通过一个案例演示如何使用 Mecainm 动画系统，包括建立项目 U3DDemo2、导入资源包 Character Pack Free Sample。

1．场景及动画设置

新建一个场景，命名为“Main.unity”。添加环境对象，新建一个 Plane 对象，在 Mesh Renderer 组件中为 Materials 的 Element 0 赋予一个材质 free_male_1_body。在 Project 视图的 Assets/Supercyan Character Pack Free Sample/Prefabs/Base/High Quality/ 目录中找到预制件 MaleFree1.prefab，将其拖曳到 Hierarchy 视图中，命名为“Player”。重置其“Transform”属性，设置其“Tag”为“Player”。调整 Player 的位置，使其站立在地面上。为 Player 添加一个 Capsule Collider 组件，设置“Height”为 1，“Center”为（0,0.5,0）。再添加一个 Rigidbody 组件，设置“Freeze Rotation ”为“X”“Y”，其他不变，如图 5-83 所示。

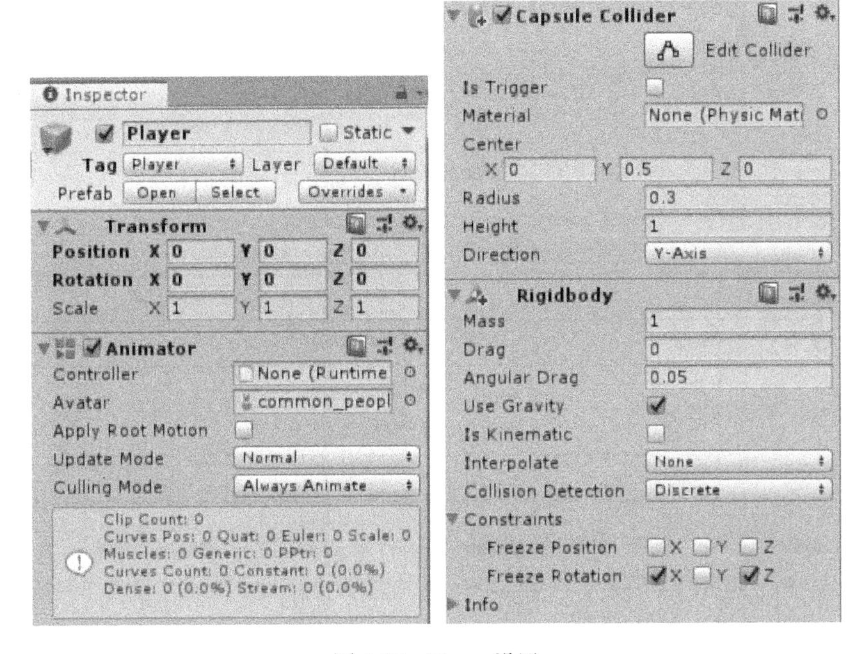

图 5-83　Player 设置

2．添加动画控制器

在 Project 视图的“Assets”面板中建立“_Animator”目录，并在此目录下建立一个 Animator Controller，重命名为“MyAnimatorAC”，并拖曳到 Player 上。因为这里使用代码控制位移，所以不用勾选 Animator Controller 组件的“Apply Root Motion”复选框，如图 5-84 所示。

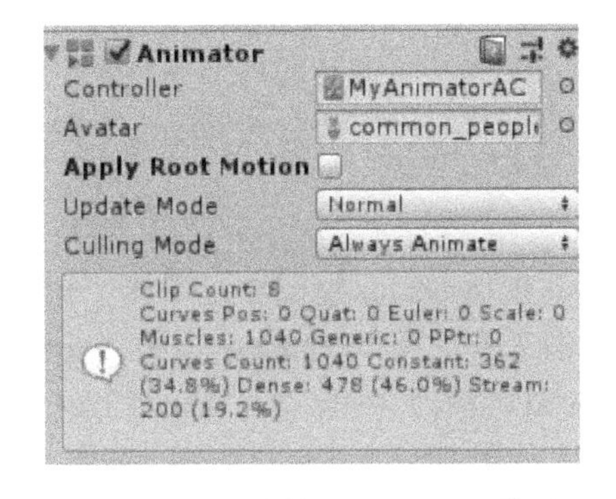

图 5-84　Player 的“Animator”设置

“Animator”中各个属性的意义如下。

- Controller：使用的 Animator Controller 文件。
- Avatar：使用的骨骼文件。

- Apply Root Motion：绑定该组件的 GameObject 的位置是否可以由动画进行改变（如果存在改变位移的动画）。
- Update Mode：更新模式。Normal 表示使用 Update 进行更新，Animate Physics 表示使用 FixUpdate 进行更新（一般用在和物体有交互的情况下），Unscale Time 表示无视 timeScale 进行更新（一般用在 UI 动画中）。
- Culling Mode：剔除模式。Always Animate 表示即使摄像机看不见也要进行动画播放的更新，Cull Update Transform 表示摄像机看不见时停止动画播放但位置会继续更新，Cull Completely 表示摄像机看不见时停止动画的所有更新。

在 Animator Controller 中单击“Parameters”下的“+”图标，如图 5-85 所示，添加如表 5-6 所示的动画参数。

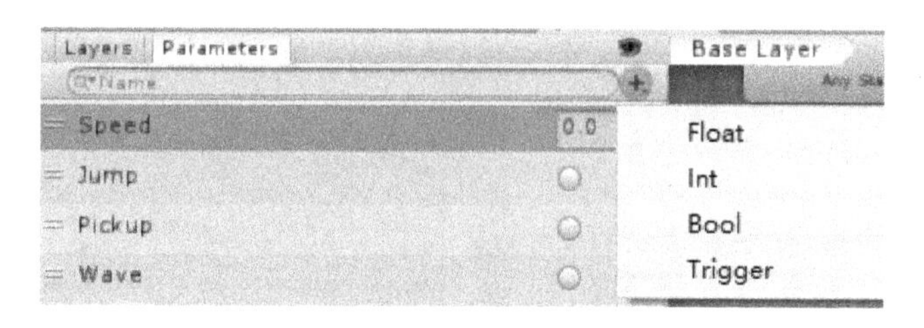

图 5-85　单击“Parameters”下的“+”图标

表 5-6　动画参数

变　量	类　型	说　明
Speed	float	角色运动速度
Wave	Trigger	触发挥手状态
Jump	Trigger	触发跳跃状态
Pickup	Trigger	触发捡拾状态

在 Base Layer 层上，在中间状态机窗口中右击，执行“Create State”→“From New Blend Tree”命令，如图 5-86 所示，建立一个混合树（Blend Tree）类型的状态，命名为“Movement”，双击它进入编辑窗口。

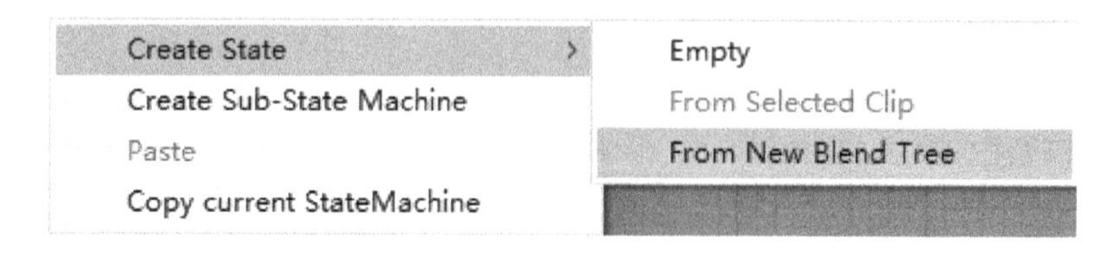

图 5-86　执行“From New Blend Tree”命令

在 Inspector 视图中，单击“+”图标添加 5 个 Motion，如图 5-87 所示。分别选择相应动画，并设置“Parameter”为“Speed”，分别单击视图中的数字 0 和 1，更改为 −1 和 1，即 Speed 范围为（−1，1）。Blend Tree 状态如图 5-88 所示。

返回 Base Layer 层，执行如图 5-89 所示的命令，建立一个 Empty 状态，命名为“Jump”。单击“Motion”右边的圆形按钮，设置其“Motion”为“jump-up”，如图 5-90 所示。

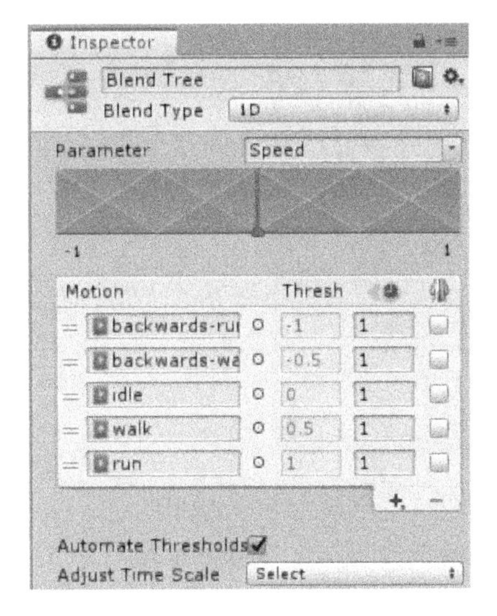

图 5-87 添加 5 个 Motion

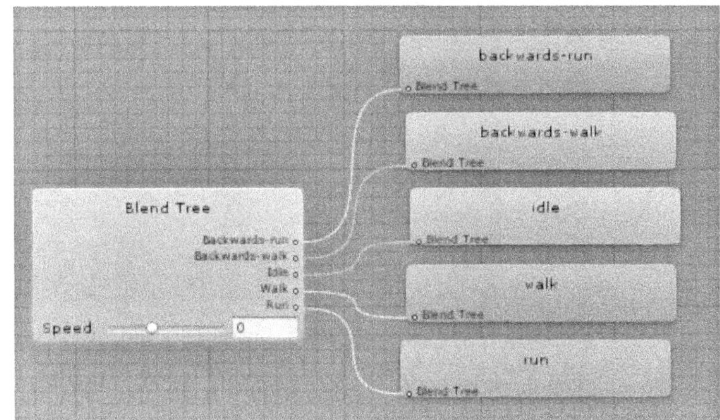

图 5-88 Blend Tree 状态

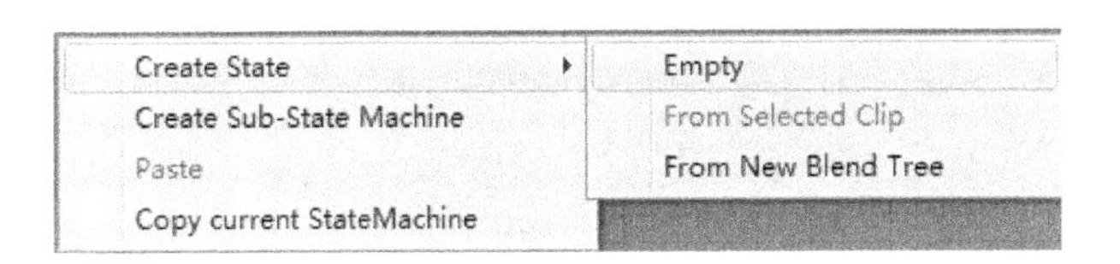

图 5-89 建立一个 Empty 状态

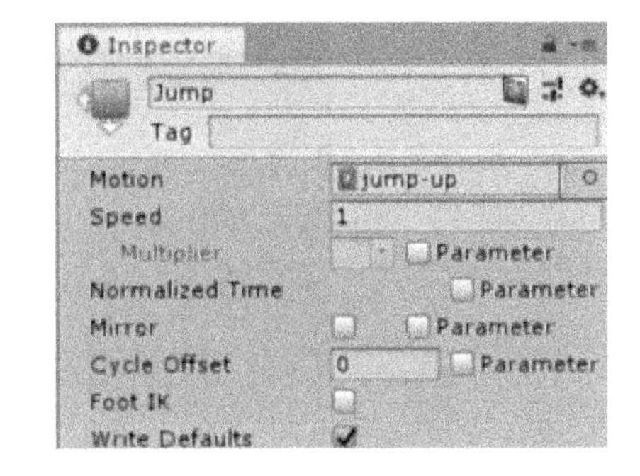

图 5-90 Jump 状态

下面创建状态之间的转换（Transitions）。右击 Jump 状态，在快捷菜单中执行“Make Transitions”命令，单击 Movement 状态，建立从 Jump 到 Movement 的转换。使用同样方法建立从 Movement 到 Jump 的转换。动画状态及转换如图 5-91 所示。

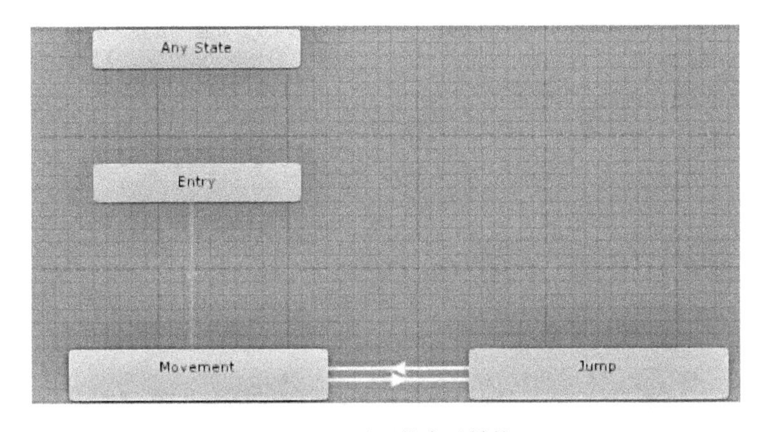

图 5-91 动画状态及转换

选择“Jump → Movement”的“Transitions”选项，在 Inspector 视图中，设置“Exit Time”为 0.9，“Interruption Source”为“Current State Then Next State”，如图 5-92 所示。

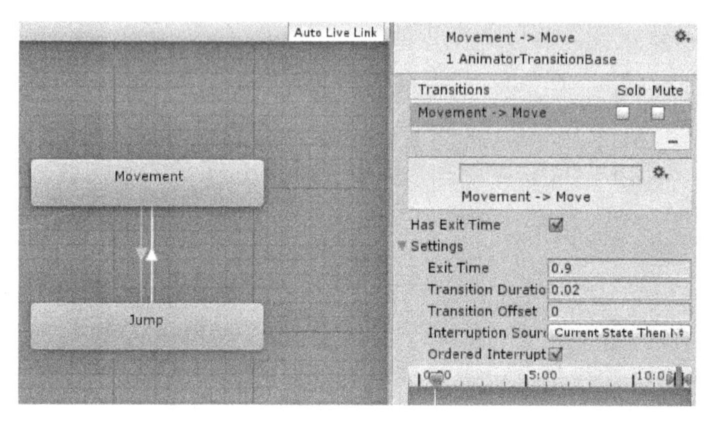

图 5-92 “Movement → Jump”的“Transitions”设置

使用同样的方法设置“Movement → Jump”的“Transitions”，单击“Conditions”下的“+”图标，设置条件为触发器参数 Jump，取消勾选“Has Exit Time”复选框，如图 5-93 所示。

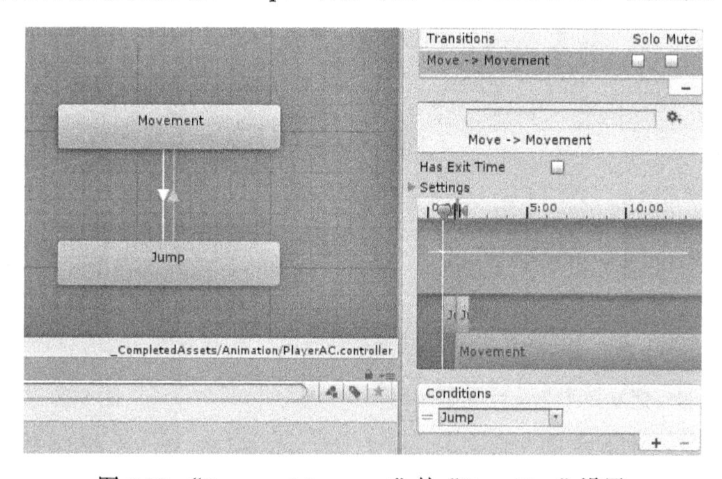

图 5-93 “Jump → Movement”的“Transition”设置

在“Layers”选项卡中，单击“+”图标，新建一个层“Animations”，单击“Layer”选项卡中“Animations”右边的齿轮图标，设置“Weight”为 1。这个层用于控制手部的挥手和捡拾动作，如图 5-94 所示。

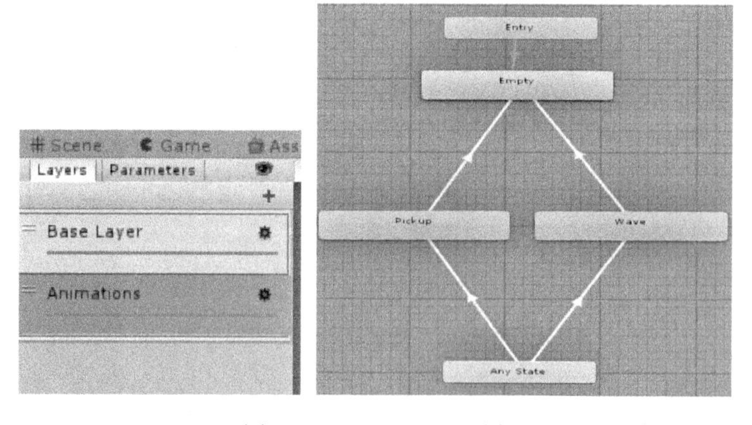

图 5-94 “Animations”层

创建 3 个 Empty 状态：Empty、Pickup 和 Wave。设置 Wave 状态的“Motion”为“wave”，如图 5-95 所示。设置 Pickup 状态的“Motion”为“pickup”，如图 5-96 所示。

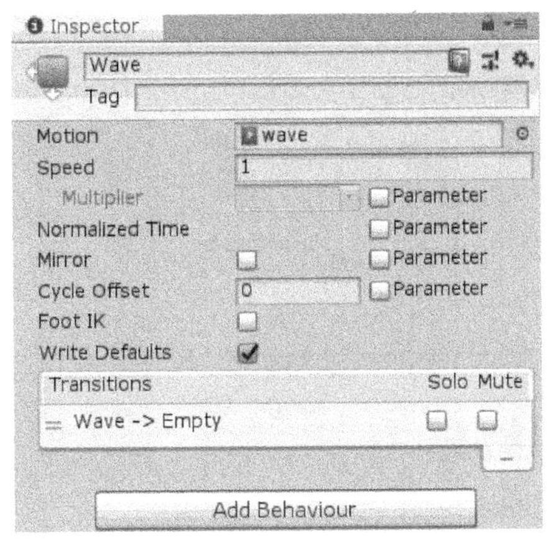

图 5-95　Wave 状态

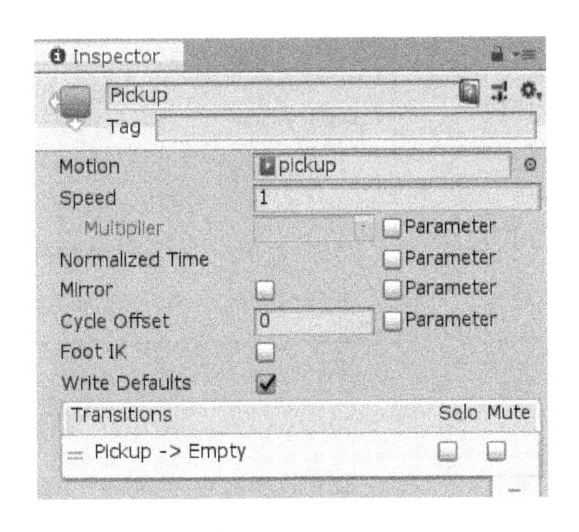

图 5-96　Pickup 状态

动画转换“AnyState → Wave”的条件为 Wave 触发器，取消勾选“Has Exit Time”复选框。动画转换“AnyState → Pickup”的条件为 Pickup 触发器，取消勾选“Has Exit Time”复选框。动画转换“Wave → Empty”和“Pickup → Empty”中分别设置“Exit Time”为 0.9，0.9。

3．摄像机跟随

在 Assets 面板中新建目录“_Scripts”，并新建脚本“CameraMover.cs”，将脚本绑定到“Main Camera”对象上。代码如下。

```
public class CameraMover : MonoBehaviour
{
  public Transform follow;// 跟随的目标，这里指定 Player
  publicfloat distanceAway = -2.0f;// 距离目标的水平位移
  publicfloat distanceUp = 1.5f;// 距离目标的垂直位移
  publicfloat smooth = 1.0f;// 摄像机平滑移动系数
  private Vector3 targetPosition;
  voidLateUpdate()
  {
    targetPosition = follow.position + Vector3.up * distanceUp - follow.forward * distanceAway;
        // 随时间逐渐移动到目标位置
    transform.position = Vector3.Lerp(transform.position, targetPosition, Time.deltaTime * smooth);
        // 摄像机朝向目标 follow，这里是 Player
    transform.LookAt(follow);
  }
}
```

根据公式 targetPosition=player.position+distanceUp-distanceAway，如图 5-97 所示，得到摄像机的位置，要注意向量的方向。

在摄像机的 Inspect 视图中指定“Follow”为 Player，其他数值如图 5-98 所示，“Distance Away”为 −2 时可以在正面看到人物。

运行程序，查看效果，如图 5-99 所示。下面使用按键操控 Player，使其运动起来。

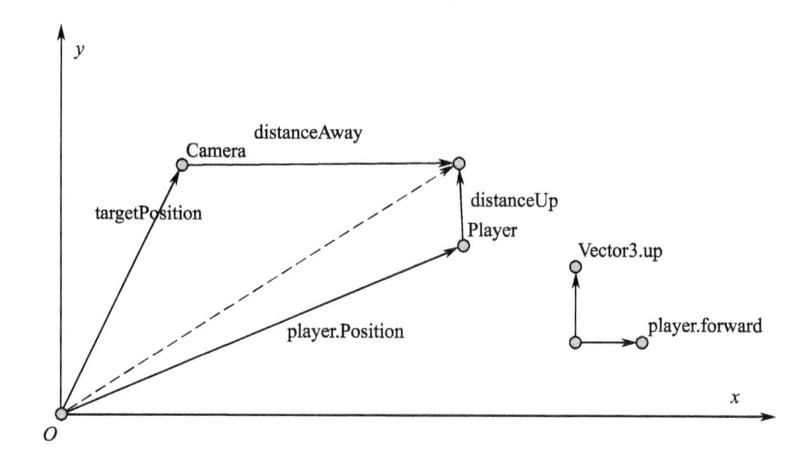

图 5-97　摄像机跟随计算方法

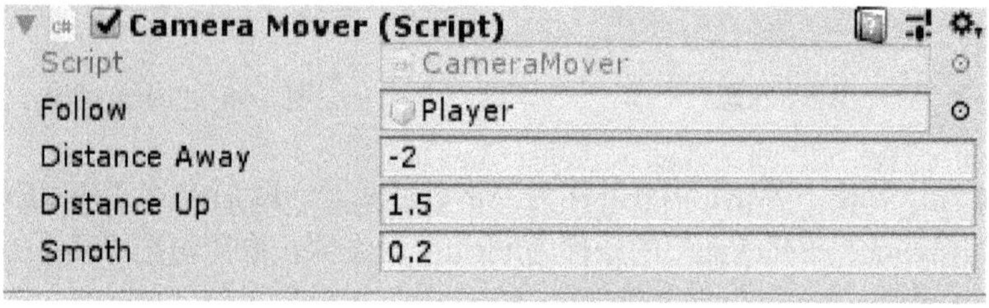

Camera Mover (Script)	
Script	CameraMover
Follow	Player
Distance Away	-2
Distance Up	1.5
Smoth	0.2

图 5-98　Camera 设置

图 5-99　运行效果

4．角色运动控制

在 _Scripts 目录下建立脚本“PlayerMover.cs”，并把脚本赋给 Player 对象。代码如下。

```
public class PlayerMover : MonoBehaviour
{
private Animator m_animator;
private float m_moveSpeed = 2;
private float m_turnSpeed = 200;// 转向速度系数
private float m_speed = 0.0f;
private float m_jumpTimeStamp = 0;//Jump 操作时间戳
```

```
    private float m_animationsTimeStamp = 0;//Wave 和 Pickup 操作时间戳
    private float m_minTimeInterval = 0.25f;// 每个操作的时间间隔
    private readonly float m_interpolation = 10;// 插值系数
    private float m_currentH=0;// 当前方向
    void Start()
    {
    // 获取 Player 上的 Animator 组件
            m_animator = GetComponent<Animator>();
    }
    void Update()
    {
    float v = Input.GetAxis("Vertical");
    float h = Input.GetAxis("Horizontal");
            m_speed = v*m_moveSpeed;// 得到速度
            m_animator.SetFloat("Speed",m_speed);// 设置 Animator Controller 的 Speed 值
            transform.position += transform.forward * m_speed * Time.deltaTime;// 移动
            m_currentH = Mathf.Lerp(m_currentH, h, Time.deltaTime* m_interpolation);
    transform.Rotate(0, m_currentH * m_turnSpeed * Time.deltaTime, 0);
    if ((Time.time - m_jumpTimeStamp) >= m_minTimeInterval && Input.GetKey(KeyCode.Space))
            {
                m_jumpTimeStamp = Time.time;
                m_animator.SetTrigger("Jump");// 设置 Jump 的触发条件
            }
    if ((Time.time - m_animationsTimeStamp) >= m_minTimeInterval && Input.GetButton("Fire1"))
            {
                m_animationsTimeStamp = Time.time;
                m_animator.SetTrigger("Pickup");
            }
    if ((Time.time - m_animationsTimeStamp) >= m_minTimeInterval && Input.GetButton("Fire2"))
            {
                m_animationsTimeStamp = Time.time;
                m_animator.SetTrigger("Wave");
            }
        }
    }
}
```

其中，animator 表示 Player 对象上的 Animator 对象。Input.GetButton("Fire1") 是输入控制，表示玩家按下“Fire1”键，这里是 Ctrl 键，角色开始做 Pickup 动作，后面的输入控制类似。m_animator.SetFloat("Speed",m_speed) 表示给动画状态机 MyAnimatorAC 中定义的参数 Speed 赋一个值。transform.Rotate(0, m_currentH * m_turnSpeed * Time.deltaTime, 0) 表示让 Player 执行绕 y 轴随时间逐渐旋转。m_animator.SetTrigger("Wave") 表示设置触发参数 Wave，Animator Controller 执行动画状态机的 Wave 状态，即进行挥手动作。运行程序可以看到，用键盘的上下左右键进行移动，Ctrl 键控制捡拾动作，Alt 键控制举手动作。

5.5.5 案例——Mecanim 动物动画系统

本例通过老虎动作的展示演示动物动画系统的使用。先创建两个按钮，一个用来展示老虎各个动作；另一个用来结束动作，回到初始状态，如图 5-100 所示。

图 5-100 场景展示

创建 Tiger 的动画状态机（tiger.controller）。先创建 1 个 idle，作为初始的动作状态；创建 4 个动画状态：walk、hit、sound、run，最后设置如图 5-101 所示的状态转换。

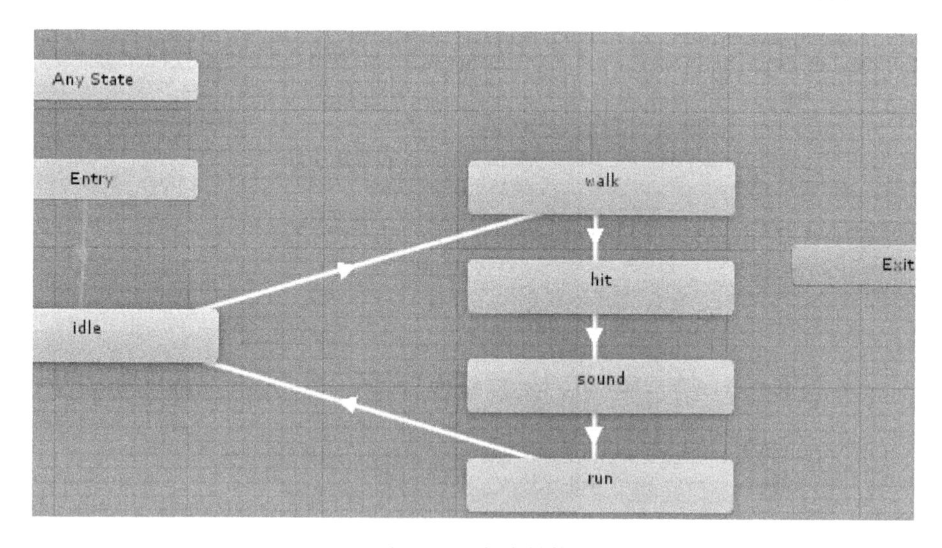

图 5-101 状态转换

在“Parameters”选项卡中，添加两个 Trigger 类型变量：walk 和 idle，如图 5-102 所示。

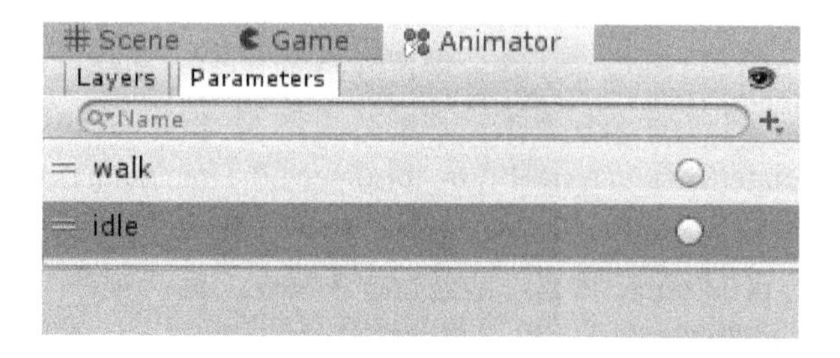

图 5-102 “Parameters”选项卡

设置 Transitions。将“idle → walk”的条件设置为“walk”；将“run → idle”的条件设置为“idle”，取消勾选“Has Exit Time”复选框，如图 5-103 所示。

给 Tiger 建立 Animator Controller，并将控制器 tiger 赋给老虎模型，如图 5-104 所示。

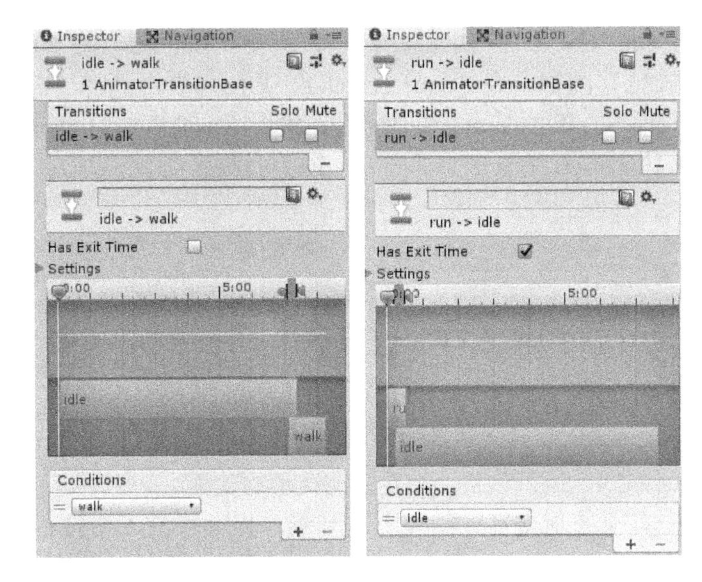

图 5-103 过渡条件设置

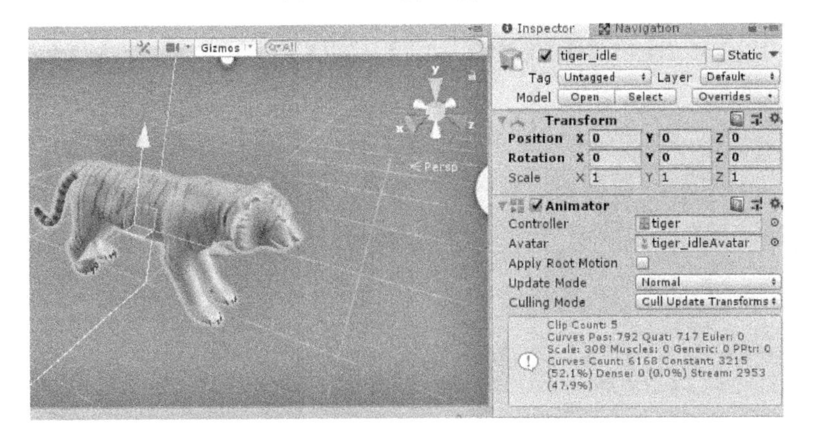

图 5-104 将控制器 tiger 赋给考虑模型

执行“GameObject”→“UI”→“Button”命令，创建两个控制按钮，设置“Text”分别为“开始演示”和“停止”，如图 5-105 所示。

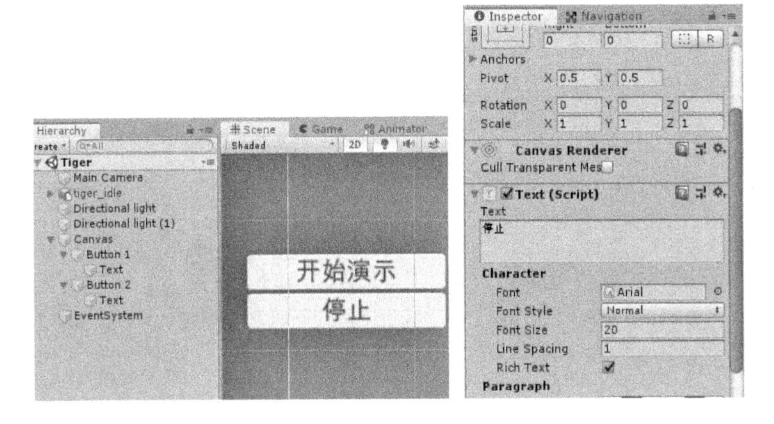

图 5-105 控制按钮

设置按钮动作（On Click）。在 Hierarchy 视图中选中 Button1，在 Inspector 视图的“On Click()”面板中单击“+”图标，在“none object()”下拉列表中选择“tiger_idle”对象，单击“no funtion”文本框，选择 Animator.SetTigger，输入“walk”；对 Button2 进行同样的操作，输入“idle”，如图 5-106 所示。

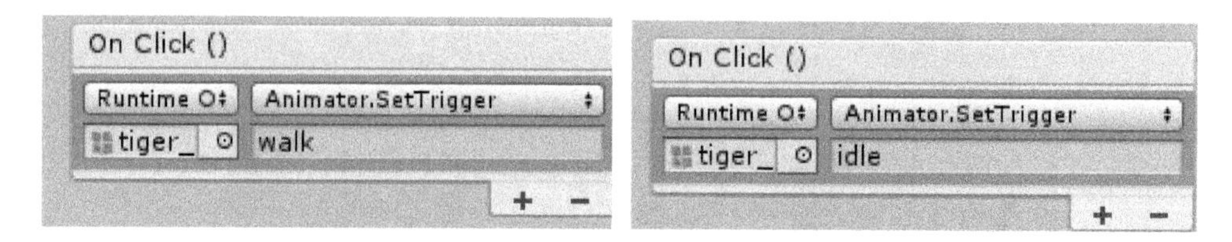

图 5-106　设置按钮单击操作

保存场景为 Tiger.unity，运行项目，查看老虎演示的动画。

如果需要进一步实现动画交互，需要更改场景。界面中有 5 个按钮，分别是“walk”、“hit”、“sound”、“run”和“观望”，如图 5-107 所示。

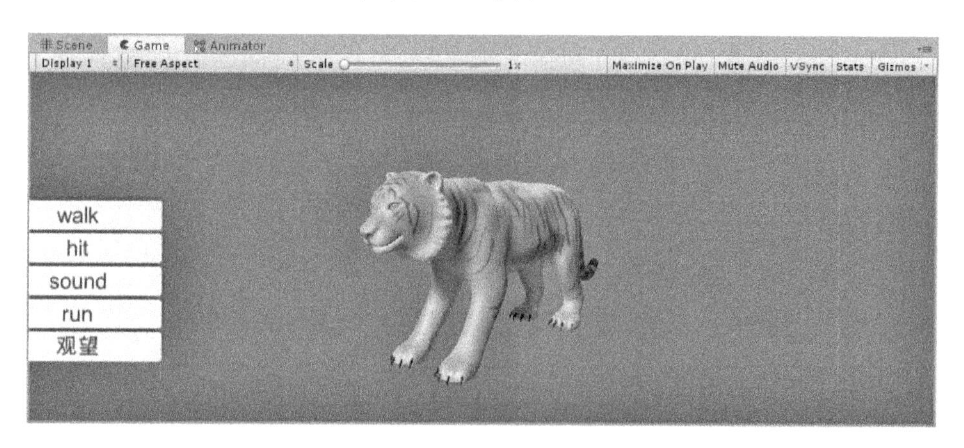

图 5-107　动画交互场景

因为需要实现动画交互，即单击按钮有响应，所以必须实现各个动作之间的实时转换，这就要在动画控制器中对所有动画之间的转换设置过渡条件，修改 Tiger 动画控制器，如图 5-108 所示。

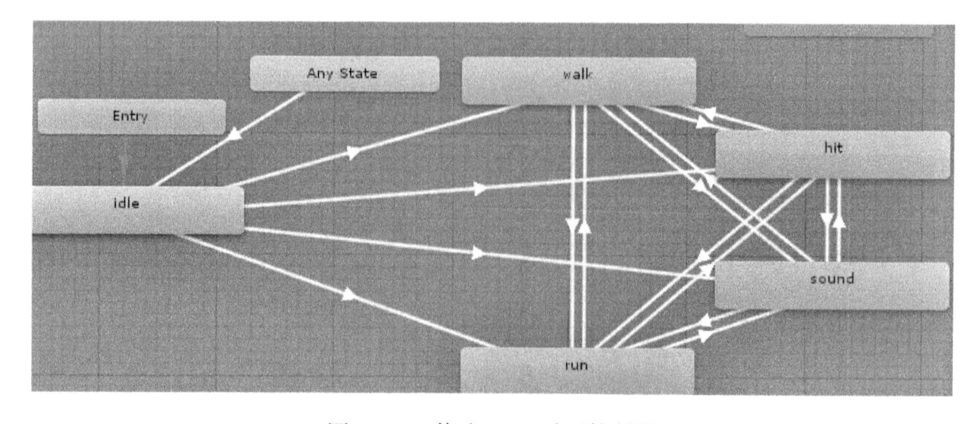

图 5-108　修改 Tiger 动画控制器

如图 5-109 所示，设置 5 个 Trigger 类型的动画过渡条件参数：walk、hit、sound、run 和 idle，实现动画状态之间的转换。其中，“Any State- → idle”是指在任意时刻只要符合过渡条件（idle），就可以开启 idle 的动画。

按照之前的方式，设置 5 个按钮的触发条件。运行项目，单击相应的按钮，老虎做出相应的动作。

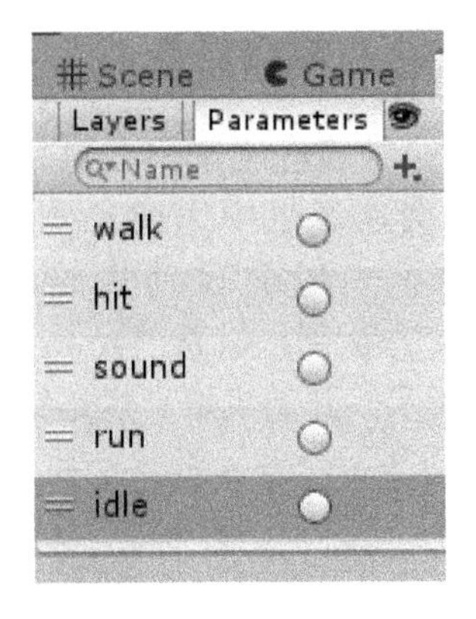

图 5-109 Tiger 动画控制器参数设置

5.6 案例——场景漫游

本节通过一个场景漫游案例演示 Unity3D 如何工作。建立一个新的项目“U3DDemo3”，获取并导入包 Character Pack Free Sample 和 RPG/FPS Game Assets for PC/Mobile (Industrial Set v2.0)。

5.6.1 场景和角色导入

建立一个“_Prefabs”文件夹，然后使用 Industrial Set 自带的 Map_v1 场景，把整个 Hierarchy 视图的 Map_v1 拖曳到 _Prefabs 中，生成地图预制件。

新建一个场景 Main.unity 放入 _Scenes 目录下，把 _Prefabs 目录下的 Map_v1 拖曳到 Hierarchy 视图中，建立环境，重命名为“Environment”。角色使用 5.5 节的动画角色，参考 5.5 节把 Player 及脚本 PlayerMover.cs 放入场景中，并配置好 Camera 及 CameraMover 代码，设置 Distance Away 为 2。建好的场景如图 5-110 所示。

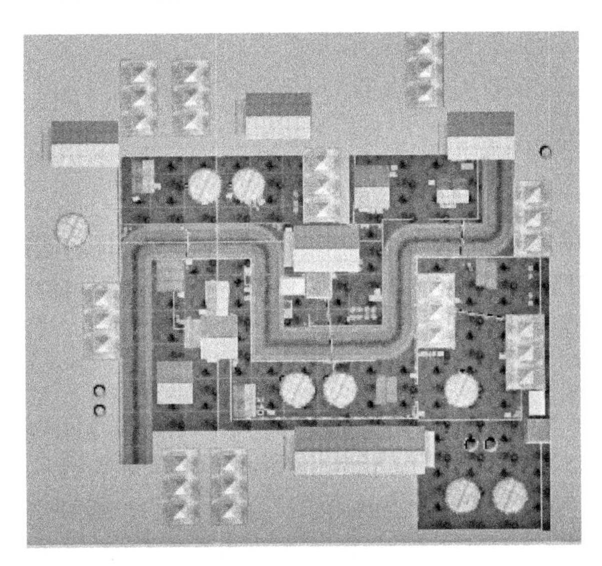

图 5-110 建好的场景

5.6.2 烘焙场景

光照烘培应用集中在烘培静态场景，不用实时光处理。烘焙需要一些时间，烘培结束后，就会在场景中生成 Lightmap 贴图。在 Environment 的 Inspector 视图中，勾选“Static”复选框。一般会自动烘焙，如果没有就执行“Window”→“Rendering”→“Lighting Settings”命令。勾选“Auto Generate”复选框或者单击“Generate Lighting”按钮，如图 5-111 所示，开始烘焙。烘焙结束后会在场景文件所在目录下生成同名文件夹及光照贴图。

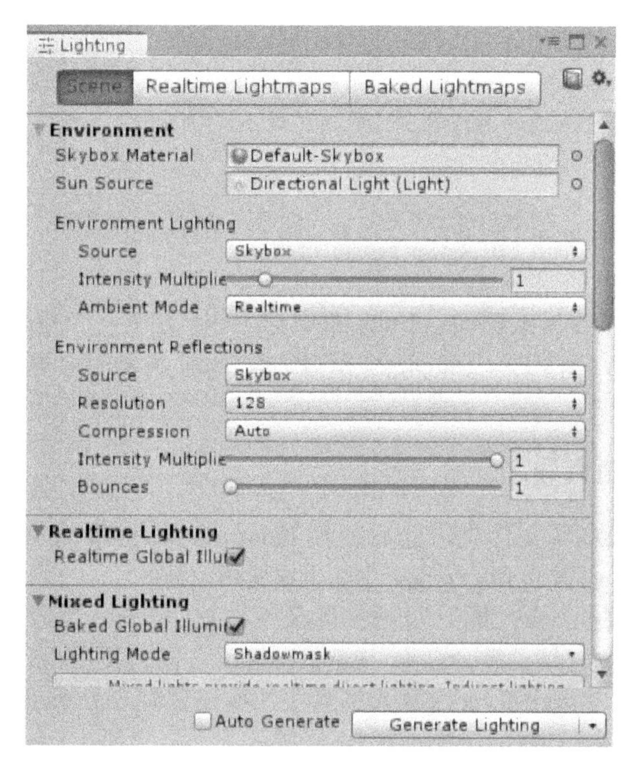

图 5-111　烘焙设置

5.6.3 自动寻路

1．导航网格介绍

NavMesh（导航网格）是 3D 场景世界中用于实现动态物体自动寻路的一种技术。导航时，只需要给导航物体挂载导航组件，导航物体便会自行根据目标点来寻找最直接的路线，并沿着该路线到达目标点。

2．创建导航网格

执行“Window”→“AI”→“Navigation”命令，在原来 Inspector 视图的旁边会出现 Navigation 面板，如图 5-112 所示。如图 5-113 所示，“Objcet”选项卡是对应当前选择的物体的，而“Bake”选项卡是对应全局选项的。其中，All、Mesh Renderers、Terrains 是对 Hirarchy 面板中显示的物品选择的一个筛选过滤，All 显示全部，MeshRenderers 显示可渲染的网格物体，而 Terrains 只显示地形物体。

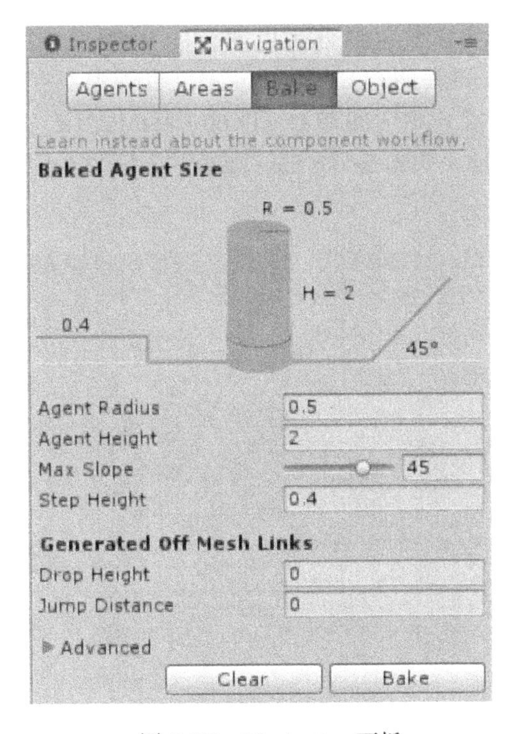

图 5-112　Navigation 面板

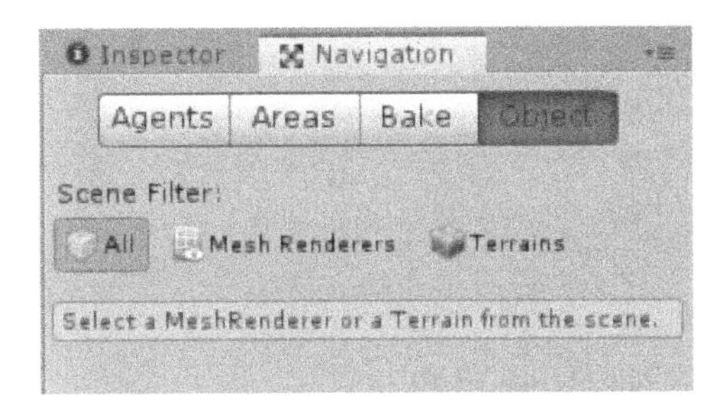

图 5-113　“Object”选项卡参数设置

“Bake”选项卡中的参数含义如下。

- Agent Radius：具有代表性的物体的半径，半径越小生成的网格面积越大。
- Agent Height：具有代表性的物体的高度。
- Max Slope：斜坡的坡度。
- Step Height：台阶的高度。
- Drop Height：允许最大的下落距离。
- Jump Distance：允许最大的跳跃距离。

单击“Bake”按钮，开始烘焙导航网格 NavMesh。生成的导航网格如图 5-114 所示。

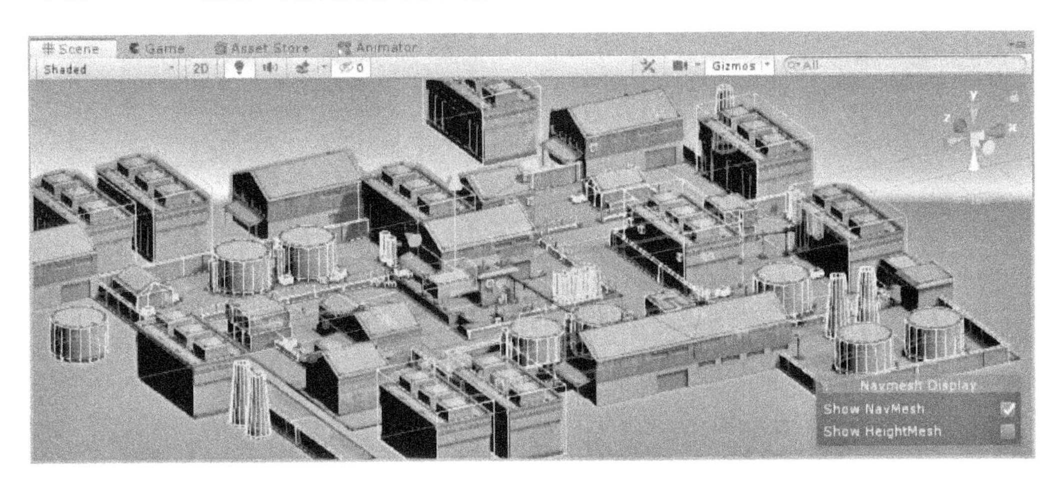

图 5-114　生成的导航网格

如图 5-115 所示，通过 Areas 选项卡可以看到，蓝色部分是可通行的 Walkable 层，但是观察场景就可以看到有些在高顶上，这个需要利用 OffMeshLink 才可以连通。在本例中，如果在“Generated Off Mesh Links”下面设置了相应的参数（Drop Height：1.5，Jump Distance：2），可以生成 OffMeshLink 通过的路径，如图 5-116 中的圆圈和弧线就是生成的 OffMeshLink 路径。

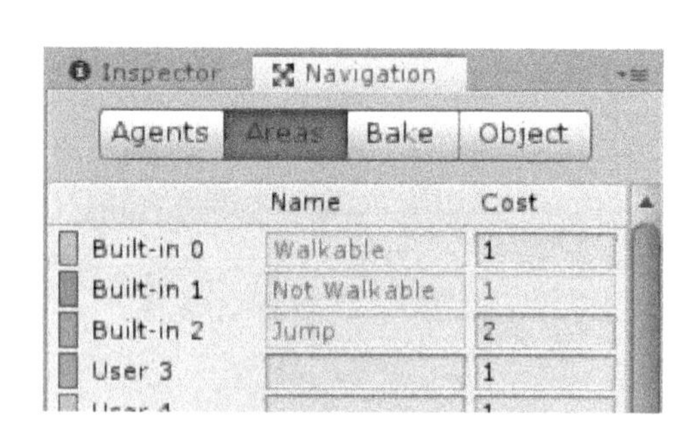

图 5-115　通行的层

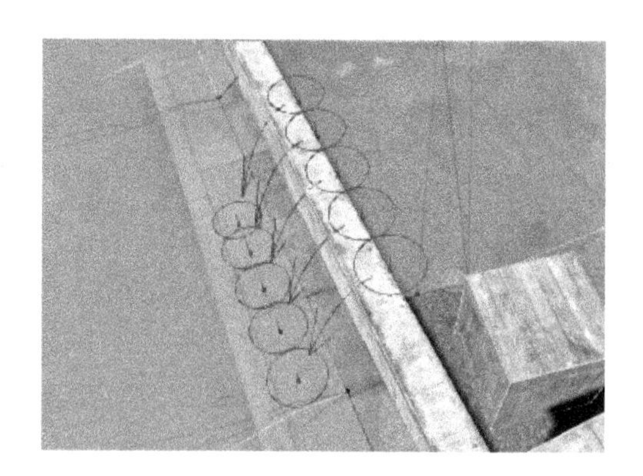

图 5-116　生成的可以跳下的路径

3．NavAgent组件

下面给 Player 挂载一个 NavAgent 组件。选中 Player，执行“Component”→“Navigation”→“Nav Mesh Agent”命令，为 Player 对象添加导航组件。设置“Stopping Distance”为 0.1，表示距目标距离小于 0.1 时就到达目标，如图 5-117 所示。添加成功后，Player 上会出现包围的圆柱框，如图 5-118 所示。

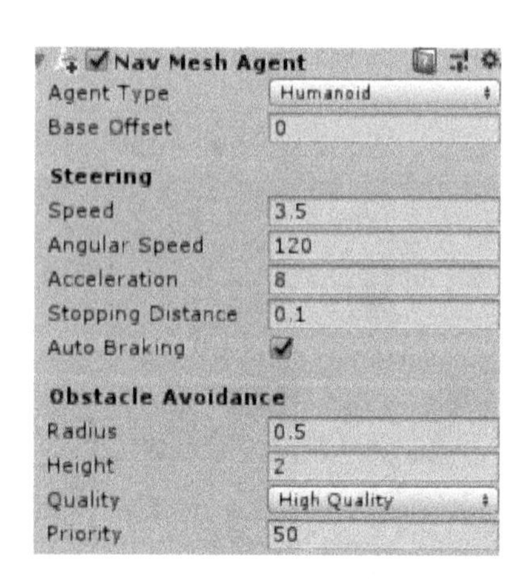

图 5-117　Player 挂载的 NavAgent 组件

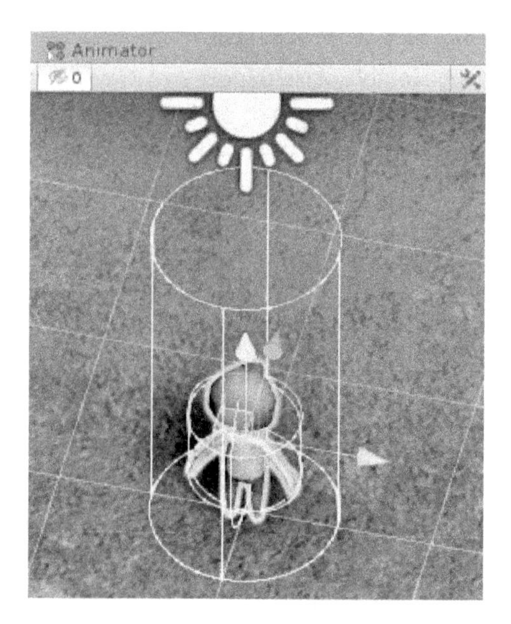

图 5-118　显示效果

4．自动寻路脚本

下面实现单击鼠标右键后自动寻路功能。为了视觉效果，修改 CameraMover 的参数

“DistanceAway”为 4，“Distance Up”为 3，去除 Player 挂载的 PlayerMover.cs 脚本。新建一个脚本 MyAgent.cs，代码如下。

定义变量：

```
public GameObject m_particle;
protected UnityEngine.AI.NavMeshAgent m_agent;
public Animator m_animator;
```

初始化：

```
void Start ()
{
  // 获取 NavMeshAgent 组件
    m_agent = GetComponent<UnityEngine.AI.NavMeshAgent>();
    m_animator = GetComponent<Animator>();
    m_particleClone = null;// 开始粒子效果为空
}
```

设置目标点：

```
protected void SetDestination()
{
    // 从摄像机发出一条朝向单击位置的射线
    var ray = Camera.main.ScreenPointToRay(Input.mousePosition);
    RaycastHit hit;
    if (Physics.Raycast(ray, out hit))
    {
        m_agent.destination = hit.point;// 射线与场景的碰撞点为目标位置
    }
}
```

ray = Camera.main.ScreenPointToRay(Input.mousePosition) 表示将屏幕上单击的位置转换成探测射线。m_agent.destination = hit.point 表示设置碰撞点为 Nav Mesh Agent 组件的目标位置。

移动控制：

```
protected bool AgentStopping()
    {  // 小于一定距离，则寻路停止
        return m_agent.remainingDistance <= m_agent.stoppingDistance;
    }
    protected bool AgentDone()
    { // 表示路径走完了
        return !m_agent.pathPending && AgentStopping();
    }
    void OnAnimatorMove()
    {  // 移动过程中修正速度和旋转度
        m_agent.velocity = m_animator.deltaPosition / Time.deltaTime;
        transform.rotation = m_animator.rootRotation;
    }
    protected void SetupAgentLocomotion()
    {
        if (AgentDone())
        {
            Move(0, 0);// 停止
        }
```

```
        else
        {
            float speed = m_agent.desiredVelocity.magnitude;
            Vector3 velocity = Quaternion.Inverse(transform.rotation) * m_agent.desiredVelocity;
// 指定速度
            float angle = Mathf.Atan2(velocity.x, velocity.z) * Mathf.Rad2Deg;
            Move(speed, angle);// 按照线速度和角速度移动
        }
    }
    void Move(float speed,float direction)
    {
        m_animator.SetFloat("Speed", speed);
        transform.position += transform.forward * speed * Time.deltaTime;
        transform.Rotate(0, direction, 0);
    }
    void Update ()
    {
        if (Input.GetButtonDown ("Fire2")) SetDestination();// 设定目标
        SetupAgentLocomotion();// 移动
    }
```

其中，m_agent.remainingDistance <=m_agent.stoppingDistance 表示判断当前路径上 Nav Mesh Agent 组件的位置与目标位置的距离，如果小于 Nav Mesh Agent 的停止距离则表示到达。通过不断调用 Move 方法实现动画播放、位置改变和方向变化。

运行程序，通过单击移动到指定地点。

5.6.4 粒子效果

下面用粒子效果展示选择的地点，会在单击位置生成一堆火焰。

Unity 3D 使用名为 Shuriken 的模块化内置粒子系统。创建粒子系统非常简单，粒子系统用于创建烟雾、气流、火焰、涟漪等效果。

建立一个文件夹“_Materials”，新建一个材质 fire，在“Shader”下拉列表中选择“Particles/Standard Unlit”选项，如图 5-119 所示。

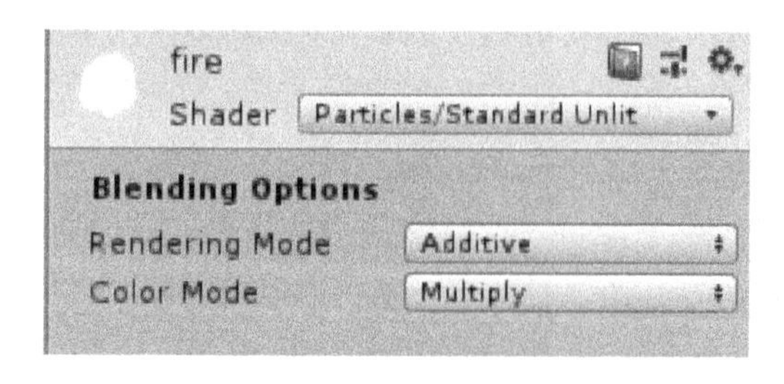

图 5-119　设置材质和 Shader

选择预先准备好的火焰材质 part_firecloud_dff，如图 5-120 所示。

在 Hierarchy 视图中建立一个粒子系统，命名为“fireparticle”，在其“Renderer”的“Material”下拉列表中选择材质为 fire 的材质球，如图 5-121 所示。

根据需求调整粒子系统的重要参数，如图 5-122 所示。Shape 表示粒子整体形状，设置“Shape” 为 Cone，“Angle” 为 8，“Radius” 为 0.1，“Rotation” 为（−9,0,0）。Size over

Lifetime 表示粒子大小变化，设置一条曲线，纵坐标为 0 ～ 2，曲线端点从 1 开始。

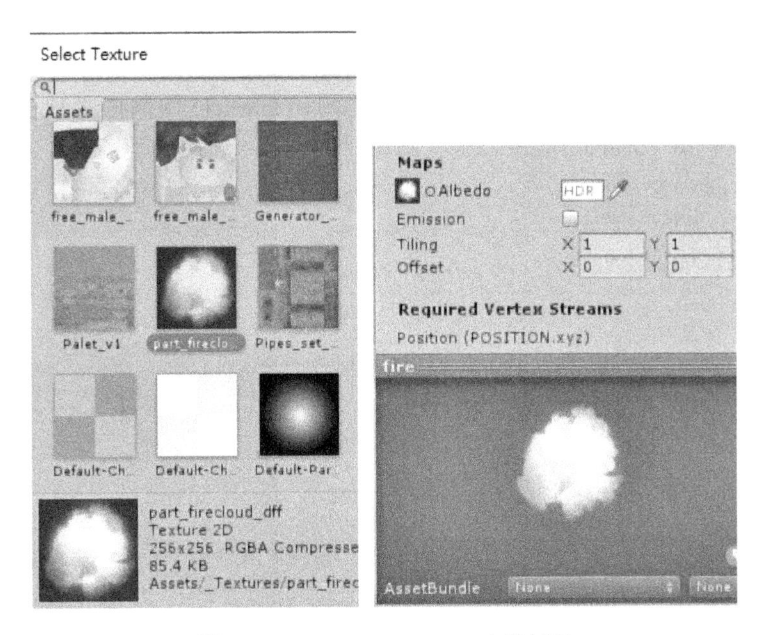

图 5-120 part_firecloud_dff 火焰材质

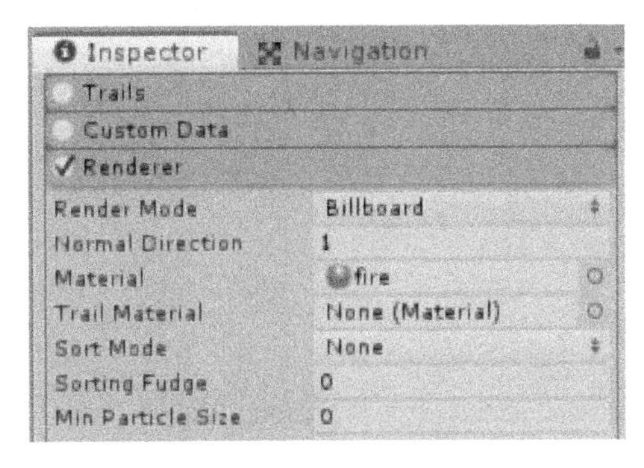

图 5-121 选择材质球

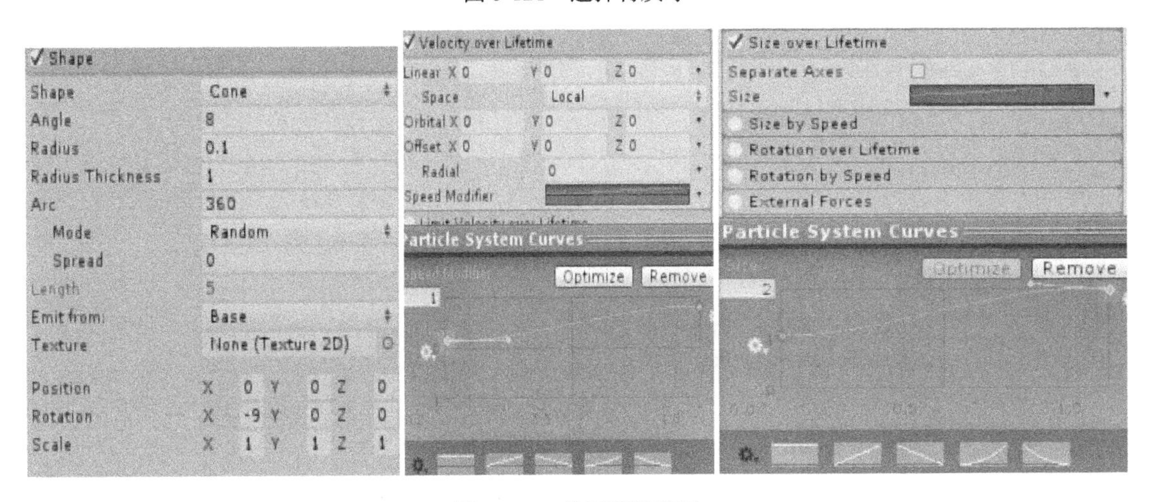

图 5-122 粒子属性设置

把制作好的粒子拖曳到 Project 视图的 _Prefabs 目录中，生成相应的预制件，将会在后面的代码中实例化这个预制件。删除 Hierarchy 视图中的 fireparticle。修改 MyAgent 的代码，如下所述。

增加 2 个变量，在 Inspector 视图中，把创建的 fireparticle 预制件赋给 m_particle，代表原始的粒子预制件；m_particleClone 表示实例化后的粒子，代码如下：

```
public Object m_particle;
private Object m_particleClone;
```

修改 Start()，代码如下：

```
void Start ()
{
    m_agent = GetComponent<UnityEngine.AI.NavMeshAgent>();
    m_animator = GetComponent<Animator>();
    m_particleClone = null;
}
```

修改单击处的代码，生成粒子效果，代码如下：

```
protected void SetDestination()
{
    var ray = Camera.main.ScreenPointToRay(Input.mousePosition);
    RaycastHit hit;
    if (Physics.Raycast(ray, out hit))
    {
        // 如果粒子特效实例已经存在，则先销毁之
        if (m_particleClone != null)
        {
            GameObject.Destroy(m_particleClone);
            m_particleClone = null;
        }
        // 指定粒子特效的生成位置和旋转度
        Quaternion q = new Quaternion();
        m_particleClone = Instantiate(m_particle, hit.point, q);
        m_agent.destination = hit.point;
    }
}
```

修改到达目标的代码，销毁粒子特效，代码如下：

```
protected void SetupAgentLocomotion()
{
    if (AgentDone())
    {
        Move(0, 0);
        if (m_particleClone != null)
        {
            GameObject.Destroy(m_particleClone);
            m_particleClone = null;
        }
    }
    else
    {
        float speed = m_agent.desiredVelocity.magnitude;
```

```
            Vector3 velocity = Quaternion.Inverse(transform.rotation) * m_agent.desiredVelocity;
            float angle = Mathf.Atan2(velocity.x, velocity.z) * Mathf.Rad2Deg;
            Move(speed, angle);
        }
    }
```

运行程序，鼠标右键单击处会生成粒子效果，如果已经存在粒子实例，则销毁之，再创建一个粒子实例，效果如图 5-123 所示。

图 5-123　粒子效果

5.6.5 UGUI

UGUI 是 Unity3D 官方的 UI 实现方式，从 Unity3D 4.6 起，推出了新版 UGUI 系统。新版 UGUI 系统相比 OnGUI 系统更加人性化，而且是一个开源系统。在 UGUI 中创建的所有 UI 控件都有一个 UI 控件特有的 Rect Transform 组件，如图 5-124 所示。

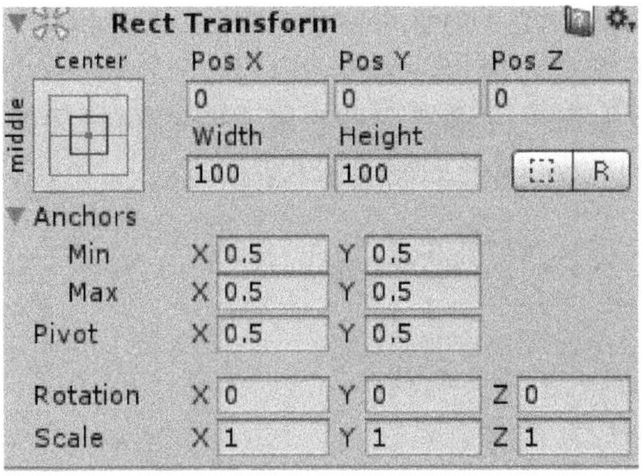

图 5-124　Rect Transform 组件

Pos X、Pos Y、Pos Z 是 UI 元素在 Canvas 中以锚点为原点的坐标；Width、Height 是 UI 元素的大小；Anchors 用于确定 UI 元素的锚点，锚点是固定 UI 元素于父物体的位置的，在改变父物体的大小时，子 UI 元素与锚点的相对距离不变；Pivot 是元素的中心点，Rotation、Scale 都是以中心点为中心进行变化的；Rotation 用于对 UI 元素进行旋转；Scale 用于放大、缩小 UI 元素。

Canvas 是画布，是摆放所有 UI 元素的区域，在场景中创建的所有控件都会自动变为 Canvas 游戏对象的子对象，若场景中没有画布，在创建控件时会自动创建画布。

创建画布有两种方式：一是使用菜单直接创建；二是创建一个 UI 控件时自动创建一个容纳该控件的画布。不管用哪种方式创建画布，系统都会自动创建一个名为 EventSystem 的游戏对象，上面挂载了若干与事件监听相关的控件可供设置。

在 Scene 视图中，单击“2D”按钮，将场景切换到 2D 模式，效果如图 5-125 所示。

图 5-125　2D 效果

执行“GameObject”→“UI”→“Canvas”命令，创建一个画布，同时自动创建了 EventSystem，将画布重命名为“HUDCanvas”，执行“Component”→“Layout”→“Canvas Group”命令，为其添加一个 Canvas Group 组件，取消勾选“Blocks Raycast”复选框，即不接受 UI 操作。

选中 HUDCanvas，创建一个空子对象 WealthUI，右击 WealthUI，在快捷菜单中执行“UI”→“Image”命令，添加表示 Player 状态的图像，为 Image 的 Textures 选择 Coin_sprite。

此处 Sprite 纹理生成方法是，复制 Assets\RPG Pack\Textures\Coin_diffuse.png，重命名为 Coin_sprite，通过其他图像编辑软件将其背景改成透明；再把图像设置成 Sprite(2D and UI)，单击“Apply”按钮，生成同名的图像，如图 5-126 所示。

图 5-126　Coin_sprite 图像

调整 WealthUI 的“Rect Transform”，“Anchor”为 Bottom & Left，（PosX,PosY）为（0,0），“Pivot”为（0,0），效果如图 5-127 所示。

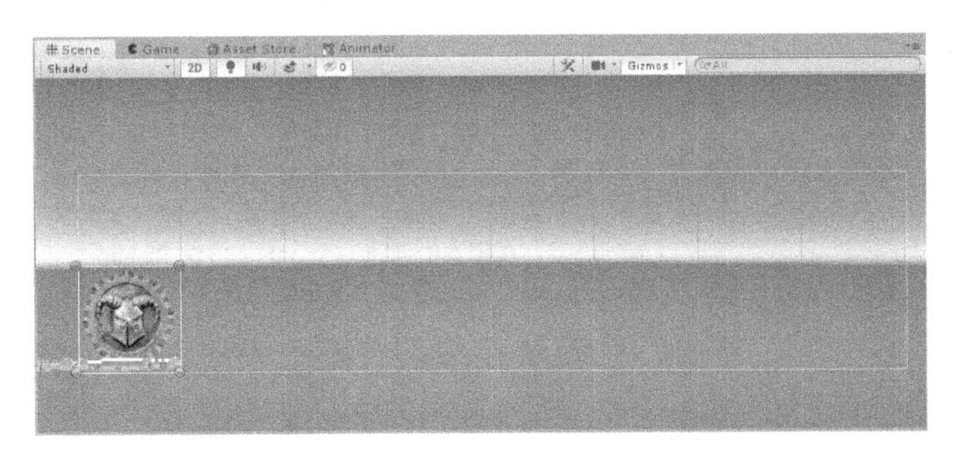

图 5-127　WealthUI 设置

使用同样方式创建一个 Canvas Group，重命名为“InventorsCanvas”，保留 Blocks Raycast，即接受 UI 操作。执行“UI”→“Image”命令，创建一个名为“HP”的纹理。这里纹理选择已有一个 hp，如图 5-128 所示，放置在界面的右下角。UGUI 运行效果如图 5-129 所示。

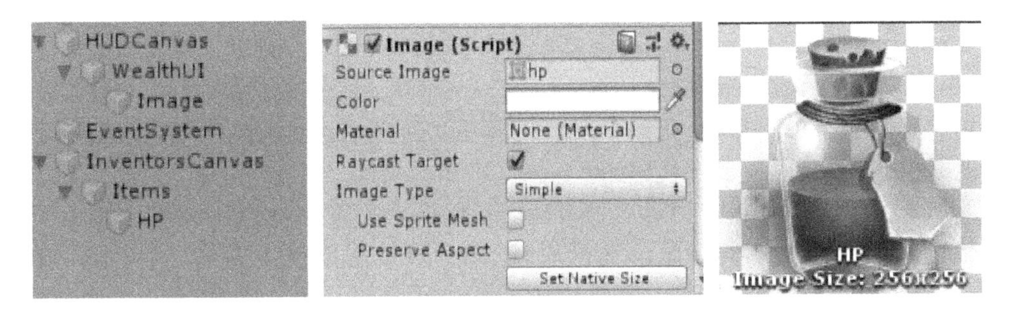

图 5-128　hp UI 元素

图 5-129　UGUI 运行效果

5.6.6 捡拾物品

下面通过 UGUI 达到捡拾物品的功能。

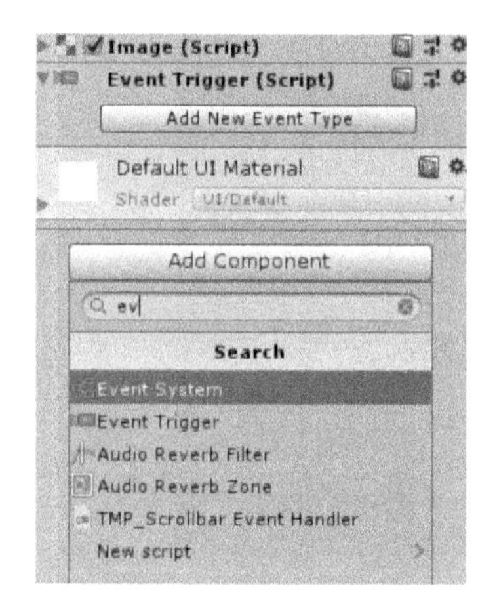

图 5-130　添加 Event Trigger

导入物品包 otions Coin And Box of Pandora Pack。在 Hierarchy 视图中，选中 HP，在 Inspector 视图中通过“Add Component”添加“Event Trigger”，如图 5-130 所示。

单击“Add New Event Type”按钮，因为是单击，所以在列表中选择“PointerClick”选项。新建一个脚本 Inventors Operator.cs，在脚本中创建一个 public 方法 Pickup()，代码如下：

```
public class InventorsOperator : MonoBehaviour
{
    public void Pickup()
    {
        print("hit");// 测试是否执行了 Pickup() 方法
    }
}
```

把脚本 InventorsOperator.cs 赋给 HP。在“Event Trigger”中单击“+”图标，创建一个 Runtime，并把 HP 拖曳进去。在“no function”框中选择 Pickup 方法。

现在运行场景，单击 HP 图标就会在底部输出 hit，表示单击事件添加成功。虽然可以很好运行程序，但是当单击 HP 时，Player 仍然可以移动，表示鼠标单击穿透了。为了解决这个问题，在 UGUI 系统上，EventSystem 提供了一个方法：

```
EventSystem.current.IsPointerOverGameObject()
```

作用为判断是否单击在 UI 元素上。因此，可以在 MyAgent 的鼠标左键处做一个判断，避免出现鼠标单击穿透的问题，代码如下：

```
if (Input.GetMouseButtonDown(“Fire1”)&& EventSystem.current.IsPointerOverGameObject()== false)
```

捡拾物品的思路是，单击鼠标右键或 HP 图标来捡起或放下物品，捡起时，在场景中销毁对象；放下是通过生成一个预制件实例来完成的。先生成 HP 的 Prefab 对象，将 Assets/RPG Pack/Prefabs/Bottle_Health.prefab 拖曳到 Hierarchy 视图中，重命名为 HP；再添加 BoxCollider 对象，调整中心为 (0,1,0),Tag 为“HP”。将 BoxCollider 对象拖曳到 Project 视图的 _Prefabs 目录中生成预制件 HP，保留 Hierarchy 视图中的 HP 对象，如图 5-131 所示。

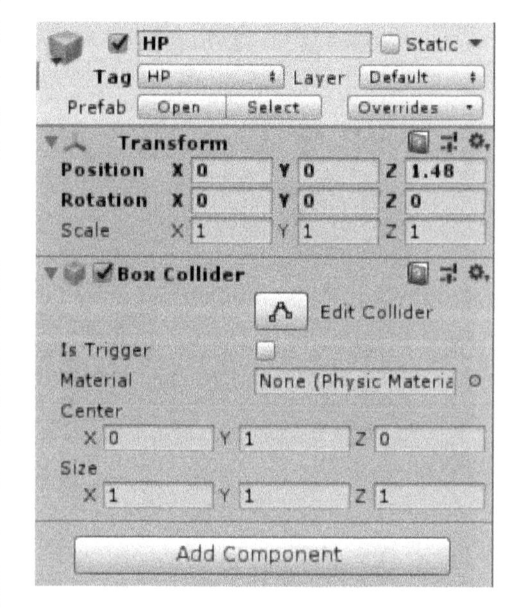

图 5-131　HP 预制件

完整的 InventorsOperator 代码如下：

```
public class InventorsOperator : MonoBehaviour
{
    MyAgent myAgent;
    private void Start()
    { // 获得 Player 上的 MyAgent 脚本组件
            myAgent = GameObject.FindGameObject
WithTag("Player").GetComponent<MyAgent>();
    }
    public void Pickup()
    {
        if (myAgent.isWithHP) { // 如果已经拿到了
HP，则放下 HP 道具；否则就捡起
```

```
                myAgent.Throwup(myAgent.m_particle_HP, myAgent.gameObject.transform);}
            else
                myAgent.Pickup(GameObject.FindGameObjectWithTag("HP"));
            myAgent.isWithHP = !myAgent.isWithHP;
        }
    }
```

通过获取 Player 上的 MyAgent 脚本来调用其响应的捡起和放下的操作，代码如下：

```
public GameObject m_particle;
protected UnityEngine.AI.NavMeshAgent m_agent;
protected Animator m_animator;
protected Object m_particleClone;
public bool isWithHP;
public GameObject m_particle_HP;
protected Object m_HPClone;
float m_timeStamp=0;
```

在 MyAgent 中定义 public 变量 isWithHP，表示是否持有该物体；初始化为 false，表示没有持有该物品。m_particle_HP 表示引用 HP 预制件，设计时，在 Player 的 Inspector 视图中把 HP 预制件直接赋给它；m_HPClone 表示要生成的 HP 实例化对象。

```
public void Pickup(GameObject gameObject)
{
    if(gameObject!=null)
        Destroy(gameObject);
    gameObject = null;
}
public void Throwup(GameObject origin_particle,Transform transform)
{
    // 放下是通过在此位置生成一个预制件的实例来实现的
    Quaternion q = new Quaternion();
    Instantiate(origin_particle,transform.position,q);
}
```

上面代码在 MyAgent 脚本中实现捡起和放下的操作，捡起即销毁该物品，放下是在 Player 所在位置生成一个物品对象的实例。同时，在 MyAgent 脚本中增加左键单击拾取物品的操作，代码如下：

```
void Update ()
{
    if (Input.GetButtonDown ("Fire2") &&EventSystem.current.IsPointerOverGameObject() ==
false)   SetDestination();
    SetupAgentLocomotion();
        // 鼠标左键单击拾取
        if (Input.GetMouseButton(0) && (Time.time-m_timeStamp>=0.1f)
    &&EventSystem.current.IsPointerOverGameObject() == false)
        {
            m_timeStamp = Time.time;
            if (!isWithHP) {
                    Ray ray = Camera.main.ScreenPointToRay(Input.mousePosition);
                    RaycastHit hit;
                      if (Physics.Raycast(ray, out hit))
                      {// 拿到 HP 道具
```

```
                        if (hit.collider.gameObject.tag == "HP")
                        {
                                Pickup(hit.collider.gameObject);
                                isWithHP = true;
                        };
                    }
            }
            else// 放下 HP 道具
            {
                    Throwup(m_particle_HP,gameObject.transform);
                    isWithHP = false;
            }
        }
    }
```

其中，Time.time-m_timeStamp>=0.1f 表示单击操作要间隔 0.1s 才可以。如果没有持有物品，则向单击处发出一条射线；如果碰到 HP 对象，则拾取之；如果已经持有物品，则在 Player 处放置一个物品对象。运行效果如图 5-132 所示。

图 5-132　运行效果

5.7 案例——VR 游戏开发

5.7.1 VR 游戏开发流程

通过调研、分析各个模块的功能可以发现，在具体开发过程中，虚拟场景中的模型和纹理贴图都是来源于真实场景的，先使用摄像机采集材质、纹理、贴图和真实场景的平面模型，使用 Photoshop 和 3ds Max 处理纹理和构建真实场景的 3D 模型；然后将其导入 Unity3D 构建虚拟平台，在 Unity3D 平台通过音效、图形界面、插件、灯光设置渲染，编写交互代码;最后发布输出。

1. 制作3D模型

使用3D建模软件3ds Max的多边形建模技术，实现3D场景模型的制作。主要建模工具有：样条线建模工具，包括绘制与编辑样条线、挤出、车削、放样、倒角等；多边形编辑工具，主要包括点、线、面的编辑，以及对称、光滑组等。模型制作主要包含古建筑、房屋、阁楼、低精度模型制作，地形、地面、池塘等模型制作，树、植被、雕塑等面片模型制作与分布，人物、动物等角色的低精度模型制作4部分。

2. 绘制模型贴图

展开模型的贴图坐标（即展UV）；在Photoshop中利用已有素材合成模型的固有色贴图；在3ds Max中为模型赋材质和贴图并调整贴图位置。

3. 测试灯光、烘焙贴图

创建灯光系统，设置全局照明，为场景设定白天日光照明效果；测试渲染并不断调整灯光参数，达到满意的渲染效果；烘焙光照效果贴图，并在Photoshop中对烘焙出的贴图做进一步的修改调整；将烘焙好贴图的模型导入虚拟现实制作软件，以进行下一阶段的制作。

4. 虚拟交互制作

将模型导入Unity3D并进行检查和调整；在Unity3D中进行材质与贴图的后期编辑，主要对镂空贴图进行设置，对水面、玻璃和金属等材质的反射、折射等属性进行设置；在Unity3D中制作天空、阳光系统及其他视觉特效；创建角色动画；制作景区场景交互；创建行走摄像机并制作摄像机的路径动画；加入视频和动画等媒体，并制作与模型、按钮进行交互的链接。

5. 发布输出

将工程编译为EXE可执行文件，或将工程发布成在浏览器中浏览的网络文件，并上传至网站服务器。

5.7.2 VR游戏开发的条件

使用Unity3D开发VR游戏，需要具备以下条件：

- 拥有一台显卡不低于GTX960性能的计算机；
- 拥有一部VR设备（HTC Vive或Oculus），因为只有连接上VR设备，Unity3D才能进行正常调试；
- 下载Valve的游戏平台Steam；
- 下载Unity3D插件商店中SteamVR插件。

这几项缺一不可，没有VR设备的开发者，虽然能进行VR项目的开发，但是不能调试，也不能体验VR的效果。

本书使用HTC Vive设备，在开发VR游戏前要按照设备使用说明书把设备正确连接到计算机，并规划好游戏区。游玩区即设定的HTC Vive虚拟边界，与虚拟场景中物体进行的互动都将在这个游玩区中进行。HTC Vive游玩区的范围至少需要为2米×1.5米，如图5-133所示。

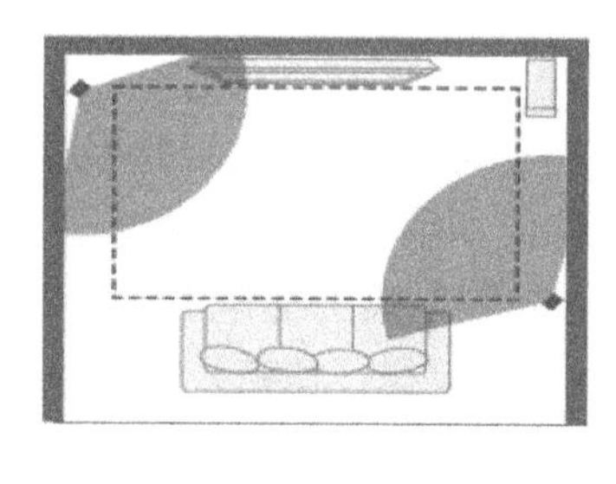
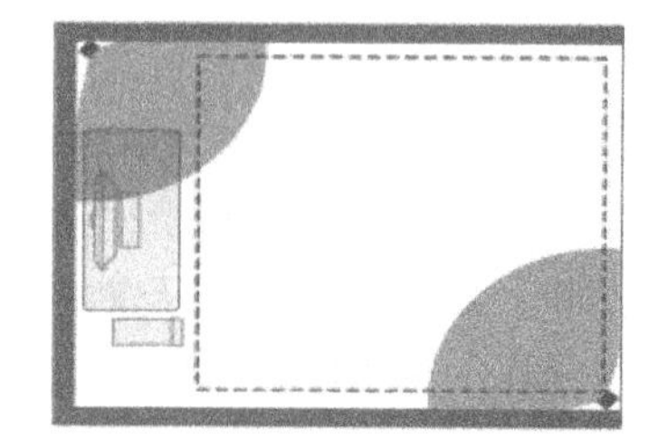
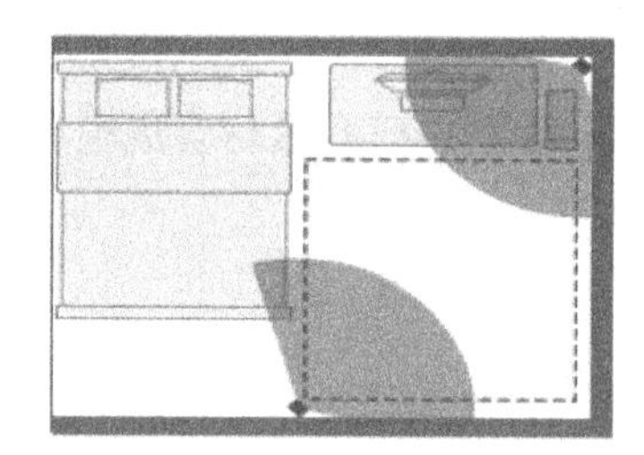
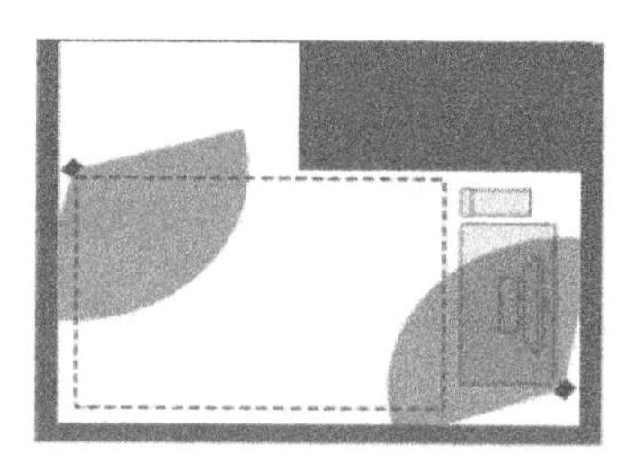

图 5-133　HTC Vive 游玩区设置

5.7.3 将头戴式设备连接到计算机

HTC Vive 头戴式设备通过串流盒连接到计算机，如图 5-134 所示。具体步骤如下。

- 将电源适配器连接线一端插入串流盒上对应的端口，然后将另一端插入电源插座，开启串流盒。
- 将 HDMI 连接线一端插入串流盒上的 HDMI 端口，然后将另一端插入计算机显卡上的 HDMI 端口。
- 将 USB 数据线一端插入串流盒上的 USB 端口，然后将另一端插入计算机的 USB 端口。
- 将头戴式设备三合一连接线（HDMI、USB 和电源）对准串流盒上的橙色面，然后插入。

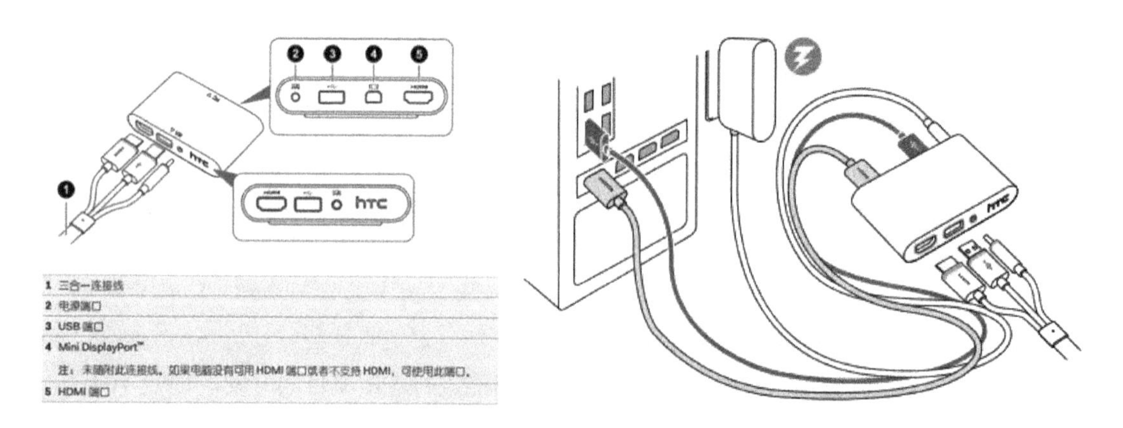

图 5-134　HTC Vive 通过串流盒连接到计算机

5.7.4 启动 HTC Vive 系统

首先在 Steam 官网下载 Steam 软件并安装，如图 5-135 所示。

图 5-135　Steam 下载和安装

运行 Steam 程序，如果 HTC Vive 设备已经连接好计算机，那么会在界面的右上角有 VR 的图标，也可以在桌面上 Steam 图标处右击，在快捷菜单中执行“SteamVR”命令，如图5-136 所示，打开 VR 系统。

下面设置游玩区并根据教程进行设备测试，如图 5-137 所示。先运行“房间设置”，根据系统提示进行初始化。再运行“教程”进行测试，如果运行顺利，表示设备运行一切正常。

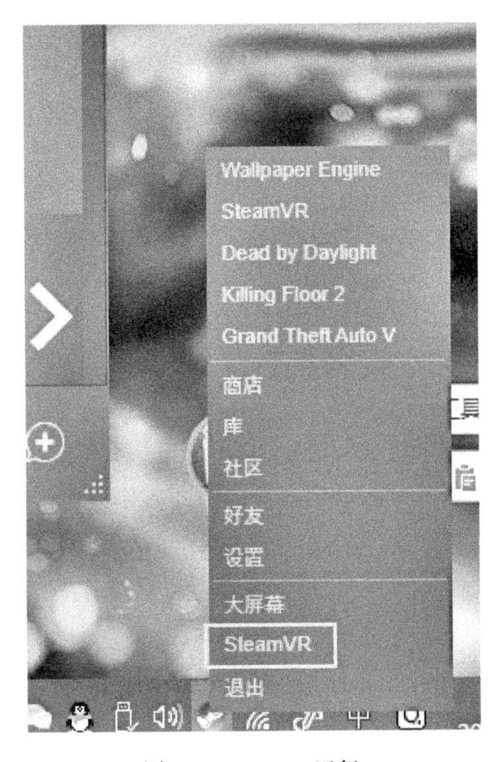

图 5-136　Steam 运行

图 5-137　游玩区设置和设备测试

5.7.5 在 Unity3D 中使用 VR 设备

启动 Unity3D 程序，执行“Edit”→“Project Setting”→“Player”命令，在 Inspector 视图中打开“Other Setting”面板，勾选“Virtual Reality Supported”复选框，即可获取对 VR 设备的支持，如图 5-138 所示。

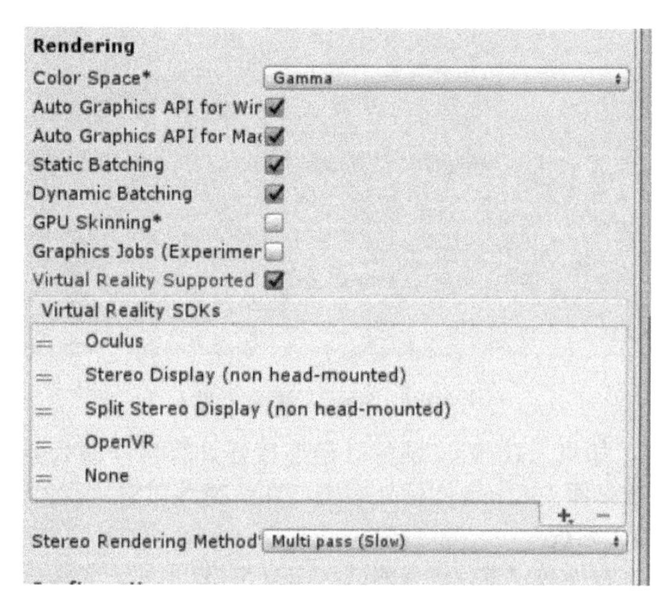

图 5-138　获取对 VR 设备的支持

单击“+”图标可添加新的设备。目前，Unity 支持的设备有 HTC Vive、Oculus、OpenVR、Stereo Display 和 Split Stereo Display。后两个是 3D 显示器。

None 的作用是在初始化的过程中不进行 VR 头显的渲染，让同一个程序支持多个设置。

新建一个项目 TestVR，如图 5-139 所示。

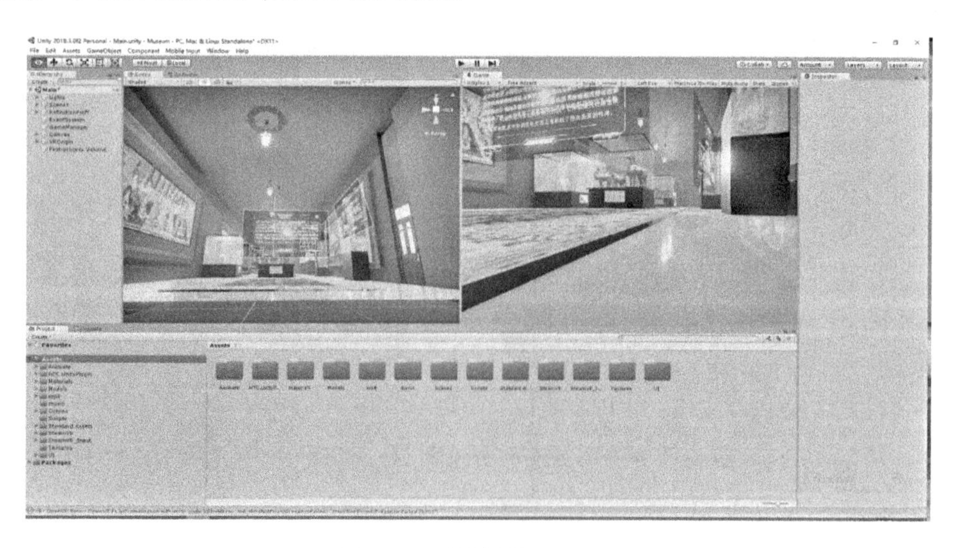

图 5-139　新建项目 TestVR

在 Unity 的 Asset Store 下载 SteamVR Plugin 和 VRTK（或者选择 VIVE Input Utility 也

可以），单击“Import”按钮，将两个插件导入项目中，如图 5-140 所示，检查 HTC Vive 硬件是否已被追踪到。此时，SteamVR 应用程序中的状态图标及硬件上的状态指示灯都应显示绿色。

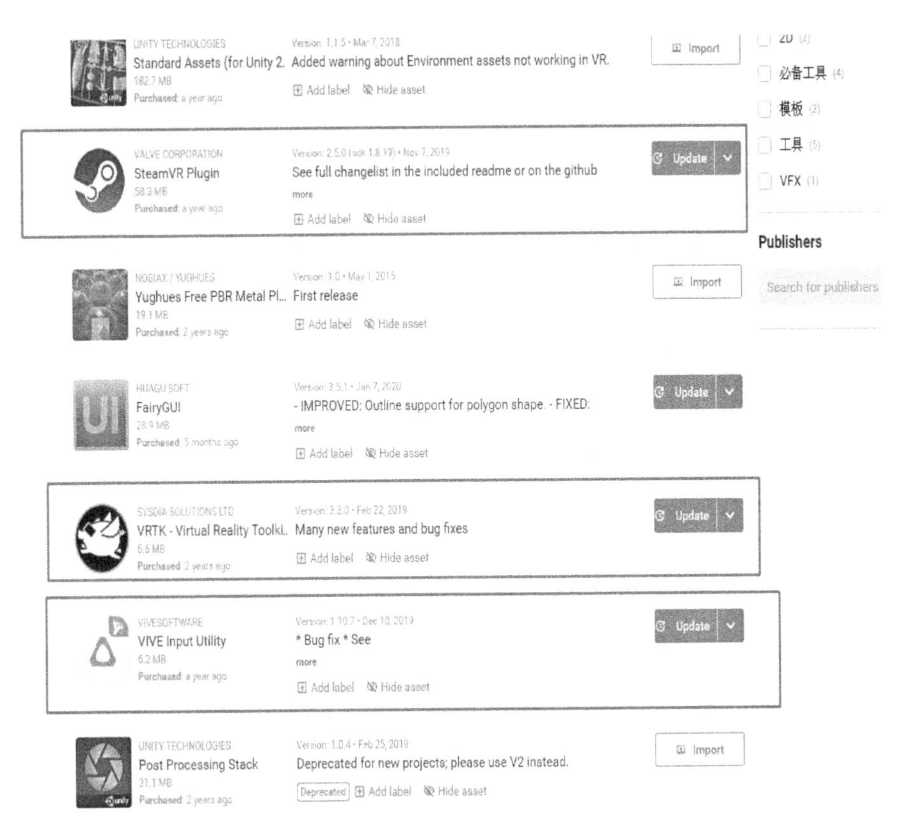

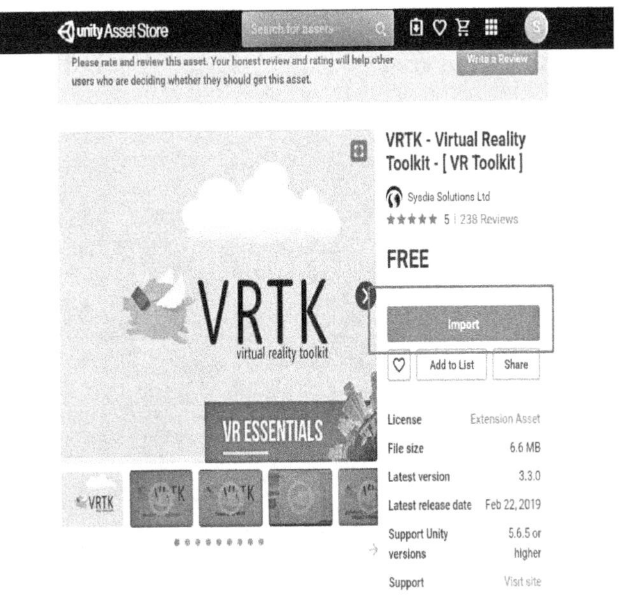

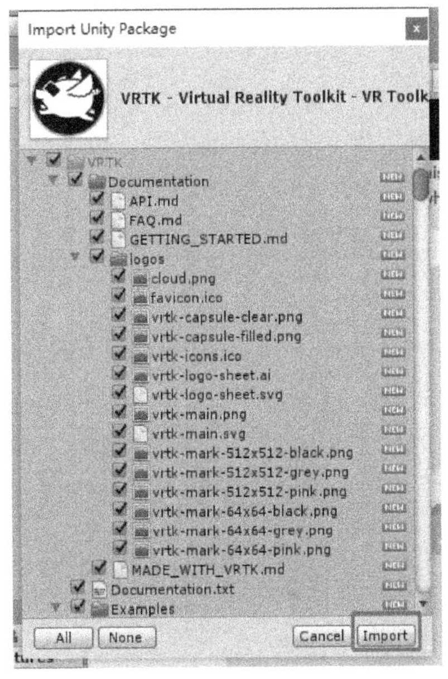

图 5-140　导入插件

在项目 TestVR 中新建一个场景 001_CameraRig_VRPlayArea，如图 5-141 所示。

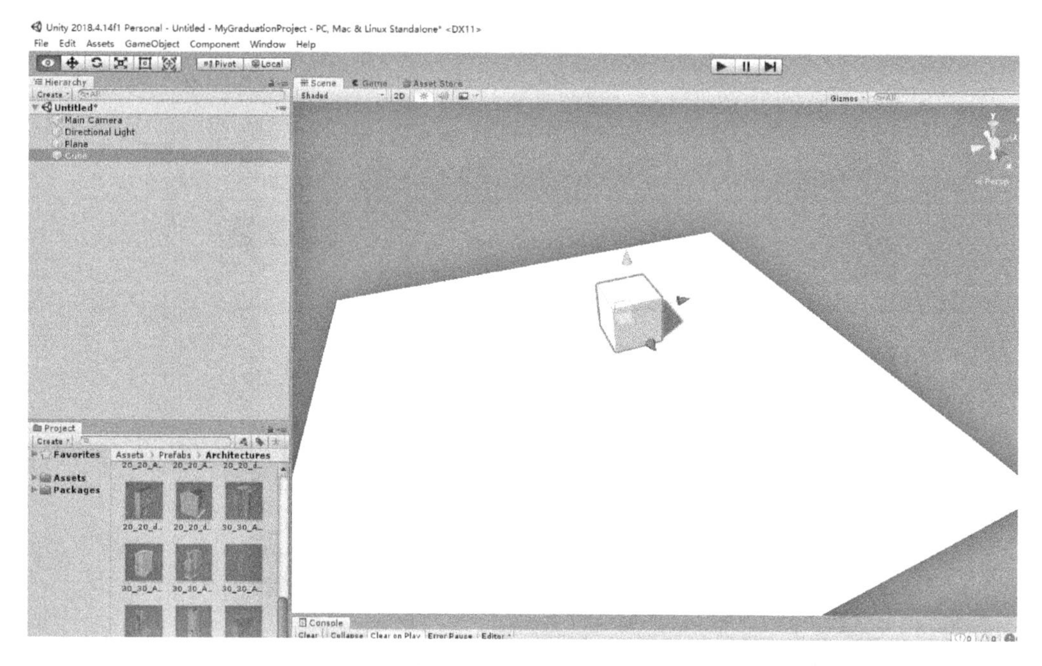

图 5-141　创建场景 001_CameraRig_VRPlayArea

将默认的 MainCamera 删除，在场景中添加 VRTK 的 VR 摄像机和 SceneChanger 脚本。首先创建一个“gameObject”，重命名为“VRTK_SDKManager”，然后添加 VRTK_SDKManager 脚本，再添加预置物 SDKSetups，最后单击“VRTK_SDKManager”下面的“Auto Populate”按钮，会自动组合成一个 VR 摄像机，如图 5-142 所示。

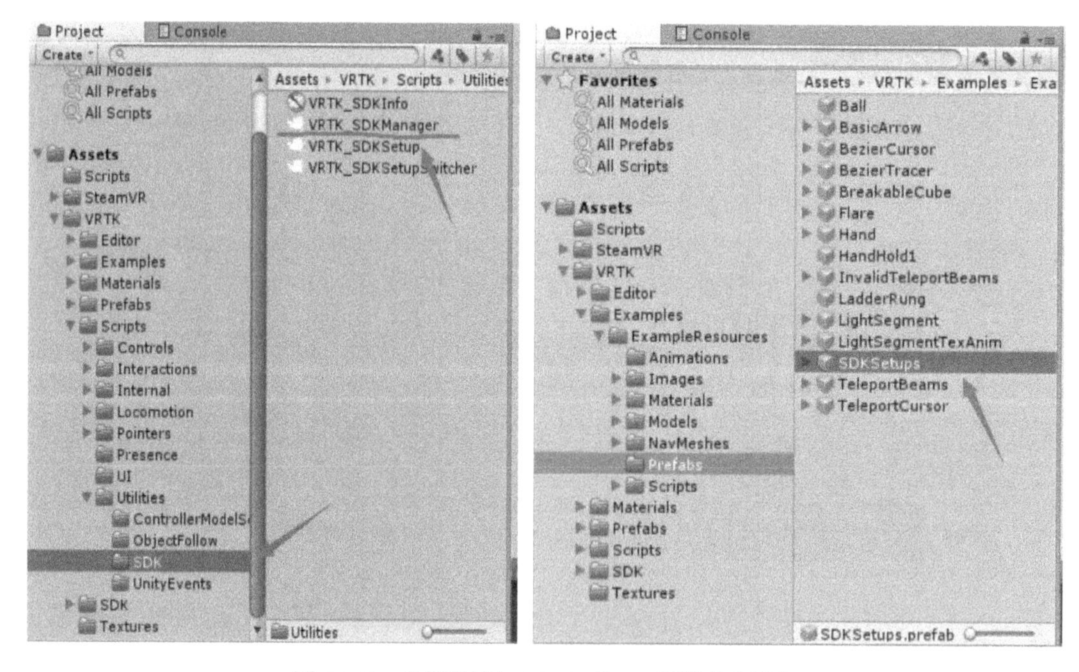

图 5-142　在场景添加 VRTK 的 VR 摄像机和脚本

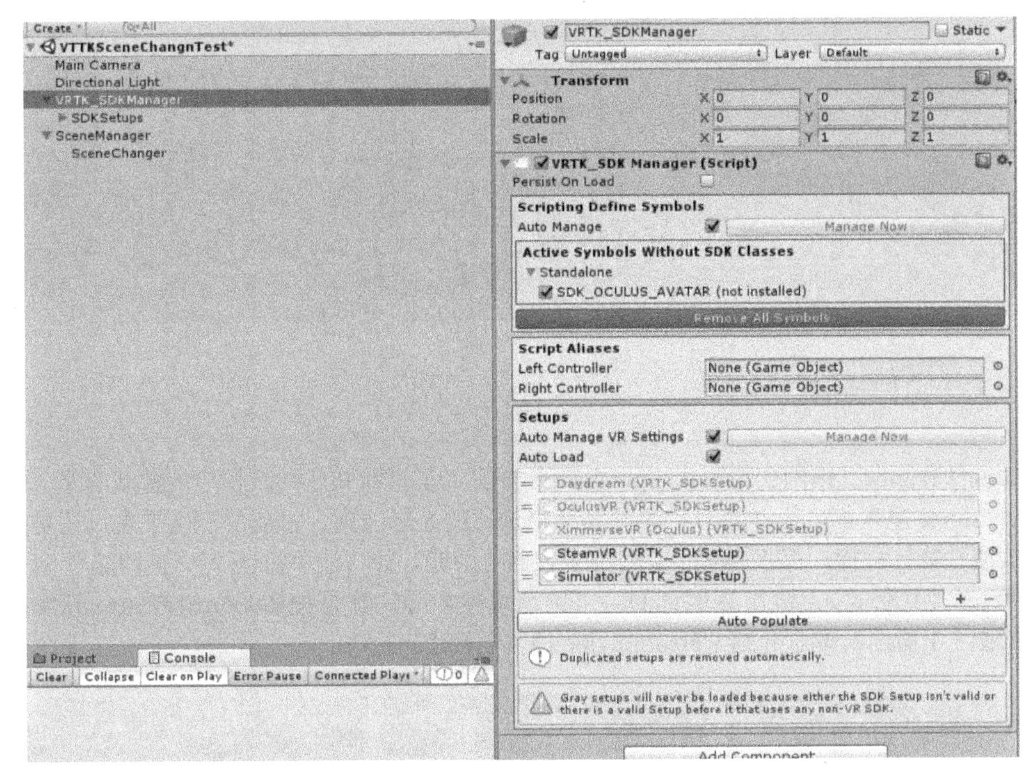

图 5-142 在场景添加 VRTK 的 VR 摄像机和脚本（续）

运行项目，可以在计算机和 HTC Vive 设备上查看场景效果。

习 题

1. Unity3D 中的实体至少带有的一个组件是什么？
2. Unity3D 中碰撞器（Collider）和触发器（Trigger）的区别是什么？
3. 获取、增加、删除对象的组件的 C# 脚本代码分别是什么？
4. Update、FixedUpdate、LateUpdate 的区别是什么？
5. MeshCollider 与 BoxCollider 的区别有哪些，在碰撞检测上有什么不同？
6. 设计 Mecanime 动画状态机时，Transition 和 BlendTree 各是什么？有什么作用？
7. 如何将用 3ds Max 或 Maya 制作的一个含骨骼动画及贴图的模型导入 Unity3D 中？

第 6 章 · Unreal Engine

Unreal Engine（虚幻引擎）由 Epic Games 开发，是目前知名的授权广的游戏引擎。使用 Unreal Engine 呈现的电影和游戏，无论是无与伦比的光影渲染、材质的深度展现，还是基于现实的刚性物体碰撞，都叹为观止。目前多款商业游戏，如《战争机器 2》《美国陆军 3》《致命车手》《神兵传奇》《流星蝴蝶剑 OL》《绝地求生》等，都是使用 Unreal Engine 开发的作品，如图 6-1 所示。本章介绍 Unreal Engine 的基础知识。

（a）《战争机器2》

（b）《美国陆军3》

（c）《绝地求生》

图 6-1　Unreal Engine 游戏示例

6.1　快速入门

6.1.1　软件下载与安装

可从 Unreal Engine 官方网址下载软件，其中“Epic”是本地化的。启用“Epic”要先注册账号，注册完成后再下载。下载后会显示如图 6-2 所示的界面，在“工作”页面中添加软件版本（可尝试添加最新版本）。本章的案例是用 Unreal Engine 4.18 版本调试通过的。

提示

下载时可能需要访问国外网站的辅助工具，否则页面无法打开。

安装完成后，创建桌面快捷方式，以方便启动，如图 6-3 所示。如果需要查看“帮助文档”，可在“学习”页面中获取，如图 6-4 所示。文档内容全面详细，附带了很多案例，方便读者理解。

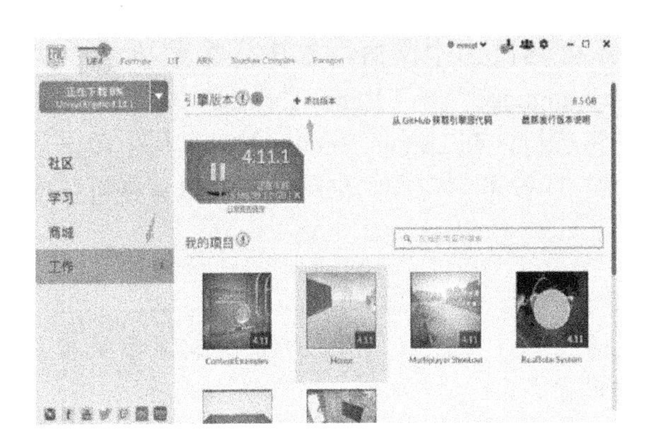

图 6-2　“Epic”的“工作”页面

图 6-3　创建快捷方式

图 6-4　“学习”页面

双击已创建的 Unreal Engine 快捷方式，进入 Unreal Engine 启动界面，选择“蓝图”选项卡中的“空白”选项，创建空白蓝图，如图 6-5 所示。

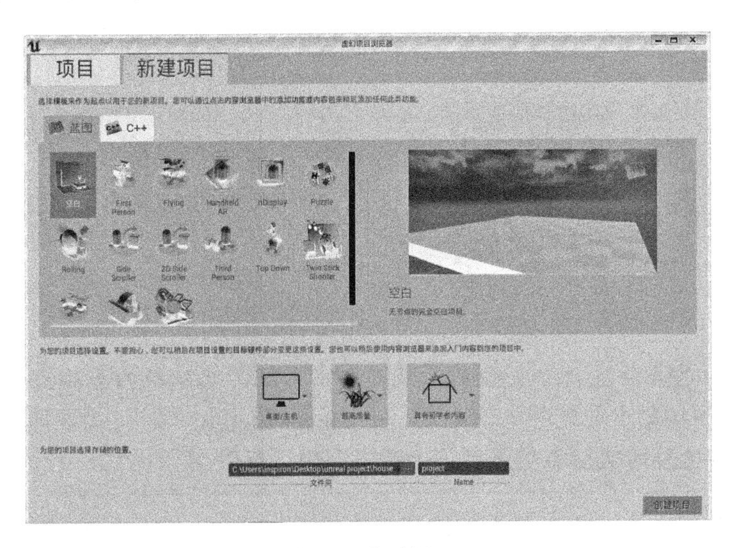

图 6-5　启动界面

提示

创建空白蓝图时，注意“具有初学者内容”中的选项，选择相应的保存路径，输入文件名，单击“创建项目”按钮，完成空白蓝图的创建。

初始界面是英文版，可切换为中文版，方法是在菜单栏中执行“Editor”→“Editor Preferences”→“Region& Language”→“Editor Culture”→“Chinese”命令。

下面测试程序能否正常运行，在 Unreal Engine 的工具栏中单击“播放”按钮，可在场景中自由行走，按 W、A、S、D 键可实现方向移动，移动鼠标指针可改变视角。至此，软件安装完成。

提示

若运行时不显示鼠标指针，可按住 Shift+F1 快捷键显示鼠标指针，完成操作后单击“停止”按钮，退出运行状态。

6.1.2 案例——“Hello world”

本例的作用是在程序中显示“Hello world”字样。在工具栏中单击“蓝图”按钮，弹出下拉菜单，选择“打开关卡蓝图”选项，打开蓝图编辑器，如图 6-6 所示，右击来创建新节点。

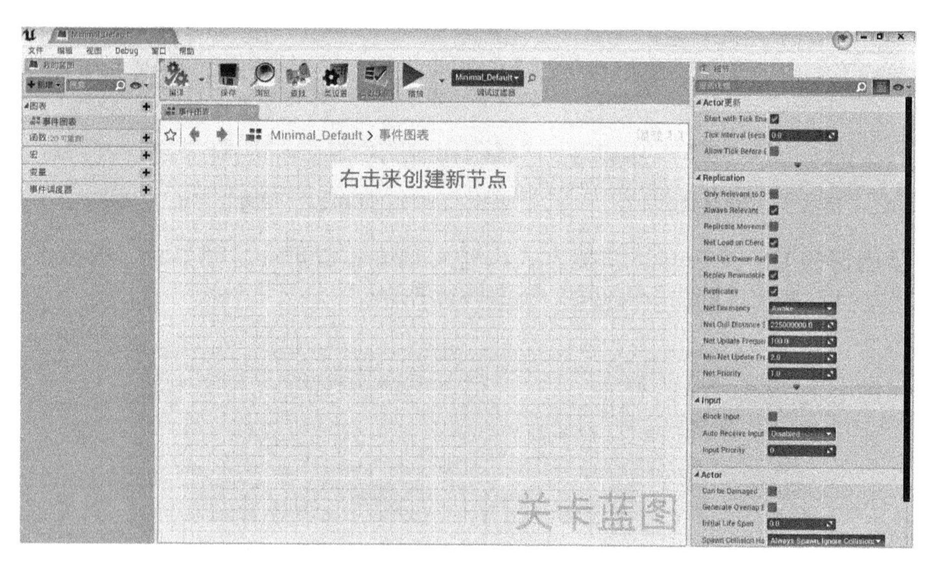

图 6-6　蓝图编辑器

提示

“蓝图可视化脚本”是一个完整的游戏性脚本系统，此系统的基础概念是使用基于副本的界面在虚幻编辑器中创建游戏性元素。在 Unreal Engine 中，使用蓝图定义的对象通常称为“蓝图”。常使用的蓝图类型是“关卡蓝图”和“蓝图类”。

在蓝图编辑器中右击，弹出可添加蓝图操作的下拉列表，包含所有蓝图节点。在该下拉列表中找到并添加“事件 BeginPlay”选项，或在搜索栏中输入“BeginPlay”搜索到该选项。第一个“事件 BeginPlay”蓝图节点创建完成，该节点的含义是游戏开始即执行。

右击创建第二个节点“Print String”，该节点将输出文字到屏幕左上角。单击“Print String”节点的折叠按钮展开该节点，在“In String”输入框中输入“Hello world”，设置持续时间“Duration”为 10 秒，如图 6-7 所示。单击蓝图编辑器的工具栏中的“编译”按钮，完成蓝图编写。

关闭蓝图编辑器，在 Unreal Engine 中运行游戏，屏幕左上角显示“Hello world”字样，如图 6-8 所示，编译成功。

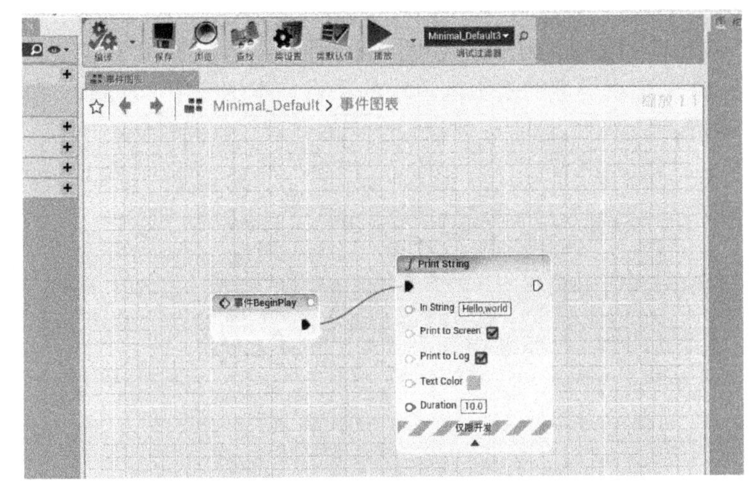

图 6-7 “Print String”节点

图 6-8　显示“Hello world”字样

6.2　案例——关卡设计

本例设计一个关卡，最终效果如图 6-9 所示。

图 6-9　关卡最终效果

6.2.1　创建新项目

项目是保存所有组成单独游戏并与硬盘中的一组目录设置相一致的所有内容和代码的自包含单位。例如，“内容浏览器”的“层次结构树”中包含与本地硬盘中的项目文件夹相同的目录结构。

尽管项目经常由与其关联的“.uproject”文件所引用，但它们是互存的两个单独文件。带有“.uproject”后缀的是用于创建、打开或保存文件的参考文件，“Project”（项目）中包含所有与其关联的文件和文件夹。

在 Unreal Engine 中可以创建任意数量的不同项目，且并行保存、开发不同的项目。引擎

（和编辑器）可以方便地在其中切换，以方便用户同时开发多个游戏。除主要游戏项目外，还允许具有多个测试项目。

下面创建一个包含“初学者内容”的新项目，以便得到一些可供处理的资源。“Starter Content”（初学者内容）包含众多通用资源，因此可以用于快速地构建关卡。

启动 Vnreal Engine，选择“Blank”（空白）选项，如图 6-10 所示。这里提供了各种模板，供用户创建一个包含针对各种常见游戏类型的基本构建块的项目。本例使用“Blank”模板，创建一个完全空白且通用的项目。

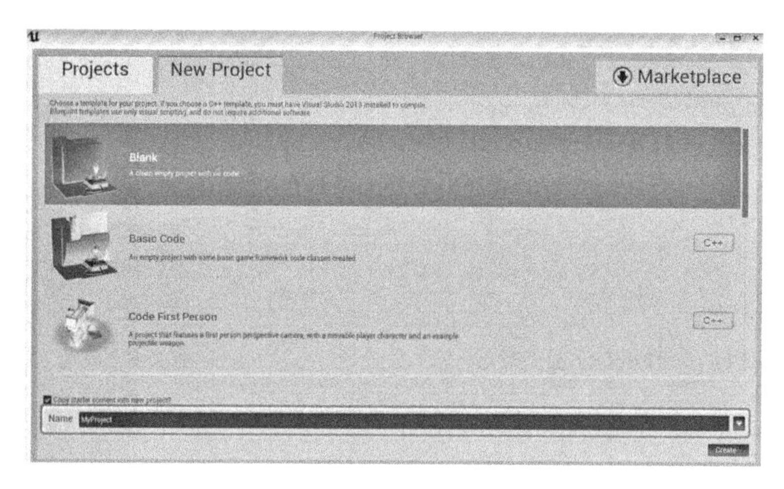

图 6-10　选择“Blank”选项

输入要创建的项目名称，设置保存的路径。确保选中“Include Starter Content”（具有初学者内容）选项。单击“Create”按钮完成项目创建。

注意

第一次加载时会打开欢迎指南，其中提供了相关介绍。在进行下一步操作前，可浏览该快速指南，熟悉界面及操作。

6.2.2 导航视口

加载后的初始关卡视口如图 6-11 所示，以该区域作为参考，熟悉视口摄像机的操作。下面是 Unreal Engine 中导航视口的三种最常用的方法。

图 6-11　初始关卡视口

1．标准操作

在透视口中，若想前后移动和左右旋转摄像机，可通过“鼠标左键＋拖曳”组合操作实现。更多的标准操作如表 6-1 所示。

表 6-1 标准操作

操　作	动　作
透视口	
鼠标左键+拖曳	前后移动和左右旋转摄像机
鼠标右键+拖曳	旋转视口摄像机
鼠标左键+鼠标右键+拖曳	上下移动摄像机
正交视口（前视口、侧视口）	
鼠标左键+拖曳	创建一个区域选择框
鼠标右键+拖曳	平移视口摄像机
鼠标左键+鼠标右键+拖曳	拉伸视口摄像机镜头
聚焦	
F键	将摄像机聚焦到选中的对象上

注意

这些操作均表示在视口中鼠标单击和鼠标拖曳的默认行为，即快捷操作，但只适用于导航正交视口。

2．飞行控制

在透视口中，可以通过 W、S、A、D 键等移动摄像机。更多的飞行控制操作如表 6-2 所示。

表 6-2 飞行控制操作

操　作	动　作
W | 数字键8 | 向上箭头键	向前移动摄像机
S | 数字键2 | 向下箭头键	向后移动摄像机
A | 数字键4 | 左箭头键	向左移动摄像机
D | 数字键6 | 右箭头键	向右移动摄像机
E | 数字键9 | 上翻页键	向上移动摄像机
Q | 数字键7 | 下翻页键	向下移动摄像机
Z | 数字键1	拉远摄像机（提升视场）
C | 数字键3	推进摄像机（降低视场）

注意

飞行控制操作仅在透视口中有效，默认情况下，必须按住鼠标右键才能使用 W、A、S、D 键实现飞行控制。

3．环绕、移动及跟踪

Unreal Engine 中的编辑器支持 Maya 式的平移、旋转及缩放视口控制。环绕、移动及跟踪操作如表 6-3 所示。

表 6-3　环绕、移动及跟踪操作

操　作	动　作
Alt + 鼠标左键+ 拖曳	围绕一个单独的支点或兴趣点翻转视口
Alt + 鼠标右键+ 拖曳	向前推进摄像机，使其接近或远离一个单独支点或兴趣点
Alt + 鼠标中键+ 拖曳	根据鼠标指针移动的方向将摄像机向左、右、上、下移动

6.2.3 创建一个新关卡

创建一个新关卡，构建新的游戏环境。创建新关卡和创建一个新项目的操作类似。Unreal Engine 允许用户选择模板。默认情况下，有一个“Default”（默认）模板（它具有非常简单的场景）和一个“Empty Level”（空关卡）模板（它完全是空白的）供选择。

执行“Editor”→“File”→“New Level”命令，弹出“New Level”对话框。本例需要一个完全空白的关卡，选择“Empty Level”模板，如图 6-12 所示。新的空白关卡创建后，可以在其中放置任何可见的与游戏相关的道具。

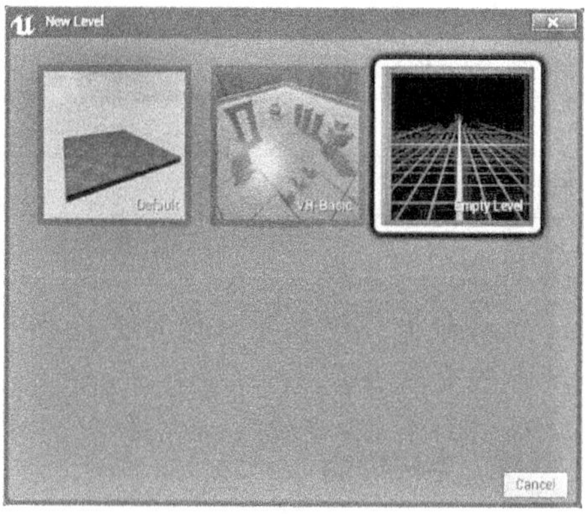

图 6-12 “New Level”对话框

6.2.4 放置 Actor

Actor 是放置到关卡中的对象，当使用 Unreal Engine 创建关卡时，需要放置、移动及编辑不同的 Actor。“放置”这个概念可以扩展到编辑器的很多选项，总是涉及单击并拖曳某物到关卡视口中。

1．从“Modes”窗口放置

通过“Modes”窗口中的“Place Mode”（放置模式）可以放置任何常用的 Actor，如光源和几何体。下面介绍如何在场景中放置“地面”“定向光源”“大气雾”“玩家起点”等 Actor。

首先，需要一个“地面”承托所有的物体，本例使用一个“盒体几何体”作为放置物体的“地面”。

在“Modes”窗口中，单击工具栏中的第一个图标启用“Place Mode”，在左侧选择“BSP”选项，在右侧选择盒体几何体“Box”选项。将“Box”放置到关卡中，如图 6-13 所示，调整其位置。

然后，放置光源。选择“Modes”窗口中的“Lights”（光源）选项，选择“Directional Light”（定向光源）选项，将其放置到关卡中地面盒体的顶部，调整其位置。选择该定向光源后，按 W 键调出平移工具 Translation Tool，将光源移动到地面上方。如果没有选中该定向光源，可以在“视口”窗口中单击选中它，选中后会出现该物体的“变换坐标轴”。

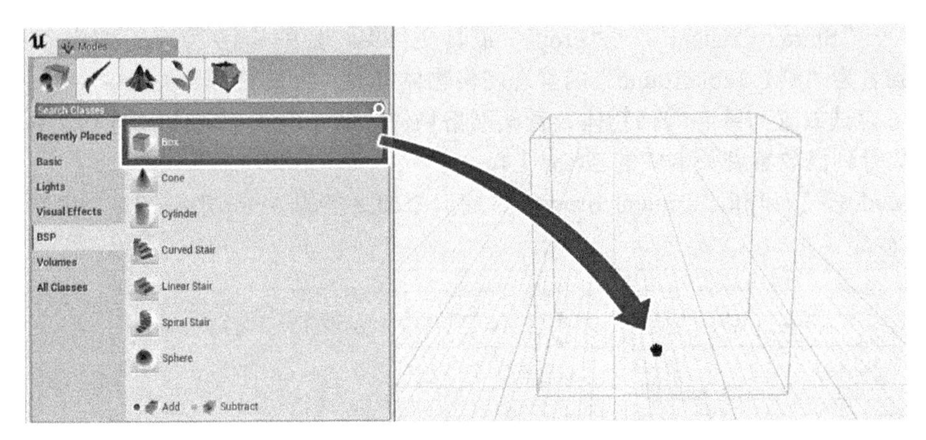

图 6-13　放置盒几何体“Box”

在“Modes”窗口中，选择“Visual Effects”（视觉效果）选项，选择“Atmospheric Fog”（大气雾）选项，将其放置到关卡中。“大气雾 Actor”将会为场景添加一个基本的天空。此时可以在地平线上看到太阳，稍后将会把它和定向光源相关联。

在“Modes”窗口中，选择“Basic”（基本）选项。选择“Player Start”（玩家起点）选项，将其放置到关卡中，如图 6-14 所示。若 Player Start 被提示位置不佳，则意味着它可能指向地面的边缘，此时可以通过“旋转”“移动”等工具调整它的方位。

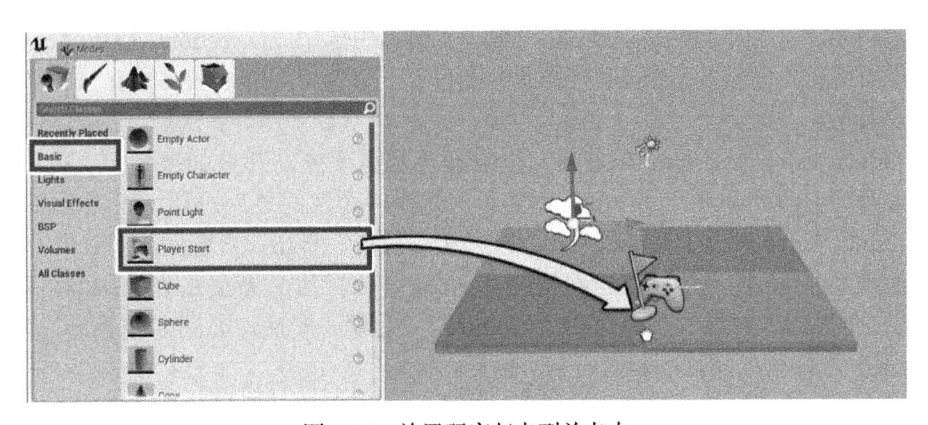

图 6-14　放置玩家起点到关卡中

最后，在“Modes”窗口中，选择“Volumes”选项，选择“Lightmass Importance Volume”（Lightmass 重要体积）选项，将其放置到关卡中。此时 Lightmass Importance Volume 的体积和地面一致，但是这里需要将 Lightmass Importance Volume 变得比地面更大，以便它可以包围将要放置到关卡中的所有东西。按 R 键切换到“Scale Tool”（缩放工具），调整 Lightmass Importance Volume 的体积。

注意

“视口”窗口的“渲染模式”可设置为“Unlit”（无光照）模式，以便更清楚地看到构成体积的边线。

2. 从“Content Browser”（内容浏览器）窗口放置Actor

从“Content Browser”窗口放置所需的 Actor，需要先定位到“Content Browser”→

“Content”→“Starter Content”→“Props”道具文件夹，如图 6-15 所示。双击“Props”文件夹，找到名为“SM_TableRound”的静态网格物体资源，将其放置到关卡中。

读者可尝试放置与静态网格物体、骨架网格物体、蓝图等类似的内容到关卡中，甚至可以将材质放置到已放置到关卡中的 Actor 上。

从“Modes”窗口和“Content Browser”窗口添加更多的 Actor 来制作一个房屋场景，如图 6-16 所示。

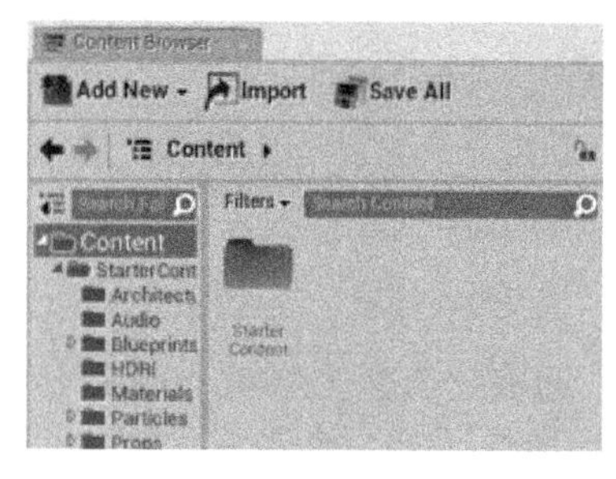

图 6-15 “Content Browser”窗口

图 6-16 完成的房屋场景

6.2.5 编辑已放置的 Actor

布置好场景后，接下来将学习如何编辑已放置于场景中的 Actor。编辑的第一个对象是“Directional Light”（定向光源）Actor。在“视口”窗口中选中“Directional Light Actor”选项。

在“详细信息”面板的“Light”（光源）类目下，勾选“Atmosphere Sun Light”复选框，作为大气太阳光。

随着 Directional Light Actor 的旋转，天空颜色将会改变，并且如果旋转“视口”，将会看到现在太阳和 Directional Light Actor 对齐了。这是一个实时处理过程，所以可以通过旋转 Directional Light Actor 来改变天空颜色，出现白天、黑夜、日出、日落的不同效果。

修改所放置的其中一个“静态网格物体 Actor”的材质，方法是先选中它，再修改其“详细信息”面板的“材质”类目下的“Element”（元素）属性，如图 6-17 所示。场景中的 Actor 具有很多可修改的属性，读者可自行探索。

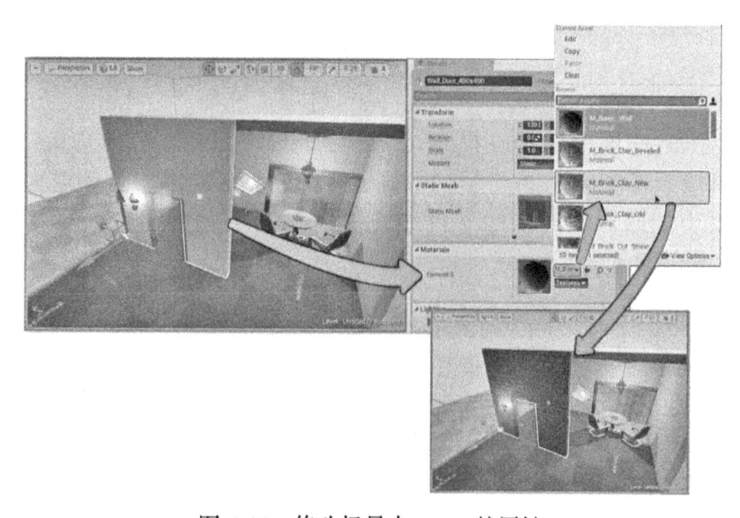

图 6-17 修改场景中 Actor 的属性

6.2.6 执行构建过程

到目前为止，可以看到阴影中的“预览”标签和墙下的漏光效果。这是因为场景中的所有光源都是静态的，并且使用预计算或烘焙光照，但是这个预计算光照还没有进行计算。该处的“预览”标签是为了提醒用户，此时在场景中看到的效果不是在游戏中看到的效果。若想场景显示质量更佳，则要运行“Build”（构建）程序。

Unreal Engine 编辑器中的 Build（构建）非常简单，选择相应的质量设置并单击工具栏中的“Build”按钮，等待构建完成即可。完成时，光照将会自动更新，如图 6-18 所示。

图 6-18 场景构建

若想选择不同的质量级别，需先展开“Build”按钮的下拉菜单，选择“Build Options”选项，再展开“Lighting Quality”（光照质量）菜单，设置“Quality Level”（质量级别）为“Production”（产品级）。

注意

若要构建较大的关卡，可能要花费一段时间。关卡内容越多，所需时间越长。本例的小屋关卡不需要太长时间，但是具有上百个光源、覆盖几十平方公里的场景所需的时间将会非常长。

6.3 材质创建及编辑

本节介绍如何在 Unreal Engine 中创建及编辑材质。

6.3.1 基础设置

1. 新建项目

启动 Unreal Engine，弹出启动界面，如图 6-19 所示。单击“新建项目”选项卡，在“蓝图”选项卡中选择“空白”选项。在下面依次选择“桌面 / 主机”（Desktop/Console）、“最高质量”（Maximum Quality）、“具有初学者内容”。在“文件夹”框中选择项目保存的路径，在“Name”文本框中给项目命名。单击“创建项目”按钮，创建项目。

图 6-19 启动界面

Unreal Engine 会将所有内容作为一个项目保存到磁盘上。当完成新项目的创建时，Unreal Engine 会组织管理网格模型和贴图。在“Content Browser”（内容浏览器）窗口中可以查看项目的目录结构，也可以在硬盘中的项目目录中浏览。

2. 新建文件夹

本节配套资源包路径为“素材 \ 第 6 章 \6.3\ 材质资源”。

在“Content Browser”窗口中，如图 6-20 所示，单击“Add New”按钮，选择“New Folder”选项创建新的文件夹且在“\Game”下创建。将刚创建的文件夹命名为“QuickStartContent”。双击“QuickStartContent”文件夹将其打开。

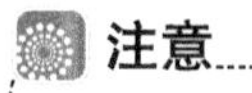

注意

对文件夹和文件命名时，应尽量保持其一致性。

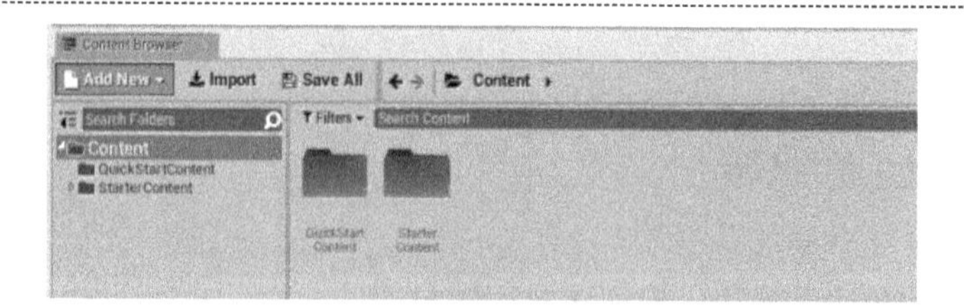

图 6-20 创建“QuickStartContent”文件夹

3. 导入网格物体

单击“Content Browser”窗口中的“Import”按钮，弹出“文件”对话框，导入资源包中的网格物体模型“Basic_Asset1”和“Basic_Asset2 FBX”。

此时，弹出“Import Options”对话框，单击“Import”按钮或者“Import All”按钮将网格物体模型导入项目中。完成导入后，建议手动保存当前文件。单击“Content Browser”窗口中的“Save All”按钮，完成保存。

保存完成后，打开“QuickStartContent”文件夹，如图 6-21 所示，确认刚才在 Unreal Engine 中创建的带有“.uasset”后缀的文件已经创建完成。

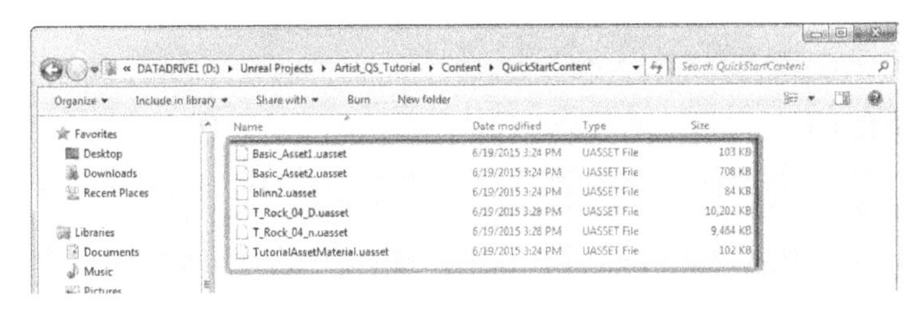

图 6-21　QuickStartContent 文件夹中的内容

4. 导入贴图

在“Content Browser”窗口中打开“QuickStartContent”文件夹，单击“Import”按钮，导入新的贴图文件“T_Rock_04_D”和“T_Rock_04_n”（Targa，TGA 类型）到“QuickStartContent”文件夹中，如图 6-22 所示。

图 6-22　导入贴图

5. 导入外部的网格物体

Unreal Engine 支持导入在其他三维软件中制作的网格物体。常用的三维软件有 Maya、3ds Max 等。下面以 Maya 为例，导出所需的网格物体，操作步骤如下。

（1）在 Maya 的“视口”窗口中选中要导出的网格物体。

（2）执行“File”→“Export All”命令，导出文件中的网格物体。

（3）弹出“Export All”对话框，如图 6-23 所示。在“Files of type”下拉菜单中选择“FBX export”选项，单击“Exprot All”按钮，创建包含对应网格物体的 FBX 文件。

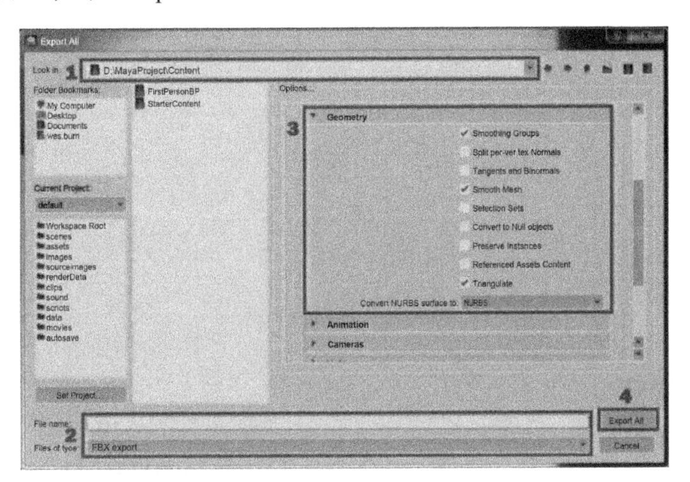

图 6-23　“Export All”对话框

注意

Unreal Engine 的“FBX 导入管线”采用 FBX 2013 版本。在导出过程中使用不同的版本可能会导致不兼容。

6.3.2 创建材质

材质是应用到网格物体上的资源，用于给场景增加效果。在 Unreal Engine 的项目中，有多种创建材质的方法。直接在“Content Browser”窗口中操作是较快速的创建方法，操作步骤如下。

创建新的“岩石”材质，在“Content Browser”窗口中，单击“Add New”按钮弹出下拉菜单，选择“Material”选项，创建一个新材质。将新建的材质命名为“Rock”，如图 6-24 所示。

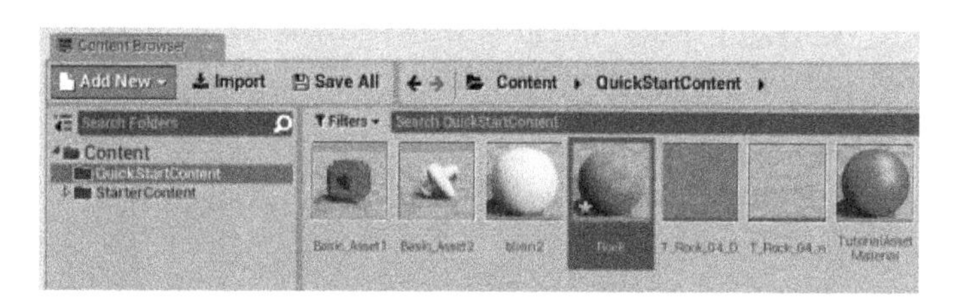

图 6-24　创建新材质

双击“Rock”（岩石）材质图标，打开材质编辑器，如图 6-25 所示。

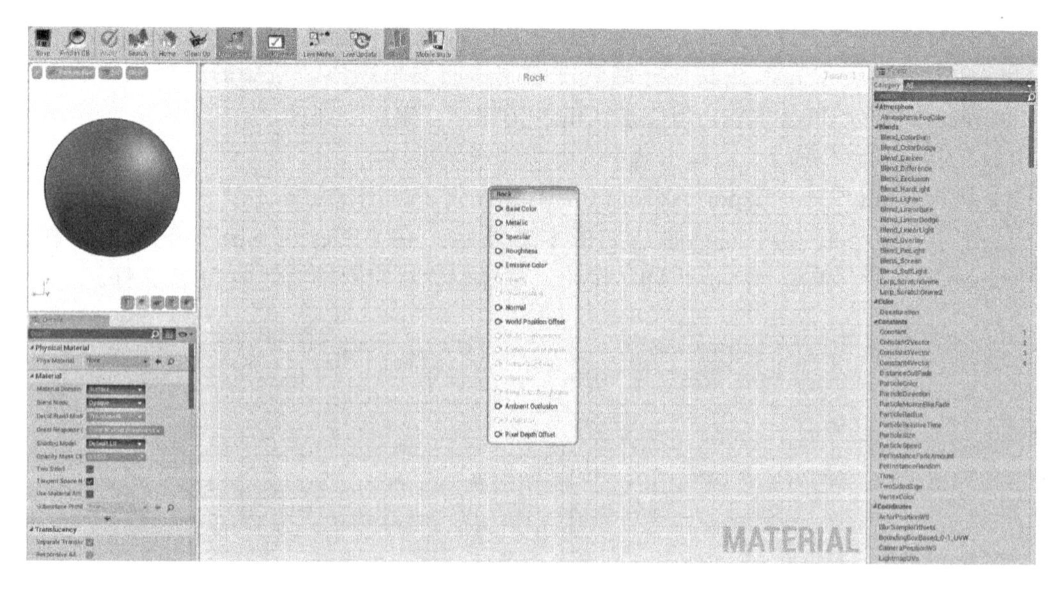

图 6-25　材质编辑器

6.3.3 编辑材质

在材质编辑器中可以定义材质的颜色、亮度、透明度及其他特性。下面使用材质编辑器编辑创建的“Rock”材质。

打开“Rock”材质的材质编辑器，会出现主材质的节点“Rock”，如图 6-26 所示，在“Rock”节点下，可以控制材质的颜色、亮度及其他特性的变化。

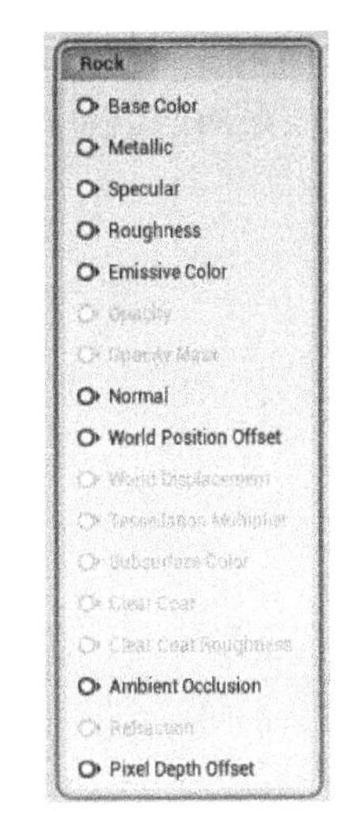

图 6-26　主材质节点

在“Detail”面板中，将“Material”选区下的“Shading Model”下拉列表中的“Default Lit”选项改为“Subsurface”选项，如图 6-27 所示。Subsurface 材质模型在主材质节点中打开了“Opacity”（不透明度）引脚和“Subsurface Color”（次表面颜色）引脚。

将贴图添加到材质编辑器中，按住 T 键的同时在材质编辑器下单击，窗口中出现新的“Texture Sample”节点。因为这里至少需要 2 幅贴图，所以重复该步骤，直至出现类似图 6-28 的形式。

选择其中一个“Texture Sample”节点，在“Details”面板的“Material Expression Texture Base”选区中，如图 6-29 所示，打开“Texture”后的下拉菜单，选择“T_Rock_04_D”颜色贴图。也可以通过在搜索处输入“T_Rock_04_D”关键词来寻找贴图资源。

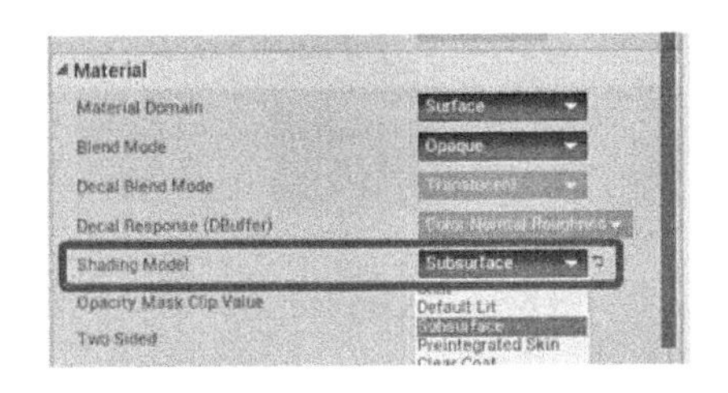

图 6-27　更改 Shading Model 的设置

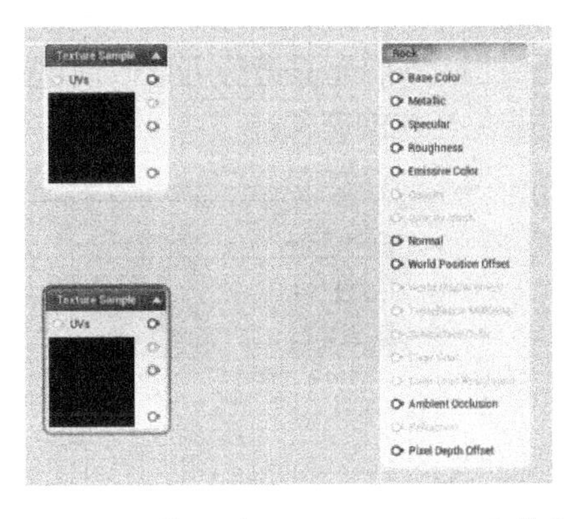

图 6-28　添加两个“Texture Sample”节点

选择另一个“Texture Sample”节点，重复上述步骤，选择“T_Rock_04_n”法线贴图。材质图如图 6-30 所示。

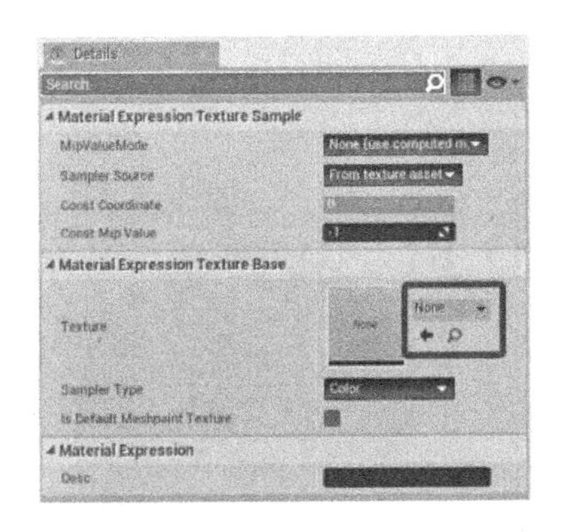

图 6-29　更改“Texture”设置

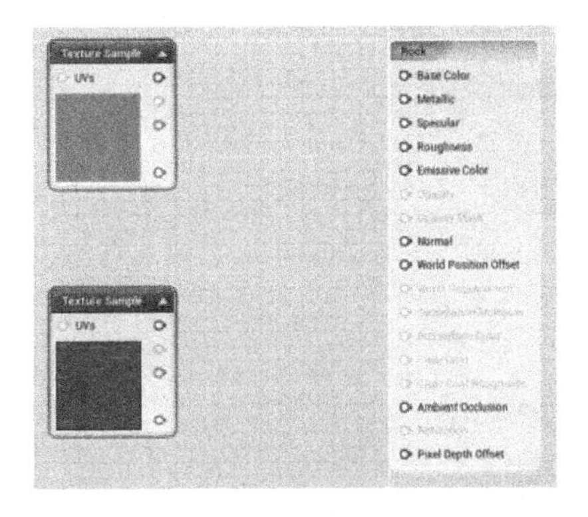

图 6-30　材质图

将“T_Rock_04_D”贴图样本节点的颜色引脚（白色）连接到岩石材质的“Base Color”引脚，如图 6-31 所示。刚连接的白色引脚包含贴图的各个颜色通道。将“T_Rock_04_n”贴图样本节点的法线引脚（白色）连接到岩石材质的“Normal”引脚。刚连接的白色引脚包含法线贴图的信息。此时预览窗口中岩石材质预览效果如图 6-32 所示。

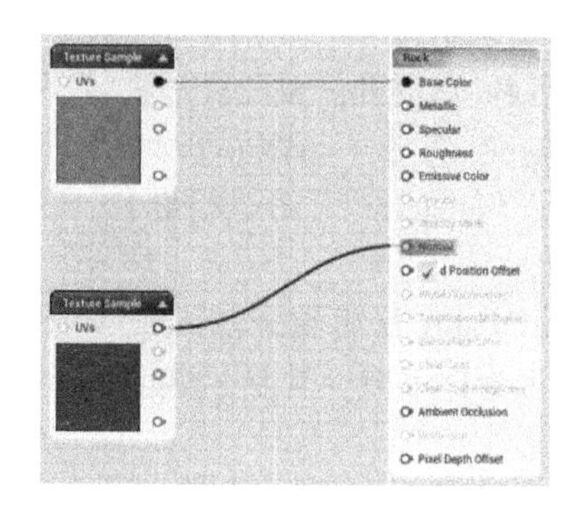

图 6-31　引脚连接

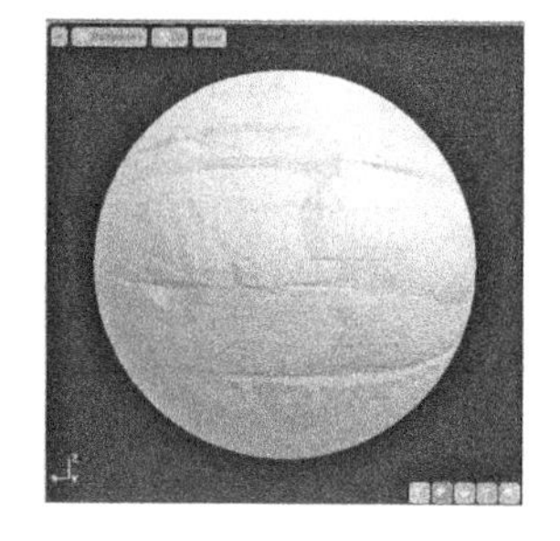

图 6-32　岩石材质效果

按住数字“1”键并单击材质编辑器中的任意位置，创建常量节点，共创建 3 个，如图 6-33 所示。常量节点是可修改的浮点型变量。按住数字“3”键并单击“图”窗口中的任意处，创建一个“Constant3Vector”节点，如图 6-34 所示。“Constant3Vector”节点是一个对应颜色通道但无 alpha 通道的可修改向量型变量。节点应进行排列，使其可以方便地进行连接，同时避免连线的交叉。

图 6-33　常量节点

图 6-34　“Constant3Vector”节点

将所有的“Constant”节点和“Constant3Vector”节点分别连接到岩石材质主节点的相应引脚。通过在每个“Constant”节点和“Constant3Vector”节点的“Details”面板中修改它们的参数可以更新各个节点的值，如图 6-35 所示。其中，“Specular”（高光度）为 0.0；“Roughness”（粗糙度）为 0.8；“Opacity”（不透明度）为 0.95；“Subsurface Color”（次表面颜色）为红色（1,0,0）。此时预览窗口中岩石材质效果如图 6-36 所示。

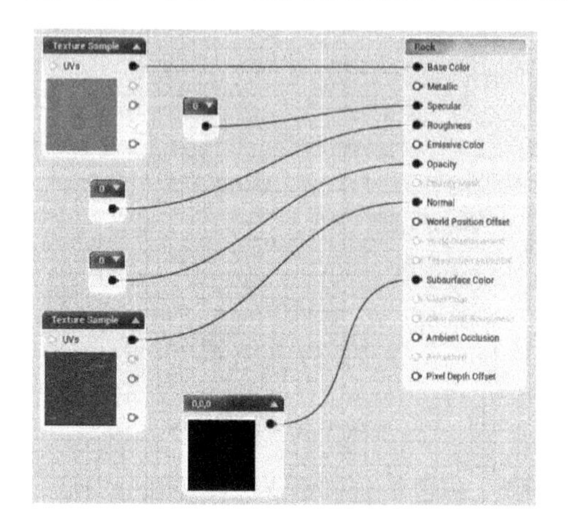

图 6-35　引脚连接

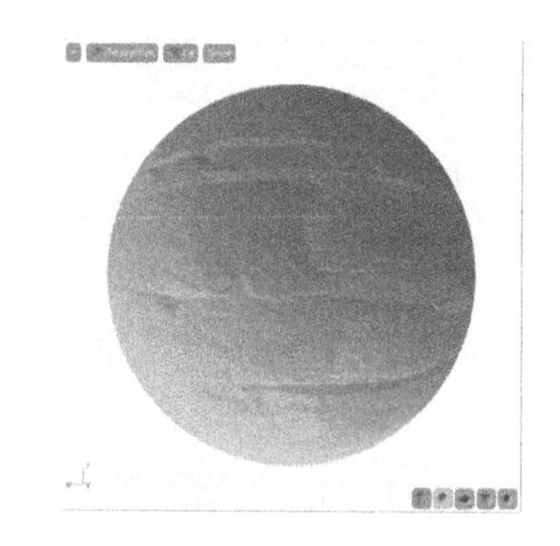

图 6-36　岩石材质效果

在退出材质编辑器前，需要确认已经保存了材质。

提示

材质编辑器中的快捷键列表可以通过以下方式查找：“Edit”→“EditorPreferences”→“KeyboardShortcuts”→“MaterialEditor”和“MaterialEditor-SpawnNodes”。

6.3.4 为静态网格物体指定材质

下面将前面创建的材质应用到已导入的静态网格物体上。

1．为单个网格物体设置默认材质

当一个网格物体 Actor 放置在关卡中时，该 Actor 会应用默认材质。

在“Content Browser”窗口中，双击已经导入的网格物体资源将其打开，静态网格物体编辑器会加载该资源并允许编辑。

在“Details”面板的“LOD0”选区，在“TutorialAssetMaterial”下拉菜单中选择之前创建的“Rock”材质，如图 6-37 所示。预览窗口中会更新刚应用的材质效果，如图 6-38 所示。

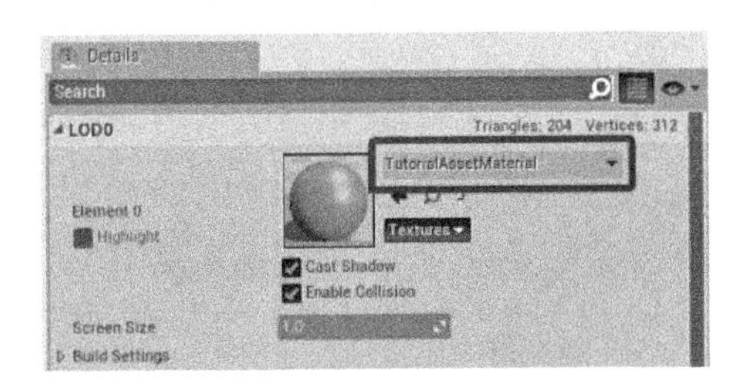

图 6-37　选择“Rock”材质

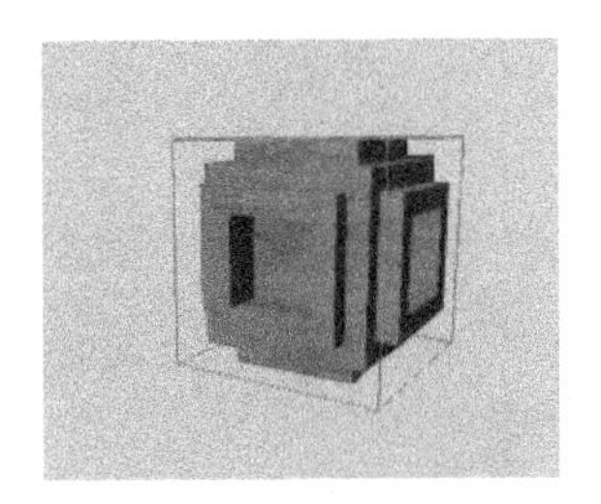

图 6-38　材质效果

单击“Save”按钮保存设置，再关闭静态网格物体编辑器。在“Content Browser”窗口中，将刚修改了新增材质的静态网格物体拖曳到关卡中，如图 6-39 所示。该静态网格物体已成功设置材质。

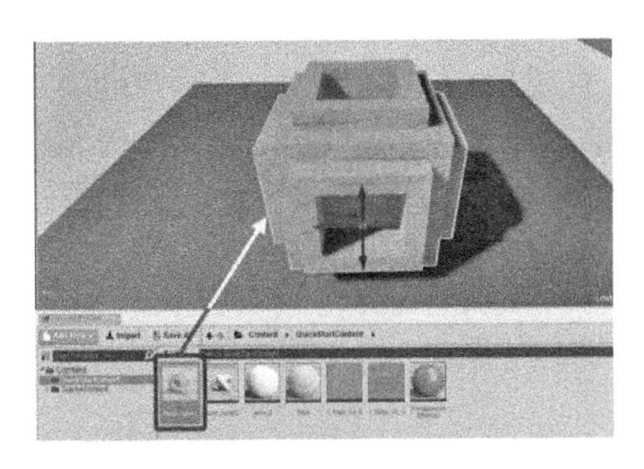

图 6-39　放置新增的静态网格物体到关卡中

2．改变某个网格物体Actor的材质

在关卡中放置一个静态网格物体，实际上是创建了该物体的一个实例（即 Actor）。对每个 Actor，都允许定义它们各自的材质。

选中已放置在关卡中待更改材质的静态网格物体 Actor，在“Details”面板的“Materials”选区，在“Materials”下拉菜单中选择一个已创建的材质，直接将该材质拖曳到关卡中的静态网格物体 Actor 上，也可更改 Actor 的材质。

6.4　创建 C++ 类

本节创建一个新的项目，向其添加新的 C++ 类，然后编译项目并添加新类的实例到关卡中。完成后，将实现通过 C++ 编程的 Actor 上下浮动的效果。

6.4.1 必备的项目设置

启动 Unreal Engine，创建一个新的项目。选择“新建项目”选项卡，选择“C++”选项卡中的“基础代码”选项，获得全新的起始点，确认设置了“具有初学者内容”选项，如图 6-40 所示。此处的项目名称为“QuickStart”，以免该案例中所涉及的程序因命名不同而运行出错。

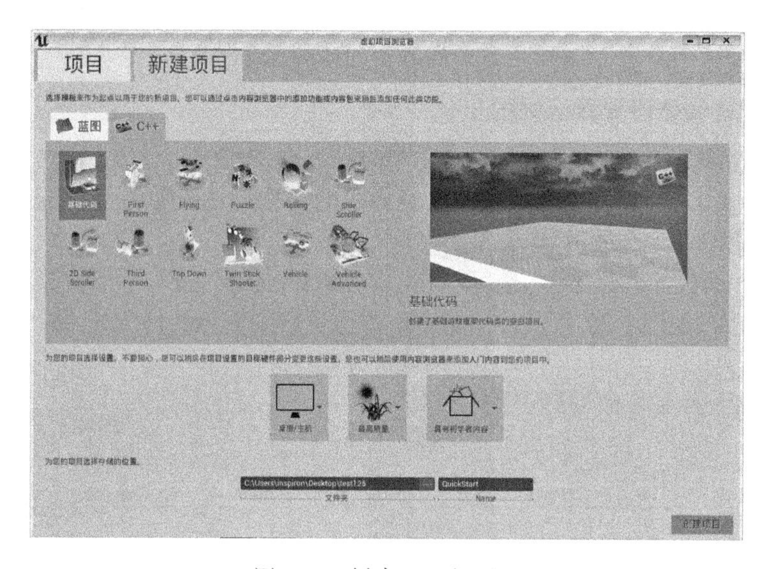

图 6-40　创建 C++ 新项目

6.4.2 创建 C++ 类

在 Unreal Editor 下，执行“File”→“Add Code to Project”命令，创建新的 C++ 类，弹出“Add C++ Class”对话框，如图 6-41 所示。由于 Actor 是能存在于 Unreal Engine 层面上最基础的类，所以将“Actor 类”作为基类。建议将文件命名为“FloatingActor”，单击“Create Class”按钮创建新的类。

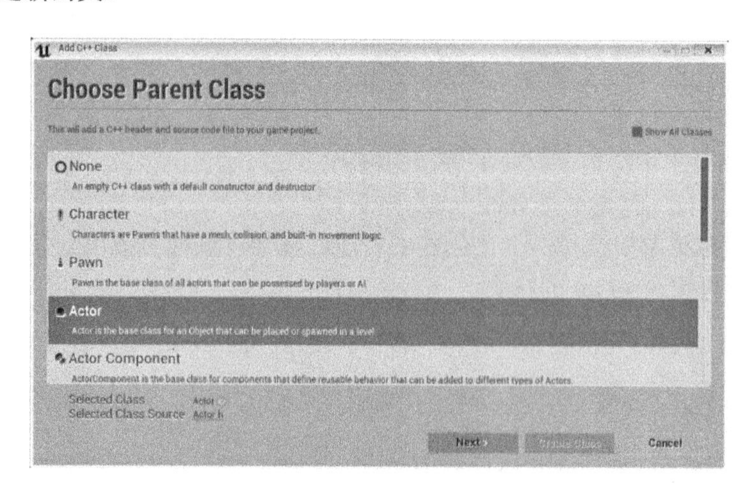

图 6-41　创建新 Actor

完成新 C++ 类的创建后，切换到 Visual Studio 中编程。Unreal Engine 会自动编译并使用新类来重新载入代码。

6.4.3 写入并编译 C++ 代码

在 Visual Studio 中，使用“Solution Explorer”面板查询新建的 C++ 文件。在“QuickStart”文件夹中找到“FloatingActor.cpp”和“FloatingActor.h”文件，如图 6-42 所示。

双击“FloatingActor.h”文件将其打开，在代码末尾添加以下代码：

```
float RunningTime;
```

双击“FloatingActor.cpp”文件将其打开，在“AFloatingActor::Tick”下添加以下代码：

```
FVector NewLocation = GetActorLocation();
float DeltaHeight = (FMath::Sin(RunningTime + DeltaTime) – FMath::Sin(RunningTime));
NewLocation.Z += DeltaHeight * 20.0f;   // 把高度以 20 的系数进行缩放
RunningTime += DeltaTime;
SetActorLocation(NewLocation);
```

上述代码用于控制 FloatingActors 平滑地上下跳动，使用所创建的“RunningTime”变量来随时间追溯移动的轨迹。

代码编写完成后，右击“Solution Explorer”面板，弹出快捷菜单，执行“Build”命令，如图 6-43 所示。或单击 Unreal Editor 中的“Compile”按钮进行编译，如图 6-44 所示。编译成功后，Unreal Engine 会自动载入变更的内容。

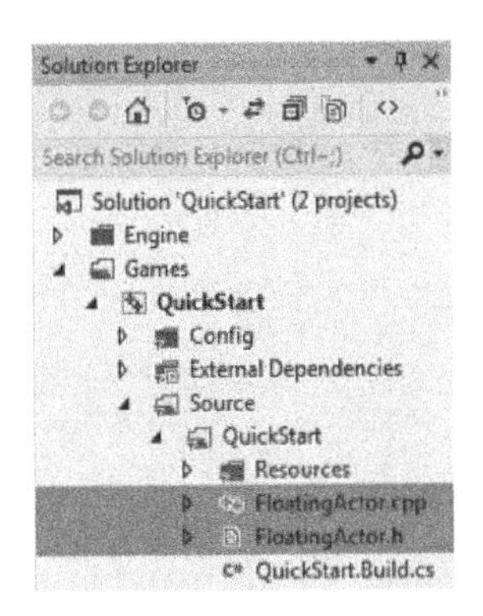

图 6-42 “Solution Explorer”面板

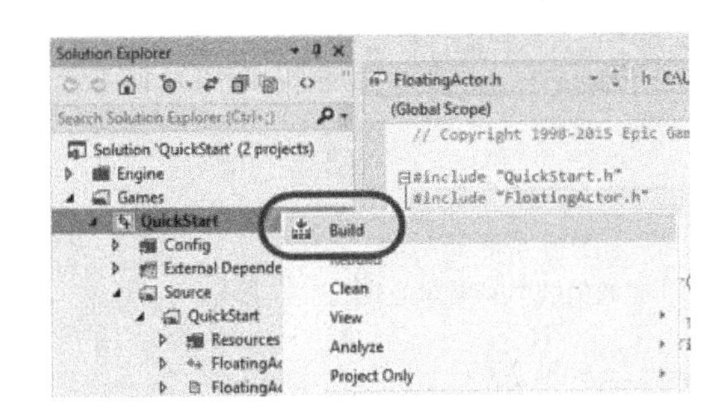

图 6-43 “Build”命令

图 6-44 单击“Compile”按钮

现在可基于上述代码在 Unreal Engine 中创建物体了。本节中使用的代码如下。

1. “FloatingActor.h”文件中的代码

```
// Copyright 1998-2017 Epic Games, Inc. All Rights Reserved.
#pragma once
#include "GameFramework/Actor.h"
#include "FloatingActor.generated.h"

UCLASS()
```

```
class QUICKSTART_API AFloatingActor : public AActor
{
    GENERATED_BODY()

public:
    // 设置此 Actor 属性的默认值
    AFloatingActor();

    // 当游戏开始或生成时调用
    virtual void BeginPlay() override;

    // 在每一帧调用
    virtual void Tick( float DeltaSeconds ) override;

    float RunningTime;
};
```

2. “FloatingActor.cpp”文件中的代码

```
// Copyright 1998-2017 Epic Games, Inc. All Rights Reserved.
#include "QuickStart.h"
#include "FloatingActor.h"

// 设置默认值
AFloatingActor::AFloatingActor()
{
    // 将此 Actor 设置为在每一帧都调用 Tick()
    // 如果不需要此功能，可以关闭它以改善性能
    PrimaryActorTick.bCanEverTick = true;

}

// 当游戏开始或生成时调用
void AFloatingActor::BeginPlay()
{
    Super::BeginPlay();

}

// 在每一帧调用
void AFloatingActor::Tick( float DeltaTime )
{
    Super::Tick( DeltaTime );

FVector NewLocation = GetActorLocation();
    float DeltaHeight =(FMath::Sin(RunningTime+DeltaTime)-FMath::Sin(RunningTime));

    NewLocation.Z += DeltaHeight * 20.0f;     // 把高度以 20 的系数进行缩放
    RunningTime += DeltaTime;
    SetActorLocation(NewLocation);
}
```

6.4.4 测试代码

在 Unreal Editor 中的“Content Browser”窗口中，展开“C++ Classes”文件夹。打开“C++ Classes”文件夹下的“QuickStart”文件夹，该文件夹包含一个“FloatingActor”类和“QuickStartGameMode”关卡，如图 6-45 所示。

图 6-45 “QuickStart”文件夹

将“FloatingActor”类拖曳到“Level Editor”窗口中，在世界中创建“FloatingActor”实例。在“Level Editor”和“World Outliner”中选择该实例后，可在“Details”面板中查看该实例的“Components”及其属性。

“FloatingActor”在游戏中可见。选中该实例后，在“Details”面板中单击“Add Component”按钮，如图 6-46 所示。选择下拉菜单中的“Cone（椎体）”选项，赋予该实例简单的可视化表现。

根据上述操作完成自定义的 Actor 设置后，将该“FloatingActor”移动到合适位置上。在世界中选择并拖曳“FloatingActor”实例，也可以手动的方式移动它。如果手动移动，可以在“Level Editor”或“World Outliner”中选择“FloatingActor”实例，在“Details”面板中选择“FloatingActor1”选项。至此，编辑“FloatingActor1”的“Transform”面板中的位置等参数，可以改变它的位置。

单击 Unreal Editor 中的“Play”按钮，可以看到椎体上下浮动，效果如图 6-47 所示。代码编译成功。

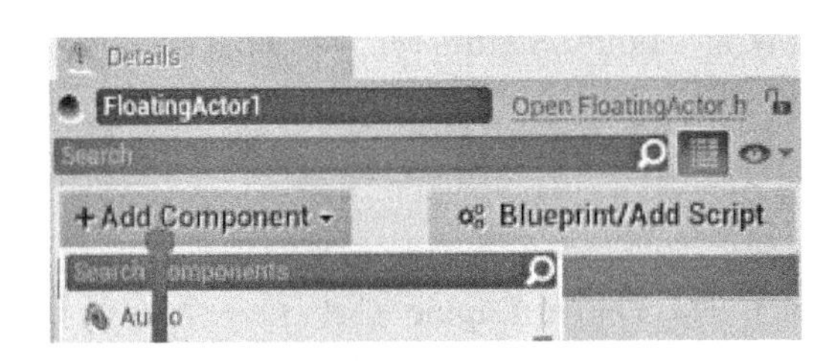

图 6-46 添加组件

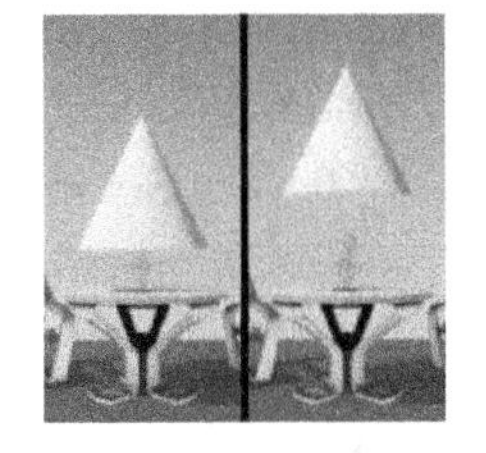

图 6-47 椎体上下浮动

6.5 案例——第一人称射击游戏

本节实现一个简单的第一人称射击游戏，效果如图 6-48 所示。

图 6-48　第一人称射击游戏效果

6.5.1 设置项目

1. 基础设置

下面将在 Unreal Editor 中的“Content Browser”窗口中为第一人称射击游戏创建一个起始点。操作步骤如下。

（1）创建一个新的“C++”项目，设置为“No Starter Content”。将新项目命名为“FPSProject”。

（2）在 Unreal Editor 中单击“Play”按钮，进入“Play in Editor”（PIE）模式。按 W、A、S、D 键可以在关卡中四处移动，移动鼠标可以对准摄像机，检查项目是否正常运行。

（3）按 Esc 键或单击“Stop”按钮可以退出 PIE 模式。

（4）探索完关卡后，在“Content”文件夹下创建一个“Maps”文件夹。

（5）执行“File”→“Save as”命令，将关卡在“Maps”文件夹中另存为“FPSMap”文件。

（6）执行“Edit”→“Project Settings”命令，打开“Project Settings”窗口。

（7）在窗口左侧的“Project”标题下选择“Maps & Modes”选项。

（8）使用下拉菜单将“FPSMap”设置为“Editor Startup Map”，如图 6-49 所示。完成后，将默认加载“FPSMap”。

（9）关闭“Project Settings”窗口并保存项目。

2. Visual Studio 基础代码检查

在前面设置基础代码（Basic Code）时，Unreal Engine 创建了一个游戏模式（Game Mode）。Game Mode 定义游戏的规则和胜利条件，设置部分基础游戏性框架类型（包括 Pawn、玩家控制器和 HUD）的默认类。在 Visual Studio 中可以查看项目的 Game Mode 类是否已正常生成。操作步骤如下。

（1）执行“File”→“Open Visual Studio”命令，打开 Visual Studio 界面。

（2）在“Solution Explorer”面板中查看 CPP 和头文件。

（3）在“Solution Explorer”面板中找到文件“FPSProjectGameMode.cpp”，检查文件中是否包含如下代码。

```
#include "FPSProject.h"
#include "FPSProjectGameMode.h"
```

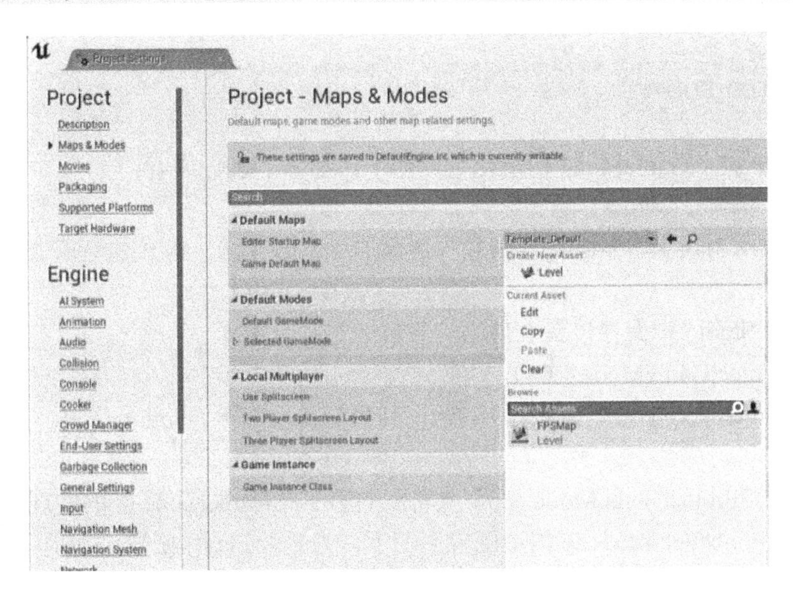

图 6-49 “Project Settings”窗口

（4）在“Solution Explorer”面板中找到文件“FPSProjectGameMode.h”，检查文件中是否包含如下代码。

```
#pragma once

#include "GameFramework/GameMode.h"
#include "FPSProjectGameMode.generated.h"

/**
*
*/
UCLASS()
class FPSPROJECT_API AFPSProjectGameMode : public AGameMode
{
    GENERATED_BODY()
};
```

（5）在 Visual Studio 中打开该 C++ 项目，开始在项目中添加代码。

3．添加日志消息

为“FPSGameMode”添加日志消息后即可在项目中添加代码。日志消息用于开发中对代码进行验证和调试。下面日志消息验证实际使用的是 FPSGameMode，而非 Unreal Engine 默认提供的 Game Mode。下面分别从“FPSProjectGameMode”头文件和“FPSProjectGameMode”CPP 文件的设置着手，操作步骤如下。

（1）“FPSProjectGameMode”头文件

① 在“Solution Explorer”面板中，展开“FPSProject”→“Source”→“FPSProject”下拉菜单。

② 双击“FPSProjectGameMode.h”文件，打开 FPSGameMode 类的头文件。

③ 类声明应类似于如下代码。

```
UCLASS()
class FPSPROJECT_API AFPSGameMode : public AGameMode
{
    GENERATED_BODY()
};
```

④ 在 AFPSProjectGameMode 构造函数声明下添加如下函数声明：

```
virtual void StartPlay() override;
```

通过此函数声明覆盖 StartPlay() 函数（继承自 Aactor 类），游戏进程开始后便会将日志消息显示到屏幕上。

⑤ 在 Visual Studio 中保存该头文件。

（2）“FPSProjectGameMode” CPP 文件

① 在“Solution Explorer”面板中，展开“FPSProject”→“Source”→“FPSProject”下拉菜单。

② 双击“FPSProjectGameMode.cpp”文件，打开 FPSGameMode 类的实现文件。

③ 在 AFPSProjectGameMode 构造函数声明下，为 StartPlay() 函数添加如下代码。

```
void AFPSProjectGameMode::StartPlay()
{
    Super::StartPlay();

    if (GEngine)
    {
        // 显示调试信息 5 秒
        // -1 “键”值（首个参数）说明无须更新或刷新此消息
        GEngine->AddOnScreenDebugMessage(-1,5.0f, FColor::
              Yellow, TEXT("Hello World, this is FPSGameMode!"));
    }
}
```

游戏进程开始后，StartPlay() 函数将以黄色文本显示新调试消息（“Hello World, this is FPSGameMode!”）5 秒。

④ 在 Visual Studio 中保存该 CPP 文件。

4．断点调试

之前是在屏幕上输入日志信息，这是调试方法的一种。除了输出日志调试，还可以断点调试，方法如下。

（1）在 Visual Studio 中设置断点，按 Ctrl+Alt+P 快捷键或执行“调试”→“附加到进程”命令，选择已打开的 Unreal Editor 作为要附加到的进程，单击“附加”按钮。

（2）在 Unreal Editor 中单击“Play”按钮启动。遇到断点时，在 Visual Studio 中程序会停止运行。

5．编译项目

现在即可编译项目，使已修改的代码反映到游戏中。

先返回 Unreal Editor，单击“Compile”按钮编译代码，如图 6-50 所示。因为已将项目作为 C++ 项目开发，所以可以直接从在 Unreal Editor 中编译 CPP 代码。

图 6-50　单击 Compile 按钮

再单击“Play”按钮，进入 PIE 模式。

提示

PIE 模式中日志消息为什么没显示在屏幕上？不显示日志消息的原因是编辑器在开发的现阶段仍使用默认“Game Mode”。

按 Esc 键或单击“Stop”按钮，退出 PIE 模式。

完成上述操作后可将 CPP Game Mode 类扩展为蓝图类，操作步骤如下。

（1）在“Content”文件夹下创建一个“Blueprints”文件夹。

（2）打开“C++ Classes”文件夹下的“FPS Project”文件夹，右击 FPSProjectGameMode 类，打开“C++ Class Actions”菜单，执行“Create Blueprint class based on FPSProjectGameMode”命令，如图 6-51 所示。

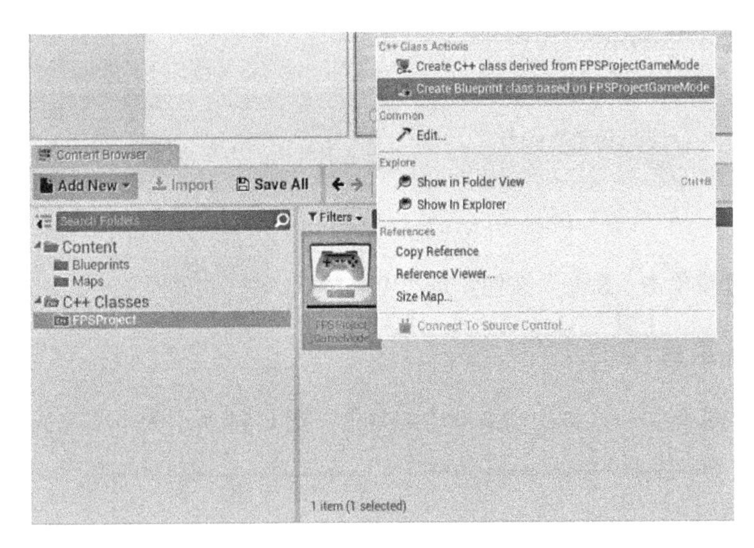

图 6-51　新建蓝图类

（3）弹出“Add Blueprint Class”窗口，将新蓝图类命名为“BP_FPSProjectGameMode”，选择蓝图文件夹，单击“Create Blueprint Class”按钮，创建蓝图类。

（4）在“Blueprints”文件夹中多了一个新建的“BP_FPSProjectGameMode”蓝图类，如图 6-52 所示。

（5）在蓝图编辑器中保存“BP_FPSProjectGameMode”蓝图类。

6. 设置默认游戏模式

将新建游戏模式成功扩展为蓝图类后，下面把“BP_FPSProjectGameMode”设为项目的默认游戏模式，操作步骤如下。

（1）执行“Edit”→“Project Settings”命令，打开“Project Settings”面板。

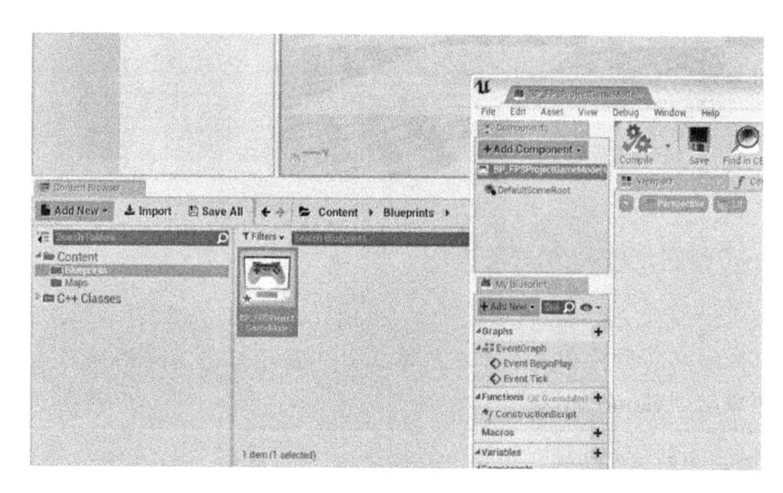

图 6-52　新建的“BP_FPSProjectGameMode”蓝图类

（2）在“Project Settings”窗口左侧的“Project”标题下选择“Maps & Modes”选项，在“Default GameMode”下拉菜单中选择“BP_FPSGameMode”选项。

（3）关闭“Project Settings”窗口。

（4）单击“Play”按钮。“Hello World, this is FPSGameMode!”将以黄色文字在视口左上角显示 5 秒，如图 6-53 所示。

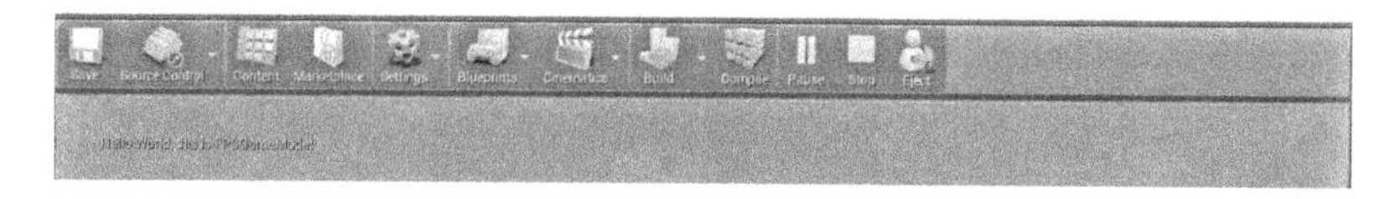

图 6-53　实现效果

（5）按 Esc 键或单击“Stop”按钮，退出 PIE 模式。

6.5.2 实现角色

下面介绍如何实现第一人称射击游戏中的角色。图 6-54 所示为本节完成后的角色效果。

图 6-54　角色效果

1．制作新角色

下面使用 Character 基类制作一个新角色。Character 类派生自 Pawn 类，内置双足移动功能，如行走、奔跑、跳跃。

（1）添加 Character 类

手动添加“*.h”和“*.cpp”文件到 Visual Studio 的“解决方案”面板中，方法是使用 C++ 类向导将新类添加到项目中。使用 C++ 类向导后，将创建头和源模板，用于设置 Unreal Engine 专属的宏。

① 执行“File”→“New C++ Class”命令，弹出“Choose Parent Class”对话框。

② 选择“Character”选项，将其设为父类，单击“Next”按钮。

③ 将新建的类命名为“FPSCharacter”，单击“Create”按钮。创建 FPSCharacter 类后，即可切换到 Visual Studio 中，为新建的类添加代码。“FPSCharacter.h”和“FPSCharacter.cpp”文件将打开，Unreal Engine 将自动编译并加载新类的代码。

（2）验证角色类

① 在“Solution Explorer”面板中，展开“FPSProject”→“Source”→“FPSProject”下拉菜单。

② 双击“FPSCharacter.cpp”文件，打开 FPSCharacter 类的实现文件。

③ 在 BeginPlay() 函数中添加如下代码，验证使用的是 FPSCharacter 类。

```
if (GEngine)
{
    // 显示调试信息 5 秒。-1 “键”值（首个参数）说明无须更新或刷新此消息
    GEngine->AddOnScreenDebugMessage(-1, 5.0f, FColor::Red, TEXT("We are using FPSCharacter."));
}
```

④ 在 Visual Studio 中保存“FPSCharacter.cpp”文件。

⑤ 在“Solution Explorer”面板中找到“FPSProject”。除单击“Build”按钮实现编译外，使用 Visual Studio 中的 Build（构建）功能可以完成代码编译。编译代码的方法是：在 Visual Studio 中右击“FPSProject”选项，弹出快捷菜单，执行“Build”（构建）命令。

⑥完成代码编译后，在 Unreal Editor 中验证新编译的 FPSCharacter 类在“Content Browser”窗口中可见，如图 6-55 所示。

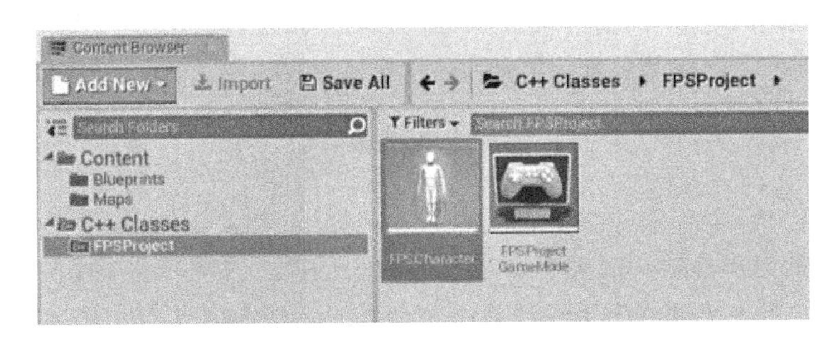

图 6-55 “Content Browser”窗口

（3）将 CPP FPS Character 类扩展为蓝图类

① 右击“FPSCharacter 类”，打开“C++ Class Actions”菜单。

② 执行“Create Blueprint class based on FPSCharacter”命令，打开“Add Blueprint Class”对话框。

③ 将新蓝图类命名为“BP_FPSCharacter”，选择蓝图文件夹，然后单击“Create Blueprint Class”按钮。

④ 现在“Blueprints”文件夹中有了一个新建的“BP_FPSCharacter”蓝图类，如图6-56所示。

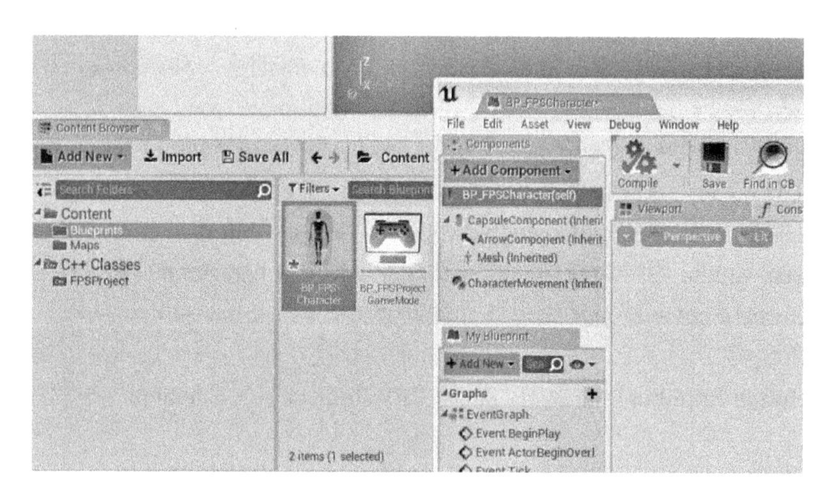

图 6-56　新建的“BP_FPSCharacter”蓝图类

⑤ 保存“BP_FPSCharacter”蓝图类，然后关闭蓝图编辑器。

（4）设置默认 Pawn 类

① 执行“Edit”→“Project Settings”命令，打开“Project Settings”窗口。

② 在左侧“Project”标题下选择“Maps & Modes”选项，在“Default Pawn”下拉菜单中选择“BP_FPSCharacter”选项。

③ 关闭“Project Settings”窗口。

④ 单击“Play”按钮。“We are using FPSCharacter.”将以红色文本在视口左上角的“Hello World, this is FPSGameMode!”下方显示 5 秒，如图 6-57 所示。

图 6-57　实现效果

提示

如果当前角色无法移动，则意味着“FPSCharacter”已正确作为 Pawn 新建角色但尚未包含移动功能键，因此无法在关卡中移动。

⑤ 按 Esc 键或单击“Stop”按钮，退出 PIE 模式。

2．设置轴映射

整体而言，通过轴映射可将键盘、鼠标和控制器输入映射到一个“易懂的命名”，然后绑定到游戏行为（如移动）。轴映射将不断轮询，实现无缝的动作过渡和流畅的游戏行为。硬件轴（如控制器摇杆）提供输入的度，但不是离散输入（“1”为按下，“0”为未按下）。控制器摇杆的输入方法提供可扩展移动输入的效率，而轴映射也可将常用移动键映射到不断轮询的游戏行为。

下面设置 W、A、S 和 D 键的输入轴映射，实现角色在地图中的移动。

（1）向前移动轴映射

① 执行“Edit”→“Project Settings”命令，打开“Project Settings”窗口。

② 在左侧“Engine”标题下选择“Input”选项。

③ 在“Bindings”区单击“Axis Mappings”后的加号。

④ 在弹出的文本框中输入“MoveForward”，单击文本框左侧的三角展开轴绑定项。

⑤ 在“Keyboard”下拉列表中选择“W”选项。

设置如图 6-58 所示。

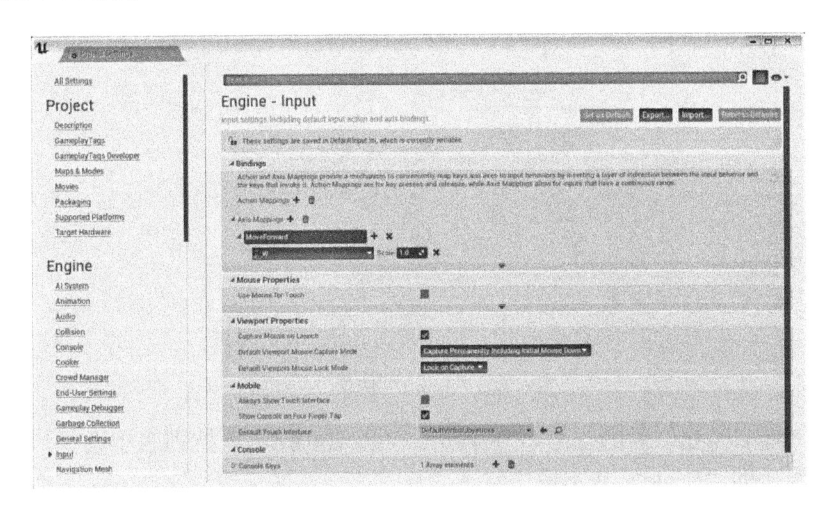

图 6-58 “Input”选项（1）

⑥ 单击“MoveForward”后的加号，在第二个“Keyboard”下拉列表中选择“S”选项，设置 S 键位。

⑦ 在“S”后的“Scale”文本框中输入“-1.0”。

设置如图 6-59 所示。

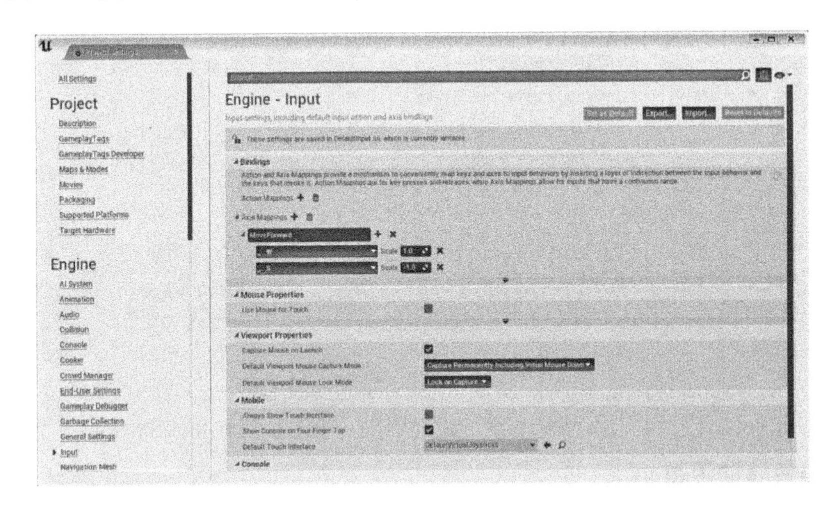

图 6-59 “Input”选项（2）

（2）向右移动轴映射

① 在“Bindings”区单击“Axis Mappings”后的加号。

② 在弹出的文本框中输入“MoveRight”，然后单击文本框左侧的三角展开轴绑定选项。

③ 在“Keyboard”下拉列表中选择“D”选项。

设置如图 6-60 所示。

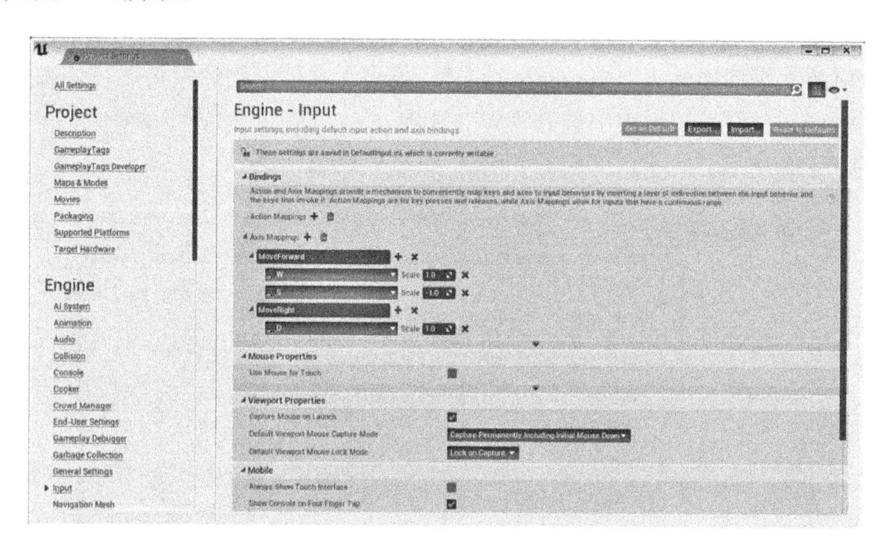

图 6-60 “Input”选项（3）

④ 单击“MoveRight”后的加号，在第二个“Keyboard”下拉列表中选择“A”选项。

⑤ 在“A”后的“Scale”文本框中输入“−1.0”。

设置如图 6-61 所示。

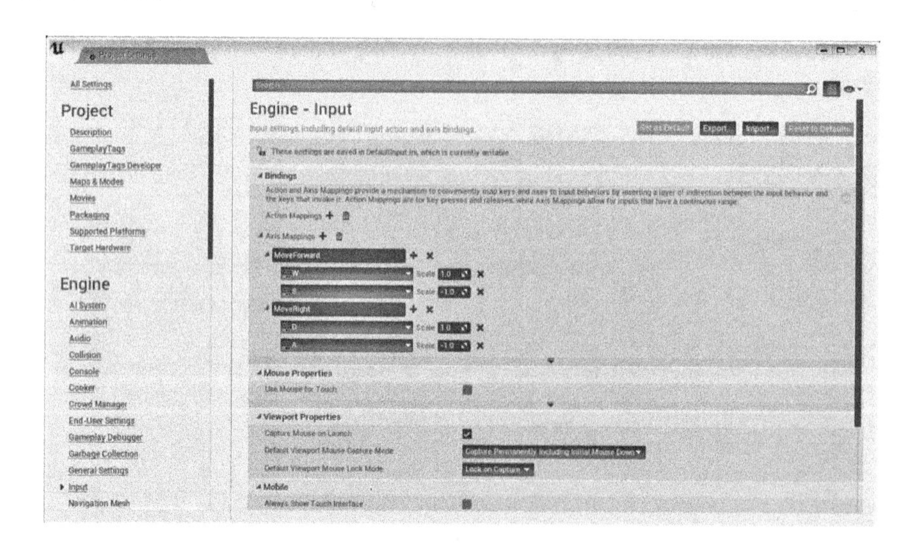

图 6-61 “Input”选项（4）

⑥ 设置“MoveLeft”和“MoveRight”轴映射后，关闭“Project Settings”窗口。

3. 实现角色移动函数

下面设置角色输入组件，并在 FPSCharacter 类中实现 MoveForward 和 MoveRight 函数。

（1）移动函数接口

为“FPSCharacter”设置轴映射后，即可切换到 Visual Studio 的项目中。

在“FPSCharacter.h”中，在“SetupPlayerInputComponent”下添加如下函数声明。

```
// 处理前后移动的输入
UFUNCTION()
void MoveForward(float Value);

// 处理左右移动的输入
UFUNCTION()
void MoveRight(float Value);
```

UFUNCTION 宏（位于这些函数之上）使 Unreal Engine 了解这些函数，以便为它们加入序列化和其他引擎功能。

（2）移动函数实现

在典型的第一人称视角操作方案中，角色移动轴与摄像机相对应。向前代表摄像机朝前进的方向移动；向右代表摄像机朝右边移动。使用 PlayerController 模块可以获取角色的控制旋转。此外，MoveForward 函数将无视控制绕 X 轴旋转的组件，并限制对 XY 平面的输入，以保证向上 / 向下查看时角色仍保持在地面上行走。

① 在“FPSCharacter.cpp”中，将如下代码添加到 Super::SetupPlayerInputComponent (InputComponent) 下的 SetupPlayerInputComponent 函数中。

```
// 调用后将功能绑定到输入
void AFPSCharacter::SetupPlayerInputComponent(class UInputComponent* InputComponent)
{
  Super::SetupPlayerInputComponent(InputComponent);

 // 设置移动绑定
  InputComponent->BindAxis("MoveForward",this,&AFPSCharacter::MoveForward);
  InputComponent->BindAxis("MoveRight", this, &AFPSCharacter::MoveRight);
}
```

InputComponent 函数定义如何处理输入数据的组件，可附加到需要接收输入的 Actor 上。

② 在“FPSCharacter.cpp”中添加 MoveForward 函数定义如下。

```
void AFPSCharacter::MoveForward(float Value)
{
  // 明确哪个方向是前进，并记录玩家试图向此方向移动
  FVector Direction = FRotationMatrix(Controller->GetControlRotation()).GetScaledAxis(EAxis::X);
  AddMovementInput(Direction, Value);
}
```

③ 在“FPSCharacter.cpp”中添加 MoveRight 函数定义如下。

```
void AFPSCharacter::MoveRight(float Value)
{
   // 明确哪个方向是右，并记录玩家试图向此方向移动
   FVector Direction = FRotationMatrix(Controller->GetControlRotation()).GetScaledAxis(EAxis::Y);
   AddMovementInput(Direction, Value);
}
```

（3）测试角色移动

下面编译并测试新实现的角色移动函数。

① 在 Visual Studio 中保存“FPSCharacter”头文件 (*.h) 和 CPP 文件 (*.cpp)。
② 在“Solution Explorer”面板中找到“FPSProject”。
③ 右击“FPSProject”，弹出快捷菜单，执行“Build”命令，编译项目。
④ 完成后，在 Unreal Editor 中打开“FPSProject”。
⑤ 单击“Play”按钮。至此，实现了向前、向后、向左和向右移动。
⑥ 按 Esc 键或单击“Stop”按钮，退出 PIE 模式。

4. 实现鼠标控制角色

下面实现鼠标控制角色四处查看的功能。

（1）转动轴映射

① 执行“Edit”→“Project Settings”命令，打开“Project Settings”窗口。
② 在左侧“Engine”标题下选择“Input”选项。
③ 在“Bindings”区单击“Axis Mappings”后的加号。
④ 单击“Axis Mappings”左侧的箭头。
⑤ 在弹出的文本框中输入“Turn”，然后单击文本框左侧的三角展开轴绑定选项。
⑥ 在“Mouse”下拉列表中选择“Mouse X”选项。
设置如图 6-62 所示。

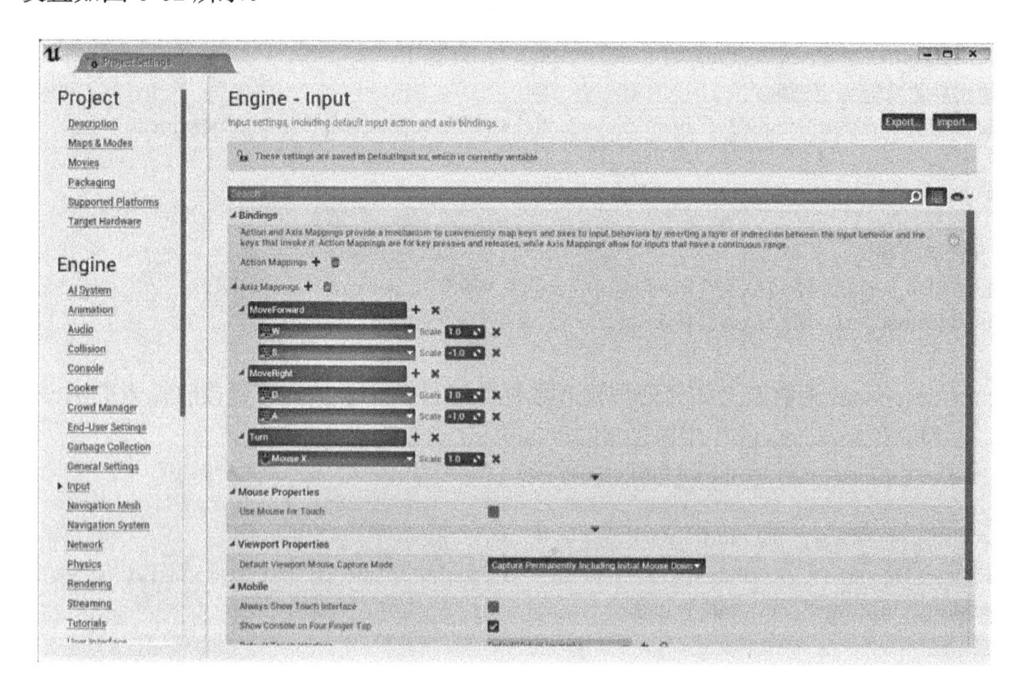

图 6-62 “Input”选项（5）

（2）仰视轴映射

① 在“Bindings”区单击“Axis Mappings”后的加号。
② 在弹出的文本框中输入“LookUp”，然后单击文本框左侧的箭头展开轴绑定选项。
③ 在“Mouse”下拉列表中选择“Mouse Y”。
④ 在“Mouse Y”后的“Scale”文本框中输入“-1.0”，关闭“Project Settings”窗口。
设置如图 6-63 所示。

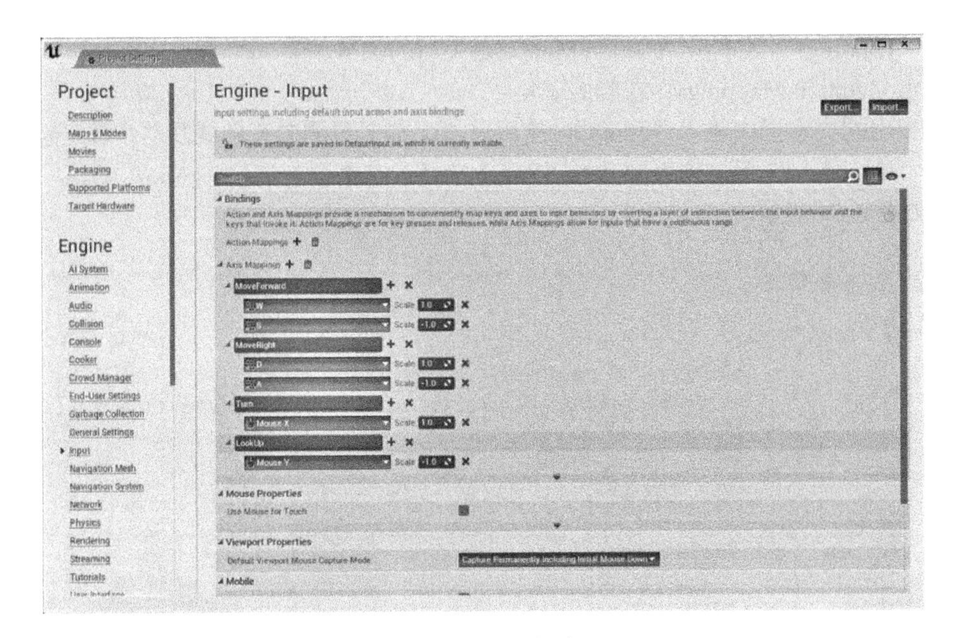

图 6-63 “Input”选项（6）

（3）实现输入处理

下面添加代码来处理转动和仰视的输入。Character 基类定义 AddControllerYawInput 和 AddControllerPitchInput 两个必要函数。

如果执行更多处理（如添加灵敏度或轴翻转的支持），可在将输入值传递到函数前，通过自定义函数对其进行调整；然而在本例情形下，需要将输入值直接绑定到“AddControllerYawInput”和“AddControllerPitchInput”函数中。

将如下代码添加到“FPSCharacter.cpp”的“SetupPlayerInputComponent”中。

```
// 设置查看绑定
InputComponent->BindAxis("Turn",this,&AFPSCharacter::AddControllerYawInput);
InputComponent->BindAxis("LookUp",this,&AFPSCharacter::AddControllerPitchInput);
```

（4）测试鼠标控制摄像机

① 在 Visual Studio 中保存“FPSCharacter”实现文件。

② 在“Solution Explorer”面板中找到“FPSProject”。

③ 右击“FPSProject”，弹出快捷菜单，执行“Build”命令，编译项目。

④ 完成后，在 Unreal Editor 中打开“FPSProject”。

⑤ 单击“Play”按钮。至此，可使用鼠标控制摄像机。

⑥ 按 Esc 键或单击“Stop”按钮，退出 PIE 模式。

5．实现角色跳跃

整体而言，动作映射处理离散事件的输入，将输入映射到“易懂的命名”，再绑定到事件驱动的行为。最终实现的效果是：按设定键或单击鼠标按键后触发游戏行为。

下面设置空格键的输入动作映射，实现角色的跳跃功能。

（1）跳跃动作映射

① 执行“Edit”→“Project Settings”命令，打开“Project Settings”窗口。

② 在左侧的“Engine”标题下选择“Input”选项。

③ 在“Bindings”区单击“Action Mappings”后的加号。

④ 单击“Action Mappings”左侧的三角。

⑤ 在弹出的文本框中输入“Jump”，然后单击文本框左侧的三角展开动作绑定选项。

⑥ 在“Keyboard”下拉列表中选择“Space Bar”（空格键）选项。

设置如图 6-64 所示。

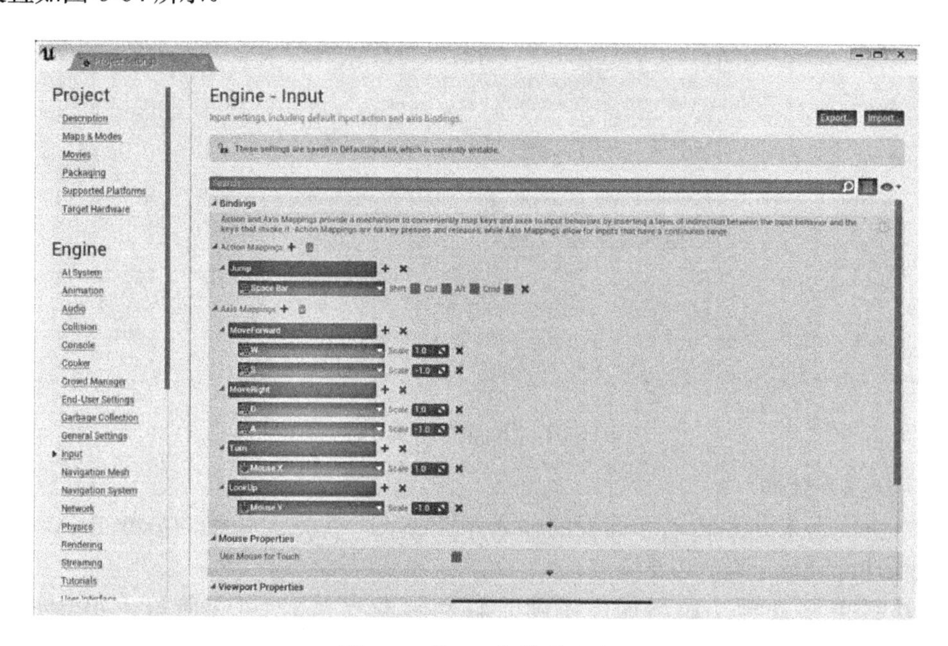

图 6-64 “Input”选项（6）

⑦ 关闭“Project Settings”窗口。

（2）实现输入处理

在 Character 基类的接口文件中查看，会发现内置的角色跳跃支持。角色跳跃与 bPressedJump 变量绑定。因此需要执行的操作是在按住跳跃动作时将该数值的布尔型设为“True”，松开跳跃动作时设为“False”。需要添加 StartJump 和 StopJump 两个函数来完成。

① 在“FPSCharacter.h”中添加如下公开函数声明。

```
// 按住键时设置跳跃标记
UFUNCTION()
void StartJump();

// 松开键时清除跳跃标记
UFUNCTION()
void StopJump();
```

② 在“FPSCharacter.cpp”中添加如下函数定义。

```
void AFPSCharacter::StartJump()
{
    bPressedJump = true;
}

void AFPSCharacter::StopJump()
{
```

```
        bPressedJump = false;
    }
```

③ 将如下代码添加到“SetupPlayerInputComponent”，将跳跃动作绑定到新编写的函数。

```
// 设置动作绑定
InputComponent->BindAction("Jump",IE_Pressed,this,&AFPSCharacter::StartJump);
InputComponent->BindAction("Jump", IE_Released, this,&AFPSCharacter::StopJump);
```

（3）测试角色跳跃

下面编译并测试新实现的角色移动函数。

① 在 Visual Studio 中保存“FPSCharacter”头文件 (*.h) 和 CPP 文件 (*.cpp)。

② 在“Solution Explorer”面板中找到“FPSProject”文件。

③ 右击“FPSProject”，弹出快捷菜单，执行“Build”命令，编译项目。

④ 完成后，在 Unreal Editor 中打开“FPSProject”。

⑤ 单击“Play”按钮，即可在地图中进行跳跃。

⑥ 按 Esc 键或单击“Stop”按钮，退出 PIE 模式。

6. 为角色添加模型

下面为角色赋予一个骨架网格体。Character 类默认创建一个“SkeletalMeshComponent”对象，因此需要明确使用的“SkeletalMesh”资源。

（1）导入骨架网格体

① 返回“Content Browser”窗口中的“Content”文件夹。

② 右击“Content”文件夹，使用快捷菜单打开“Import Asset”对话框。

③ 单击“Import to /Game”按钮，打开“Import”对话框。

④ 找到并选择“GenericMale.fbx”模型文件。文件路径为“素材 \ 第 6 章 \6.5\ GenericMale.fbx”。

⑤ 单击“Open”按钮，弹出“FBX Import Options”对话框，单击“Import”按钮，将模型添加到项目。

⑥ 单击“Save”按钮保存导入的模型。

（2）设置第三人称模型

① 双击“BP_FPSCharacter”图标，将其在蓝图编辑器中打开。

② 在“Components”面板中单击“Mesh”组件。

③ 向下滚动到“Details”面板的“Mesh”选区，单击显示为“None”的下拉菜单。

④ 选择“GenericMale”骨架网格体。

⑤ 将“SkeletalMeshComponent”的“Z”轴“Location”设为“−88.0”，使其与“Capsule Component”对齐。

⑥ SkeletalMeshComponent 效果如图 6-65 所示。建议将 SkeletalMeshComponent 放置在“CapsuleComponent”中，与“ArrowComponent”面对的相同方向，确保角色在世界场景中正常移动。

注意

关闭蓝图编辑器之前要保存“BP_FPSCharacter”蓝图。

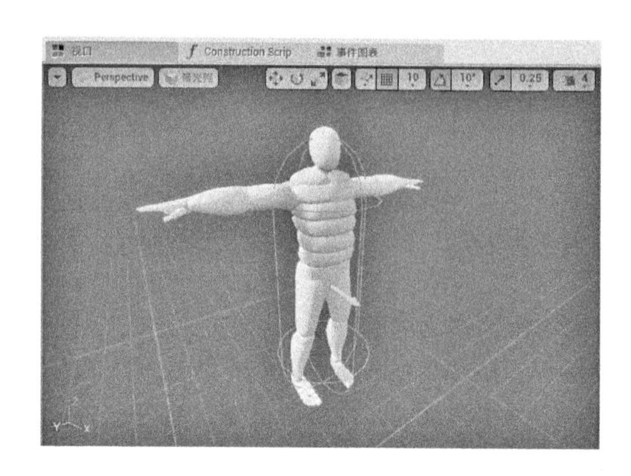

图 6-65　SkeletalMeshComponent 效果

（3）在 PIE 模式中验证新模型

① 单击 Unreal Editor 中的“Play”按钮。四处移动时可看到角色的阴影。如果希望在视口中查看角色模型，可按 F8 键离开 pawn 模式，即可在关卡中自由移动摄像机，如图 6-66 所示。按住鼠标左键的同时移动鼠标即可移动摄像机。

图 6-66　角色模型

② 按 Esc 键或单击“Stop”按钮，退出 PIE 模式。

7．更改摄像机视图

上一步默认摄像机位于模型的颈部。下面将设置一个 FPS 摄像机，用于调整摄像机的属性（如位置和视场）。

（1）附加摄像机组件

① 在 Visual Studio 中，打开“FPSCharacter.h”文件，添加如下代码。

```
// FPS 摄像机
UPROPERTY(VisibleAnywhere)
UCameraComponent* FPSCameraComponent;
```

② 打开“FPSCharacter.cpp”文件，在构造函数中添加如下代码。

```
// 创建一个第一人称摄像机组件
FPSCameraComponent =
```

```
CreateDefaultSubobject<UCameraComponent>(TEXT("FirstPersonCamera"));
// 将摄像机组件附加到胶囊体组件上
FPSCameraComponent->AttachTo(GetCapsuleComponent());
```

上述代码创建了一个 UCameraComponent 函数，并将其附加到角色的 CapsuleComponent 中。

③ 将如下代码添加到写入构造函数中的代码下方。

```
// 将摄像机放置在眼睛上方不远处
FPSCameraComponent->SetRelativeLocation(FVector(0.0f, 0.0f, 50.0f + BaseEyeHeight));
// 用 pawn 控制摄像机旋转
FPSCameraComponent->bUsePawnControlRotation = true;
```

上述代码将摄像机放置在角色眼睛上方不远处，利用 pawn 函数控制摄像机的旋转。

（2）测试新摄像机

现在编译并测试新实现的摄像机代码。

① 在 Visual Studio 中保存“FPSCharacter”头文件 (*.h) 和 CPP 文件 (*.cpp)。

② 在“Solution Explorer”面板中找到“FPSProject”。

③ 右击“FPSProject”，弹出快捷菜单，执行“Build”命令，编译项目。

④ 完成后，在 Unreal Editor 中打开“FPSProject”。

⑤ 单击“Play”按钮。摄像机现在应处于角色眼睛上方不远处。

⑥ 按 Esc 键或单击“Stop”按钮，退出 PIE 模式。

8．为角色添加第一人称模型

构建 FPS 游戏的常见方法是使用两个单独的角色模型：一个是完整身体模型，另一个是武器和手臂模型。完整身体模型用于从第三人称视角查看角色，然而玩家以第一人称视角观察游戏时它处于隐藏状态。武器和手臂模型通常附加到摄像机上，玩家以第一人称视角查看关卡时才能看到这个模型。

（1）添加第一人称模型

① 在 Visual Studio 中，打开“FPSCharacter.h”文件，添加如下代码。

```
// 第一人称模型（手臂），仅对拥有玩家可见
UPROPERTY(VisibleDefaultsOnly, Category = Mesh)
USkeletalMeshComponent* FPSMesh;
```

② 打开“FPSCharacter.cpp”文件，在构造函数中添加如下代码，创建和配置第一人称模型。

```
// 为拥有玩家创建一个第一人称模型组件
FPSMesh =
CreateDefaultSubobject<USkeletalMeshComponent>(TEXT("FirstPersonMesh"));
// 该模型仅对拥有玩家可见
FPSMesh->SetOnlyOwnerSee(true);
// 将 FPS 模型附加到 FPS 摄像机上
FPSMesh->AttachTo(FPSCameraComponent);
// 禁用部分环境阴影，保留单一模型存在的假象
FPSMesh->bCastDynamicShadow = false;
FPSMesh->CastShadow = false;
```

SetOnlyOwnerSee 函数表明此模型仅对拥有此 Character 的 PlayerController 可见。上述代码还将模型附加到摄像机上，并禁用部分环境阴影。如果附加到摄像机上的手臂投射阴影，第一人称模型存在的假象将不复存在。

③ 最后，在“FPSCharacter.cpp”文件的构造函数中添加如下代码，对拥有角色隐藏现有的第三人称模型。

```
// 拥有玩家无法看到普通（第三人称）模型
GetMesh()->SetOwnerNoSee(true);
```

④ 在 Visual Studio 中保存“FPSCharacter”头文件（*.h）和 CPP 文件（*.cpp）。

⑤ 在“Solution Explorer”面板中找到“FPSProject”。

⑥ 右击“FPSProject”，弹出快捷菜单，执行“Build”命令，编译项目。

⑦ 完成后，在 PIE 模式中打开并运行“FPSProject”。此时，无法看到角色模型，如图 6-67 所示。

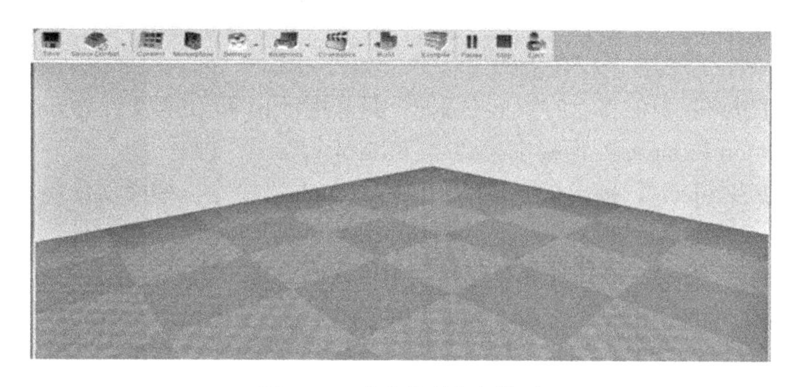

图 6-67 无法看到角色模型

（2）构建模型蓝图

① 在“Content Browser”窗口中右击，弹出快捷菜单。

② 执行“Import to /Game”命令，弹出“Import”对话框。

③ 选择名为“HeroFPP.fbx”的模型文件。文件路径为“素材\第 6 章\6.5\ HeroFPP.fbx”。

④ 单击“Open”按钮，开始导入模型到项目。

⑤“FBX Import Options”对话框将出现在“Content Browser”窗口中。单击“Import”按钮，将模型添加到项目中。此模型仍将展现第一人称模型设置，用于后续设置的动画。

注意

此处可以忽略关于平滑组的错误，如图 6-68 所示。

图 6-68 关于平滑组的错误

⑥ 单击“Save”按钮保存导入的模型。

⑦ 返回“Content Browser”窗口中的“Blueprints”文件夹。

⑧ 双击“BP_FPSCharacter”蓝图，将其在蓝图编辑器中打开。

⑨ 在“Components”面板中找到新建的“FPSMesh”组件，如图 6-69 所示。

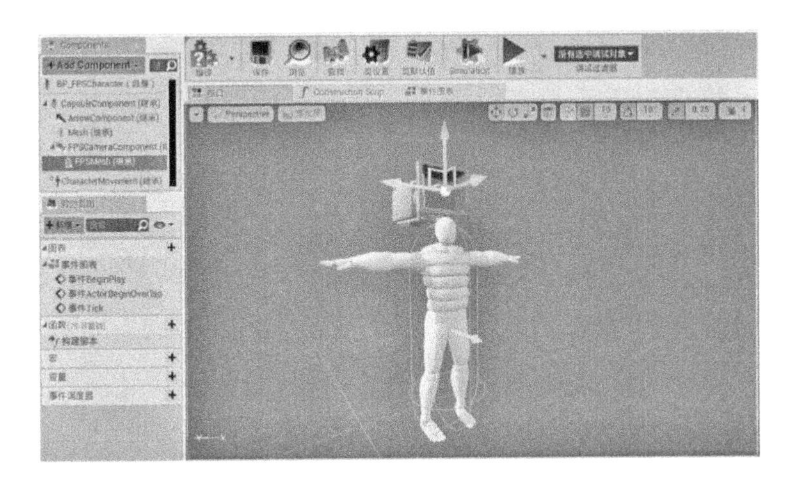

图 6-69　新建的“FPSMesh”组件

提示

“FirstPersonMesh”组件是“FirstPersonCameraComponent”的子项，意味着它将固定被附加到摄像机上。

⑩ 在“Components”面板中选择“FirstPersonMesh”选项。

⑪ 向下滚动到“Details”面板的“Mesh”选区，单击显示为“None”的下拉菜单。选择“HeroFPP”骨架网格体，将手臂添加到视口中。

⑫ 新增的“HeroFPP”骨架网格体在视口窗口中显示，如图 6-70 所示。

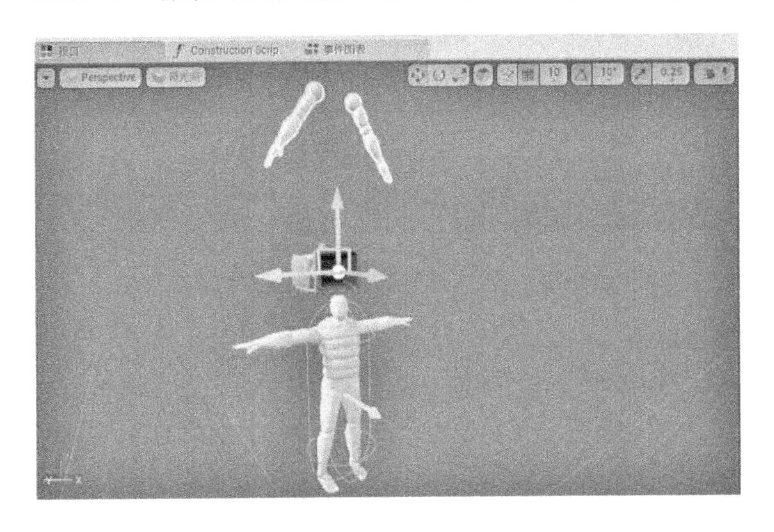

图 6-70　新增的“HeroFPP”骨架网格体

⑬ 设置新增模型的“Location”为（X240, Y0, Z35），“Rotation”为（X-180, Y50, Z-180），使其处于摄像机前。

⑭ 编译并保存“BP_FPSCharacter”蓝图，关闭蓝图编辑器。

（3）在游戏中查看新模型

① 单击“Play”按钮，在游戏中查看新模型，如图 6-71 所示。

② 按 Esc 键或单击“Stop”按钮，退出 PIE 模式。

图 6-71　第一人称模型构建效果

6.5.3 实现发射物

本节介绍如何实现第一人称射击游戏中的发射物，完成后的效果如图 6-72 所示。

图 6-72　第一人称射击游戏中的发射物效果

1．为游戏添加发射物

设置好角色后，现在需要实现一个发射武器。开火时，类似于手雷的简单发射物将从屏幕中央射出、飞行，然后和世界场景发生碰撞。下面为发射物添加输入并创建新的代码类。

（1）添加开火动作映射

① 执行“Edit”→“Project Settings”命令，打开“Project Settings”窗口。

② 在左侧“Engine”标题下选择“Input”选项。

③ 在“Bindings”区单击“Action Mappings”后的加号。

④ 单击“Action Mappings”左侧的三角。

⑤ 在弹出的文本框中输入“Fire”，然后单击文本框左侧的三角展开动作绑定选项。

⑥ 在“Mouse”下拉列表中选择“Left Mouse Button”选项。

设置如图 6-73 所示。

⑦ 关闭“Project Settings”窗口。

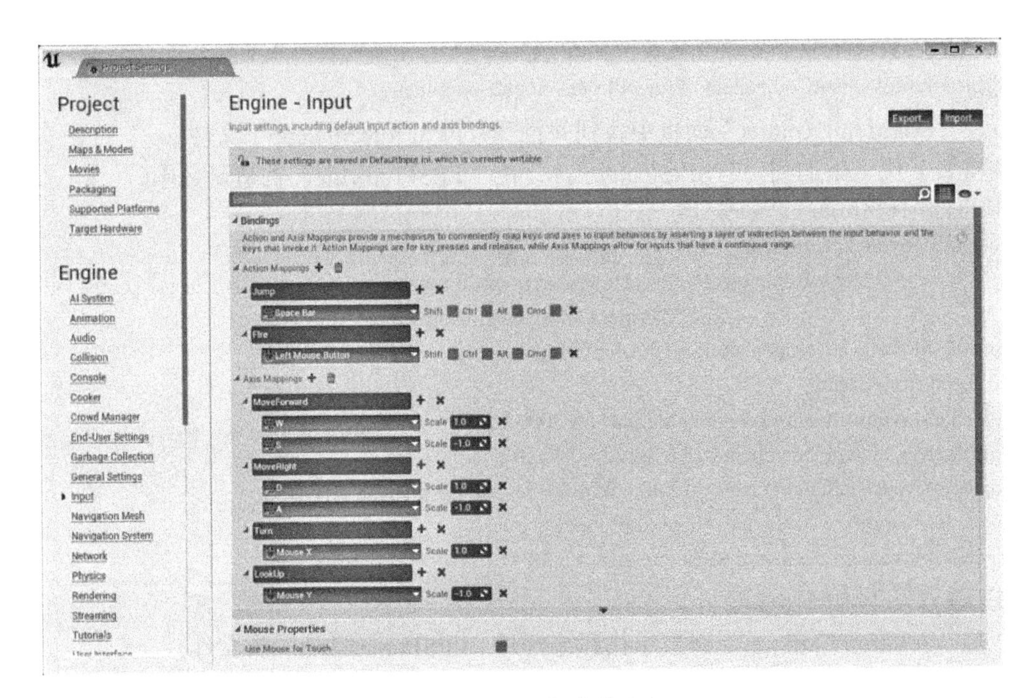

图 6-73 “Input”选项（7）

（2）添加发射物类

① 选择新的父类，执行“File”→“New C++ Class”命令。

② 打开“Choose Parent Class”对话框，将“Actor”选为父类，单击“Next”按钮。

③ 将新建的类命名为“FPSProjectile”，然后单击“Create”按钮。

（3）添加一个“USphere”组件

① 在“Solution Explorer”面板中找到并打开“FPSProjectile.h”头文件。

② 在“FPSProjectile”接口中添加对“USphereComponent”的引用，代码如下。

```
// 球体碰撞组件
UPROPERTY(VisibleDefaultsOnly, Category = Projectile)
USphereComponent* CollisionComponent;
```

③ 在“Solution Explorer”面板中找到并打开“FPSProjectile.cpp”文件。

④ 将如下代码添加到“FPSProjectile.cpp”的“AFPSProjectile”构造函数中。

```
// 使用球体代表简单碰撞
CollisionComponent = CreateDefaultSubobject
                    <USphereComponent>(TEXT("SphereComponent"));
// 设置球体的碰撞半径
CollisionComponent->InitSphereRadius(15.0f);
// 将碰撞组件设为根组件
RootComponent = CollisionComponent;
```

模型将驱动“CollisionComponent”，所以将其设为“RootComponent”。

（4）添加发射物运动组件

① 在“Solution Explorer”面板中找到并打开“FPSProjectile.h”头文件。

② 将如下代码添加到“FPSProjectile.h”文件中。

```
// 发射物运动组件
```

```
UPROPERTY(VisibleAnywhere, Category = Movement)
UProjectileMovementComponent* ProjectileMovementComponent;
```

③ 在“Solution Explorer”面板中找到并打开“FPSProjectile.cpp”文件。

④ 将如下代码添加到“FPSProjectile.cpp”的“FPSProjectile”构造函数中。

```
// 使用此组件驱动该发射物的运动
ProjectileMovementComponent =
        CreateDefaultSubobject<UProjectileMovementComponent>
                        (TEXT("ProjectileMovementComponent"));
ProjectileMovementComponent->SetUpdatedComponent
(CollisionComponent);
ProjectileMovementComponent->InitialSpeed = 3000.0f;
ProjectileMovementComponent->MaxSpeed = 3000.0f;
ProjectileMovementComponent->bRotationFollowsVelocity = true;
ProjectileMovementComponent->bShouldBounce = true;
ProjectileMovementComponent->Bounciness = 0.3f;
```

（5）设置发射物的初速度

① 在“Solution Explorer”面板中找到并打开“FPSProjectile.h”头文件。

② 在“FPSProjectile.h”中添加如下函数声明，此函数用于发射物体。

```
// 在发射方向上设置发射物初速度的函数
void FireInDirection(const FVector& ShootDirection);
```

③ 在“Solution Explorer”面板中找到并打开“FPSProjectile.cpp”文件。

④ 在“FPSProjectile.cpp”中添加如下函数定义。

```
// 在发射方向上设置发射物初速度的函数
void AFPSProjectile::FireInDirection(const FVector& ShootDirection)
{
  ProjectileMovementComponent->Velocity =
ShootDirection * ProjectileMovementComponent->InitialSpeed;
}
```

提示

发射物的速度由 ProjectileMovementComponent 组件定义。

（6）绑定开火输入操作

① 在“Solution Explorer”面板中找到并打开“FPSCharacter.h”头文件。

② 在“FPSCharacter.h”中添加如下函数声明。

```
// 处理开火的函数
UFUNCTION()
void Fire();
```

③ 在“Solution Explorer”面板中找到并打开“FPSCharacter.cpp”文件。

④ 在“FPSCharacter.cpp”中，将如下代码添加到“SetupPlayerInputComponent”中，绑定 OnFire 函数。

```
InputComponent->BindAction("Fire", IE_Pressed, this,
&AFPSCharacter::Fire);
```

⑤ 将如下函数定义添加到“FPSCharacter.cpp”中。

```
void AFPSCharacter::Fire()
{
}
```

（7）定义发射物的生成位置

生成 FPSProjectile Actor 时，实现 OnFire 函数需考虑：在何处生成发射物和发射物类（以便 FPSCharacter 和其派生蓝图了解生成何种发射物）

使用摄像机空间偏移矢量确定发射物的生成位置。此参数要设为可编辑，以便在“BP_FPSCharacter”蓝图中进行设置和调整。最终，基于此数据计算发射物的初始位置。

① 在“Solution Explorer”面板中找到并打开“FPSCharacter.h”头文件。

② 将如下代码添加到“FPSCharacter.h”中。

```
// 从摄像机位置的枪口偏移
UPROPERTY(EditAnywhere, BlueprintReadWrite, Category = Gameplay)
FVector MuzzleOffset;
```

通过 EditAnywhere 说明符在蓝图编辑器的默认模式或角色任意实例的“Details”面板中修改枪口偏移值。通过 BlueprintReadWrite 说明符获取并设置蓝图中的枪口偏移值。

③ 将如下代码添加到“FPSCharacter.h”中。

```
// 生成的发射物类
UPROPERTY(EditDefaultsOnly, Category = Projectile)
TSubclassOf<class AFPSProjectile> ProjectileClass;
```

EditDefaultsOnly 说明符意味着发射物类只能在蓝图上被设为默认，而不能在蓝图的每个实例上设置。

（8）编译并检查代码

现在编译并检查新实现的发射物代码。

① 在 Visual Studio 中保存所有头文件和实现文件。

② 在“Solution Explorer”面板中找到“FPSProject”。

③ 右击“FPSProject”，弹出快捷菜单，执行“Build”命令，编译项目。

目的是在进入下一步前找出错误。

2. 实现射击

下面实现 OnFire 函数，使角色能够发射物体。

（1）实现 OnFire 函数

① 在“Solution Explorer”面板中找到并打开“FPSCharacter.cpp”文件。

② 在“FPSCharacter.cpp”上方添加如下代码。

```
#include "FPSProjectile.h"
```

③ 将如下 Fire 函数定义添加到“FPSCharacter.cpp”中。

```
void AFPSCharacter::Fire()
{
    // 尝试发射物体
    if (ProjectileClass)
    {
        // 获取摄像机变换
```

```
        FVector CameraLocation;
        FRotator CameraRotation;
        GetActorEyesViewPoint(CameraLocation, CameraRotation);

        // 将 MuzzleOffset 从摄像机空间变换到世界空间
        FVector MuzzleLocation = CameraLocation +
         FTransform(CameraRotation).TransformVector(MuzzleOffset);
        FRotator MuzzleRotation = CameraRotation;
        // 将准星稍微上抬
        MuzzleRotation.Pitch += 10.0f;
        UWorld* World = GetWorld();
        if (World)
        {
            FActorSpawnParameters SpawnParams;
            SpawnParams.Owner = this;
            SpawnParams.Instigator = Instigator;
            // 在枪口处生成发射物
            AFPSProjectile* Projectile =
                World->SpawnActor<AFPSProjectile>(ProjectileClass,
                MuzzleLocation, MuzzleRotation, SpawnParams);
            if (Projectile)
            {
                // 设置发射物的初始轨道
                FVector LaunchDirection = MuzzleRotation.Vector();
                Projectile->FireInDirection(LaunchDirection);
            }
        }
    }
}
```

④ 在 Visual Studio 中保存“FPSCharacter.cpp”文件。

⑤ 在“Solution Explorer”面板中找到“FPSProject”。

⑥ 右击“FPSProject”，弹出快捷菜单，执行“Build”命令，编译项目。

（2）构建发射物蓝图

① 在“Content Browser”面板中右击，使用快捷菜单弹出“Import Asset”对话框。

② 单击“Import to /Game”按钮，弹出“Import”对话框。

③ 选择“Sphere.fbx”模型文件。

④ 单击“Open”按钮开始导入模型到项目。

⑤“FBX Import Options”对话框将出现在“Content Browser”面板中。单击“Import”按钮，将模型添加到项目。忽略关于平滑组的错误。此模型仍将展现第一人称模型设置，用于后续设置的动画。

⑥ 单击“Save”按钮，保存导入的静态模型。

⑦ 返回“Content Browser”面板中的“Blueprints”文件夹。

⑧ 单击“Add New”按钮，选择“Blueprint Class”选项。

⑨ 展开“All Classes”下拉菜单，并在搜索框中输入“FPSProjectile”，如图 6-74 所示。

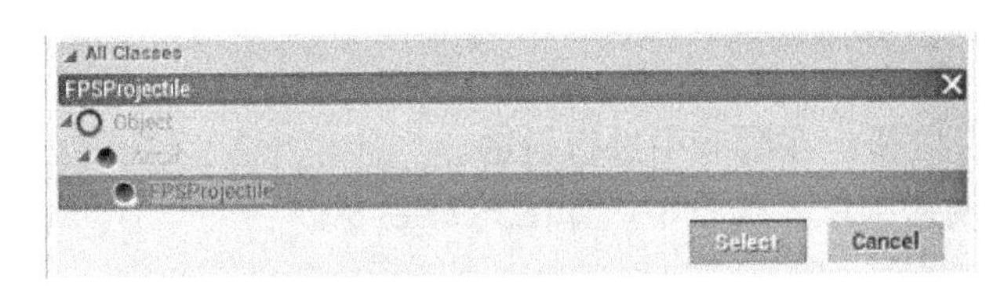

图 6-74　在搜索框中输入“FPSProjectile”

⑩ 选择“FPSProjectile”选项，单击“Select”按钮。

⑪ 将新蓝图命名为“BP_FPSProjectile”。

⑫ 双击“BP_FPSProjectile”蓝图，将其在蓝图编辑器中打开。

⑬ 在“Components”面板中选择“CollisionComponent”选项。

⑭ 在“Add Component”下拉列表中选择“Static Mesh”选项。

⑮ 将新组件命名为“ProjectileMeshComponent”。

⑯ 向下滚动到“Details”面板的“Static Mesh”选区，单击显示为“None”的下拉菜单。

⑰ 选择“Sphere”静态模型。如果开发的是多人游戏，还需要在“MovementComp”组件中取消勾选“Initial Velocity in Local Space”复选框，使该发射物在服务器上正确复制。

⑱ 将“X”、“Y”和“Z”轴的缩放值都设为“0.09”。单击锁图标将三个轴锁定，使它们之间保持相对缩放。

⑲ 将“Collision Presets”设为“NoCollision”，如图 6-75 所示。因为使用的是 SphereComponent 进行碰撞，而不是该静态模型。

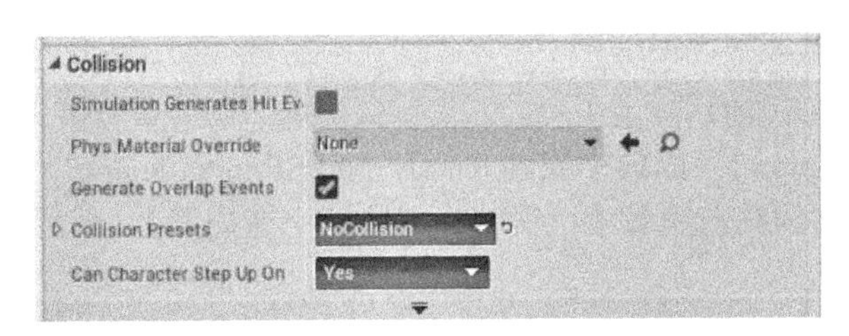

图 6-75　更改“Collision Presets”的设置

⑳ 编译并保存蓝图，关闭蓝图编辑器。

㉑ 双击“BP_FPSCharacter”蓝图，打开角色蓝图进行编辑。

㉒ 打开“Class Defaults Mode”。

㉓ 设置“Projectile Class”为“BP_FPSProjectile”，如图 6-76 所示。

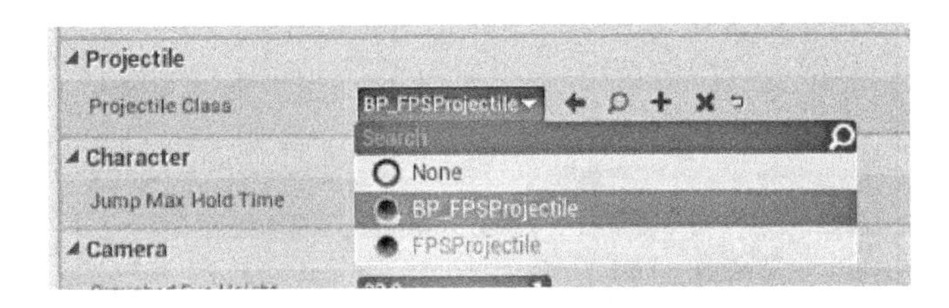

图 6-76　更改“Projectile Class”的设置

㉔ 将“Details”面板的“Gameplay”下的“MuzzleOffset”设为（100, 0, 0），在摄像机

略微靠前的位置生成发射物。

㉕ 编译并保存蓝图，关闭蓝图编辑器。

（3）在游戏中进行射击

① 单击“Play In”按钮，在游戏中进行射击。

② 单击将发射物发射到世界场景中，如图 6-77 所示。

图 6-77 实现射击效果

③ 按 Esc 键或单击“Stop”按钮，退出 PIE 模式。

当前状态下，发射物会永远存在于场景中，不会从“Scene Outliner”中消失，也不会和世界场景中的其他物体发生碰撞。

3．设置发射物的碰撞和生命周期

（1）限制发射物的生命周期

① 在“Solution Explorer”面板中找到并打开“FPSProjectile.cpp”文件。

② 将如下代码添加到构造函数中，设置发射物的生命周期。

```
// 3 秒后消亡
InitialLifeSpan = 3.0f;
```

（2）编辑发射物的碰撞设置

Unreal Engine 打包了多个预设碰撞通道，还提供了游戏项目可使用的自定义通道。

打开“Project Settings”面板并选择“Collision”，自定义碰撞通道。

① 单击“New Object Channel”按钮，新建碰撞通道。在弹出的“New Channel”对话框中将新建的碰撞通道命名为“Projectile”，并将“Default Response”设为“Block”，单击“Accept”按钮，如图 6-78 所示。

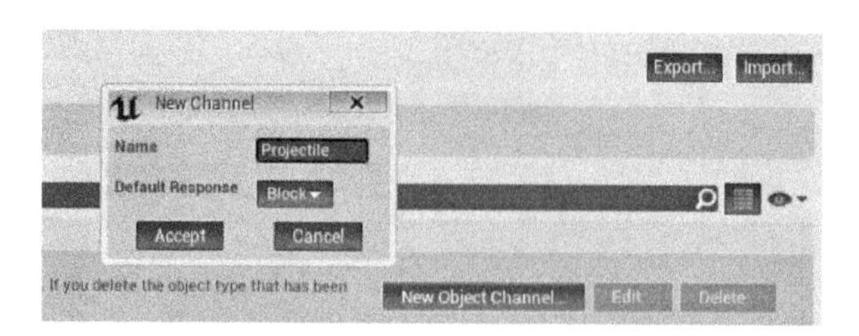

图 6-78 “New Channel”对话框

② 在“Preset”下选择“New”，将新配置命名为“Projectile”。对碰撞预设进行设置，如图 6-79 所示。

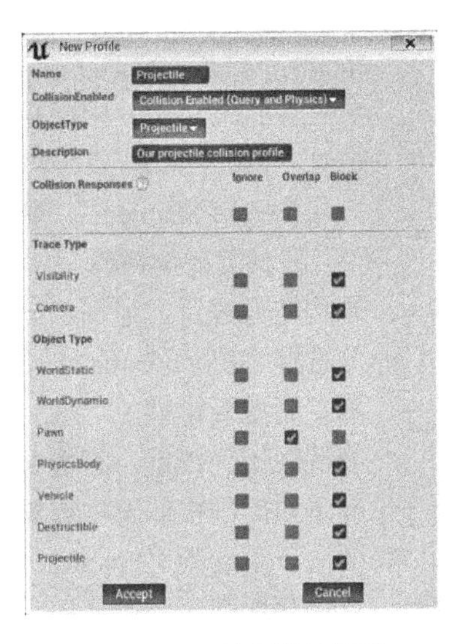

图 6-79 碰撞预设的设置

上面指定了发射物将被静态 Actors、动态 Actors、模拟物体、载具和可摧毁 Actors 阻挡，还指定了发射物会与 Pawns 发生重叠。

（3）使用新碰撞通道的设置

① 在“Solution Explorer”面板中找到并打开“FPS Projectile.cpp”文件。

② 在“FPSProjectile”构造函数中创建“Collision Component”，然后添加如下代码。

```
CollisionComponent->BodyInstance.SetCollisionProfileName
                                        (TEXT( “Projectile” ));
```

③ 在 Visual Studio 中保存“FPSProjectile.cpp”文件。

④ 在“Solution Explorer”面板中找到“FPSProject”。

⑤ 右击“FPSProject”，弹出快捷菜单，执行“Build”命令，编译项目。

4. 使发射物和世界场景形成交互

检测到发射物的碰撞交互后，即可决定对这些碰撞做出何种响应。下面将给对碰撞事件做出反应的“FPSProjectile”添加一个 OnHit 函数。

（1）使发射物对碰撞做出反应

① 在“Solution Explorer”面板中找到并打开“FPSProjectile.h”头文件。

② 将如下代码添加到“FPSProjectile”类声明中。

```
// 发射物命中物体时调用的函数
UFUNCTION()
void OnHit(class AActor* OtherActor, class UPrimitiveComponent*
OtherComponent, FVector NormalImpulse, const FHitResult& Hit);
```

③ 在“Solution Explorer”面板中找到并打开“FPSProjectile.cpp”文件，添加如下代码。

```
// 发射物命中物体时调用的函数
void AFPSProjectile::OnHit(AActor* OtherActor,
    UPrimitiveComponent* OtherComponent, FVector NormalImpulse,
const FHitResult& Hit)
{
    if (OtherActor != this &&
       OtherComponent->IsSimulatingPhysics())
    {
       OtherComponent->AddImpulseAtLocation(
          ProjectileMovementComponent->Velocity * 100.0f,
                                         Hit.ImpactPoint);
    }
}
```

④ 在“FPSProjectile”构造函数中创建“CollisionComp”，然后添加如下代码。

```
CollisionComponent->OnComponentHit.AddDynamic(this, &AFPSProjectile::OnHit);
```

⑤ 在 Visual Studio 中保存“FPSProjectile.h”和“FPSProjectile.cpp”文件。

⑥ 在“Solution Explorer”面板中找到“FPSProject”。

⑦ 右击“FPSProject”，弹出快捷菜单，执行“Build”命令，编译项目。

（2）测试发射物碰撞

① 构造完成后，返回 Unreal Editor，打开“FPSProject”。

② 选择“Floor StaticMesh”选项。

③ 复制地板模型。

④ 解锁比例锁定，将地面网格体副本（名为“Floor2”）设为（0.2, 0.2, 3.0）。

⑤ 将地面网格体副本放置在坐标点（X320, Y0, Z170）。

⑥ 向下滚动到“Physics”选区，勾选“Simulate Physics”复选框，如图 6-80 所示。

⑦ 保存地图，双击“BP_FPSProjectile”蓝图，打开发射物蓝图并编辑。

⑧ 打开“Class Defaults Mode”并单击“Components”面板中的“ProjectileMesh Component”组件。

⑨ 设置“Collision”的“Collision Presets”为“Projectile”，如图 6-81 所示。

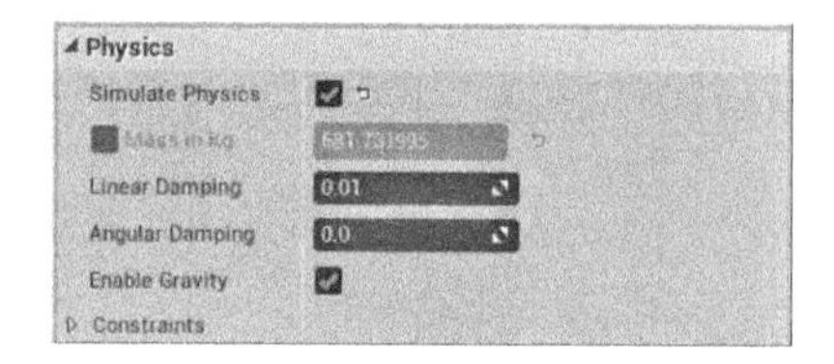

图 6-80　勾选“Simulate Physics”复选框

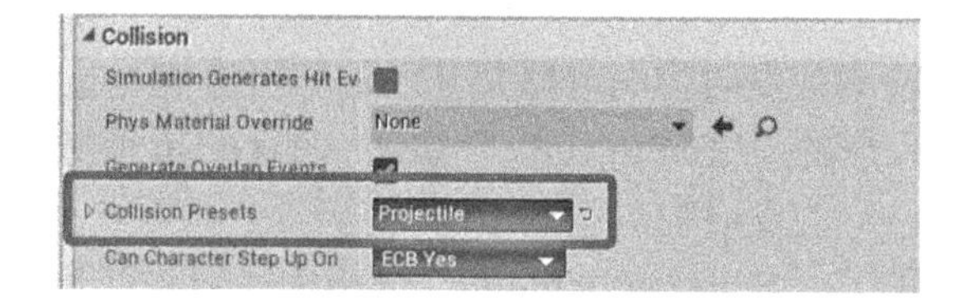

图 6-81　更改“Collision Presets”设置

⑩ 编译并保存蓝图，关闭蓝图编辑器。

⑪ 单击“Play In”按钮。

⑫ 单击发射物体，在场景中移动立方体，如图 6-82 所示。至此，发射物设置完成。

图 6-82　发射物实现效果

⑬ 按 Esc 键或单击“Stop”按钮，退出 PIE 模式。

5．在视口中添加准星

下面将在游戏中添加一个准星 HUD 元素，以便瞄准射击。

（1）导入准星资源

① 在“Content Browser”面板中右击，使用快捷菜单弹出“Import Asset”对话框。

② 单击“Import to /Game”按钮，弹出“Import”对话框。

③ 选择“crosshair.TGA”图像文件。

④ 单击“Open”按钮，将图像文件导入项目。

⑤ 单击“Save”按钮，保存导入的图像。

（2）新增 HUD 类

① 执行“File”→“New C++ Class”命令，选择新的父类。

② 弹出“Choose Parent Class”对话框，向下滚动，将“HUD”选为父类，单击“Next”按钮。

③ 将新建的类命名为“FPSHUD”，然后单击“Create”按钮。

④ 在“Solution Explorer”面板中找到并打开“FPSHUD.h”头文件，添加如下受保护变量。

```
protected:
    // 将在屏幕中央绘制
    UPROPERTY(EditDefaultsOnly)
    UTexture2D* CrosshairTexture;
```

⑤ 在“FPSHUD.h”中添加如下函数声明。

```
public:
    // HUD 的主绘制调用
    virtual void DrawHUD() override;
```

⑥ 在“FPSHUD.cpp”中实现 DrawHUD 函数如下。

```
void AFPSHUD::DrawHUD()
{
    Super::DrawHUD();

    if (CrosshairTexture)
    {
      // 找到画布中心
      FVector2D Center(Canvas->ClipX * 0.5f, Canvas->ClipY * 0.5f);

      // 纹理维度一半偏移，使纹理中心和画布中心对齐
      FVector2D CrossHairDrawPosition(
Center.X - (CrosshairTexture->GetSurfaceWidth() * 0.5f),
Center.Y - (CrosshairTexture->GetSurfaceHeight() * 0.5f));

      // 在中心点绘制准星
      FCanvasTileItem TileItem(
      CrossHairDrawPosition,CrosshairTexture->Resource,
                                         FLinearColor::White);
      TileItem.BlendMode = SE_BLEND_Translucent;
      Canvas->DrawItem(TileItem);
    }
}
```

⑦ 在 Visual Studio 中保存“FPSHUD.h”和“FPSHUD.cpp”文件。

⑧ 在“Solution Explorer”中找到“FPSProject”。

⑨ 右击“FPSProject”，弹出快捷菜单，执行“Build”命令，编译项目。

（3）将 CPP HUD 类扩展为蓝图类

① 右击 FPSHUD 类，打开“C++ Class Actions”菜单。

② 执行“Create Blueprint class based on FPSHUD”命令，如图 6-83 所示，弹出“Add Blueprint Class”对话框。

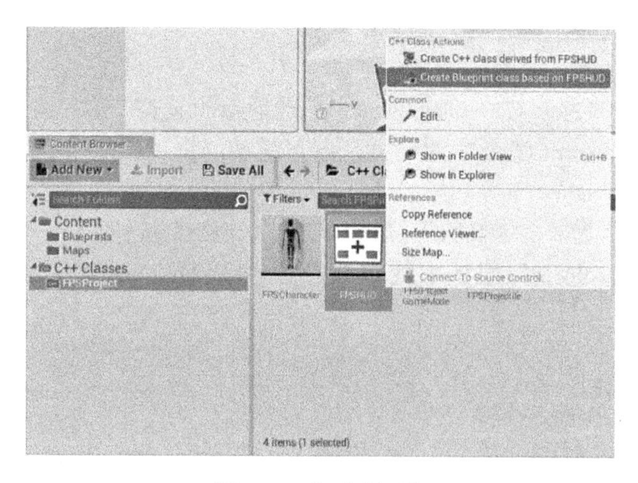

图 6-83 新建蓝图类

③ 将新蓝图类命名为“BP_FPSHUD”，选择蓝图文件夹，然后单击“Create Blueprint Class”按钮。

④ 至此，“Blueprints”文件夹中便有了一个新建的“BP_FPSHUD”蓝图，如图 6-84 所示。

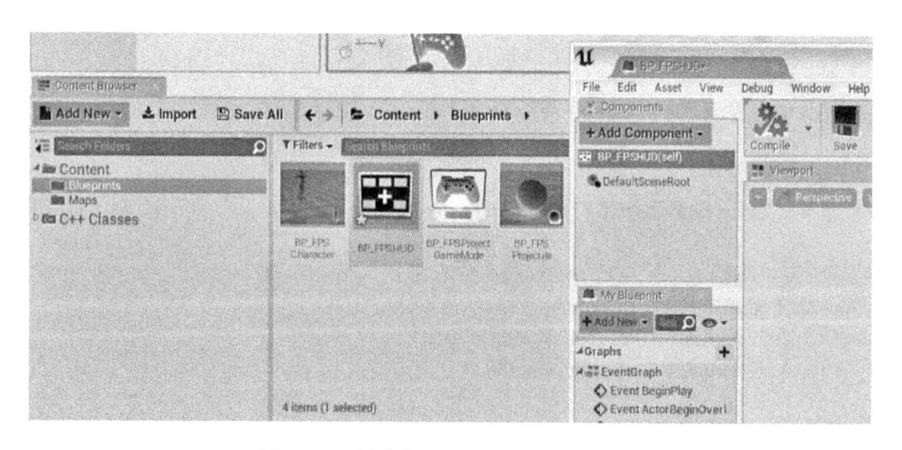

图 6-84 新建的“BP_FPSHUD”蓝图

⑤ 保存“BP_FPSHUD”蓝图，关闭蓝图编辑器。

（4）设置默认 HUD 类

① 执行“Edit”→“Project Settings”命令，打开“Project Settings”窗口。

② 在左侧“Project”标题下选择“Maps & Modes”选项。

③ 在“Default HUD”下拉菜单中选择“BP_FPSHUD”选项，如图 6-85 所示。

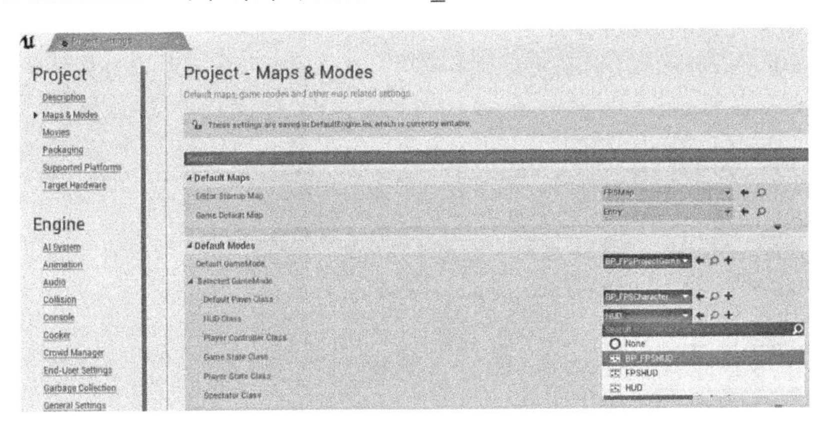

图 6-85 更改“Default HUD”设置

④ 关闭“Project Settings”窗口。

⑤ 返回“BP_FPSHUD”蓝图编辑器并打开。

⑥ 单击蓝图编辑器“FPSHUD”部分的下拉菜单，选择准星纹理，如图 6-86 所示。

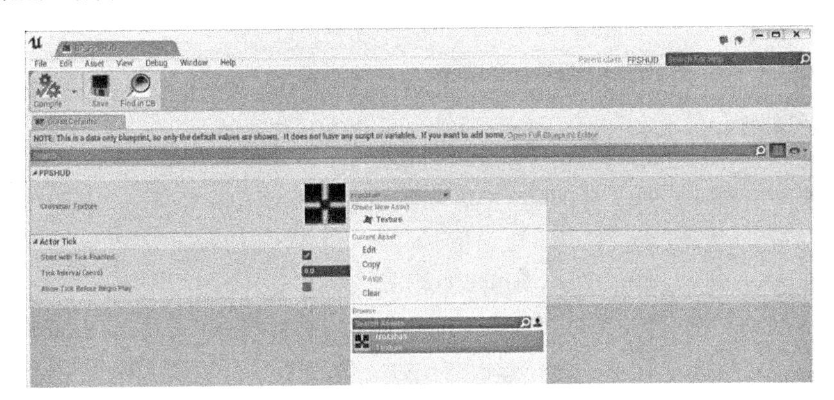

图 6-86 选择准星纹理

⑦ 保存“BP_FPSHUD”蓝图，关闭蓝图编辑器。

（5）验证 HUD

① 单击“Play”按钮，通过新增的准星进行瞄准，如图 6-87 所示。

图 6-87 使用新增的准星进行瞄准

② 单击“Stop”按钮，退出 PIE 模式。

下面给出前面完成的分段代码。

```
FPSProjectile.h
#pragma once

#include "GameFramework/Actor.h"
#include "FPSProjectile.generated.h"

UCLASS()
class FPSPROJECT_API AFPSProjectile : public AActor
{
    GENERATED_BODY()

public:
    // 设置该 Actor 属性的默认值
    AFPSProjectile();

    // 在游戏开始或生成时调用
    virtual void BeginPlay() override;

    // 在每一帧调用
    virtual void Tick( float DeltaSeconds ) override;

    // 球体碰撞组件
    UPROPERTY(VisibleDefaultsOnly, Category = Projectile)
    USphereComponent* CollisionComponent;

    // 发射物运动组件
    UPROPERTY(VisibleAnywhere, Category = Movement)
    UProjectileMovementComponent* ProjectileMovementComponent;

    // 在发射方向上设置发射物初速度的函数
    void FireInDirection(const FVector& ShootDirection);

    // 发射物命中物体时调用的函数
    void OnHit(class AActor* OtherActor, class
    UPrimitiveComponent *OtherComponent, FVector
            NormalImpulse, const FHitResult& Hit);

};

FPSProjectile.cpp
#include "FPSProject.h"
#include "FPSProjectile.h"

// 设置默认值
AFPSProjectile::AFPSProjectile()
{
    // 将此 Actor 设为每一帧调用 Tick()，不需要时可将此关闭，以提高性能
    PrimaryActorTick.bCanEverTick = true;
```

```
    // 使用球体代表简单碰撞
    CollisionComponent = CreateDefaultSubobject
                <USphereComponent>(TEXT("SphereComponent"));
    CollisionComponent->BodyInstance.SetCollisionProfileName
        (TEXT("Projectile"));
    CollisionComponent->OnComponentHit.AddDynamic(this,
                            &AFPSProjectile::OnHit);

    // 设置球体的碰撞半径
    CollisionComponent->InitSphereRadius(15.0f);
    // 将碰撞组件设为根组件
    RootComponent = CollisionComponent;

    // 使用此组件驱动此发射物的运动
    ProjectileMovementComponent =
      CreateDefaultSubobject<UProjectileMovementComponent>
                (TEXT("ProjectileMovementComponent"));
    ProjectileMovementComponent->SetUpdatedComponent
                                    (CollisionComponent);
    ProjectileMovementComponent->InitialSpeed = 3000.0f;
    ProjectileMovementComponent->MaxSpeed = 3000.0f;
    ProjectileMovementComponent->bRotationFollowsVelocity = true;
    ProjectileMovementComponent->bShouldBounce = true;
    ProjectileMovementComponent->Bounciness = 0.3f;

    // 3 秒后消亡
    InitialLifeSpan = 3.0f;
}

// 在游戏开始或生成时调用
void AFPSProjectile::BeginPlay()
{
    Super::BeginPlay();
}

// 在每一帧调用
void AFPSProjectile::Tick(float DeltaTime)
{
    Super::Tick(DeltaTime);

}

// 在发射方向上设置发射物初速度的函数
void AFPSProjectile::FireInDirection(const FVector& ShootDirection)
{
    ProjectileMovementComponent->Velocity = ShootDirection *
                ProjectileMovementComponent->InitialSpeed;
}

// 发射物命中物体时调用的函数
```

```
void AFPSProjectile::OnHit(AActor* OtherActor,
            UPrimitiveComponent* OtherComponent, FVector
                    NormalImpulse, const FHitResult& Hit)
{
    if (OtherActor != this &&
        OtherComponent->IsSimulatingPhysics())
    {
      OtherComponent->AddImpulseAtLocation
(ProjectileMovementComponent->Velocity * 100.0f,Hit.ImpactPoint);
    }
}

FPSCharacter.h
#pragma once

#include"GameFramework/Character.h"
#include"FPSCharacter.generated.h"

UCLASS()
class FPSPROJECT_API AFPSCharacter : public ACharacter
{
    GENERATED_BODY()

public:
    // 设置该角色属性的默认值
    AFPSCharacter();

    // 在游戏开始或生成时调用
    virtual void BeginPlay() override;

    // 在每一帧调用
    virtual void Tick( float DeltaSeconds ) override;

    // 调用后将功能绑定到输入
    virtual void SetupPlayerInputComponent(UInputComponent*
                                InputComponent) override;

    // 处理前后移动的输入
    UFUNCTION()
    void MoveForward(float Value);

    // 处理左右移动的输入
    UFUNCTION()
    void MoveRight(float Value);

    // 按住键时设置跳跃标记
    UFUNCTION()
    void StartJump();

    // 松开键时清除跳跃标记
    UFUNCTION()
```

```
    void StopJump();

    // 处理开火的函数
    UFUNCTION()
    void Fire();

    // FPS 摄像机
    UPROPERTY(VisibleAnywhere)
    UCameraComponent* FPSCameraComponent;

    // 第一人称模型（手臂），仅对拥有玩家可见
    UPROPERTY(VisibleDefaultsOnly, Category = Mesh)
    USkeletalMeshComponent* FPSMesh;

    // 从摄像机位置的枪口偏移
    UPROPERTY(EditAnywhere, BlueprintReadWrite, Category = Gameplay)
    FVector MuzzleOffset;

    // 生成的发射物类
    UPROPERTY(EditDefaultsOnly, Category = Projectile)
    TSubclassOf<class AFPSProjectile> ProjectileClass;
};

FPSCharacter.cpp
#include "FPSProject.h"
#include "FPSCharacter.h"
#include "FPSProjectile.h"

// 设置默认值
AFPSCharacter::AFPSCharacter()
{
    // 设置此 Actor 每一帧调用 Tick()，不需要时可将此关闭，以提高性能
    PrimaryActorTick.bCanEverTick = true;

    // 创建一个第一人称摄像机组件
    FPSCameraComponent =
    CreateDefaultSubobject<UCameraComponent>(TEXT("FirstPersonCamera"));
    // 将摄像机组件附加到胶囊体组件上
    FPSCameraComponent->AttachTo(GetCapsuleComponent());
    // 将摄像机放置在眼睛上方不远处
    FPSCameraComponent->SetRelativeLocation(FVector(0.0f, 0.0f, 50.0f + BaseEyeHeight));
    // 用 pawn 控制摄像机旋转
    FPSCameraComponent->bUsePawnControlRotation = true;

    // 为拥有玩家创建一个第一人称模型组件
    FPSMesh =
        CreateDefaultSubobject<USkeletalMeshComponent>
        (TEXT("FirstPersonMesh"));
    // 该模型仅对拥有玩家可见
    FPSMesh->SetOnlyOwnerSee(true);
    // 将 FPS 模型添加到 FPS 摄像机上
```

```
    FPSMesh->AttachTo(FPSCameraComponent);
    //禁用部分环境阴影，保留单一模型存在的假象
    FPSMesh->bCastDynamicShadow = false;
    FPSMesh->CastShadow = false;

    //拥有玩家无法看到普通（第三人称）身体模型
    GetMesh()->SetOwnerNoSee(true);
}

//在游戏开始或生成时调用
void AFPSCharacter::BeginPlay()
{
    Super::BeginPlay();

    if (GEngine)
    {
      //显示调试信息 5 秒。-1 “键” 值（首个参数）说明无须更新或刷新此消息
      GEngine->AddOnScreenDebugMessage(-1, 5.0f, FColor::Red,
                        TEXT("We are using FPSCharacter."));
    }
}

//在每一帧调用
void AFPSCharacter::Tick( float DeltaTime )
{
    Super::Tick( DeltaTime );

}

//调用后将功能绑定到输入
void AFPSCharacter::SetupPlayerInputComponent
                    (UInputComponent* InputComponent)
{
    Super::SetupPlayerInputComponent(InputComponent);

    //设置移动绑定
InputComponent->BindAxis("MoveForward",this,&AFPSCharacter::MoveForward);
InputComponent->BindAxis("MoveRight", this,&AFPSCharacter::MoveRight);

    //设置查看绑定
    InputComponent->BindAxis("Turn",this,
           &AFPSCharacter::AddControllerYawInput);
    InputComponent->BindAxis("LookUp",this,
           &AFPSCharacter::AddControllerPitchInput);

    //设置动作绑定
    InputComponent->BindAction("Jump",IE_Pressed,this,&AFPSCharacter::StartJump);
    InputComponent->BindAction("Jump",IE_Released,this,&AFPSCharacter::StopJump);
    InputComponent->BindAction("Fire", IE_Pressed, this, &AFPSCharacter::Fire);
}
```

```
void AFPSCharacter::MoveForward(float Value)
{
    // 明确哪个方向是前进，并记录玩家试图向此方向移动
    FVector Direction =
FRotationMatrix(Controller->GetControlRotation()).GetScaledAxis(EAxis::X);
    AddMovementInput(Direction, Value);
}

void AFPSCharacter::MoveRight(float Value)
{
    // 明确哪个方向是右，并记录玩家试图向此方向移动
    FVector Direction =
FRotationMatrix(Controller->GetControlRotation()).GetScaledAxis(EAxis::Y);
    AddMovementInput(Direction, Value);
}

void AFPSCharacter::StartJump()
{
    bPressedJump = true;
}

void AFPSCharacter::StopJump()
{
    bPressedJump = false;
}
void AFPSCharacter::Fire()
{
    // 尝试发射物体
    if (ProjectileClass)
    {
      // 获取摄像机变换
      FVector CameraLocation;
      FRotator CameraRotation;
      GetActorEyesViewPoint(CameraLocation, CameraRotation);

      // 将 MuzzleOffset 从摄像机空间变换到世界空间
      FVector MuzzleLocation = CameraLocation +
              FTransform(CameraRotation).TransformVector(MuzzleOffset);
      FRotator MuzzleRotation = CameraRotation;
      // 将准星稍微上抬
      MuzzleRotation.Pitch += 10.0f;
      UWorld* World = GetWorld();
      if (World)
      {
        FActorSpawnParameters SpawnParams;
        SpawnParams.Owner = this;
        SpawnParams.Instigator = Instigator;
        // 在枪口处生成发射物
        AFPSProjectile* Projectile =
                World->SpawnActor<AFPSProjectile>(ProjectileClass,
                MuzzleLocation, MuzzleRotation, SpawnParams);
```

```
            if (Projectile)
            {
                // 设置发射物的初始轨道
                FVector LaunchDirection = MuzzleRotation.Vector();
                Projectile->FireInDirection(LaunchDirection);
            }
        }
    }
}
FPSHUD.h
#pragma once

#include "GameFramework/HUD.h"
#include "FPSHUD.generated.h"

/**
 *
 */
UCLASS()
class FPSPROJECT_API AFPSHUD : public AHUD
{
    GENERATED_BODY()

public:
    // HUD 的主绘制调用
    virtual void DrawHUD() override;

protected:
    // 在屏幕中央绘制
    UPROPERTY(EditDefaultsOnly)
    UTexture2D* CrosshairTexture;
};
FPSHUD.cpp
#include "FPSProject.h"
#include"FPSHUD.h"

void AFPSHUD::DrawHUD()
{
    Super::DrawHUD();

    if (CrosshairTexture)
    {
        // 找到画布中心
 FVector2D Center(Canvas->ClipX * 0.5f, Canvas->ClipY * 0.5f);

        // 纹理维度一半偏移，使纹理中心和画布中心对齐
        FVector2D CrossHairDrawPosition
  (Center.X - (CrosshairTexture->GetSurfaceWidth() * 0.5f),
Center.Y - (CrosshairTexture->GetSurfaceHeight() * 0.5f));

        // 在中心点绘制准星
```

```
        FCanvasTileItem TileItem(CrossHairDrawPosition,
                                 CrosshairTexture->Resource,
                                 FLinearColor::White);
        TileItem.BlendMode = SE_BLEND_Translucent;
        Canvas->DrawItem(TileItem);
    }
}
```

6.5.4 添加角色动画

本节介绍如何为第一人称射击游戏的角色添加动画，效果如图 6-88 所示。

1．设置角色动画

（1）导入动画

① 在“Content Browser”面板中右击，在弹出的快捷菜单中执行“New Folder”命令，新建一个文件夹。将新文件夹命名为“Animations”。

② 右击“Animations”文件夹，在弹出的快捷菜单中执行“Import to”→“Game”→“Animations”命令。

图 6-88　添加角色动画效果

③ 在“Skeleton”下选择“HeroFPP_Skeleton”选项，然后单击“Import All”按钮，导入 5 个动画文件：FPP_Idle.FBX、FPP_JumpEnd.FBX、FPP_JumpLoop.FBX、FPP_JumpStart.FBX、FPP_Run.FBX，如图 6-89 所示。

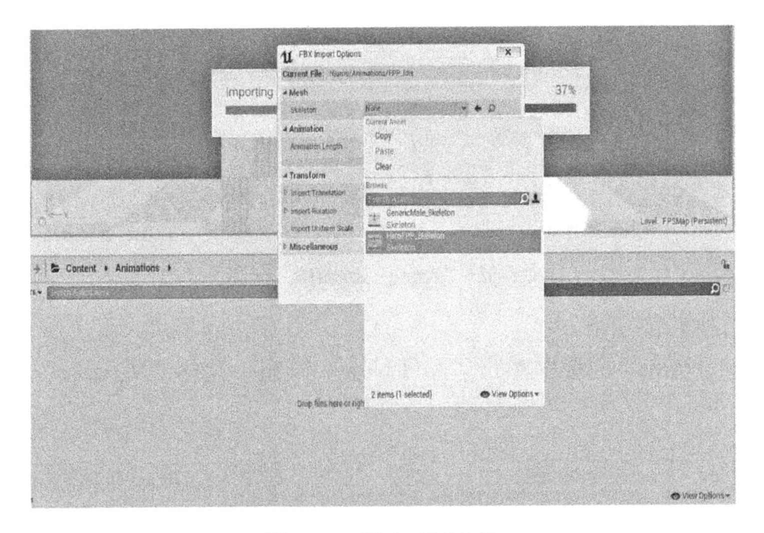

图 6-89　导入动画文件

④ 在“Content Browser”面板的“Animations”文件夹中有 5 个动画，如图 6-90 所示。

⑤ 单击“Save”按钮，保存导入的文件。

（2）创建动画蓝图

① 单击“Add New”按钮，选择“Animation”下的“Animation Blueprint”，弹出

“Create Animation Blueprint”对话框。

② 将“AnimInstance”选为父类，并将“HeroFPP_Skeleton”选为目标骨架，如图 6-91 所示，单击“OK”按钮。

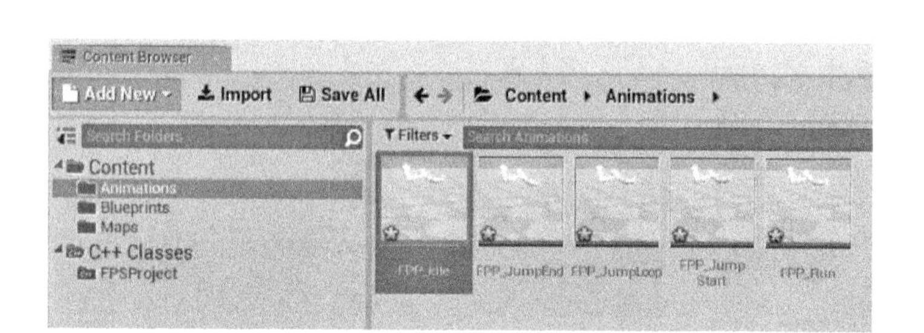

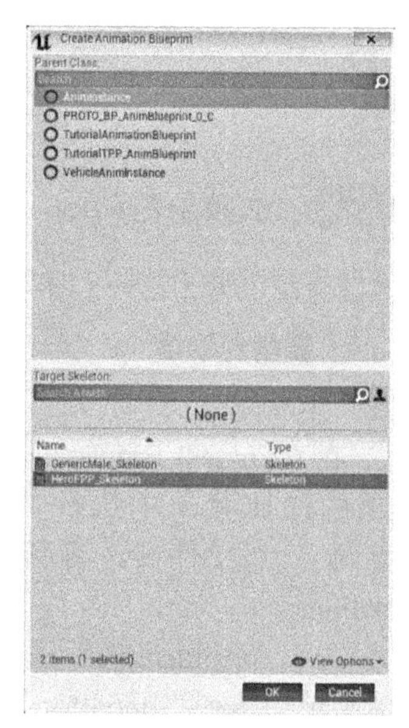

图 6-90 “Animations”文件夹　　图 6-91 “Create Animation Blueprint”对话框

③ 将新动画蓝图命名为“Arms_AnimBP”。

④ 双击“Arms_AnimBP”蓝图，如图 6-92 所示，打开蓝图编辑器。

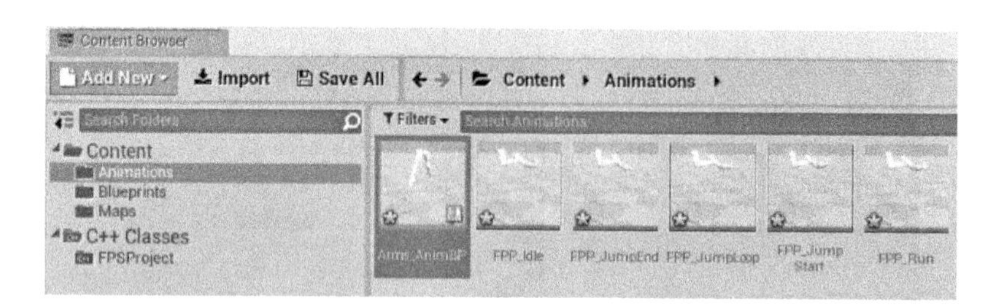

图 6-92 “Arms_AnimBP”蓝图

（3）添加状态机转换变量

① 在“My Blueprint”面板中单击“Add New”按钮，选择“Variable”选项，如图 6-93 所示。

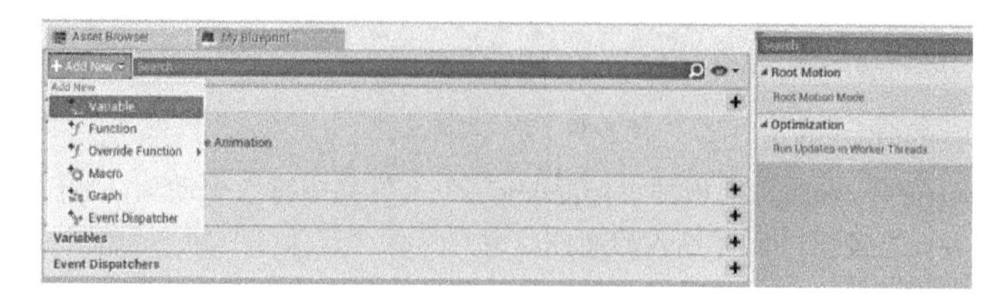

图 6-93 添加动画转换变量

② 将变量设为“Boolean”，命名为“IsRunning”。

③ 在“My Blueprint”面板中单击“Add New”按钮，选择“Variable”选项，将变量设为“Boolean”，命名为“IsFalling”。

至此，设置了两个新的动画转换变量，它们将驱动动画状态机，如图 6-94 所示。

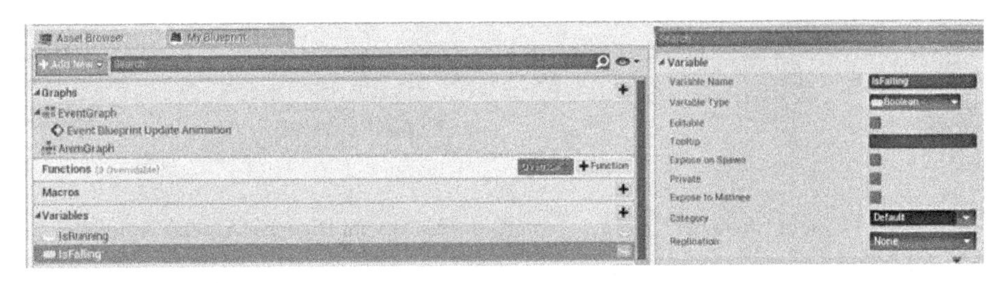

图 6-94 两个新的动画转换变量

2. 设置事件图表

下面将编辑动画的事件图表，确保游戏运行时动画转换变量正确发出。

（1）更新状态变量

① 双击“My Blueprint”面板的“Graphs”下的“EventGraph”选项，打开事件图表，如图 6-95 所示。

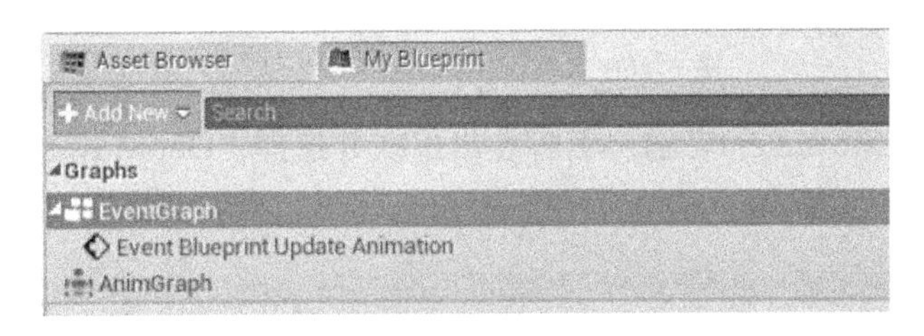

图 6-95 “My Blueprint”面板

② 右击图表，弹出快捷菜单。

③ 在快捷菜单搜索域中输入“Update”，然后选择“Event Blueprint Update Animation”选项，添加该节点。

使用 Event Blueprint Update Animation 节点可在动画更新时对状态变量进行更新，使它们固定与游戏状态同步，如图 6-96 所示。

④ 右击图表，弹出快捷菜单。

⑤ 在快捷菜单搜索域中输入“Owner”，然后选择“Try Get Pawn Owner”选项，添加该节点，如图 6-97 所示。

图 6-96 Event Blueprint Update Animation 节点

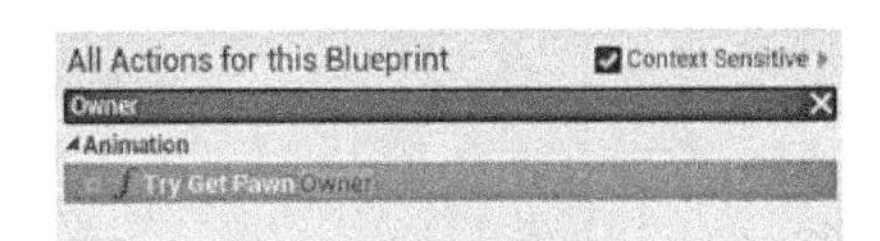

图 6-97 添加节点

⑥ 从输出引脚连出引线，并在右键快捷菜单中选择“Cast to Character”选项，如图 6-98 所示。

⑦ 将“Event Blueprint Update Animation”输出执行引脚和“Cast to Character”输入执行引脚用引线连接起来，如图 6-99 所示。

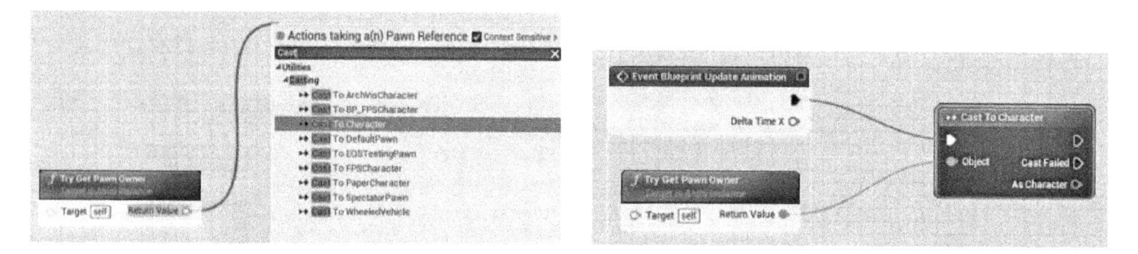

图 6-98 选择“Cast to Character”选项　　图 6-99 “Event Blueprint Update Animation”连接引脚

⑧ 从“As Character”输出引脚连出引线并选择“Get Character Movement”选项，如图6-100 所示。

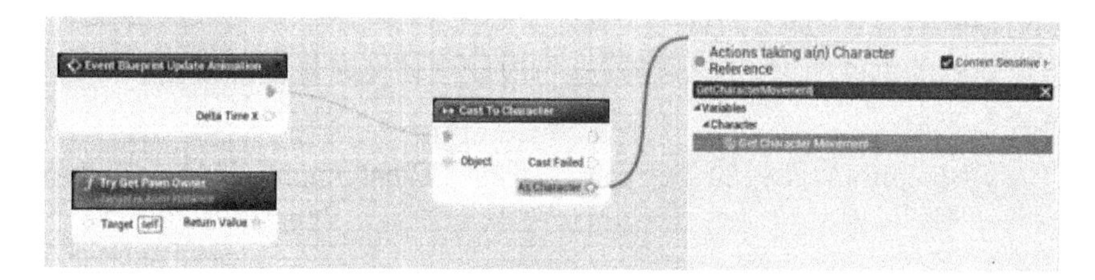

图 6-100 “As Character”引脚连接

⑨ 从“Character Movement”输出引脚连出引线并选择“Get Movement Mode”选项，如图 6-101 所示。

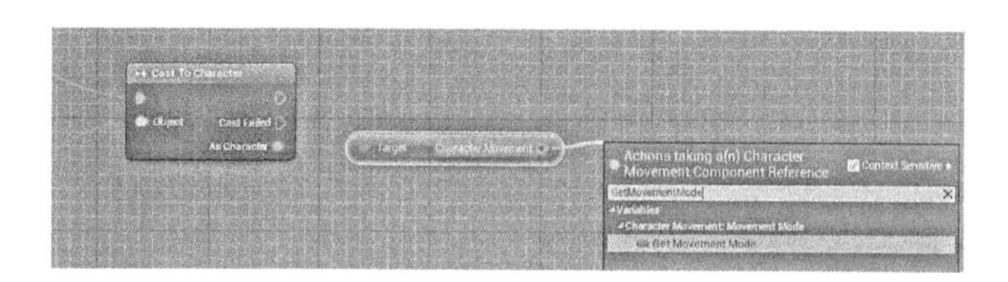

图 6-101 “Character Movement”输出引脚连接

（2）查询角色移动

从“Movement Mode”输出引脚连出引线并选择“Equal(Enum)”选项，如图 6-102 所示。

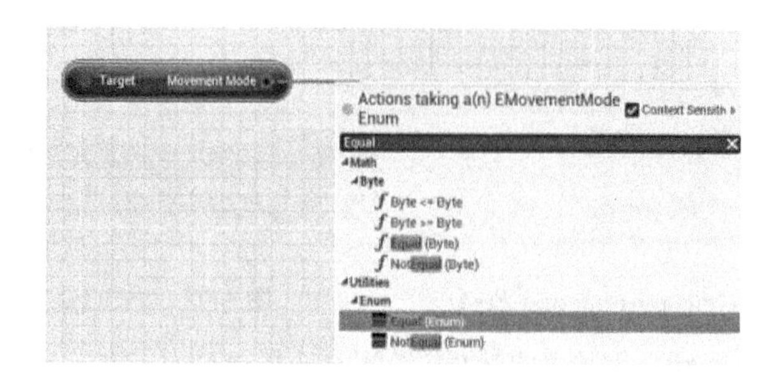

图 6-102 “Movement Mode”输出引脚连接

（3）确定角色是否处于下落状态

① 将“Equal (Enum)”节点上的下拉值设为“Falling”，如图 6-103 所示。

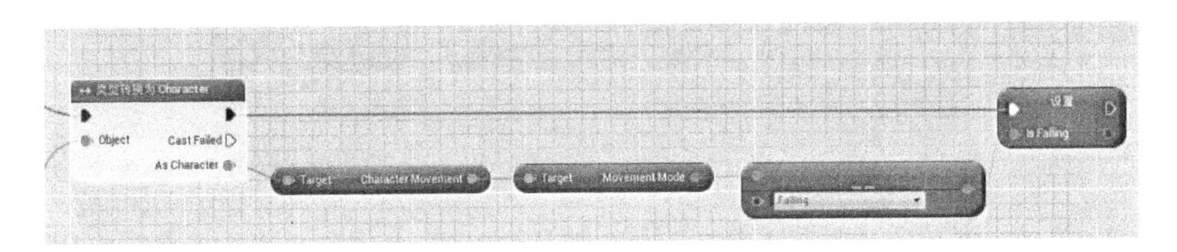

图 6-103 “Equal (Enum)”节点设置

② 按住 Alt 键的同时单击“My Blueprint”面板中的“IsFalling”，拖入图表创建一个“Set Is Falling”节点，如图 6-104 所示。

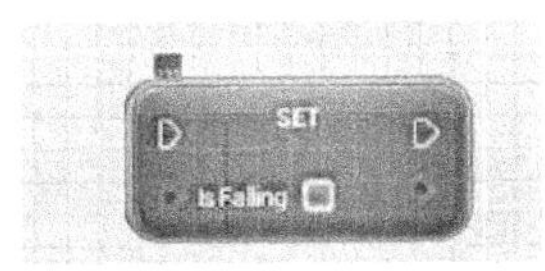

图 6-104 “Set Is Falling”节点

③ 将“Cast to Character”节点未标记的输出执行引脚和“Set Is Falling”的输入执行引脚相连；将“Equal (Enum)”节点的输出布尔数据引脚和“Set Is Falling”节点的输入布尔数据引脚相连，如图 6-105 所示。

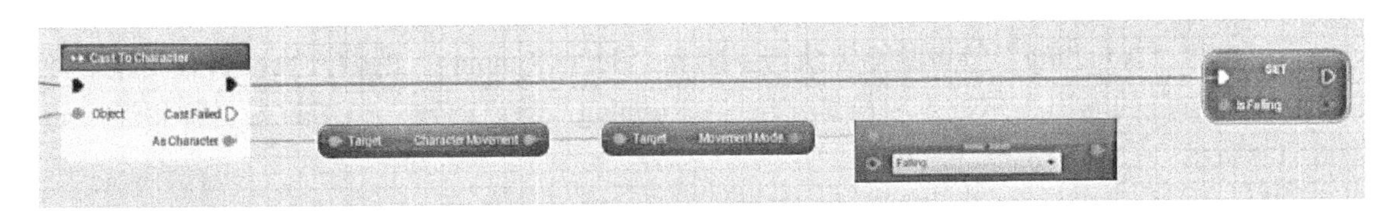

图 6-105 “Cast to Character”节点和“Equal (Enum) ”节点的引脚连接

（4）确定角色是否处于奔跑状态

① 返回“Cast To Character”节点，再次从“As Character”引脚连出引线，选择“Get Velocity”选项，如图 6-106 所示。

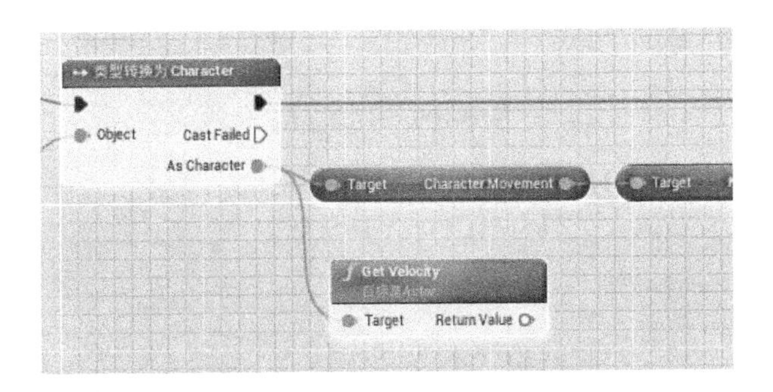

图 6-106 “As Character”引脚连接

② 如果角色不为站立状态，其速度矢量的长度将大于零。因此，从“Return Value”矢量输出引脚连出引线并选择“Vector Length”选项，将此节点添加到图表，如图 6-107 所示。

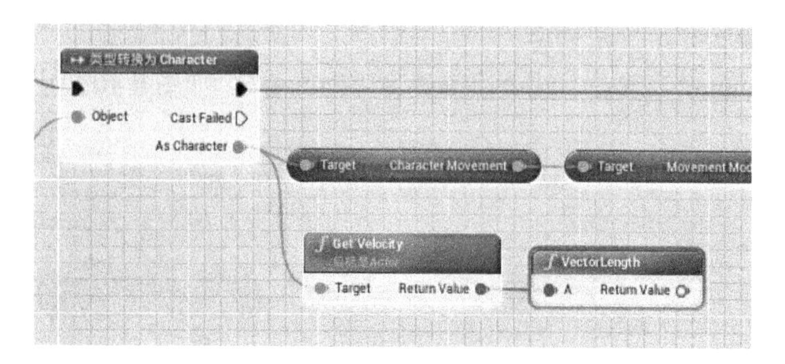

图 6-107 “Return Value”矢量输出引脚

③ 从“Return Value”浮点输出引脚连出引线并选择“> (float)”选项，如图 6-108 所示。

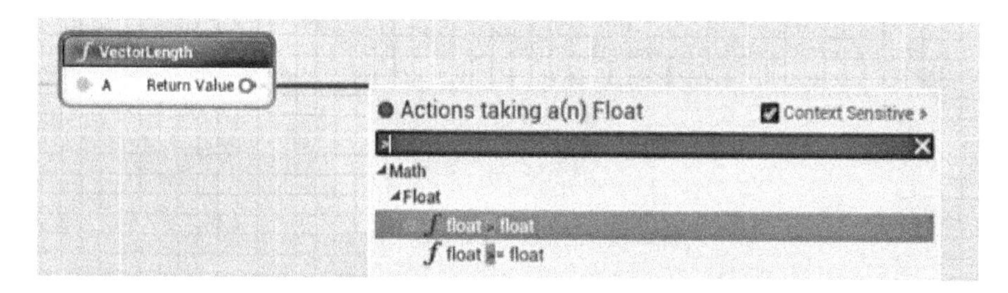

图 6-108 “Return Value”浮点输出引脚连接

④ 按住 Alt 键的同时单击“My Blueprint”面板中的“IsRunning”，拖入图表创建一个“Set Is Running”节点。

⑤ 将“Set Is Falling”节点的输出执行引脚和“Set Is Running”的输入执行引脚相连；将“> (float)”节点的输出布尔数据引脚和“Set Is Running”节点的输入布尔数据引脚相连，如图 6-109 所示。

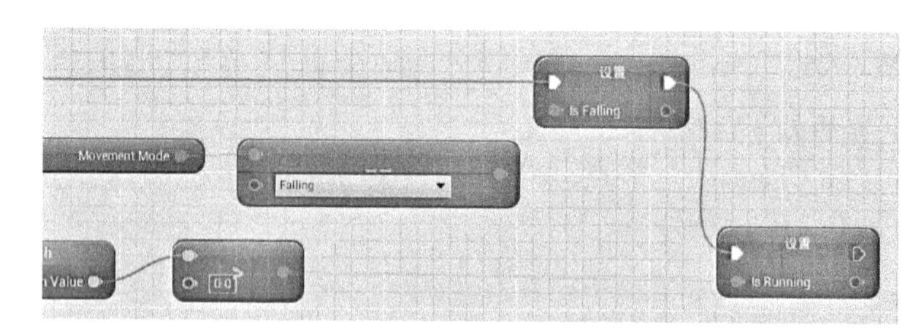

图 6-109 引脚连接

⑥ 此时，事件图表如图 6-110 所示。

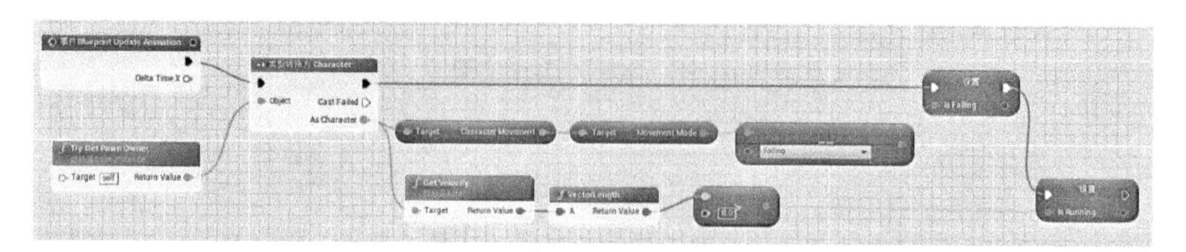

图 6-110 事件图表

3．添加动画状态机

下面将添加状态机，以便使用新制作的变量。

① 在“My Blueprint”面板中双击“Graph”下的“AnimGraph”将其打开，如图 6-111 所示。

② 右击图表，在快捷菜单中执行“State Machines”→“Add New State Machine”命令，如图 6-112 所示。

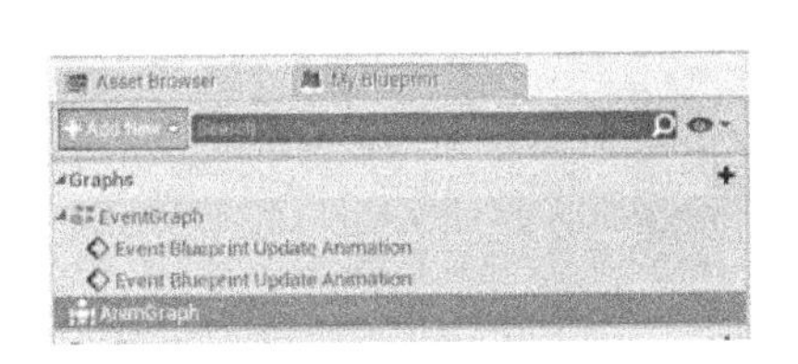

图 6-111　打开“AnimGraph”

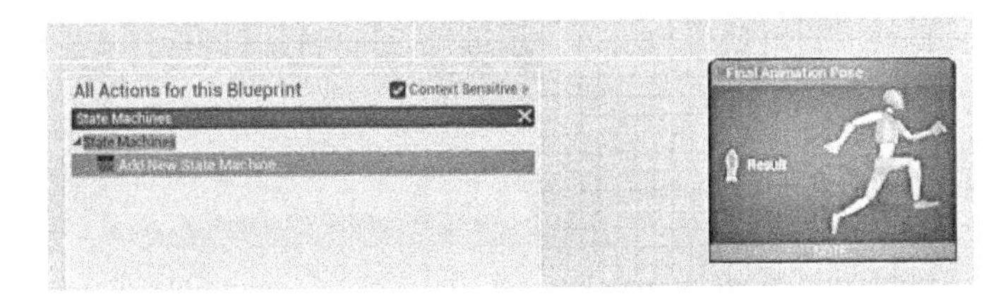

图 6-112　快捷菜单

③ 在“My Blueprint”面板中右击“New State Machine”，将其命名为“Arms State Machine”，如图 6-113 所示。

④ 将“Arms State Machine”节点上的输出执行引脚与“Final Animation Pose”节点上的“Result”输入执行引脚相连，如图 6-114 所示。

图 6-113　新建“Arms State Machine”

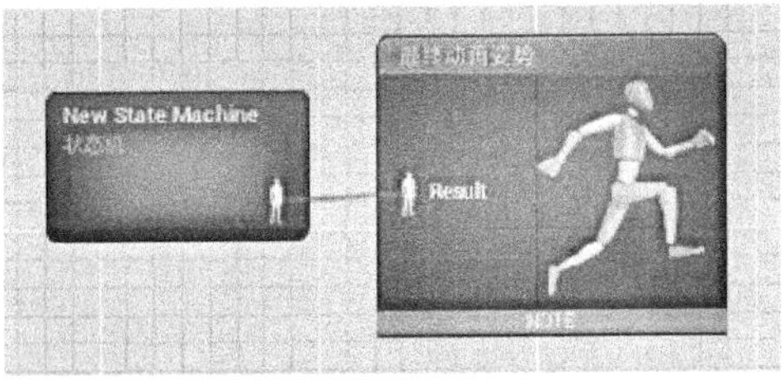

图 6-114　引脚连接

⑤ 双击“Arms State Machine”节点，打开其图表进行编辑。

4．添加动画转换状态

① 右击图表，在快捷菜单中执行“Add State”命令，如图 6-115 所示，将状态命名为“Idle”。

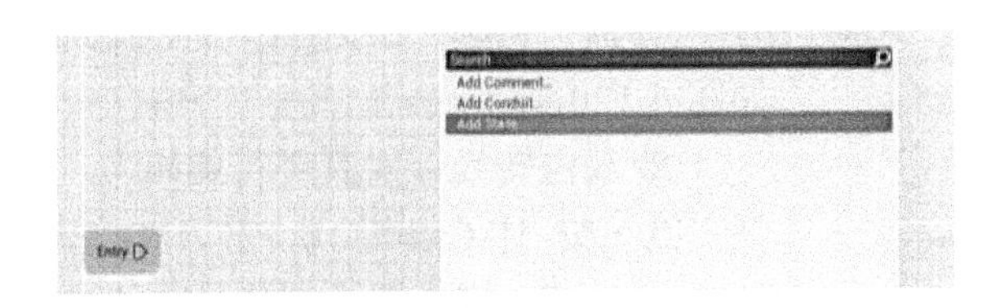

图 6-115　快捷菜单

② 双击状态，对其进行编辑。

③ 右击图表，在快捷菜单中搜索“Idle”。

④ 单击“Play FPP_Idle”，插入该节点，如图 6-116 所示。

⑤ 将“Play FPP_Idle”节点的输出执行引脚与“Final Animation Pose”节点的“Result”输入执行引脚相连，如图 6-117 所示。

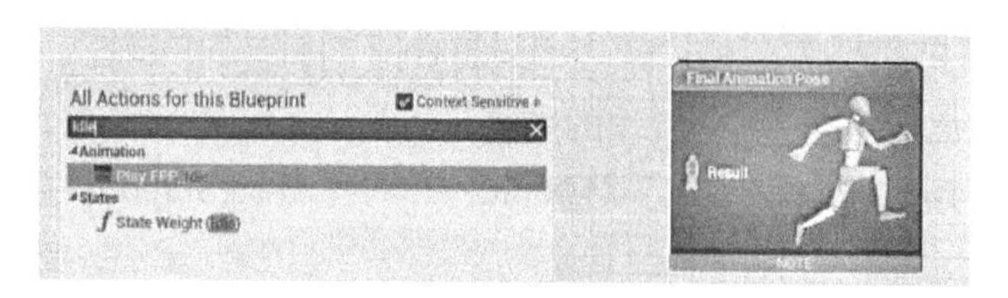

图 6-116　插入“Play FPP_Idle”节点

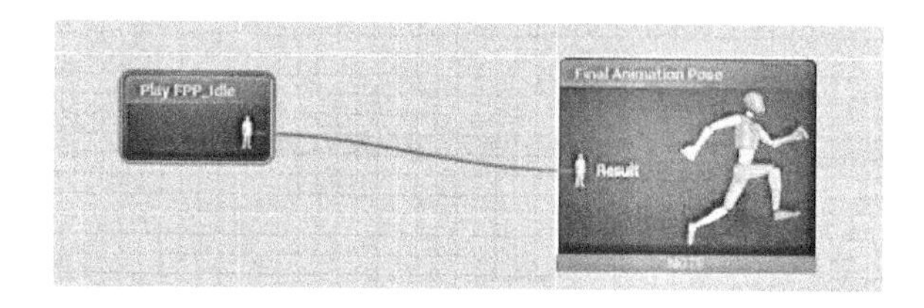

图 6-117　引脚连接

⑥ 为 Run、JumpStart、JumpEnd、JumpLoop 四个状态重复前面的步骤。

⑦ 完成后，“Arms State Machine”图表如图 6-118 所示。每个状态包含的“Play”节点都应与各自的“Final Animation Pose”节点相连。

⑧ 从“Entry”节点连出引线到“Idle”状态节点，如图 6-119 所示。

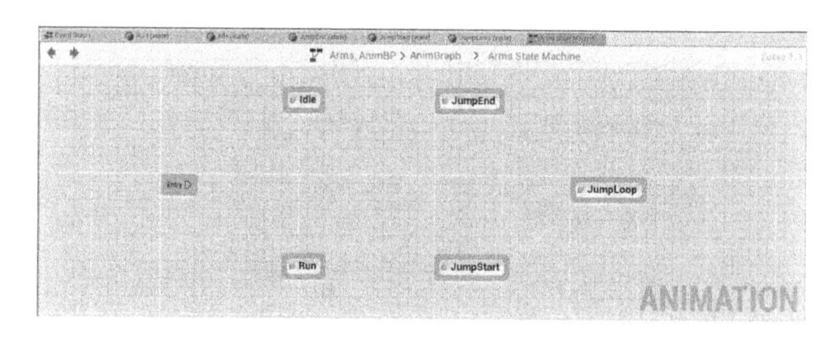

图 6-118　“Arms State Machine”图表

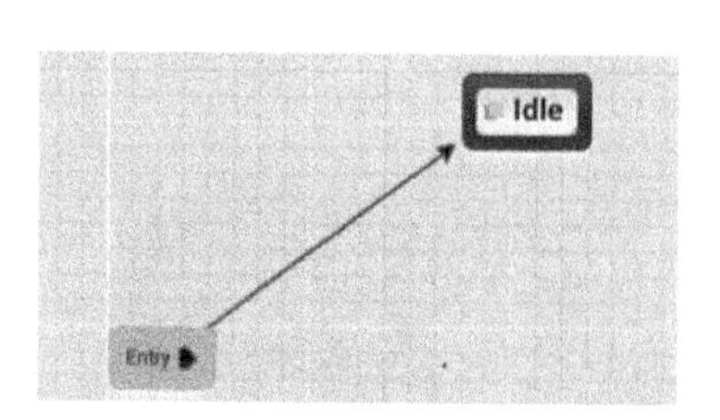

图 6-119　“Entry”节点连接

5. 添加待机到奔跑（奔跑到待机）的转换

下面设置待机到奔跑（奔跑到待机）的转换。角色开始移动后，状态机将从“Idle”转换到“Run”。

① 从“Idle”节点连接引线到“Run”节点，创建转换，如图 6-120 所示。

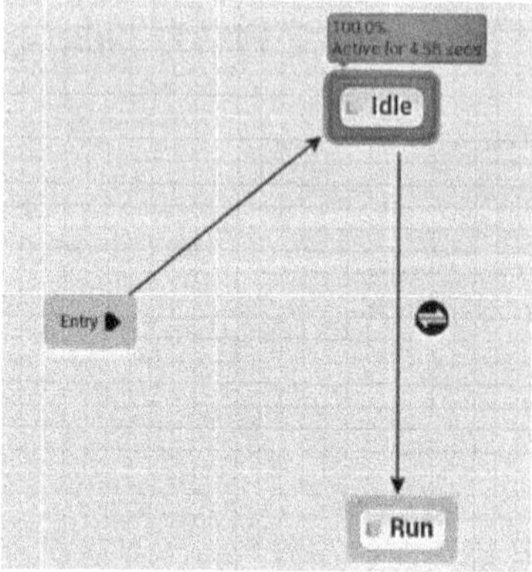

图 6-120　“Idle”节点连接

② 双击转换，对其进行编辑。

③ 按住 Ctrl 键单击“My Blueprint”面板中的“IsRunning”，拖入图表创建一个“Get Is Running”节点。

④ 将“Get Is Running”节点的输出引脚和“Result”节点上的“Can Enter Transition”输入引脚连接起来，如图 6-121 所示。角色停止移动后，状态机将从“Run”转换到“Idle”。

⑤ 返回“Arms State Machine”图表，从“Run”节点连接引线到“Idle”节点，如图 6-122 所示。

图 6-121 “Get Is Running”节点的输出引脚连接

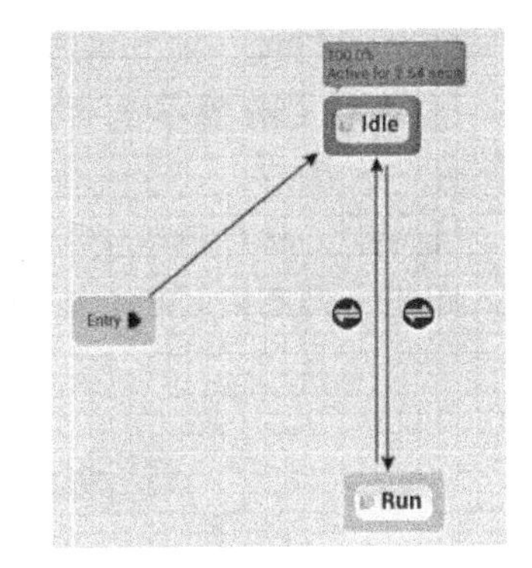

图 6-122 “Run”节点连接

⑥ 双击转换，对其进行编辑。

⑦ 按住 Ctrl 键单击“My Blueprint”面板中的“IsRunning”，拖入图表创建一个“Get Is Running”节点。

⑧ 从“Get Is Running”节点上的输出布尔引脚连出引线并创建一个“Not Boolean”节点。

⑨ 将“Not Boolean”节点的输出引脚和“Result”节点上的“Can Enter Transition”输入引脚连接起来，如图 6-123 所示。

图 6-123 引脚连接

6．添加待机到跳跃开始的转换

下面设置待机到跳跃开始的转换。

① 返回“Arms State Machine”图表，从“Idle”状态连接引线到“JumpStart”状态，如图 6-124 所示。

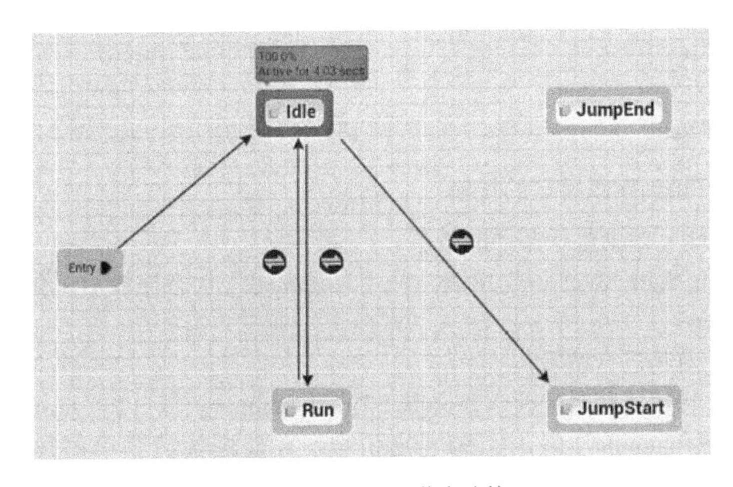

图 6-124 “Idle”节点连接

② 双击转换，对其进行编辑。

③ 按住 Ctrl 键单击“My Blueprint”面板中的“IsFalling”，拖入图表创建一个“Get Is Falling”节点。

④ 将“Get Is Falling”节点的输出布尔引脚和“Result”节点上的“Can Enter Transition”输入布尔引脚连接起来，如图 6-125 所示。

图 6-125 “Get Is Falling”节点的输出布尔引脚连接

7．添加奔跑到跳跃开始的转换

下面设置奔跑到跳跃开始的转换。

① 返回“Arms State Machine”图表，从“Run”状态连接引线到“JumpStart”状态，如图 6-126 所示。

② 双击转换，对其进行编辑。

③ 按住 Ctrl 键单击“My Blueprint”面板中的“IsFalling”，拖入图表创建一个“Get Is Falling”节点。

④ 将“Get Is Falling”节点的输出布尔引脚和“Result”节点上的“Can Enter Transition”输入布尔引脚连接起来，如图 6-127 所示。

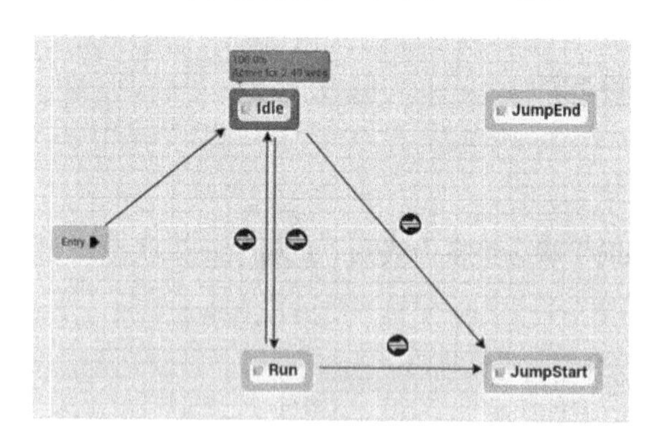

图 6-126 “Run”节点连接

图 6-127 “Get Is Falling”节点的输出布尔引脚连接

8．添加跳跃开始到跳跃循环的转换

下面将设置跳跃开始到跳跃循环的转换。

① 返回“Arms State Machine”图表，从“JumpStart”状态连接引线到“JumpLoop”状态，如图 6-128 所示。

② 双击转换，对其进行编辑。

③ 右击图表，在快捷菜单中搜索并选择“TimeRemaining for ‘FPP_JumpStart’”节点。

④ 从“Time Remaining”输出引脚连出引线，并使用快捷菜单添加一个“<= (float)”节点。

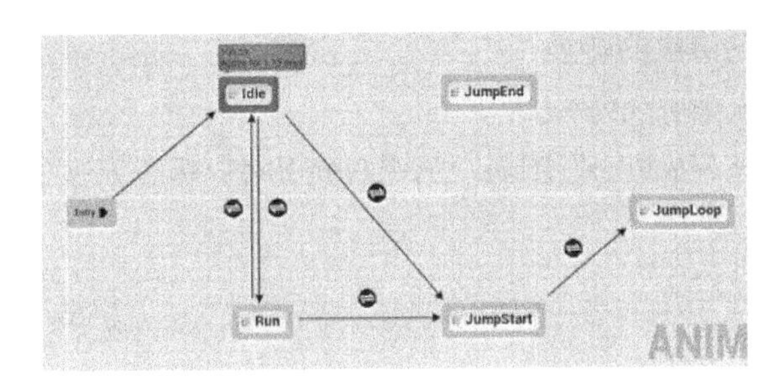

图 6-128　“JumpStart”状态连接

⑤ 在“<= (float)”节点的其他输出域中输入“0.1”，然后从此节点的输出布尔引脚连接引线到“Result”节点的“Can Enter Transition”输入引脚，如图 6-129 所示。

图 6-129　引脚连接

9．添加跳跃循环到跳跃结束的转换

下面设置跳跃循环到跳跃结束的转换。

① 返回“Arms State Machine”图表，从“JumpLoop”状态连接引线到“JumpEnd”状态，如图 6-130 所示。

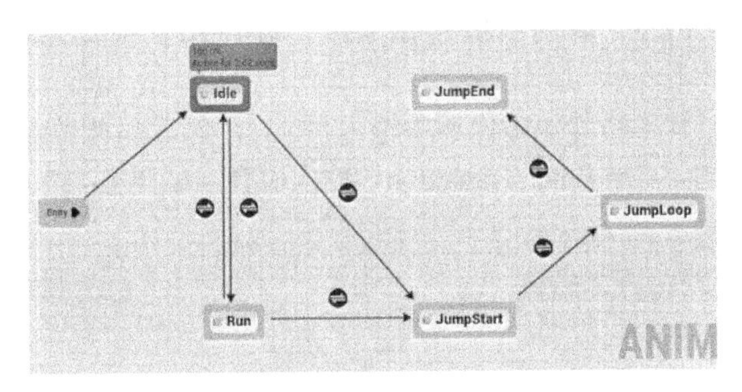

图 6-130　“JumpLoop”状态连接

② 双击转换，对其进行编辑。

③ 按住 Ctrl 键单击“My Blueprint”面板中的“IsFalling”，拖入图表创建一个“Get Is Falling”节点。

④ 从“Get Is Falling”节点上的输出布尔引脚连出引线并创建一个“Not Boolean”节点。

⑤ 将“Not Boolean”节点的输出引脚和“Result”节点上的“Can Enter Transition”输入引脚连接起来，如图 6-131 所示。

图 6-131　引脚连接

10．添加跳跃结束到待机的转换

下面设置跳跃结束到待机的转换。

① 返回“Arms State Machine”图表，从“JumpEnd”状态连接引线到“Idle”状态，如图 6-132 所示。

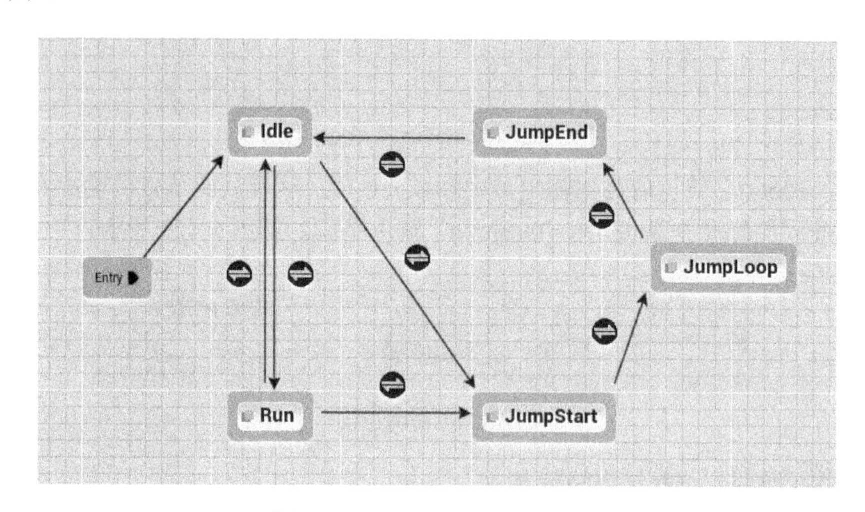

图 6-132 “JumpEnd”状态连接

② 双击转换，对其进行编辑。

③ 右击图表，搜索并选择“TimeRemaining for ‘FPP_JumpEnd’”节点。

④ 从“Time Remaining”输出引脚连出引线，并使用快捷菜单添加一个“<= (float)”节点。

⑤ 在“<= (float)”节点的其他输出域中输入“0.1”，然后从此节点的输出布尔引脚连接引线到“Result”节点的“Can Enter Transition”输入引脚，如图 6-133 所示。

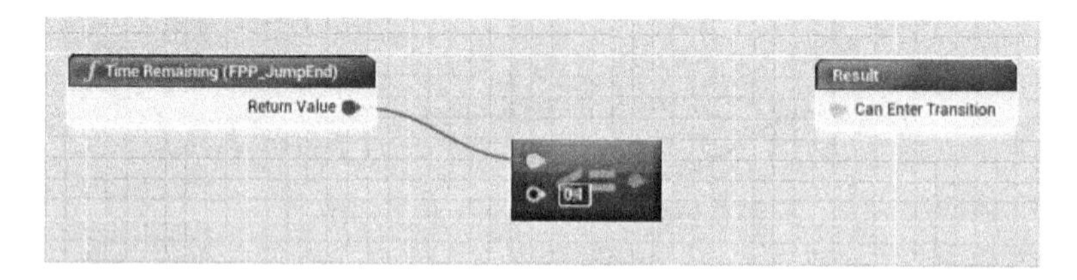

图 6-133 引脚连接

11．关联动画和角色蓝图

最后把创建的动画蓝图和角色蓝图关联起来。

① 关闭“Arms_AnimBP”动画蓝图前要进行编译和保存。

② 在“Content Browser”面板中的“Blueprints”文件夹中，打开“BP_FPSCharacter”蓝图。

③ 在“Components”面板中选择“FPSMesh”选项，如图 6-134 所示。

④ 将“FPSMesh”的“Anim Clas”设为刚创建的“Arms_AnimBP”动画蓝图。

⑤ 在“Defaults”模式中，将“FPSMesh transform”的“Location”设为（X50, Y-15, Z-150），“Rotation”设为（X0, Y25, Z350）。

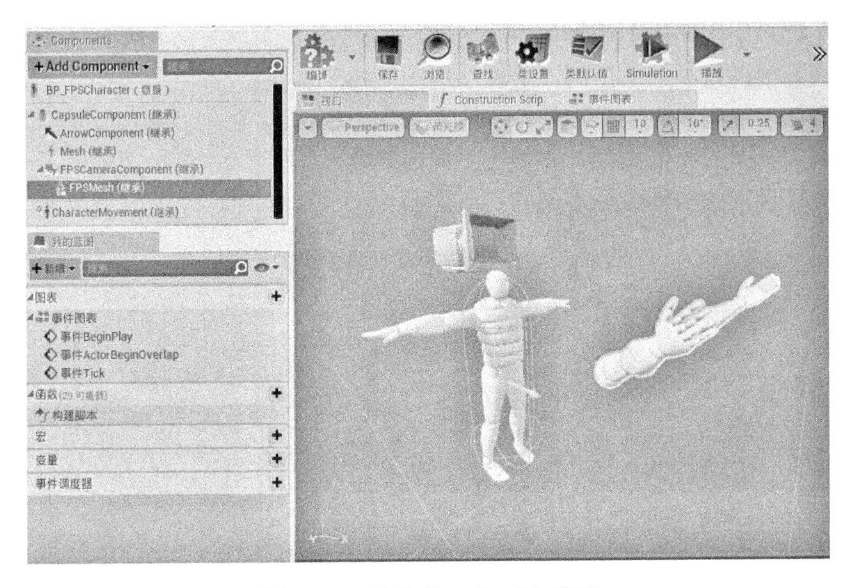

图 6-134　选择“FPSMesh”选项

⑥ 关闭蓝图前要进行编译和保存。

⑦ 单击“Play”按钮，动画效果如图 6-135 所示。

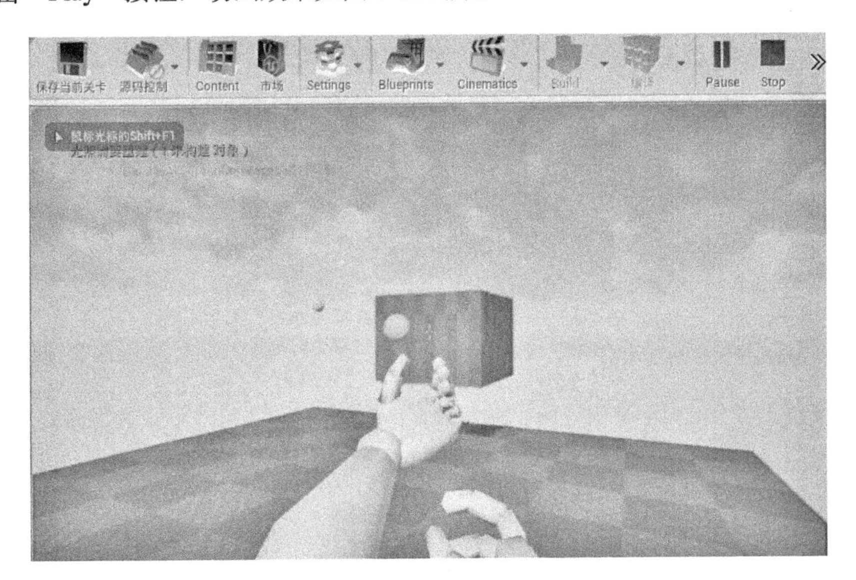

图 6-135　动画效果

两只手臂将在动画状态机关联的动画中进行切换，从而形成动画。至此，这个项目的主要功能已经完成了。

习　题

1. 使用本章的知识，尝试（如图 6-136 所示）：

（1）将关卡的光照改为月光、晚间场景；

（2）在第一个房间边上添加另一个房间；

（3）试着抬高新添加的房间，将两个房间用梯子连接；

（4）添加一些灌木、一个沙发、一些书架和一扇门；

（5）添加不同的光照类型，并使用不同的颜色；

（6）为场景中的物体应用不同的材质。

图 6-136　练习范例

2．创建一个新的材质并赋予物体上。尝试建立不同的节点，模拟塑料材质的质感，材质编辑器的设置如图 6-137 所示。添加一个网格物体到关卡中，将材质应用到该物体，得到的材质效果如图 6-138 所示。

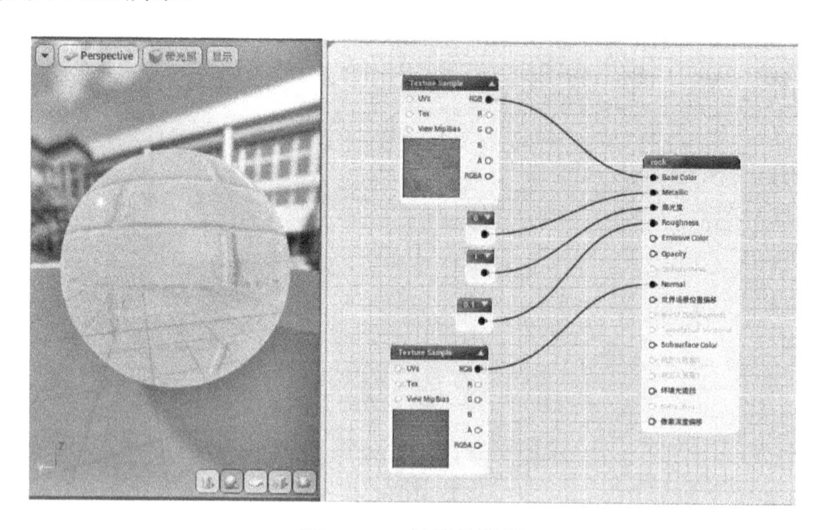

图 6-137　材质编辑器

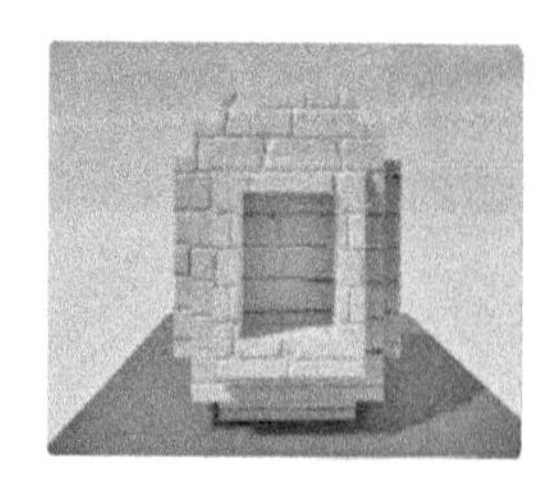

图 6-138　材质效果

第 7 章•

增强现实技术

随着互联网的发展，增强现实技术快速地渗透到人们的生活中，并应用于多种领域。增强现实是将真实世界信息和虚拟世界信息“无缝”集成的新技术，是把原本在现实世界的一定时间、空间范围内很难体验到的实体信息（如视觉、声音、味道、触觉等），通过计算机等技术，将经模拟仿真后再叠加形成的虚拟信息应用到真实世界中，被人类感官所感知，从而达到超越现实的感官体验。

7.1 增强现实技术概述

增强现实（Augmented Reality，AR）是一种实时计算摄影机影像的位置及角度并加上相应图像的技术，其目标是在屏幕上将虚拟世界“套”在现实世界上并进行互动。随着随身电子产品运算能力的提升，增强现实的用途越来越广，如图 7-1、图 7-2 所示。

图 7-1 增强现实房产应用

图 7-2 增强现实图书应用

使用增强现实技术不仅展现真实世界的信息，而且将虚拟信息同时显示出来，两种信息相互补充、叠加。在视觉化的增强现实中，用户利用头盔显示器，把真实世界与计算机图形重合成在一起。增强现实技术包含多媒体、3D 建模、实时视频显示及控制、多传感器融合、实时跟踪及注册、场景融合等新技术与新手段，提供了一般情况下不同于人类可感知的信息。

7.1.1 增强现实技术发展

增强现实技术出现在20世纪60年代，且发展迅速。很多大企业纷纷进入增强现实产业，如Microsoft、Google、Facebook、Sony等，大大加快了增强现实技术的发展进程。2013年，日本东京阳光水族馆利用增强现实技术，让用户在使用导航时，只要将摄像头对准街道，屏幕上就会出现好几只摇摆前行的企鹅，用户可以跟随企鹅的步伐来到阳光水族馆。同年，宜家则利用增强现实技术，让用户能利用手机将虚拟家具投射到房间中，直观地感受不同家具在房间中摆放的效果。

增强现实技术在国内的起步是比较晚的。刚开始加入增强现实技术研究的有北京理工大学，其研发的“数字圆明园”利用增强现实技术将圆明园的遗址和当年未破坏前的场景结合，给人一种惊叹的感觉。

7.1.2 增强现实技术在各领域的应用

增强现实技术具有三个突出的特点：一是真实世界和虚拟世界的信息集成；二是具有实时交互性；三是在三维空间中增加定位虚拟物体。增强现实技术可广泛应用在军事、医疗、建筑、教育、工程、影视、娱乐等领域。

增强现实技术不仅在与VR技术相关的应用领域，如尖端武器、飞行器的研制与开发，数据模型的可视化，虚拟训练，娱乐与艺术等，具有广泛的应用；而且，由于其具有能够对真实环境进行增强显示输出的特性，因此在医疗研究与解剖训练、精密仪器制造与维修、军用飞机导航、工程设计、远程机器人控制等领域，具有比VR技术更加明显的优势。具体如下所述。

- 医疗：医生可以利用增强现实技术轻易地进行手术部位的精确定位。
- 军事：部队可以利用增强现实技术进行方位的识别，获得实时所在地点的地理数据等重要军事数据。
- 古迹复原和数字化文化遗产保护：文化古迹的信息以增强现实的方式提供给参观者，参观者不仅可以通过头盔显示器看到古迹的文字解说，还能看到遗址上残缺部分的虚拟重构。
- 工业维修：通过头盔显示器将多种辅助信息显示给用户，包括虚拟仪表的面板、被维修设备的内部结构和零件图等。
- 网络视频通信：使用增强现实和人脸跟踪技术，在通话的同时在通话者的面部实时叠加一些如帽子、眼镜等虚拟物体，很大程度上提高了视频对话的趣味性。
- 电视转播：使用增强现实技术可以在转播体育比赛时实时地将辅助信息叠加到画面中，观众可以得到更多的信息。
- 娱乐、游戏：增强现实游戏可以让位于全球不同地点的玩家共同进入一个“真实”的自然场景，以虚拟替身的形式进行网络对战。
- 旅游、展览：人们在浏览、参观的同时，通过增强现实技术接收到途经建筑的相关信息，观看展品的相关数据。
- 市政建设规划：采用增强现实技术将规划效果叠加真实场景中，直接获得规划的效果。

7.1.3 常用开发工具

经过多年的发展，目前市场上增强现实的开发工具有几十种，其中常用的有以下几种。

1. Vuforia

Vuforia 是一个用于创建增强现实应用程序的软件。开发人员可以轻松地为任何应用程序添加先进的计算机视觉功能，使其能够识别图像和对象，或重建现实世界中的环境。无论是用于构建企业应用程序以便提供详细步骤的说明和培训，还是用于创建交互式的营销活动、产品可视化及实现购物体验，Vuforia 都具有满足这些需求的所有功能和性能。

Vuforia 提供了一流的计算机视觉体验，可以确保在各种环境中的可靠体验。Vuforia 被认为是全球最广泛使用的增强现实平台之一，得到了全球生态系统的支持，已经有基于 Vuforia 开发的 400 多款应用程序。使用 Vuforia 平台，应用程序可以选择各种各样的事物，如对象、图像、用户定义的图像、圆柱体、文本、盒子，以及 VuMark（用于定制和品牌意识设计）。Smart Terrain 功能为实时重建地形的智能手机和平板电脑创建环境的 3D 几何图。

Vuforia SDK 用于为移动设备和数码眼镜构建 Android、iOS 和 UWP 应用程序。UWP 即 Universal Windows Platform，是 Windows 通用应用平台，Microsoft 在 Windows 10 引入的概念。Vuforia 应用程序可以使用 Android Studio、XCode、Visual Studio 和 Unity 构建。Vuforia SDK 目前的最新版本为 6.2，支持 Microsoft 的 HoloLens、Windows 10 设备、Google 的 Tango 传感器设备，以及 Vuzix M300 企业智能眼镜等。

Vuforia 支持的平台有 Android、iOS、UWP 和 Unity Editor。

2. Wikitude

Wikitude 提供了一体式增强现实 SDK，并结合了 3D 跟踪技术（基于 SLAM）、顶级图像识别和跟踪，以及移动、平板电脑和智能眼镜的地理位置增强现实，支持可扩展的 Unity、Cordova、Titanium 和 Xamarin 框架。可以使用 Wikitude SDK 构建基于位置、标记或无标记的增强现实体验。

Wikitude 主要功能如下。

（1）即时跟踪

挖出标记。即时跟踪是 WikitudeSLAM 技术的第一个功能。它可以轻松地映射环境并显示增强现实内容，无须目标图像，适合室内和室外环境。

（2）扩展跟踪

扩展跟踪允许开发人员超越目标。一旦目标图像被识别，用户可以通过自由移动设备来继续增强现实体验，而不需将标记保持在摄像机视图中。此功能现在拥有与 Wikitude 即时跟踪功能相同的 SLAM 算法，为基于 Wikitude 的应用提供了强大的性能。

（3）图像识别

Wikitude SDK 嵌入了内置的图像识别和跟踪技术，而且这些功能开箱即用。最多可以拍摄 1000 幅离线识别的图像。开发人员可以在实时摄像机图像中增强识别的图像和地理位置的兴趣点之间无缝切换。

（4）基于位置的服务与 GEO 数据

Wikitude SDK 提供了许多方便的功能，简化了使用地理参考数据的方法。用户兴趣点的设计和布局是完全可定制的，以满足各种需要。

（5）3D 增强

Wikitude SDK 可以在增强现实场景中加载和渲染 3D 模型。从行业软件（如 Maya 或 Blender 等）中导入 3D 模型，每个 3D 模型都基于新的 Native API。Wikitude 提供了一个用于 Unity3D 框架的插件，因此开发人员可以将 Wikitude 的计算机视觉引擎整合到基于 Unity3D 的游戏或应用程序中。

（6）云识别

Wikitude 的云识别服务允许开发人员处理云中托管的数千幅目标图像。Wikitude 的云识别技术是一个可扩展的解决方案，具有响应时间快、识别率高的特点。每个月向开发人员提供了对云识别服务的 100 万次的免费扫描调用，还为企业提供了专用的服务器选项和定制服务。Wikitude SDK 目前的最新版本为 6.1。

Wikitude 支持的平台有 Android、iOS、智能眼镜。

3. ARToolKit

ARToolKit 是一个免费开源的 SDK，可以完全访问其计算机视觉算法，自主修改源代码以适应自己的特定应用。ARToolKit 免费分发，基于 LGPL V3.0 许可证。最新的 ARToolKit 6 是一个快速而现代的开源跟踪和识别 SDK，可让计算机在周围的环境中查看和了解更多信息；使用了现代计算机视觉技术，以及 DAQRI 内部开发的分钟编码标准和新技术。ARToolKit 6 采用了免费开源许可证发布，允许增强现实社区将其用于商业产品软件及研究、教育和业余爱好者开发。

ARToolKit 支持的平台有 Android、iOS、Linux、Windows、macOS、智能眼镜。

4. Kudan

Kudan 提供了富有创造性的、最先进的计算机视觉技术，以及可用于增强现实、VR、机器人、人工智能应用程序的视觉同步本地化和映射（SLAM）跟踪技术。Kudan SDK 平台是可用于 iOS 和 Android 的高级跟踪 Markerless 增强现实引擎。Kudan 提供了图像识别、低内存占用、高开发速度和无限数量的标记。

Kudan SDK 的特征如下。

- 不依赖服务器 / 云，实时输出结果，其增强现实 App 可以在没有网络连接的情况下使用。
- 摄像机 / 传感器不可知，支持单声道、立体声、摄像机、深度传感器等。
- 稳固的操作，无抖动的图像，出色的黑暗环境性能。
- 适用于 iOS、Android 本机及 Unity 跨平台游戏引擎。
- Kudan 支持的平台有 Android、iOS。

5. XZIMG

XZIMG 提供了可自定义的 HTML5、桌面、移动和云解决方案，目的是从图像和视频中提取智能；提供了增强面部解决方案，可用于识别和跟踪基于 Unity 的面孔；提供了增强视觉解决方案，用 Unity 识别和跟踪平面图像。

采用 XZIMG 的一个典型应用是虚拟眼镜，用户可以戴上虚拟眼镜，实时查看戴上的效果。

XZIMG 支持的平台有 Android、iOS、Windows、WebGL。

6. Metaio SDK

Metaio SDK 支持 2D 图像、3D 对象、SLAM 和位置跟踪、条形码和二维码扫描、连续性视觉搜索（通过 Metaio CVS 实现，无论是离线还是在线状态）及手势检测。

Metaio SDK 还有自己的增强现实脚本语言，AREL（增强现实体验语言）让用户可以使用常见的 Web 技术（如 HTML 5、XML、JavaScript）开发自己的增强现实应用，并将它们部署到任何地方。

Metaio SDK 支持的平台有 Android、iOS、Windows、Google Glass、Epson Moverio BT-200、Vuzix M-100、Unity。

7. D’ Fusion

D’ Fusion 是由 Total Immsion 研发的增强现实解决方案，基于 PC 平台，操作快捷，具有很强的兼容性，支持高清图像输入 / 输出，操控人员可利用 D’ Fusion 对信息进行实时处理。目前主要应用于维修维护、营销推广、军事模拟、娱乐传媒、地理科学等领域。

除了以上提及的工具，还有许多其他增强现实开发工具，如 ARPA SDKs、ARLab SDKs、DroidAR 及近年发展迅速的国产软件 EasyAR 等。

7.2 Vuforia SDK 开发基础

7.2.1 Vuforia SDK 开发环境

本节主要介绍基于 Unity3D 和 Vuforia SDK 平面跟踪模块的增强现实应用。所需环境是，Windows 10（64 位）操作系统、Unity3D 5.4.1 f1（64 位）、Vuforia 6 SDK。

注意

（1）Vuforia 支持 Windows 或 macOS 操作系统。目前虽然也支持 Linux 的 Unity3D 非官方版本，但是将 Vuforia 导入后运行会报错。建议使用 Windows 或 macOS 操作系统。

（2）Unity3D 从 Unity 5 开始分为 32 位和 64 位两个版本，因为 Vuforia 6 SDK 以上的版本才开始支持 64 位 Unity。如果是 Vuforia 5 以下的版本，就只能使用 32 位 Unity。

7.2.2 下载 Vuforia 6 SDK

Vuforia 提供了一个功能较为完备的增强现实插件，Vuforia SDK 是一套相对完整的可直接调用的增强现实 API，与其他的增强现实 SDK 相比，它对图像的识别更加稳定。

目前，Vuforia SDK 的最新版本是 6。打开 Vuforia 官网，下载 Vuforia 安装软件到本地计算机中，下载路径的文件名建议使用英文字母，否则导入 Unity 时会报错。

1. 申请License

选择“Develop”选项卡，再选择“License Manager”选项，单击“Add License Key”按钮，获取开发密钥，如图 7-3 所示。

在“License Manager”对话框的“App Name”文本框中输入“123456”。单击“Next”

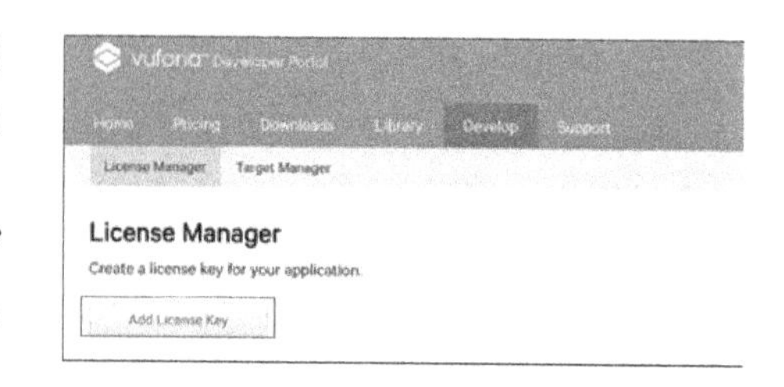

图 7-3　获取开发密钥

按钮，出现确认信息界面，单击“OK”按钮。返回“License Manager”对话框，“Name”处显示“123456”，如图 7-4 所示。

在“License Manager”界面中选择“123456”选项，获取“License Key”选项卡中的注册码并保存，如图 7-5 所示。

License Manager　　Get Development Key　　Buy Deployment Key

Create a license key for your application.

Search

Name	Primary UUID	Type	Status	Date Modified
123456	N/A	Develop	Active	Mar 16, 2020

图 7-4　创建许可证密钥

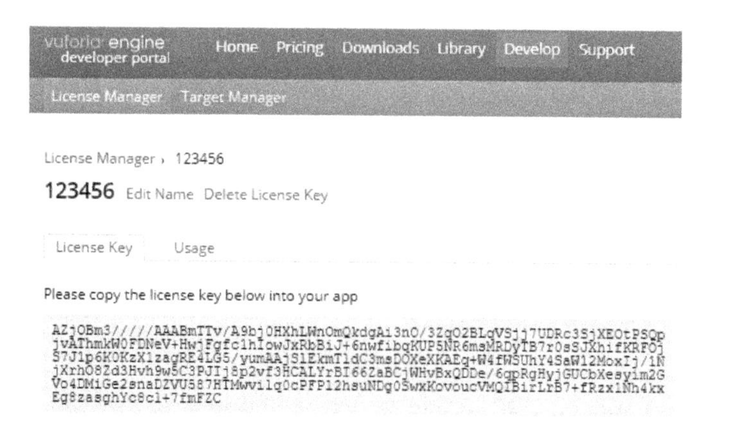

图 7-5　获取注册码

提示

一定要保存“License Key”选项卡中的注册码，因为在建立增强现实工程时，要输入注册码。

2. 建立数据库

选择“Develop”选项卡，再选择“Target Manager”选项，单击“Add Database”按钮，如图 7-6 所示。

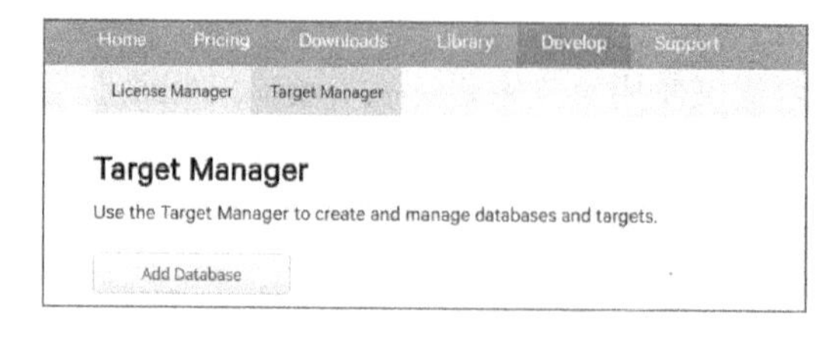

图 7-6　“Target Manager”选项

在“Database Name”文本框中输入“MyDataset”，选择“Device”单选按钮，单击“Create”按钮。选择“Target Manager”选项，会显示新添加的数据库，选择“MyDataset”选项，如图 7-7 所示。

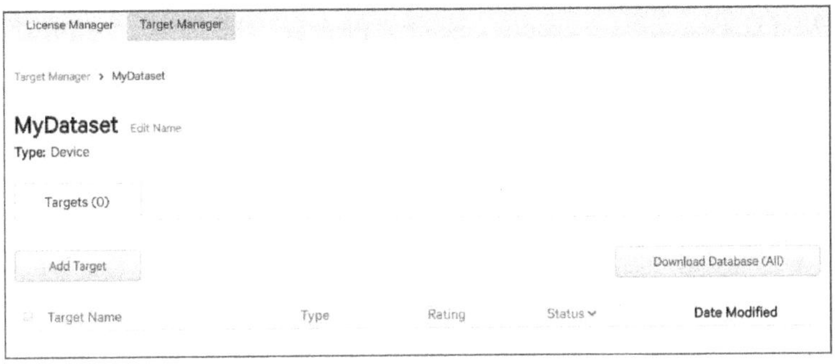

图 7-7　显示数据库

单击“Add Target”按钮，添加自己的目标图，作为被跟踪的标志板，如图 7-8 所示。

由于使用的是平面标志板，选择“Single Image”选项，单击“Browse”按钮，选择“Image”选项，图像要求纹理复杂且不能对称。在“Width”文本框中输入图像的宽度。因为使用的图像打印出来宽度是 0.4m，所以为了符合实际尺寸，将宽度设置为 0.4m，Unity 中默认的长度单位是米（m）。单击“Add”按钮，将图像上传到服务器。建立的数据库中已经有了添加的图像，并且评分为 5 星，表明图像上特征点很多，其适合作为标志图案。单击“Download Database（All）”按钮，如图 7-9 所示，选择“Unity Editor”单选按钮，单击“Download”按钮。

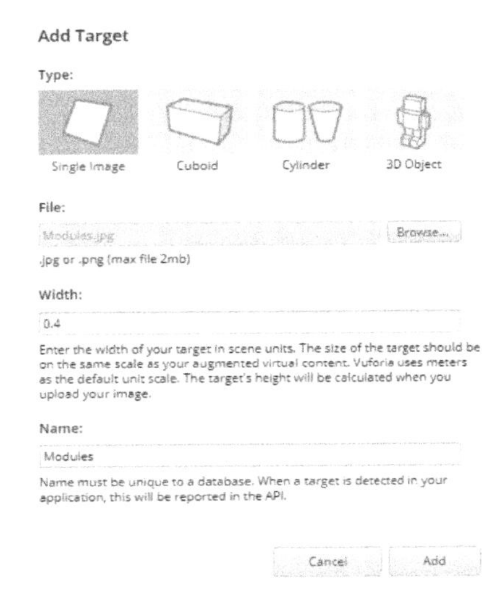

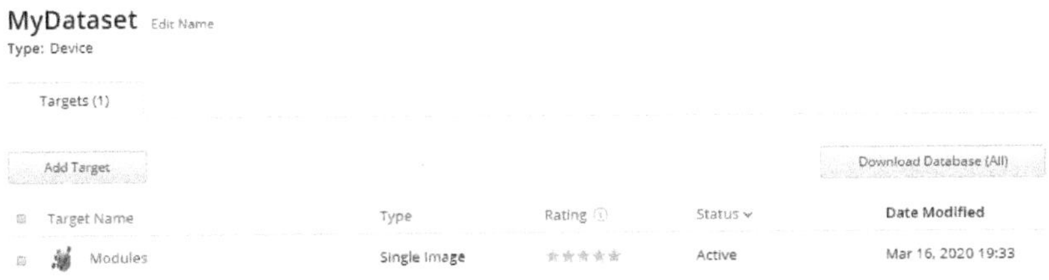

图 7-8　添加目标图

图 7-9　已添加的数据库

提示

在“Add Target”对话框的“Width”文本框中，要根据实际的图像大小来设定数值。同时，在“MyDataset”的“Rating”中，系统自动评分，如果图像显示为 5 颗星，则适合作为标志图案。

7.2.3 建立增强现实工程

执行 Unity3D 中“Create Project”命令，启动应用程序，导入文件 vuforia-unity-6-0-117. unity package 和 MyDataset.unity package。选择“Project”选项卡，打开“Assets”面板，选择“Vuforia”中的“Prefabs”选项，将“ARCamera”和“ImageTarget”分别拖曳到 Hierarchy 视图中，如图 7-10 所示。

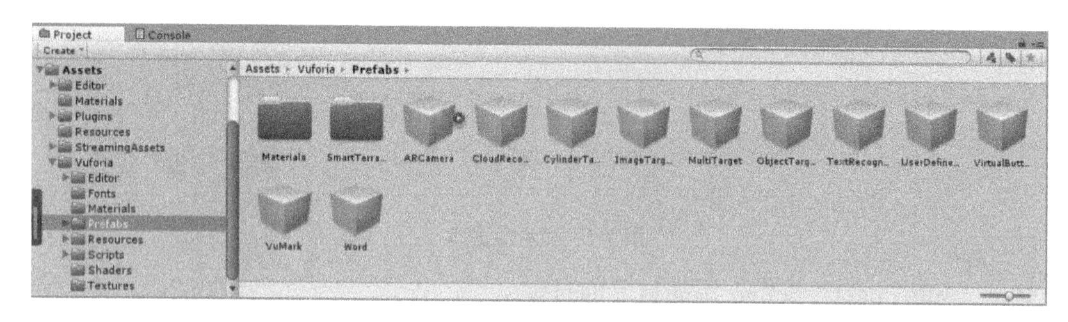

图 7-10 “Prefabs”选项

选择“ImageTarget”选项，在 Inspector 视图中展开“Image Target Behaviour（Script）”选项组，在“Database”下拉列表中选择“MyDataset”选项，在“Image Target”下拉列表中选择图像名称，其他保持默认，如图 7-11 所示。

在 Hierarchy 视图中单击“ARCamera”按钮，在 Inspector 视图中展开“Vuforia Behaviour”菜单，展开“Vuforia”选项组，在“App License Key”文本框中输入申请的注册码。展开“Datasets”选项组，勾选“Load MyDataset Database”和“Activate”复选框，如图 7-12 所示。

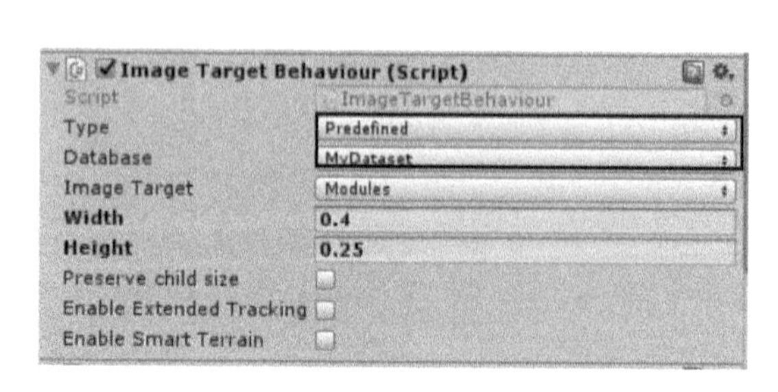

图 7-11 修改 Image Target Behaviour 脚本

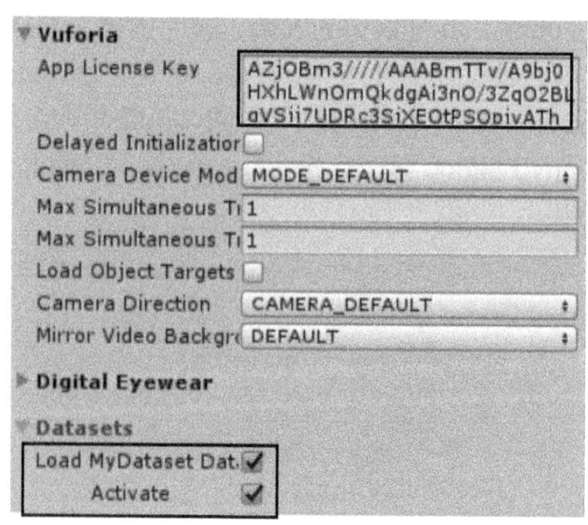

图 7-12 勾选“Load MyDataset Database”和“Activate”复选框

软件设置已经完成，现在需要在场景中叠加一些虚拟物体。先创建一个 Cube，并将它作为“ImageTarget”的子物体，调整位置和大小，如图 7-13 所示。

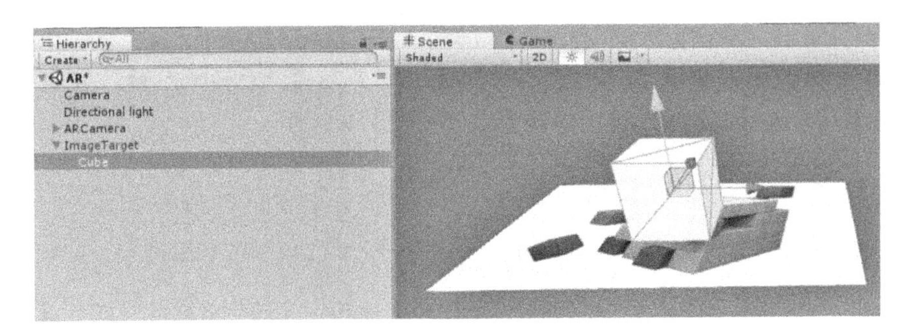

图 7-13　创建 Cube

确保摄像头正常连接。在 Hierarchy 视图中单击“ARCamera”按钮，在 Inspector 视图中选择“Camera Device”选项，检查是否检测到摄像头，此处摄像头采用的是 USB 2.0 HD UVC WebCam。保存场景并运行。虚拟的 Cube 已经正确叠加到实际的标志板上了，如图 7-14 所示。

图 7-14　Cube 运行场景

根据实际需要，用一个图形模型替换 Cube，效果如图 7-15 所示。

图 7-15　替换效果

技巧

常用的快捷键是：新建场景“Ctrl+N”键、打开场景“Ctrl+O”键、保存“Ctrl+S”键、保存场景“Ctrl+ Shift+S”键、编译并运行“Ctrl+B”键。

7.3　案例——Vuforia 虚拟按钮

虚拟按钮是增强现实应用中常用的一种交互方法。下面制作一个简单的 Vuforia 虚拟按钮，如图 7-16 所示。

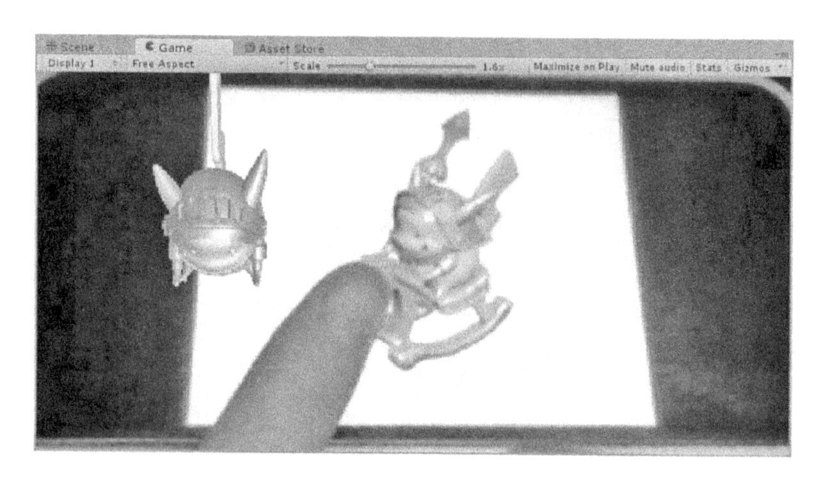

（a）单击“showpika”按钮

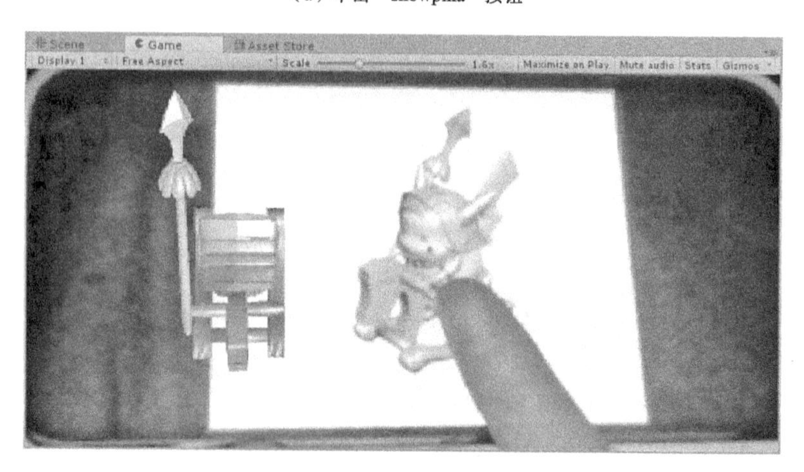

（b）单击“showmuma”按钮

图 7-16　Vuforia 虚拟按钮

本例效果是用手指在空中交互，单击“showpika”按钮，显示皮卡丘；单击“showmuma”按钮，显示木马。操作步骤如下。

在 Unity3D 中执行“Create Project”命令，启动应用程序，导入 vuforia-unity-6-0-117.unity package 和 MyDataset.unity package。在 Project 视图中打开“Assets”面板，选择

“Vuforia”选项卡，选择“Prefabs”选项，将“ARCamera”和“ImageTarget”选项都拖曳到Hierarchy 视图中，删除 Hierarchy 视图中的“Camera”选项。

在 Hierarchy 视图中单击“ARCamera”按钮，在 Inspector 视图中展开“Vuforia Behaviour”菜单，展开“Vuforia”选项组，在“App License Key”文本框中输入申请的注册码。展开“Datasets”选项组，勾选“Load MyDataset Database”和“Activate”复选框。

选择“ImageTarget”选项，添加 Pika 和 Muma 模型，将这两个模型放到合适的位置。在 Project 视图中打开“Assets”面板，选择“Vuforia”选项卡，选择“Prefabs”选项，将“Virtual Button”选项两次拖曳到“ImageTarget”选项下，分别重命名为“showpika”和“showmuma”，如图 7-17 所示。

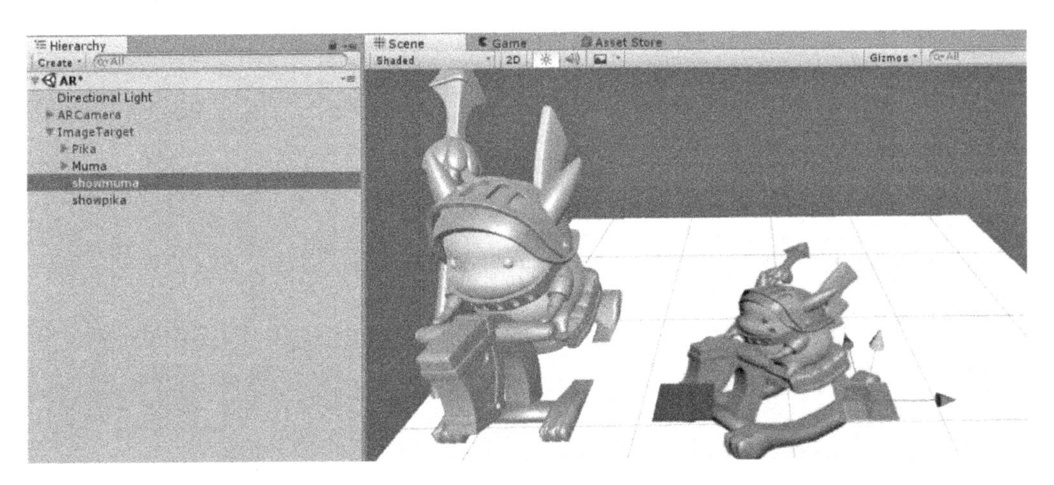

图 7-17 修改“Virtual Button”名称

技巧

常用的快捷键是：修改名称“F2”键、平移“Q”键、移动“W”键、旋转“E”键、缩放“R”键、撤销“Z”键、重做“Y”键、剪切“X”键。

提示

在 Hierarchy 视图中，添加的名称建议是英文名称，否则后面容易报错。

选择“Assets”面板，使用右键菜单创建“Material”选项，更改材质名称及颜色，最后拖曳材质到对应的虚拟按钮和模型上，实现材质的添加。选择“Assets”面板，右击，在快捷菜单中执行“C#Script”命令，将虚拟按钮单击触发事件放在“ImageTarget”选项下。代码如下：

```
using System.Collections.Generic;
using UnityEngine;
using Vuforia;

public class VirtualButtonTest : MonoBehaviour, IVirtualButtonEventHandler
{
    // 实现 IVirtualButtonEventHandler 接口，该接口包含 OnButtonPressed
    // 和 OnButtonReleased 两个方法
```

```
        private GameObject pika;
        private GameObject muma;

        // Use this for initialization
        void Start()
        {
            VirtualButtonBehaviour[] vbs =
    GetComponentsInChildren<VirtualButtonBehaviour>();
            // 获取 VirtualButton Behaviour 组件
            for (int i = 0; i < vbs.Length; ++i)
            {   //遍历所有组件
                vbs[i].RegisterEventHandler(this);   // 给该脚本注册
            }//
            pika = transform.Find("Pika").gameObject;
            muma = transform.Find("Muma").gameObject;

            pika.SetActive(false);
            muma.SetActive(false);
        }
        public void OnButtonPressed(VirtualButtonAbstractBehaviour vb)
        {
            switch (vb.VirtualButtonName)
            {
                case "showpika":
                    pika.SetActive(true);
                    break;
                case "showmuma":
                    muma.SetActive(true);
                    break;
            }
            Debug.Log("OnButtonPressed: " + vb.VirtualButtonName);
        }

        public void OnButtonReleased(VirtualButtonAbstractBehaviour vb)
        {
            switch (vb.VirtualButtonName)
            {
                case "showpika":
                    pika.SetActive(false);
                    break;
                case "showmuma":
                    muma.SetActive(false);
                    break;
            }
             Debug.Log("OnButtonReleased: " + vb.VirtualButtonName);
        }
    }
```

虚拟按钮就是一块透明的区域，只要摄像头检测到这个区域一定范围被遮挡，就会触发事件，范围大小主要由虚拟按钮的 Sensitivity Setting 决定（Virtual Button Behaviour 脚本下有设置窗口）。

此外，本例还有一个类似的简单功能：在虚拟按钮未触发时显示的是皮卡丘，触发时显示木马，离开后继续显示皮卡丘，如图 7-18 所示。代码如下：

```
using Vuforia;
using System.Collections.Generic;
using UnityEngine;

public class VirtualButtonTest2 : MonoBehaviour, IVirtualButtonEventHandler
{
    private GameObject virButton;
    private GameObject pika;
    private GameObject muma;

    // Use this for initialization
    void Start()
    {
        virButton = GameObject.Find("Trans");
        virButton.GetComponent<VirtualButtonBehaviour>()
.RegisterEventHandler(this);
        pika = transform.Find("Pika").gameObject;
        muma = transform.Find("Muma").gameObject;
        pika.SetActive(true);
        muma.SetActive(false);
    }
    // Update is called on ce per frame
    public void OnButtonPressed(VirtualButtonAbstractBehaviour vb)
    {
        switch (vb.VirtualButtonName)
        {
            case "Trans":
                muma.SetActive(false);
                pika.SetActive(true);
                break;
            default:
                break;
        }
        Debug.Log("OnButtonPressed");
    }
    public void OnButtonReleased(VirtualButtonAbstractBehaviour vb)
    {
        muma.SetActive(true);
        pika.SetActive(false);
        Debug.Log("OnButtonReleased");
    }
}
```

注意

编写代码时，如果常见的误操作代码中的名称和字母的英文大小写没有区分，会导致报错。

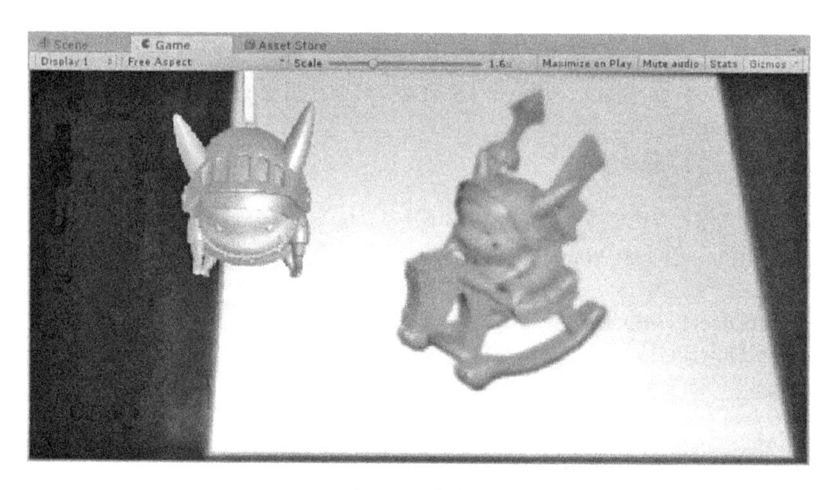

（a）显示皮卡丘

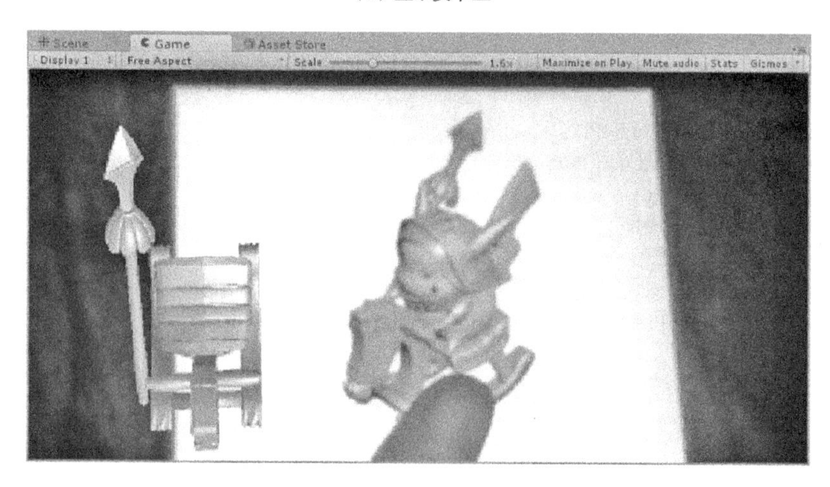

（b）单击切换成木马

图 7-18　Vuforia 虚拟按钮切换

测试时可以发现，图像尺寸对摄像头识别效率影响很大：图像像素越多，越需要摄像头近距离识别；图像像素越少，越需要把摄像头拉远了才能成功识别。

注意

虚拟按钮放置的位置一定要遮住识别图的某个特征，因为识别图有很多尖角特征。当虚拟按钮遮住识别图的一些特征时，单击按钮时手指自然就遮住了图像特征，此时 Vuforia 可以识别手指放置的位置，从而判断图像被遮住。

习　题

运用 Unity3D 和 Vuforia 建立一个增强现实工程并实现 Vuforia 虚拟按钮的切换，实现虚实结合，实时交互。

1．建立增强现实工程，如图 7-19 所示。

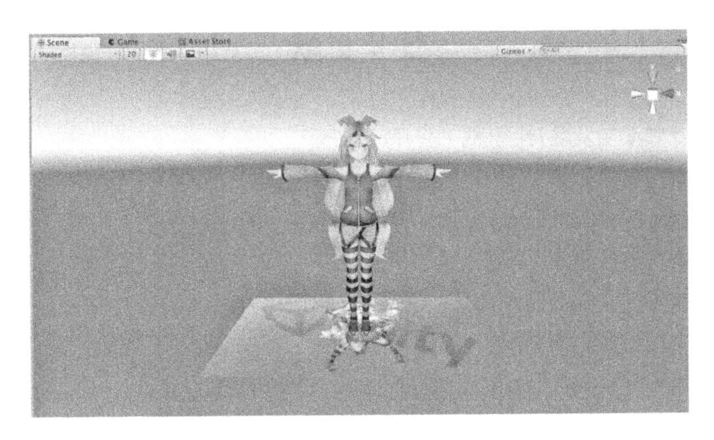

图 7-19　建立增强现实工程

2．Vuforia 虚拟按钮交互实现，如图 7-20 所示。

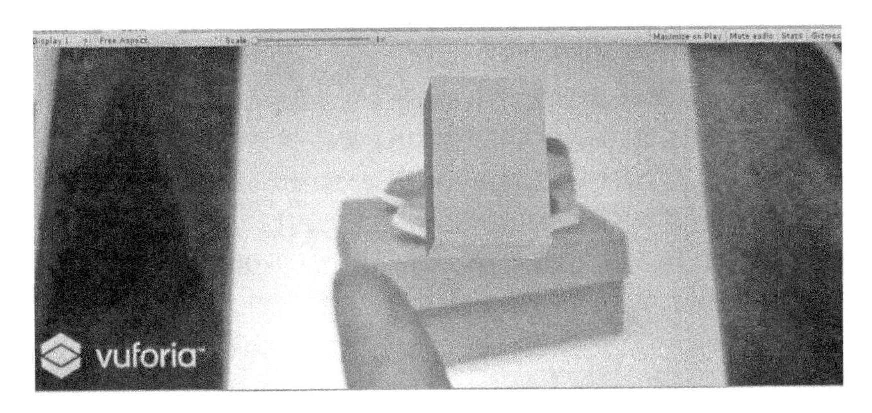

（a）单击盒子按钮

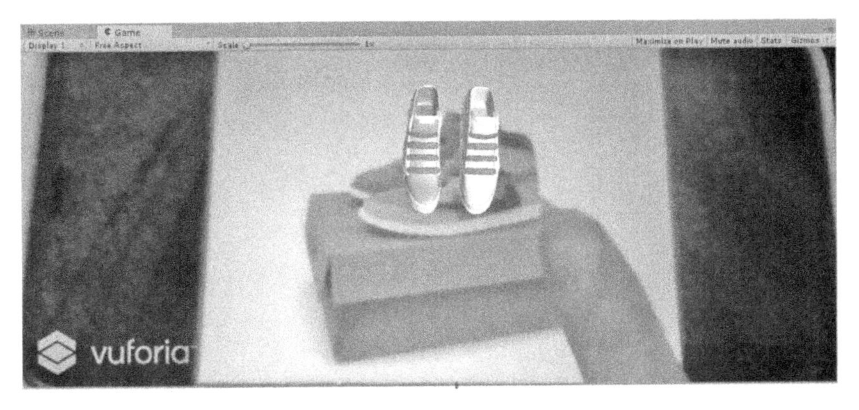

（b）单击鞋按钮

图 7-20　Vuforia 虚拟按钮交互实现

参考文献

[1] 崔杏园．虚拟现实及其演变发展 [J]. 机械工程师，2006.

[2] 邹湘军，等．虚拟现实技术的演变发展与展望 [J]. 系统仿真学报，2004.

[3] J D Foley.Interfaces for Advanced Computing [J]. Scientific American，1987.

[4] 曹春芹．基于虚拟现实的机器人运动仿真系统研究与实现 [D]. 哈尔滨工程大学，2006.

[5] 安维华．虚拟现实技术及其应用 [M]. 北京：清华大学出版社，2014.

[6] 杨欢．虚拟现实系统综述 [J]. 软件导刊，2016.

[7] 李巍．虚拟现实技术的分类及应用 [J]. 无线互联科技，2018.

[8] Rick Parent. 计算机动画算法基础与技术（第 2 版）[M]. 刘袆，译．北京：清华大学出版社，2012.

[9] Eric Lengyel. 3D 游戏与计算机图形学中的数学算法 [M]. 詹海生，李广鑫，王鸿利，译．北京：清华大学出版社，2004.

[10] Peter Shirley，等．计算机图形学（第 2 版）[M]. 高春晓，赵清杰，张文耀，译．北京：人民邮电出版社，2007.

[11] 吴亚峰，于复兴，索依娜．Unity3D 游戏开发标准教程 [M]. 北京：人民邮电出版社，2016.

[12] 优美缔软件（上海）有限公司．Unity 官方案例精讲 [M]. 北京：中国铁道出版社，2015.

[13] 何伟．Unreal Engine 4 从入门到精通 [M]. 北京：中国铁道出版社．2018.

[14] 王贤明，谷琼，胡智文．C# 程序设计 [M]. 北京：清华大学出版社．2017.

[15] 吴哲夫，陈滨．Unity 3D 增强现实开发实战 [M]. 北京：人民邮电出版社，2019.

[16] Micheal Lanham. AR 游戏：基于 Unity 5 的增强现实开发 [M]. 龚震宇，周克忠，译．北京：电子工业出版社，2018.